普通高等教育工程训练系列教材
"十三五"国家重点出版物出版规划项目
现代机械工程系列精品教材

工 程 训 练

第 2 版

主　编	郑红伟	毕海霞	宋　健		
副主编	张彧硕	苗　青	张伟男	李　健	
参　编	王　伟	王跃华	郑惠文	王军伟	王明川	马玉琼
	张艳蕊	王春松	韦亚琼	冯慧娟	王铁成	张皓楠
	唐　乐	李　良	刘　同	张玉珮	张　啸	安　伟
	刘　磊	邢　军	王克礼	张玉龙	陈　安	李媛媛
	王高生	阚玉怀	母芳林	刁雁雁	王祖星	王丽萍
	王海龙	魏骏喆	弓正菁	李佳欣	张振杰	梁建新

机械工业出版社

本书是根据教育部高等学校工程训练教学指导委员会对工程训练实践教学环节的要求，结合高校工程训练中心实际情况、国内外高等工程教育发展状况以及编者多年实践教学经验编写而成的。本书内容力求精选，讲求实用，图文并茂，便于自学。本书的内容设置旨在使学生具备发现问题、分析问题和解决问题的能力，以培养学生的工程实践能力、工程综合应用能力和解决复杂工程问题的能力，为后续课程的学习、综合创新以及今后的工作打下一定的基础。

本书可作为普通高等工科院校和中、高等职业技术院校的工程训练教材，同时也可作为企业培训和相关从业技术人员的参考书。

图书在版编目（CIP）数据

工程训练／郑红伟，毕海霞，宋健主编. -- 2 版.
北京：机械工业出版社，2025. 8. --（普通高等教育工
程训练系列教材）（现代机械工程系列精品教材）.
ISBN 978-7-111-76291-1

Ⅰ. TH16
中国国家版本馆 CIP 数据核字第 2024VE4489 号

机械工业出版社（北京市百万庄大街 22 号　邮政编码 100037）
策划编辑：丁昕祯　　　　　　　责任编辑：丁昕祯
责任校对：梁　静　王　延　　　封面设计：张　静
责任印制：李　昂
涿州市京南印刷厂印刷
2025 年 8 月第 2 版第 1 次印刷
184mm×260mm·22.5 印张·554 千字
标准书号：ISBN 978-7-111-76291-1
定价：69.00 元

电话服务　　　　　　　　　　　网络服务
客服电话：010-88361066　　　机 工 官 网：www.cmpbook.com
　　　　　010-88379833　　　机 工 官 博：weibo.com/cmp1952
　　　　　010-68326294　　　金 书 网：www.golden-book.com
封底无防伪标均为盗版　　　机工教育服务网：www.cmpedu.com

前　言

工程训练是普通高等院校培养学生工程意识和实践能力的重要环节。工程训练课程不同于一般的专业课程，也不同于金工实习课程，它以通识性、实践性、综合性和创新性为特点，在现代教育技术和先进制造技术相融合的准工业环境中，让学生学习工艺知识，了解工业过程，体验工程文化，锻炼实践能力，培养工程素养，塑造劳动精神，践行社会主义核心价值观，努力成为担当民族复兴大任的时代新人。

本书作为机械类工科专业的工程训练教材，为培养应用型高级工程技术人才，结合实践教学的特点编写而成。本书不仅包含传统的车、铣、刨、磨、钳、铸造、锻压和焊接等基本训练内容，还有数控加工技术、特种加工技术、智能制造技术、电工电子技术和工程创新实践训练等内容，力求使教材内容具有综合性、实践性、科学性和先进性等特点。

本书打破传统工程训练教材的编排方法，坚持立德树人根本任务，紧密结合工程教育专业认证，以学生产出为导向，以学生工程能力与工程素质培养为核心，使学生不但要掌握基础知识、基本技能，还应具备基本操作技能，建立完整的系统概念，既要学习各工种基本工艺知识、了解设备原理和工作过程，又要掌握综合工程实践能力，并具有运用所学工艺知识初步分析和解决简单工艺问题的能力，同时培养解决复杂工程问题的能力。本书以知识点陈列方式讲解工程训练基础知识、基本操作、基本技能和创新综合训练，再通过典型机械零件将分散的知识点有机融合，将工程素养贯穿始终，让学生体验机械制造、智能制造的宏观过程，建立工程背景和培养工程素养，是适应现代工程训练要求的训练教材。

本书共分16章，包括工程训练须知、工程训练基础知识、工程师的职业素养、铸造、锻压成形、焊接、车削加工、铣削加工、刨削加工、磨削加工、钳工、数控加工技术、特种加工技术、智能制造技术、电工电子技术和工程创新实践训练等。本书的编写坚持尊重劳动、尊重知识、尊重创造的理念，努力培养德才兼备的高素质人才。本书由河北工业大学郑红伟、毕海霞、宋健任主编，张彧硕、苗青、张伟男、李健任副主编，参与编写的还有王伟、王跃华、郑惠文、王军伟、王明川、马玉琼、张艳蕊、王春松、韦亚琼、冯慧娟、王铁成、张皓楠、唐乐、李良、刘同、张玉珮、张啸、安伟、刘磊、邢军、王克礼、张玉龙、陈安、李媛媛、王高生、阚玉怀、母芳林、刁雁雁、王祖星、王丽萍、王海龙、魏骏喆、弓正菁、李佳欣、张振杰、梁建新。本书由河北工业大学师占群教授主审，师占群教授对本书提出了很多宝贵的意见，在此表示感谢。

在本书编写过程中，编者参考了许多相关的教材和资料，同时得到了王力和李华年老师的大力帮助，在此对相关人员致以谢意。限于编者水平，本书难免存在错误和不足之处，敬请广大读者批评指正。

编　者

目 录

第1章

工程训练须知

【基本知识】

1. 学习工程训练的目的和教学目标。
2. 学习工程训练须知。

【基本技能】

掌握工程训练规章制度，树立安全意识，做好工程训练准备。

1.1 工程训练概述

1.1.1 工程训练的目的

工程训练是我国高校人才培养过程中重要的实践教学环节，是符合现阶段我国国情并独具特色的校内工程实践教学模式。工程训练以实际工业环境为背景，以产品全生命周期为主线，给学生以工程实践的教育、机械制造和工程文化的体验。工程训练的主要目的是：

1）建立对机械制造生产基本过程的感性认识，学习机械制造的基础工艺知识，了解机械制造生产的主要设备。教学过程中，学生要学习常用机械制造加工技术及其所用主要设备的基本结构、工作原理和操作方法，并正确使用各类工具、夹具、量具，熟悉各种加工方法、工艺技术、图样文件和安全技术。了解加工工艺过程和工程术语，使学生对工程问题从感性认识上升到理性认识。这些实践知识将为以后学习有关专业技术基础课、专业课及毕业设计等打下良好的基础。

2）培养动手实践能力，进行工程师的基本训练。工科院校是工程师的摇篮。为培养学生的工程实践能力，强化工程意识，学校安排了各种实验、实习、设计等实践性教学环节和相应的课程，工程训练就是其中一门重要的实践性教学课程。在工程训练中，学生通过操作各种设备，使用各类工具、夹具、量具，直接参加生产实践，并独立完成加工制造全过程，对简单零件具有初步选择加工方法和分析工艺过程的能力，并具有操作主要设备和加工作业的技能，初步奠定工程师应具备的基础知识和基本技能。

3）全面开展素质教育，树立实践观念、劳动观念和团队协作意识，培养高质量人才。工程训练一般在学校工程训练中心进行，训练现场不同于教室，它是集生产、教学、科研三者于一体的场地，教学内容丰富，工程训练环境多变，接触面广。这样一个特定的教学环境正是对学生进行德育教育的好场所。通过工程训练，培养学生的劳动观念和团队协作意识，使学生遵守组织纪律、爱惜国家财产；帮助学生建立质量意识和经济观念，培养学生理论联系实际和一丝不苟的工作作风；初步培养学生在生产实践中观察问题的能力，以及运用所学知识分析和解决工程实际问题的能力；工程素养与人文素养并重，德才兼备、德才兼修，培养具有强烈社会责任感的高素质卓越工程人才。

1.1.2　工程训练教学目标

学生进行工程训练的总要求是：深入实践，接触实际，强化动手，注重训练。根据这一要求，提出以下教学目标：

1）全面了解机械零部件的制造过程、基础的工程知识和常用的工程术语。

2）了解机械制造过程中所使用的主要设备的基本结构、特点、工作原理、适用范围和操作方法，熟悉常用加工方法、工艺技术、图样文件和安全技术，并正确使用各类工具、夹具、量具。

3）能够独立操作各种设备，完成简单零件的加工制造全过程。

4）了解新工艺、新技术的发展和在生产实际中的应用。

5）了解机械制造企业在生产组织、技术管理、质量检验和质量管理等方面的工作及安全生产防护方面的组织措施。

6）培养学生初步的创新意识、创新能力和解决复杂工程问题的能力。

7）德育为先、能力为重，全面发展，培养一流应用型人才。

1.2　工程训练安全教育

工程训练是学生在高等教育阶段进行的一次亲自动手操作的实践教学环节，同时又是具有一定危险性的工作。在工程训练过程中，如果训练人员不遵守设备安全操作规程或者缺乏一定的安全知识，很容易发生机械伤害、触电等工伤事故。因此，为保证训练人员的安全和健康，必须进行安全知识的培训，使所有参加训练的人员树立"安全第一"的观念，懂得并严格执行有关的安全技术规程，做到警钟长鸣。

工程训练安全包括人身安全、设备安全和环境安全，其中最重要的是人身安全。在每个工种训练之前，要求认真研读安全操作规程，严格按规程操作。工程训练中的安全操作有冷加工、热加工安全操作和电气安全操作等。

1）冷加工主要指车、铣、刨、磨和钻等切削加工，其特点是使用的装夹工具与被切削工件或刀具间不仅有相对运动，而且速度较高。如果设备防护不好，操作者不遵守操作规程，各种机器运动部位很容易将衣物绞缠、卷入，从而对人体造成伤害。

2）热加工一般指铸造、锻造、焊接和热处理等工种，其特点是生产过程伴随着高温、有害气体、粉尘和噪声等。在热加工工伤事故中，烫伤、灼伤、喷溅和砸碰伤害约占事故的70%，要引起高度重视。

　　3）电力传动和电气控制在加热、高频热处理和电焊等方面应用十分广泛，训练时必须严格遵守电气安全守则，避免触电事故发生。

　　为避免安全事故发生，必须对训练人员进行工程训练安全教育。只有实行安全文明生产，才能保障训练人员的安全。按照学生进入工程训练中心现场的时间顺序，工程训练安全教育实施三级安全培训机制：进入现场前的全员安全动员、进入现场时的工种安全教育和训练过程中的实操安全须知。

　　（1）全员安全动员——进入现场前的全员安全教育　进入现场前的安全教育主要是普及工程训练规章制度和安全知识，提高训练人员的安全责任意识。全员安全动员通常在工程训练的第一天第一节课进行，明确实习现场的不安全因素、实习现场的各种安全规范和具体的安全事故处理预案等，并要求训练人员在熟知各项规章制度后，以班级为单位签署《工程训练安全承诺书》，使每一位训练人员紧绷"安全"之弦，树立"安全第一"的观念。

　　（2）工种安全教育——进入现场时的工种安全教育　进入现场时的安全教育主要是讲解、示范该工种的安全操作规程，培养训练人员的安全操作技能。培养安全操作技能是安全教育的重中之重，必须与安全教育过程有机结合起来。工种安全教育利用现场说法、案例分析、师傅带徒弟等方式，通过讲解、示范、操作"三步走"的形式进行。具体步骤为：在每一个工种进行工程训练实践操作之前，训练指导教师讲解、示范该工种的安全操作规程；在听取指导教师的讲解并观看示范之后，学生才能动手操作，这是确保工程训练安全进行的重要一环。

　　（3）实操安全须知——训练过程中的实操安全教育　进入现场后的安全教育主要是规范实践操作安全行为，保障训练人员安全实习。重点是检查着装、站位与行走和操作规范。实操安全须知是在实际操作环节进行的，要求指导教师来回巡视、检查，及时发现并纠正违纪行为，及时排除安全隐患。

1.3　工程训练守则

1.3.1　训练须知

　　1）学生训练前必须参加训练动员及安全教育，并以班级为单位签署《工程训练安全承诺书》，否则不得进入现场训练。

　　2）学生训练期间，必须正确着装，按规定穿戴好劳动防护用品，在指定地点进行训练。

　　3）按时上、下课，不得迟到、早退，不得擅自离开训练场地。

　　4）遵守各项训练规章制度及设备安全操作规程，严禁在工作区域嬉戏、打闹，不带与训练无关的书籍。

　　5）学生训练操作时，必须按图样技术要求和指导教师讲解的方法进行安全文明生产。

　　6）训练结束时，应整理并清点好所用的工具、仪器仪表、元器件及工件，做好所在工位和设备的清洁卫生。

　　7）违反规定者，指导教师有权责令停止其训练，进行检查。情节严重者报所在学院（系）及有关部门，予以处理。

1.3.2　安全须知

1）严格遵守工程训练中心的各项规章制度和设备安全操作规程，服从工程训练中心的训练安排和教师的指导。

2）按规定穿戴好必要的防护用品：必须身着训练服，长发者须戴训练帽并将长发纳入帽内；禁止穿裙子、短裤、八分裤、拖鞋、凉鞋、高跟鞋及其他不符合要求的服装；禁止戴围巾；机械加工时禁止戴手套；车削及焊接时须戴好防护眼镜；焊接训练须穿长袖衣服等。

3）未经指导教师允许不得擅自触摸或起动任何设备。

4）起动设备前及开机后须按规定程序和要求谨慎进行。起动设备时必须注意前后、左右是否有人或物件阻碍，若有人必须通知对方，有物件必须搬开后方可起动。

5）两人以上同时操作一台机器时，必须密切配合，开机时应打招呼，以免发生安全事故。

6）操作机床时，手、身体或其他物件不能靠近正在运转的机器设备。禁止用手触摸未冷却的工件；禁止用手直接清除切屑，应采用专用钩子或其他工具清除；装夹零件、测量零件及清除切屑时，必须在机械设备停止运转后进行。

7）离开机床或停电时，应随手关闭所用设备的总开关。

8）训练中如发现所用设备不正常或设备出现故障，应即刻停机并报告指导教师。

9）训练中如有事故发生，必须迅速切断电源，保护好现场，并即刻向指导教师报告，等候处理。

10）训练完毕后，必须整理及清点工具，并做好机床和地面的清洁工作。

1.3.3　考勤须知

学生在训练期间应按工程训练中心规定时间作息，遵守训练纪律。

1）训练期间不得迟到、早退或擅自脱离训练岗位。

2）训练期间一般不得请事假。确需请假者须持加盖所在学院公章且辅导员签字的准假单请假，不得事后补假。

3）学生看病应尽量不占用训练时间，如因病需要休息，需持加盖医院公章的医生证明到工程训练中心工程训练部请假。

4）出现以下情况，教师可认定学生旷课：

① 无正规请假手续未出勤。

② 未经准假或逾假未归。

③ 非休息时间，未经指导教师允许离开实习场地较长时间者。

④ 非本人上课。

5）学生训练期间的考勤情况由指导教师记入工程训练花名册。

1.3.4　成绩须知

工程训练考核是整个训练的重要环节，它既可以检查学生的训练效果，又可以衡量教师的指导能力，对提高工程训练的教学质量具有重要作用。工程训练总成绩由各工种训练成绩、实习报告、理论考试和安全考核四个方面综合评定。

1）各工种训练成绩。考核学生在该工种的实践操作情况与个人表现。由指导教师根据学生实践操作情况（技能、质量、安全、考勤等）及训练期间表现按百分制计分，并记入工程训练花名册。

2）实习报告。考核学生按照要求独立完成实习报告的质量，要求百分百完成全部内容。

3）理论考试。考核学生应知应会方面的理论知识。

4）安全考核。考核学生与实习相关的安全理论和安全知识。学生需要利用训练期间的业余时间进行考核。

5）其他注意事项。

① 训练期间凡迟到、早退或擅离训练岗位，累计 2 次以上者，总成绩降级评定。

② 学生训练期间违反训练纪律，影响恶劣或违反操作规程造成较大或重大事故者，视情节轻重分别给予批评教育、取消实习资格、实习成绩记零分等处理，特别严重者交有关部门处理。

③ 实习报告必须按时完成，凡不认真完成者责令重做；凡不做实习报告或未按要求完成者，不得参加理论考试，不予评定实习总成绩。

④ 如出现以下情况，总成绩直接记为零分：

a. 任一工种有旷课情况。

b. 安全考核不及格或未参加安全考核。

c. 请假累计超过课程总学时的 1/3。

d. 实习报告未交或未按要求完成。

e. 教师认定严重扰乱教学秩序。

f. 教师认定严重违反安全操作规程。

⑤ 如果学生需要重修，须在工程训练中心条件允许的情况下方可报名重修。

思　考　题

1. 简述工程训练的目的。
2. 简述工程训练中的基本规章制度。

第2章

工程训练基础知识

【基本知识】

1. 学习工程材料基础知识。
2. 学习切削加工基础知识。
3. 学习机械制造基础知识。
4. 学习量具及测量技术基础知识。

【基本技能】

掌握工程训练基础知识，并在基本操作和基本技能学习中加以应用。

2.1 工程材料基础知识

2.1.1 工程材料

材料是人类生产和生活的物质基础，材料的发展推动了社会进步。工程材料是指具有一定性能，在特定条件下能够承担某种功能、被用来制取零件和元件的材料。工程材料的种类繁多，分类方法也很多，按材料的化学成分不同大致可分为金属材料、非金属材料和复合材料三大类。

1. 金属材料

金属材料可分为黑色金属和有色金属。黑色金属主要是铁基金属合金，包括钢和铸铁。有色金属包括轻金属及其合金、重金属及其合金等。金属材料的性能分为使用性能和工艺性能，见表 2-1。

（1）碳素钢 碳素钢是指碳的质量分数小于 2.11% 并含有少量硅、锰、硫、磷等杂质元素所组成的铁碳合金。其中硅、锰是有益元素，对钢有一定的强化作用；硫、磷是有害元素，会增加钢的热脆性和冷脆性，应严格控制其含量。碳素钢的价格低廉、工艺性能良好，在机械制造中应用广泛。

（2）合金钢 为改善和提高钢的性能，在碳素钢的基础上加入其他合金元素的钢称为合金钢。常用的合金元素有硅、锰、铬、镍、钨、钼、钒、稀土元素等。合金钢具有耐低温、耐蚀、高磁性、高耐磨性等良好的特殊性能，它在力学性能与工艺性能要求高、形状又比较复杂的大截面零件和有特殊性能要求的零件方面，得到广泛应用。

表 2-1　金属材料的性能

性能名称			性能内容
使用性能		物理性能	包括密度、熔点、导电性、导热性及磁性等
		化学性能	金属材料抵抗各种介质的侵蚀能力,如耐蚀性等
	力学性能	强度	在外力作用下材料抵抗变形和破坏的能力,分为抗拉强度、抗压强度、抗弯强度及抗剪强度,单位均为 MPa
		硬度	衡量材料软硬程度的指标,较常用的硬度测定方法有布氏硬度、洛氏硬度和维氏硬度等
		塑性	在外力作用下材料产生永久变形而不发生破坏的能力。常用的指标是断后伸长率和断面收缩率,断后伸长率和断面收缩率的值越大,材料塑性越好
		冲击韧度	材料抵抗冲击力的能力。常把各种材料受到冲击破坏时,消耗能量的数值作为冲击韧度的指标,冲击韧度值主要取决于塑性、硬度,尤其是温度对冲击韧度值的影响具有重要意义
		疲劳强度	材料在多次交变载荷作用下而不致引起断裂的最大应力
	工艺性能		包括热处理工艺性能、铸造性能、锻造性能、焊接性能及切削加工性能等

（3）铸铁　碳的质量分数大于 2.11% 的铁碳合金称为铸铁。由于铸铁中含有的碳和杂质较多,力学性能比钢差,一般不能锻造。但铸铁具有优良的铸造性、减振性及耐磨性等特点,加之价格低廉、生产设备和工艺简单,是机械制造中应用最多的金属材料。据资料表明,铸铁件占机器总质量的 45%～90%。

（4）有色金属及其合金　有色金属种类繁多,虽然其产量和使用不及黑色金属,但由于其具有某些特殊性能,目前已成为现代工业中不可缺少的材料。

2. 非金属材料

（1）高分子材料　高分子材料是以高分子化合物为主要成分的材料。这类材料具有较高的强度、弹性、耐磨性、耐蚀性和绝缘性等优良性能。高分子材料既包括常见的塑料、橡胶和合成纤维,也包括经常用到的涂料和黏合剂,以及日常较少见到的所谓功能高分子材料,如用于净化水的离子交换树脂、人造器官材料等。在机械、仪表、电机、电气等行业,高分子材料得到了广泛的应用。

1）塑料。塑料是以相对分子质量较大的合成树脂为主要成分,加入适量的添加剂后形成的一种能加热熔化,冷却后仍保持一定形状不变的材料。塑料的品种繁多,用途广泛,就体积而言,全世界的塑料产量已超过钢铁。

合成树脂是由低分子化合物经聚合反应获得的高分子化合物,如聚乙烯、聚氯乙烯、酚醛树脂等,树脂受热可软化,起黏结作用,塑料的性能主要取决于树脂。绝大多数塑料是以所用的树脂名称来命名的。

加入添加剂的目的是弥补塑料的性能不足。添加剂有填料、增强材料、增塑剂、固化剂、润滑剂、着色剂、稳定剂及阻燃剂等。

塑料按使用性能不同可分为通用塑料、工程塑料和耐热塑料三类。通用塑料的价格低、产量高,占塑料总产量的 3/4 以上,如聚乙烯、聚氯乙烯等。工程塑料是指用来制造工程结构件的塑料,其强度大、刚度高、韧性好,如聚酰胺、聚甲醛、聚碳酸酯等。通用塑料改性后,也可作为工程塑料使用。耐热塑料的工作温度高于 150℃,但成本高,典型的耐热塑料有聚四氟乙烯、有机硅树脂、芳香尼龙及环氧树脂等。

塑料按受热后的性能不同可分为热塑性塑料和热固性塑料。热塑性塑料加热时可熔融,并可多次反复加热使用。热固性塑料经一次成型后,受热不变形、不软化,但只能塑压一次,不能回用。

2）橡胶。橡胶按原料来源不同分为天然橡胶和合成橡胶。一般在−40~80℃具有高弹性，通常还具有储能、隔声、绝缘、耐磨等特性。橡胶材料广泛用于制造密封件、减振件、传动件、轮胎和导线等。

3）合成纤维。合成纤维由黏流态的高分子材料经过喷丝工艺制成。合成纤维一般具有强度高、密度小、耐磨、耐蚀等特点，不仅广泛用于制作衣料等生活用品，在工农业、交通、国防等部门也有重要用途。常用的合成纤维有涤纶、锦纶和腈纶等。

（2）陶瓷材料　陶瓷材料是金属与非金属元素间的化合物，与其他材料相比，具有耐高温、抗氧化、耐蚀、耐磨等优异性能，可以制作有各种特殊功能要求的材料，如压电陶瓷、铁电陶瓷、半导体陶瓷等。特别是随着空间技术、电子信息技术、生物工程、高效热机等技术的发展，陶瓷材料正显示出其独特的作用。

高性能陶瓷，又称为新型陶瓷或精细陶瓷，它突破了传统陶瓷的概念和范畴，是陶瓷发展史上一次革命性的变化。新型陶瓷的原料由天然矿物发展为人工合成的超细、高纯的化工原料；工艺由传统手工工艺发展为连续、自动工艺，甚至超高温、超高压及微波烧结等新工艺；性能和应用范围由传统的简单功能产品发展为综合了电、声、光、磁、热和力学等多种功能的产品。

新型陶瓷按化学成分主要分为以下几种：

1）氧化物陶瓷，主要包括氧化铝、氧化镁、氧化铍和氧化钛等。

2）氮化物陶瓷，主要包括氮化硅、氮化铝和氮化硼等。

3）碳化物陶瓷，主要包括碳化硅、碳化钨和碳化硼等。

3. 复合材料

复合材料是由两种或两种以上物理、化学性能不同的物质，经人工合成的材料。它保留了各组成材料的优良性能，从而得到单一材料所不具备的优良的综合性能。

复合材料一般由增强材料和基体材料两部分组成，增强材料均匀分布在基体材料中。增强材料有纤维（玻璃纤维、碳纤维、硼纤维、碳化硅纤维等）、丝、颗粒、片材等。基体材料有金属基和非金属基两类。金属基基体材料主要有铝合金、镁合金、钛合金等。非金属基基体材料有合成树脂、陶瓷等。

复合材料种类繁多，性能各有特点。玻璃纤维和合成树脂的复合材料具有优良的强度，可制造密封件及耐磨、减摩的机械零件。碳纤维复合材料密度小、强度高，可应用于航空航天及原子能工业。

2.1.2　钢的热处理

1. 钢的热处理概念

钢的热处理是将钢在固态下通过加热、保温、冷却的方法，使钢的组织结构发生变化，从而获得所需性能的工艺方法。热处理工艺过程，包括以下三个步骤：

1）加热，指以一定的加热速度把零件加热到规定的温度范围。这个温度范围可根据不同的金属材料和热处理要求确定。

2）保温，指工件在规定的温度下，恒温保持一定时间，使零件内外温度均匀。

3）冷却，指保温后的零件以一定的冷却速度冷却下来。

把零件的加热、保温、冷却过程绘制在温度-时间坐标图上，就可得到热处理工艺曲线，如图2-1所示。

在机械制造中，热处理具有重要地位。例如，钻头、锯条、冲模必须有高的硬度和耐磨性才能保持锋利，以达到加工金属的目的。因此，除选用合适的材料外，还必须进行热处理，才能达到上述要求。此外，热处理还可以改善材料的工艺性能，如改善加工性，使切削省力、刀具磨损小，且工件表面质量高。

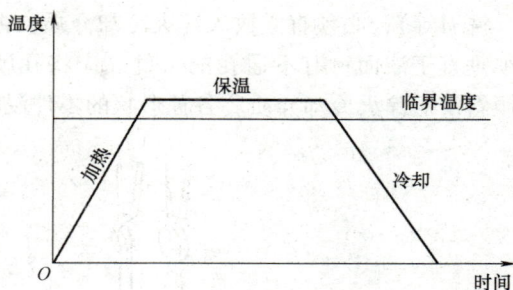

图2-1　热处理工艺曲线

热处理工艺方法很多，一般可分为普通热处理、表面热处理和化学热处理等。

钢的普通热处理工艺有退火、正火、淬火、回火四种，钢的热处理工艺曲线如图2-2所示。

（1）退火　退火是将金属或合金加热到适当的温度，保温一定时间，然后缓慢冷却的热处理工艺。退火的目的是降低硬度、消除内应力、改善组织和性能，为后续机械加工和热处理做好准备。

常用的退火方法包括消除中碳钢铸件等缺陷的完全退火、改善高碳钢（如刀具、量具、模具等）加工性的球化退火和去除大型铸件与锻件应力的去应力退火等。

（2）正火　正火是将钢加热到适当的温度，保温一定时间，在空气中冷却的热处理工艺。正火的目的是细化晶粒、消除内应力。但由于正火冷却速度比退火冷却速度快，同类钢正火后的硬度和强度略高于退火后的硬度和强度。由于正火不是随炉冷却，所以生产率高、成本低。在满足

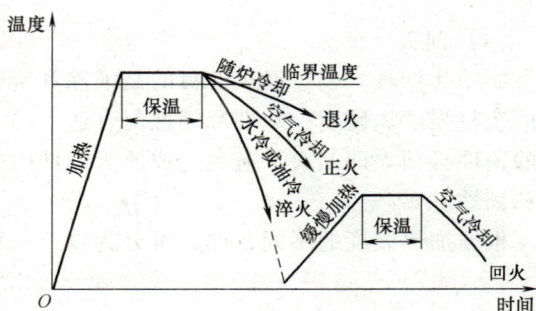

图2-2　钢的热处理工艺曲线

性能要求的前提下，应尽量采用正火。普通的机械零件常用正火作为最终热处理。

（3）淬火　淬火是将钢件加热到适当的温度，保温一定时间，然后以较快的速度冷却的热处理工艺。淬火的目的是提高钢的硬度和耐磨性。淬火是钢件强化最经济、有效的热处理工艺。几乎所有的工模具和重要零部件最终都需淬火处理，因此淬火也是热处理中应用最广泛的工艺之一。

1）淬火冷却介质。不同成分的钢所要求的冷却速度不同，应使用不同的淬火冷却介质来调整钢件的淬火冷却速度。最常用的淬火冷却介质有水、油、盐溶液、碱溶液及其他合成淬火冷却介质。淬火冷却的基本要求是既要使工件淬硬，又要避免变形和开裂。因此，选用合适的淬火冷却介质对钢的淬火效果十分重要。碳素钢淬火一般用水冷却，合金钢淬火用油冷却。

2）操作方法。工件淬火时浸入淬火冷却介质的操作是否正确对减小工件变形和避免工件开裂有重要的影响。为保证工件淬火时冷却均匀，减小工件的内应力，同时考虑工件的重心稳定，正确的工件浸入淬火冷却介质的方法是：厚薄不均的零件，应使厚的部分先浸入淬火冷却介质；细长的零件（如钻头、轴等），应垂直浸入淬火冷却介质；薄而平的工件（如圆

盘、铣刀等），必须直立放入淬火冷却介质；薄壁环状零件，浸入淬火冷却介质时，它的轴线必须垂直于液面；有不通孔的工件，应将孔朝上浸入淬火冷却介质中；十字形或 H 形工件，应倾斜浸入淬火冷却介质。各种形状的零件浸入淬火冷却介质的方法，如图 2-3 所示。

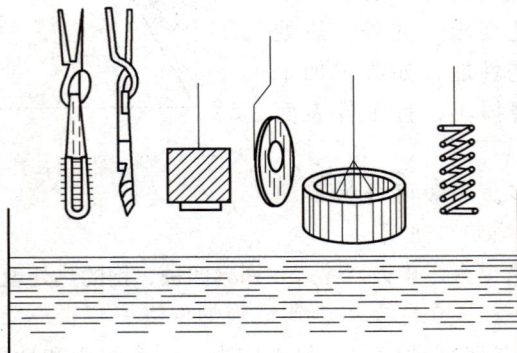

图 2-3 各种形状的零件浸入淬火冷却介质的方法

（4）回火 回火是指将钢件淬硬后，再加热到适当的温度，保温一定时间，然后冷却到室温的热处理工艺。回火的目的是消除和降低内应力、防止开裂、调整硬度、提高韧性，从而获得强度、硬度、塑性和韧性配合适当的力学性能，稳定钢件的组织和尺寸。一般淬火后的钢件必须立即回火，避免造成淬火钢件的进一步变形和开裂，在回火后可获得适度的强度和韧性。

根据加热温度的不同，回火可分为以下三种：

1）低温回火，温度在 200~250℃ 的回火，可以降低钢的内应力和脆性，保持淬火钢的高硬度和高耐磨性，硬度超过 60HRC。各种工、模具淬火后应进行低温回火。

2）中温回火，温度在 300~500℃ 的回火，可以去除钢中大部分的内应力，使其具有一定的韧性和高弹性，硬度达 35~45HRC。各种弹簧常进行中温回火。

3）高温回火，温度在 500~650℃ 的回火。将淬火及高温回火的复合热处理工艺称为调质。钢经调质后，具有强度、硬度、塑性、韧性都较好的综合力学性能。回火后钢的硬度一般为 200~300HBW。各种重要零件，如连杆、螺栓、齿轮及轴类等常进行调质处理。

2. 热处理常用的设备

根据热处理的基本过程，热处理设备有加热设备、冷却设备和检验设备等。

（1）加热设备 加热炉是热处理车间的主要设备，通常的分类方法：按能源分为电阻炉、燃料炉；按工作温度分为高温炉（>1000℃）、中温炉（650~1000℃）和低温炉（<600℃）；按工艺用途分为正火炉、退火炉、淬火炉、回火炉和渗碳炉等；按形状结构分为箱式炉、井式炉等。常用的热处理加热炉有箱式电阻炉（图 2-4）、井式电阻炉（图 2-5）和盐浴炉（图 2-6）。

1）箱式电阻炉，由耐火砖砌成的炉膛及侧面和底面布置的电热元件组成。通电后，电能转化为热能，通过热传导、热对流、热辐射对工件进行加热。一般根据工件大小和装炉量多少选用箱式电阻炉。中温箱式电阻炉应用最为广泛，常用于碳素钢、合金钢零件的退火、正火、淬火及渗碳等。

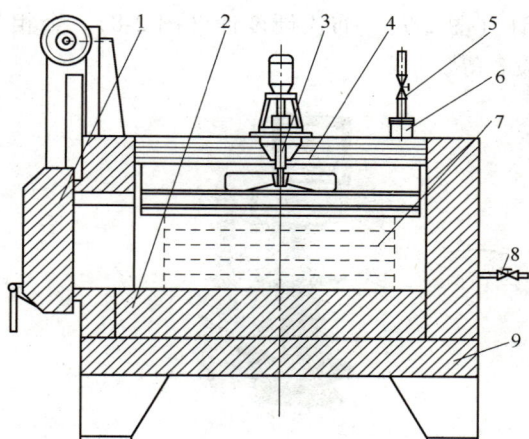

图 2-4　箱式电阻炉结构示意图

1—炉门　2—炉衬　3—循环风机　4—活动炉盖　5—排气门
6—防爆门　7—加热器　8—进气阀　9—炉壳

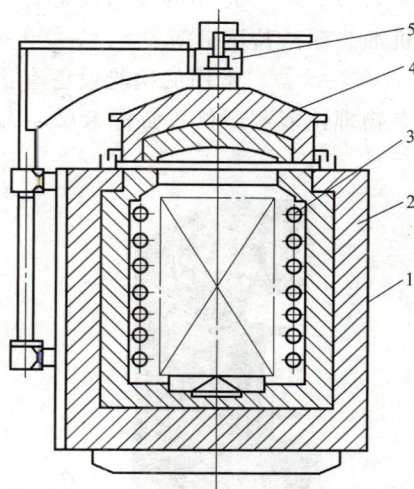

图 2-5　中温井式电阻炉结构示意图

1—炉壳　2—炉衬　3—电热元件
4—炉盖　5—炉盖升降机构

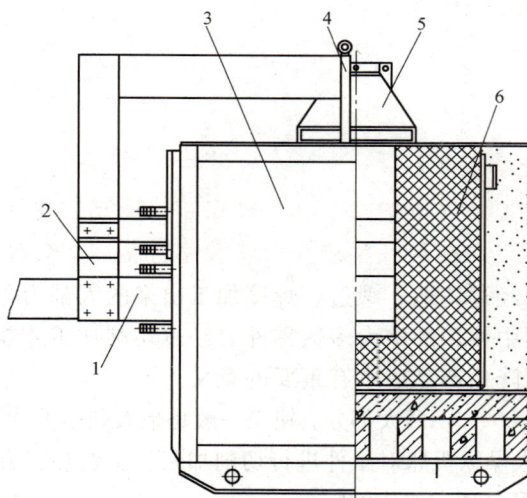

图 2-6　盐浴炉结构示意图

1—主电极　2—连接铜排　3—炉壳　4—起动电极　5—排气罩　6—内胆

2）井式电阻炉，其特点是炉身如井状置于地面以下。井式电阻炉的炉口向上，特别适合用于长轴类零件垂直悬挂加热，可以减少弯曲变形。另外，井式电阻炉可用塔式起重机装卸工件，故应用较为广泛。

3）盐浴炉，用液态的熔盐作为加热介质对工件进行加热，其特点是加热速度快而均匀，工件氧化、脱碳少，适合用于细长工件悬挂加热或局部加热，可以减少变形。图 2-6 所示为插入式电极盐浴炉。盐浴炉可以进行正火、淬火、化学热处理、局部淬火、回火等。

（2）冷却设备　常用的冷却设备有水槽、油槽、浴炉、缓冷坑等。冷却介质有自来水、盐水、机油、硝酸盐溶液等。

（3）检验设备　常用的检验设备有洛氏硬度计（图2-7）、布氏硬度计（图2-8）、金相显微镜、物理性能测试仪、游标卡尺、无损探伤设备等。

图 2-7　洛氏硬度计

图 2-8　布氏硬度计

2.2　切削加工基础知识

2.2.1　切削加工概述

1. 切削加工的实质和分类

切削加工是利用切削刀具（或工具）和工件做相对运动，从毛坯（铸件、锻件、型材等）上切除多余的材料，以获得尺寸精度、形状和位置精度、表面质量完全符合图样要求的机器零件的加工方法。经过铸造、锻造、焊接加工出来的大都为零件的毛坯，很少能在机器上直接使用，一般机器中使用的绝大多数零件要经过切削加工才能获得。因而，切削加工对保证产品质量和性能、降低产品成本有重要的意义。

切削加工分为钳工和机械加工两大部分。钳工一般是指人利用手持工具对工件进行加工的方法。机械加工是指通过工人操纵机床对工件进行切削加工，主要加工方式有车削、钻削、铣削、刨削、磨削等（图2-9），所使用的机床相应为车床、钻床、铣床、刨床、磨床等。

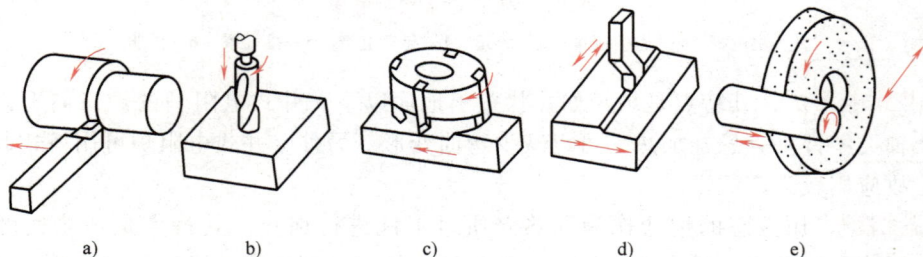

a)　　　　　b)　　　　　c)　　　　　d)　　　　　e)

图 2-9　机械加工的主要方式

a）车削　b）钻削　c）铣削　d）刨削　e）磨削

2. 切削加工的特点

（1）加工精度范围宽　切削加工可以达到的精度和表面粗糙度值范围很广，并且可以获得很高的加工精度和很低的表面粗糙度值。现代切削加工技术已经达到标准公差等级 IT5以上，表面粗糙度值 Ra 达到 $0.008\mu m$。

（2）使用范围广　切削加工零件的材料、形状、尺寸和质量范围较大。切削加工多用于金属材料的加工，也可用于非金属材料的加工。现代制造已经有了各种型号及大小的机床，既可以加工数十米长的大型零件，也可以加工微小的零件。

（3）生产率高　在常规条件下，切削加工的生产率一般高于其他加工方法，特别是数控加工技术的发展已经将切削加工技术提高到一个崭新的阶段。

3. 切削运动

切削加工是靠刀具和工件之间的相对运动来实现的。机床为实现加工所必须的刀具与工件间的相对运动称为切削运动。根据切削时所起的作用不同，切削运动分为主运动和进给运动。

（1）主运动　主运动是提供切削可能性的运动。如果没有主运动，就无法切削，其特点是在切削过程中速度最快、消耗动力最大。如图 2-9 所示，车削时的工件、钻削时的钻头、铣削时的铣刀、刨削时的刨刀、磨削时的砂轮在加工工件时所做的运动都是主运动。

（2）进给运动（又称走刀运动）　进给运动是提供继续切削可能性的运动。如果没有进给运动，就不能连续切削，其特点是在切削过程中速度低、消耗动力小。如图 2-9 所示，车刀、钻头及铣削时工件的移动，牛头刨床刨削时工件的间歇移动，磨削外圆时工件的旋转、往复轴向移动及砂轮周期性横向移动都是进给运动。

切削加工中，主运动只有一个，进给运动则可能有一个或多个。主运动和进给运动可以由刀具单独完成（如在钻床上钻孔），也可以由刀具和工件分别完成（如铣削、在车床上钻孔）。主运动和进给运动可以同时进行（如车削、铣削、钻削、磨削），也可交替进行（如刨削）。

4. 切削用量三要素

切削运动使工件产生三个不断变化的表面，如图 2-10 所示。待加工表面是工件上有待切除的表面；已加工表面是工件上刀具切削后产生的新表面；过渡表面（又称切削表面）是工件上由切削刃形成的那部分表面。

切削用量三要素指切削速度、进给量和背吃刀量（旧称切削深度）。它表示切削时各运动参数的数量，是切削加工前调整机床运动的依据。车削外圆、铣削平面和刨削平面时的切削用量三要素如图 2-10 所示。

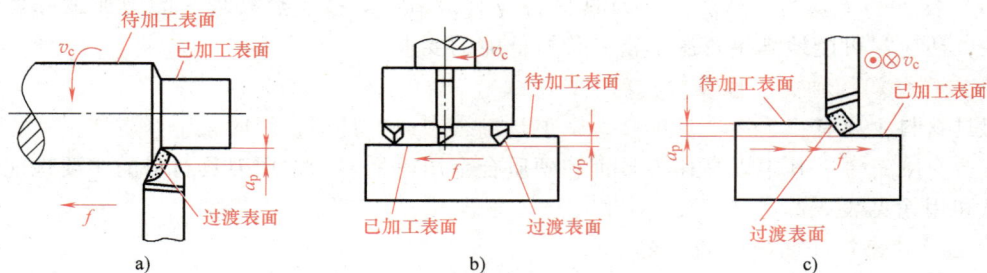

图 2-10　切削用量三要素

a）车削用量三要素　b）铣削用量三要素　c）刨削用量三要素

（1）切削速度　切削刃选定点相对工件主运动的瞬时速度。用符号"v_c"表示，单位为 m/s。

（2）进给量　刀具在进给运动方向相对于工件的位移量。可用刀具或工件每转或每行程的位移量来表述和度量。用符号"f"表示，单位为 mm/r 或 mm/min。

（3）背吃刀量　在通过切削刃基点并垂直于工作平面的方向上测量的吃刀量。用符号"a_p"表示，单位为 mm。

切削用量三要素是影响加工质量、刀具磨损、生产率及生产成本的重要参数。粗加工时，一般以提高生产率为主，兼顾加工成本，可选用较大的背吃刀量和进给量，但切削速度受机床功率和刀具寿命等因素的限制而不宜太高。半精加工、精加工时，在保证加工质量的前提下，需考虑经济性，可选用较小的背吃刀量和进给量，一般情况下选较高的切削速度。切削加工时可参考切削加工手册及有关工艺文件来选择切削用量。

2.2.2　刀具材料

刀具是切削加工中影响生产率、加工质量和生产成本的最重要因素。

1. 刀具材料应具备的性能

在切削过程中，刀具切削部分是在较大的切削压力、较高的切削温度以及剧烈摩擦条件下工作的。在切削余量不均匀或有断续表面时，刀具会受到很大的冲击与振动。因此，刀具切削部分的材料必须具备下列性能：

（1）高硬度和高耐磨性　硬度是指材料抵抗其他物体压入其表面的能力。刀具要从工件上切除多余的金属，其硬度必须大于工件材料的硬度。常温下的硬度一般应超过 60HRC。

耐磨性是指材料抵抗磨损的能力。耐磨性与硬度有密切的关系，硬度越高，均匀分布的细化碳化物越多，其耐磨性越好。

（2）足够的强度和韧性　切削时刀具主要承受各种应力与冲击。一般用抗弯强度和冲击韧度来衡量刀具材料的强度和韧性，它们能反映刀具材料抗断裂、抗崩刃的能力。但是，强度高与韧性好的材料，必然会引起硬度与耐磨性的下降。

（3）高耐热性与化学稳定性　耐热性是指高温下材料保持硬度、耐磨性、强度和韧性的能力。可用高温硬度表示，也可用热硬性（维持刀具材料切削性能的最高温度限度）表示。耐热性越好，材料允许的切削速度越高。耐热性是衡量刀具材料性能的主要指标。

化学稳定性是指刀具材料在高温下不易与工件材料或周围介质发生化学反应的能力。化学稳定性越好，刀具磨损得越慢。

（4）良好的工艺性和经济性　刀具材料应有锻造、焊接、热处理、磨削加工等良好的工艺性，还应尽可能地满足资源丰富、价格低廉的要求。

2. 刀具材料的种类、性能与应用

刀具材料主要有：碳素工具钢、合金工具钢、高速工具钢、硬质合金、陶瓷、立方氮化硼和人造金刚石等。其中以高速工具钢和硬质合金用得最多。常用刀具材料的主要性能、常用牌号和用途见表 2-2。

3. 刀具的磨损和切削液的使用

在切削过程中，切屑和刀具、刀具和工件之间存在强烈的摩擦和挤压作用，使刀具在高温、高压的作用下，切削刃由锋利逐渐变钝以致失去正常的切削能力。

表 2-2 常用刀具材料的主要性能、常用牌号和用途

种类	硬度	红硬温度/℃	抗弯强度/10³MPa	工艺性能	常用牌号		用途
碳素工具钢	60~64HRC（81~83HRA）	200	2.5~2.8	可冷热加工成形，切削加工和热处理性能好	T8A T10A T12A		仅用于手动工具，如锉刀、手用锯条和刮刀等
合金工具钢	60~65HRC（81~83HRA）	250~300	2.5~2.8	可冷热加工成形，切削加工和热处理性能好	9SiCr CrWMn		用于手动或低速刀具，如丝锥、板牙等
高速工具钢	62~70HRC（82~87HRA）	540~600	2.5~4.5	可冷热加工成形，切削加工和热处理性能好	W18Cr4V W6Mo5Cr4V2		用于形状复杂的机动刀具，如钻头、铰刀、铣刀、拉刀和齿轮刀具等
硬质合金	74~82HRC（89~94HRA）	800~1000	0.9~2.5	不能切削加工，只能粉末压制烧结成形，磨削后即可使用，不能热处理	P类（蓝色）	P01 P10 P20 P30	切钢	多用于形状简单的刀具，一般做成刀片镶嵌在刀体上使用，如车刀、刨刀及镶齿端铣刀的刀头
					M类（黄色）	M10 M20 M30 M40	切各种金属	
					K类（红色）	K01 K10 K20 K30	切铸铁	

刀具磨损会使切削力增大，切削温度升高，切削时产生振动，最终使零件表面质量降低，并导致刀具急剧磨损或烧坏。刀具过早磨损会直接影响生产率、加工质量和加工成本。在生产中，可根据切削过程中出现的异常现象，如工件表面粗糙度值增大、切屑变色发毛、切削力突然增大、切削温度上升、发生振动和噪声显著增大等，来判断刀具是否磨钝。刀具磨钝后要及时刃磨。

减少刀具磨损的重要措施之一是在切削过程中合理使用切削液。切削液有冷却、润滑、洗涤与排屑、防锈四大作用。常用的切削液主要有水基和油基两种。正确使用切削液，可使切削速度提高30%左右，切削温度下降100~150℃，切削力减少10%~30%，刀具寿命延长4~5倍。合理使用切削液，还可以减小工件变形，提高加工精度、已加工表面的质量和生产率。

2.2.3 机床基本知识

1. 机床的分类和编号

机床是切削加工的主要设备。机床的种类很多，为便于区别、使用和管理，需对机

床加以分类并编制型号。机床主要是按加工性质和所用的刀具进行分类。根据 GB/T 15375—2008《金属切削机床 型号编制方法》，将机床分为 11 类：车床、钻床、镗床、磨床、齿轮加工机床、螺钉加工机床、铣床、刨插床、拉床、锯床和其他机床。在每一类机床中，按工艺特点、布局型式和结构特性等不同，分为若干组，每一组又细分为若干系列。

除上述基本分类方法外，机床还可按其他特征分类。

按工艺范围（通用程度）不同，机床可分为通用机床、专门化机床和专用机床。

按加工精度不同，同类型机床可分为普通精度级机床、精密级机床和高精度级机床。

按自动化程度不同，机床可分为手动、机动、半自动和自动机床。

按质量和尺寸不同，机床可分为仪表机床、中型机床、大型机床、重型机床和超重型机床。

此外，按其主要工作部件的多少，分为单轴机床、多轴机床或单刀机床、多刀机床等，而且随着机床的发展，其分类方法也在不断发展。

表 2-3 和表 2-4 所列分别为金属切削机床类、组划分类和通用特性代号。

表 2-3 金属切削机床类、组划分类

类别		组别								
		0	1	2	3	4	5	6	7	8	9
车床 C		仪表车床	单轴自动车床	多轴自动、半自动车床	回转、转塔车床	曲轴及凸轮轴车床	立式车床	落地及卧式车床	仿形及多刀车床	轮、轴、辊、锭及铲齿车床	其他车床
磨床	M	仪表磨床	外圆磨床	内圆磨床	砂轮机	坐标磨床	导轨磨床	刀具刃磨床	平面及端面磨床	曲轴、凸轮轴、花键轴及轧辊磨床	工具磨床
	2M	—	超精机	内圆珩磨床	外圆及其他珩磨机	抛光机	砂带抛光及磨削机床	刀具刃磨及研磨机床	可转位刀片磨削机床	研磨机	其他磨床
	3M	—	球轴承套圈沟磨床	滚子轴承套圈滚道磨床	轴承套圈超精机		叶片磨削机床	滚子加工机床	钢球加工机床	气门、活塞及活塞环磨削机床	汽车、拖拉机修磨机床
钻床 Z		—	坐标镗钻床	深孔钻床	摇臂钻床	台式钻床	立式钻床	卧式钻床	铣钻床	中心孔钻床	其他钻床
镗床 T		—	—	深孔镗床	—	坐标镗床	立式镗床	卧式铣镗床	精镗床	汽车、拖拉机修理用镗床	其他镗床
齿轮加工机床 Y		仪表齿轮加工机床	—	锥齿轮加工机	滚齿及铣齿机	剃齿及珩齿机	插齿机	花键轴铣床	齿轮磨齿机	其他齿轮加工机	齿轮倒角及检查机

（续）

类别	组别									
	0	1	2	3	4	5	6	7	8	9
螺纹加工机床 S	—	—	—	套丝机	攻丝机	—	螺纹铣床	螺纹磨床	螺纹车床	—
铣床 X	仪表铣床	悬臂及滑枕铣床	龙门铣床	平面铣床	仿形铣床	立式升降台铣床	卧式升降台铣床	床身铣床	工具铣床	其他铣床
刨插床 B	—	悬臂刨床	龙门刨床	—	—	插床	牛头刨床	—	边缘及磨具刨床	其他刨床
拉床 L	—	—	侧拉床	卧式外拉床	连续拉床	立式内拉床	卧式内拉床	立式外拉床	键槽、轴瓦及螺纹拉床	其他拉床
锯床 G	—	—	砂轮片锯床	—	卧式带锯床	立式带锯床	圆锯床	弓锯床	锉锯床	
其他机床 Q	其他仪表机床	管子加工机床	木螺钉加工机	—	刻线机	切断机	多功能机床			

表 2-4　通用特性代号

通用特性	高精度	精密	自动	半自动	数控	加工中心（自动换刀）	仿形	轻型	加重型	柔性加工单元	数显	高速
代号	G	M	Z	B	K	H	F	Q	C	R	X	S
读音	高	密	自	半	控	换	仿	轻	重	柔	显	速

2. 机床的运动

切削工件时，工件与刀具间的相对运动有旋转运动和直线运动两种。根据机床上运动的功能不同，则可划分为表面成形运动、切入运动、分度运动、辅助运动、操纵及控制运动和校正运动等。

（1）表面成形运动　表面成形运动简称成形运动，是保证得到工件要求的表面形状的运动。表面成形运动是机床上最基本的运动，是机床上的刀具和工件为形成表面发生线而做的相对运动。

按切削加工中所起的作用不同，成形运动又可分为主运动和进给运动。主运动是切除工件上的被切削层，使之转变为切屑的主要运动；进给运动是依次或连续不断地把被切削层投入切削，逐渐切出整个工件表面的运动。主运动的速度高，消耗的功率大；进给运动的速度较低，消耗的功率也较小。任何一种机床，必须有主运动，且通常只有一个，但可能有一个或多个进给运动，也可能没有（如拉床）。主运动和进给运动可能是简单的成形运动，也可能是复合的成形运动。

17

（2）**切入运动**　使工件表面逐步达到所需尺寸的运动称为切入运动。

（3）**分度运动**　当加工若干个完全相同的均匀分布的表面时，使表面成形运动得以周期性连续进行的运动称为分度运动。分度运动可以是回转的分度，也可以是直线移动或间歇分度。分度运动可分为手动的分度运动、机动的分度运动和自动的分度运动。

（4）**辅助运动**　为切削加工创造条件的运动称为辅助运动，如工件或刀具的调位、快速趋近、快速退出和工作行程中空程的超越运动，以及修整砂轮、排除切屑、刀具和工件的自动装卸和夹紧等。辅助运动虽然不直接参与表面成形过程，但对机床整个加工过程却是不可缺少的，同时还对机床的生产率、加工精度和表面质量有较大的影响。

（5）**操纵及控制运动**　操纵及控制运动包括起动、停止、变速、换向，部件与工件的夹紧、松开、转位以及自动换刀、自动测量、自动补偿等运动。

（6）**校正运动**　在精密机床上，消除传动误差的运动称为校正运动，如精密螺纹车床或螺纹磨床中的螺距校正运动。

3. 机床的传动形式

为了实现加工所需的各种运动，机床必须具备以下三个基本部分：

（1）**执行件**　执行件是执行机床运动的部件，如主轴、刀架、工作台等，其任务是装夹刀具或工件，直接带动它们完成一定形式的运动（旋转或直线运动），并保证其运动轨迹的准确性。

（2）**运动源**　运动源是为执行件提供运动和动力的装置，如交流异步电动机、直流或交流调速电动机和伺服电动机等。可以几个运动共用一个运动源，也可以每个运动有单独的运动源。

（3）**传动装置（传动件）**　传动装置是传递运动和动力的装置，通过它把执行件和运动源或有关执行件之间联系起来，使执行件获得有一定速度和方向的运动，并使有关执行件之间保持某种确定的相对运动关系。机床的传动装置有机械、液压、电气、气压等多种形式。传动装置还有完成变换运动的性质、方向、速度的作用。

机械传动形式工作可靠、维修方便，在机床上应用最广泛。常用的传动方式有齿轮传动、带传动、蜗杆传动、齿轮齿条传动和丝杠螺母传动等。

1）**齿轮传动**。齿轮传动是目前机床中应用最多的一种传动方式。它的传动种类很多，最常用的是直齿圆柱齿轮传动，如图 2-11 所示。齿轮传动中的主动轮每转一个齿，从动轮也转一个齿。设主动轮的齿数为 z_1，转速为 n_1，从动轮的齿数为 z_2，转速为 n_2，则传动比

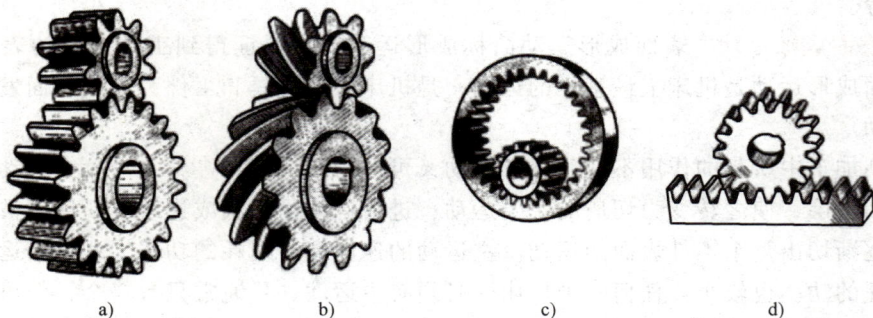

a)　　　　　　　b)　　　　　　　c)　　　　　　　d)

图 2-11　齿轮传动

a）直齿圆柱齿轮传动　b）斜齿轮传动　c）内齿轮传动　d）齿轮齿条传动

i 为

$$i = \frac{n_1}{n_2} = \frac{z_2}{z_1}$$

2）带传动。带传动是利用传动带与带轮之间的摩擦作用，将主动带轮的转动传递给另一个从动带轮。目前在机床传动中，一般用 V 形带传动，如图 2-12 所示。

3）蜗杆传动。在机床传动中，这种方式是以蜗杆为主动件，将运动传递给蜗轮，如图 2-13 所示。

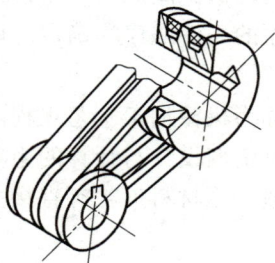

图 2-12　V 形带传动

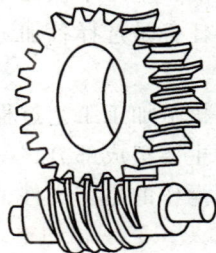

图 2-13　蜗杆传动

4）齿轮齿条传动。齿轮齿条传动可以将旋转运动变为直线运动（齿轮为主动），也可以将直线运动变为旋转运动（齿条为主动），如图 2-11d 所示。

5）丝杠螺母传动。这种传动可使旋转运动变为直线运动，如在车床上车削螺纹，当开合螺母闭合在旋转的丝杠上时，刀架便做纵向移动，如图 2-14 所示。

4. 夹具

金属切削加工时，工件在机床上的安装方式一般有找正安装和机床夹具安装两种。成批大量生产时，常用机床夹具安装。机床夹具是机床上装夹工件的一种装置，其作用是使工件相对于机床或刀具有个正确的位置，并在加工过程中保持这个位置不变。工件在夹具中的安装包括工件的定位和夹紧。工件的定位是采取适当的约束措施，使工件在加工中有确定的位置。工件的夹紧是在已经定好的位置上将工件可靠地夹住，以防止其在加工过程中因受到切

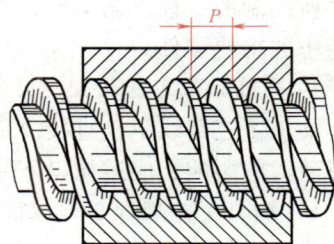

图 2-14　丝杠螺母传动

削力、离心力、惯性力及重力等外力的影响，发生不应有的位移而破坏了定位。

机床夹具的结构主要包括定位元件、夹紧装置、夹具体、连接元件、对刀和导向元件、其他装置及元件。机床夹具按夹具通用特性不同可分为通用夹具、专用夹具、可调夹具、组合夹具和随行夹具等；按夹具使用机床不同可分为车床夹具、钻床夹具、镗床夹具、磨床夹具和数控机床夹具等；按夹具动力源不同可分为手动夹具、气动夹具、液压夹具、气-液夹具，电磁夹具和真空夹具等。利用夹具可以提高劳动生产率，保证加工精度，扩大机床的加工范围，改善操作者的劳动条件。

2.2.4　机械加工工艺基本知识

制造一台机器，必须经过毛坯制造、零件加工、机器装配、质量检验和厂内运输等过

程。这种按一定顺序将原材料制成各种零件并装配成机器的全部过程，称为生产过程。在生产过程中直接改变原材料（或毛坯）的形状、尺寸和材料性质，使之变成成品的过程，称为工艺过程。

1. 机械加工工艺过程

机械加工工艺过程是指利用机械加工方法直接改变毛坯的形状、尺寸和表面质量，使之变为机械零件的过程。机械加工工艺过程由一系列工序组成。工序是指一名（或一组）工人在一台机床上对一个（或同时几个）零件，所连续完成的那一部分工艺过程。零件是由多个表面组成的，生产中往往需要若干个加工步骤才能将毛坯加工成成品。制订机械加工工艺路线的主要任务是选择各加工表面的加工方法、安排工序的先后顺序、确定工序的集中与分散程度等。

规定零件机械加工工艺过程和操作方法等的工艺文件称为机械加工工艺规程。工艺规程是技术文件的主要组成部分，是工艺装备、材料定额、工时定额设计与计算的主要依据，是直接指导工人操作的生产文件，它与产品成本、劳动生产率、原材料消耗有直接关系。

2. 机械加工工艺规程的格式

把工艺规程的内容填入一定格式的卡片，即成为生产准备和施工依据的工艺卡片。常用的工艺卡片有机械加工工艺卡片、机械加工工序卡片等。

（1）机械加工工艺卡片　机械加工工艺卡片是以工序为单位，详细说明零件制作工艺过程的工艺文件。它是帮助工人生产、车间管理人员及技术人员掌握整个零件加工过程的一种主要技术文件，广泛用于成批生产的零件和小批生产的重要零件。

（2）机械加工工序卡片　机械加工工序卡片是在机械加工工艺卡片的基础上，按每道工序所编制的一种工艺文件，用于指导工人操作，主要用于大批量生产中的关键工序或成批生产中的重要零件。

3. 机械加工工艺规程制订原则

加工工艺路线不仅直接决定了零件和机械产品的质量，而且对产品的成本和生产周期等都有较大的影响，应遵循以下原则：

1）制订工艺规程必须保证机器零件的加工质量和装配质量以达到设计图样上规定的各项技术要求。

2）工艺过程应具有较高的生产率，尽量降低制造成本，使产品尽快投放市场。

3）在充分利用本企业现有生产条件的基础上，尽可能采用国内外先进工艺技术和经验。

4）注意减轻工人的劳动强度，保证生产安全。

2.2.5　切削加工质量

切削加工质量包括零件的加工精度和表面质量。零件的加工精度是指零件的实际几何参数与理想几何参数间相符合的程度。加工精度又可分为尺寸精度、形状精度和位置精度。

1. 尺寸精度

尺寸精度是指零件的实际尺寸和理想尺寸相符合的程度，即尺寸准确的程度。尺寸公差是切削加工中零件尺寸允许的变动量。同一基本尺寸的零件，尺寸公差越小，则尺寸精度越高。国家标准 GB/T 1800.1—2020、GB/T 1800.2—2020 将标准公差等级分为 20 级，分别用

IT01，IT0，IT1，IT2，…，IT18 表示。IT01 公差值最小，精度最高。常用的尺寸公差等级为 IT6~IT11。

2. 形状精度

形状精度是指零件同一表面的实际形状与理想形状相符合的程度。一个零件的表面形状不可能绝对准确，因而为满足产品的使用要求，对零件表面形状要加以控制。国家标准 GB/T 1182—2018 规定了零件表面形状精度用形状公差来控制，形状公差有六项，其符号见表 2-5。

表 2-5 零件表面形状精度符号

项目	直线度	平面度	圆度	圆柱度	线轮廓度	面轮廓度
符号	—	▱	○	⌔	⌒	⌓

以图 2-15 所示的轴为例，虽然同样保持在尺寸公差范围内，却可能将轴加工成八种不同的形状。用这八种不同形状的轴装配在精密机器上，效果显然会有差别。

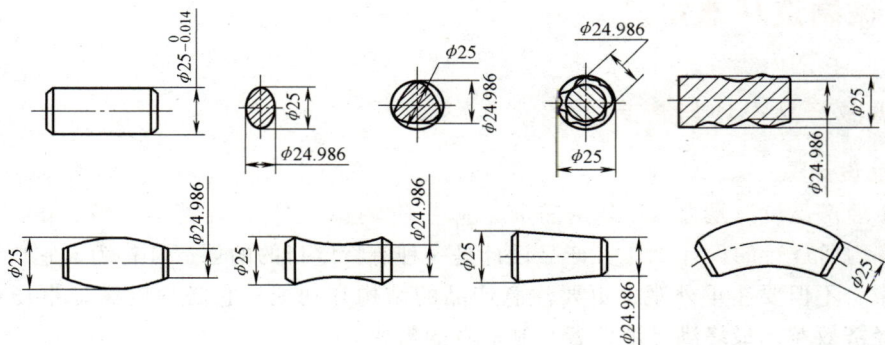

图 2-15 轴的形状示例

3. 位置精度

位置精度是指零件中的点、线、面的实际位置与理想位置相符合的程度。位置精度包括定向（平行度、垂直度、倾斜度）、定位（同轴度、对称度、位置度）以及跳动（圆跳动、全跳动）。正如零件的表面形状不能做得绝对准确，表面位置误差也是不可避免的。国家标准 GB/T 1182—2018 规定位置精度用位置公差来控制。位置公差有八项，其符号见表 2-6。

表 2-6 零件表面位置精度符号

项目	平行度	垂直度	倾斜度	位置度	同轴度	对称度	圆跳动	全跳动
符号	//	⊥	∠	⊕	◎	≐	↗	⨦

4. 表面粗糙度

表面粗糙度是表面质量的主要指标，另外加工硬化、表面残余应力等也是表面质量的考察指标。机械加工中，无论采取何种方法加工，由于刀痕及振动、摩擦等原因，都会在工件已加工表面留下凹凸不平的峰谷。用这些微小峰谷的高低程度和间距大小来描述零件表面的微观特征称为表面粗糙度，也称微观不平度。表面粗糙度的评定参数很多，最常用的是轮廓算术平均偏差 Ra，其单位为 μm。常用加工方法所能达到的表面粗糙度值 Ra 见表 2-7。

表 2-7　常用加工方法所能达到的表面粗糙度值 *Ra*

加工方法	表面特征	*Ra*/μm
粗车、粗铣、粗刨、钻孔等	可见明显刀痕	50
	可见刀痕	25
	微见明显刀痕	12.5
半精车、精车、精铣、精刨、粗磨、铰孔等	可见加工痕迹	6.3
	微见加工痕迹	3.2
	不见加工痕迹	1.6
精铰、精磨等	可辨加工痕迹方向	0.8
	微辨加工痕迹方向	0.4
	不辨加工痕迹方向	0.2

2.3　机械制造基础知识

2.3.1　机械产品设计与制造过程

1. 产品设计

现代工业产品设计是根据市场的需求，应用工程技术方法，在社会、经济和时间等因素的约束范围内所进行的设计工作。产品设计是一种有特定目的的创造性行为，它应该基于现代技术因素，不但要注重外观，更要注意产品的结构和功能；它必须以满足市场需要为目标，追求经济效益，最终满足消费者与制造者的需要。

产品设计是一个做出决策的过程，是在明确设计任务与要求后，从构思到确定产品的具体结构和使用性能的整个过程中所进行的一系列工作。如图 2-16 所示，在机械产品整个寿命周期中，最为关键的是设计阶段。因为设计既要考虑使用方面的各种要求，又要考虑制造、安装、维修的可能和需要，既要根据研究试验得到的资料来进行验证，又要根据理论计算加以综合分析，从而在各个阶段中按照它们的内在联系统一起来。

对于工业企业，产品设计是企业经营的核心，产品的技术水平、质量水平、生产率水平以及成本水平等，基本上确定于产品设计阶段。

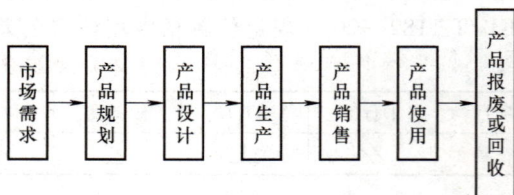

图 2-16　从需求到产品及其使用的全过程

2. 机械产品制造过程

任何机器或设备，都是经由产品设计、零件制造及相应的零件装配获得。只有制造出合乎要求的零件，才能装配出合格的机器设备。某些尺寸不大的轴、销、套类零件，可以直接用型材机械加工制成；一般情况下，则先要将原材料经铸造、锻压、焊接等方法制成毛坯，然后由毛坯经机械加工制成零件；有许多零件还需在毛坯制造和机械加工过程中穿插不同的热处理工艺。一般机械产品的制造过程如图 2-17 所示。

图 2-17　一般机械产品的制造过程

由于企业专业化协作的不断加强，机械产品许多零部件的生产不一定完全在一个企业内完成，可以分散在多个企业间进行生产协作。很多标准件，如螺钉、轴承的加工常常由专业生产厂家完成。

3. 机械产品的制造方法

（1）零件的加工　根据各阶段所达到的质量要求的不同，机械零件的加工可分为毛坯加工和切削加工两个主要阶段。

1）毛坯加工。毛坯加工的主要方法有铸造、锻造和焊接等，它们可以比较经济和高效地制作出各种形状和尺寸的工件。

2）切削加工。切削加工是用切削刀具从毛坯或工件上切除多余的材料，以获得所要求的几何形状、尺寸和表面质量的加工方法。其中，机械加工占有重要的地位。对于一些难以适应切削加工的零件，如硬度过高的零件、形状过于复杂的零件或刚度较差的零件等，则可以使用特种加工的方法进行加工。一般，毛坯要经过若干道机械加工工序才能成为成品零件。由于工艺的需要，这些工序又可分为粗加工、半精加工与精加工等。在毛坯制造及机械加工过程中，为便于切削和保证零件的力学性能，还需在某些工序之前（或之后）对工件进行热处理。热处理后，工件可能有少量的变形或表面氧化，所以精加工（如磨削）常安排在最终热处理之后进行。

（2）装配与调试　加工完毕并检验合格的各零件，根据产品的技术要求，用钳工或钳工与机械相结合的方法，按一定的顺序组合、连接、固定起来，成为整台机器，这一过程称为装配。装配是机械制造的最后一道工序，也是保证机械达到各项技术要求的关键工序之一。装配好的机器，还要经过试运转，以观察其在工作条件下的效能和整机质量。只有在检验、试机合格之后，才能装箱发运出厂。

（3）生产过程的组织与管理　制造出合乎要求的产品，不只是生产加工的问题，还有考虑如何科学有序地组织和管理生产过程。生产过程组织与管理水平的高低，关系到企业能否有效地发挥其生产能力，能否为用户提供优质的产品和服务，能否取得良好的经济效益。

要制造一种产品，必须先由研究部门汇集与之有关的各种知识和信息，然后设计部门应用这些知识和信息，设计出产品的结构和尺寸，再由制造部门根据设计部门提出的要求，进行制造。广义的制造部门可分为：处理生产中的技术问题并决定生产方法的生产技术部门；直接进行产品生产的狭义的制造部门；对产品性能进行检验的检验部门等。通过这些部门的活动，进行产品的生产。

在职能机构给制造部门下达生产数量、使用设备、人员等的总体制造计划后，设计部门需要给制造部门提供以下资料：标明每个零件制造方法的零件图、标明装配方法的装配图、作业指示书等。生产技术部门据此制订产品的生产计划和工艺技术文件（如工艺图、工装图、工艺卡等）。制订生产计划时，应确定制造零件的件数和外购零件、外购部件等的数量，以及交货期限等。轴承、密封件、螺栓、螺母等都是最常见的外购零件，而电动机、减速器、各种液压或气动装置等都是典型的外购部件。

按照生产技术部门下达的任务，由制造部门进行制造。首先将生产任务分配给各加工组织（如生产车间或班组等），确定毛坯制造方法、机械加工方法、热处理方法和加工顺序（也称加工路线）；进而确定各加工组织的加工方法和使用的设备，然后确定每台机床的加工内容、加工时间等，制订详细的加工日程。制造零件时，通常加工所花的时间较短，而准备（刀具和毛坯的装卸等）时间则较长。此外，制成一个零件所需的时间大部分花在各工序间的输送和等待上。因此，缩短这些时间，提高生产率，缩短从制订生产计划到制成产品的过程，使生产计划具有柔性，是生产过程管理的主要任务。对加工完成的零件进行各种检查后，移交到装配工序。

装配完毕的机器性能检验合格后，即完成了制造任务。

随着机械制造系统自动化水平的不断提高，人们正在不断开发出一些全新的现代制造技术和生产系统，如柔性制造系统（FMS）、计算机集成制造系统（CIMS）、精益生产（LP）、并行工程（CE）、敏捷制造（AM）、智能制造（IM）和虚拟制造（VM）等。这些新技术和生产系统的不断推广和发展，使制造业的面貌发生了巨大的变化。

2.3.2 机械制图基础知识

机械图样是设计和制造机械过程的重要资料，是交流技术思想的语言。因此，必须对机械图样的画法、尺寸注法等有统一的规定。《机械制图》国家标准是对与机械图样有关的画法、尺寸和技术要求等做的统一规定，是绘制和阅读机械图样的准则和依据，必须严格遵守。本节主要介绍《技术制图》和《机械制图》国家标准中有关图纸幅面和格式、比例、字体、图线和尺寸注法等的有关规定。

1. 图纸幅面和格式

GB/T 14689—2008《技术制图 图纸幅面和格式》（其中 GB 为国家标准代号，T 表示推荐性标准，14689 是标准顺序号，2008 是标准批准年号）规定：绘制技术图样时，应优先采用表 2-8 中所规定的基本幅面，必要时也允许选用加长幅面。在图纸上必须用粗实线画出图框，图框格式分为不留装订边和留有装订边两种，但同产品的图样只能采用一种格式。不留装订边的图样，图框格式如图 2-18 所示。留有装订边的图样的周边尺寸 a、c、e 见表 2-8，一般采用 A4 幅面竖装，A3 幅面横装。

表 2-8　图纸的基本幅面和图框尺寸　　　　　　　（单位：mm）

幅面代号	幅面尺寸	周边尺寸		
	$B×L$	a	c	e
A0	841×1198	25	10	20
A1	594×841			
A2	420×594			
A3	297×420		5	10
A4	210×297			

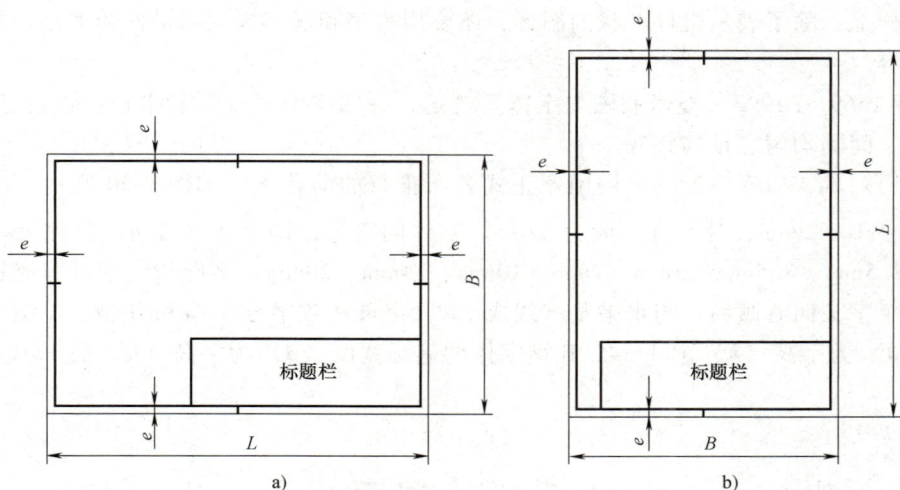

图 2-18 无装订边图样的图框格式

a）横装（X 型） b）竖装（Y 型）

2. 比例

GB/T 14690—1993《技术制图 比例》规定：比例是指图中图形与实物相应要素的线性尺寸之比。比值为 1 的比例称为原值比例，比值大于 1 的比例称为放大比例，比值小于 1 的比例称为缩小比例。为了能从图样上得到实物大小的真实概念，尽量采用 1：1 的比例画图。当机件不宜用 1：1 的比例画时，也可用缩小或放大的比例画出。不论放大或缩小，标注尺寸时必须标注机件的实际尺寸。图 2-19 所示为同一机件采用不同比例画出的图形及标注尺寸。

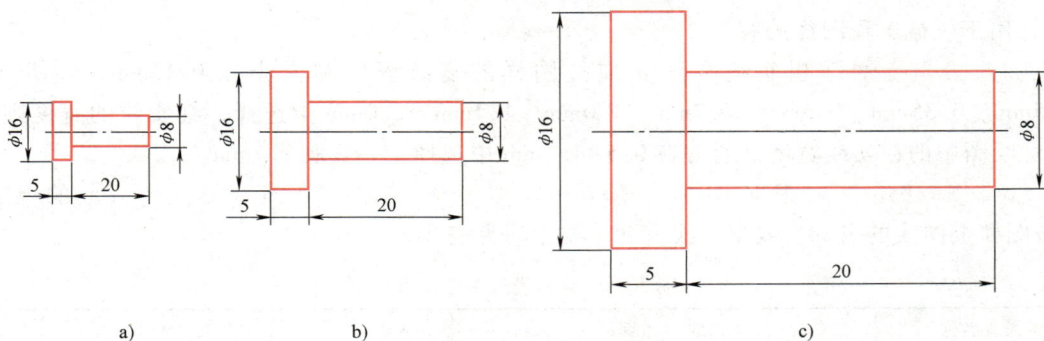

图 2-19 同一机件采用不同比例画出的图形及标注尺寸

a）缩小比例 1：2 b）原值比例 1：1 c）放大比例 2：1

绘制同一机件的各个视图应尽量采用相同的比例，并在标题栏的比例一栏中填写。当某个视图需采用不同的比例时，必须按规定另行标注，如：

$$\frac{\mathrm{I}}{2：1} \quad \frac{A}{3：1} \quad \frac{B—B}{5：1}$$

3. 字体

在图样上，除了表示机件形状的图形，还要用数字和汉字来说明机件的大小、技术要求和其他内容。

GB/T 14691—1993《技术制图　字体》规定，在图样中书写的字体必须做到字体工整、笔画清楚、间隔均匀、排列整齐。

汉字应写成长仿宋体，并采用国家正式公布推行的简化字，如图 2-20 所示。汉字的高度 h 不应小于 3.5mm，其字宽一般为 $h/\sqrt{2}$。字体的字号，即字体高度 h，公称尺寸系列为 1.8mm、2.5mm、3.5mm、5mm、7mm、10mm、14mm、20mm。字母和数字可写成斜体和直体。斜体字字头向右倾斜，与水平基准线成 75°。字母和数字分 A 型和 B 型，A 型字体的笔画宽度（d）为字高（h）的 1/14，B 型字体的笔画宽度（d）为字高（h）的 1/10。

10号字

字体工整　笔画清楚　间隔均匀　排列整齐

7号字

横平竖直　注意起落　结构均匀　填满方格

图 2-20　汉字示例

4. 图线 （GB/T 17450—1998）

（1）基本线型　国家标准规定了各种技术图样的基本线型 15 种（可参阅相关国家标准），用于机械工程图样的有 4 种线素、9 种线型，见表 2-9。

（2）图线宽度　粗实线宽度 d 应按图样的复杂程度和大小在 0.13mm、0.18mm、0.25mm、0.35mm、0.5mm、0.7mm、1.0mm、1.4mm、2.0mm 中选择，细实线的宽度则为 $d/2$。绘图中的粗实线宽度 d 通常在 0.5~1.0mm 中选择，一般取 0.7mm。

（3）图线的应用　根据 GB/T 4457.4—2002《机械制图　图样画法　图线》的规定，机械图样上图线的名称、线型、线宽和主要用途见表 2-9。

表 2-9　图线的名称、线型、线宽和主要用途

图线名称	线　　型	线宽	主要用途
细实线	———————————	$d/2$	尺寸线、尺寸界线、剖面线、指引线及重合断面的轮廓线等
波浪线	 ～～～	$d/2$	断裂处边界线、视图与剖视图的分界线

（续）

图线名称	线　型	线宽	主要用途
双折线	 〰	$d/2$	断裂处边界线、视图与剖视图的分界线
粗实线	 ———	d	可见轮廓线、可见棱边线、可见相贯线
细虚线	 3～6　　　1	$d/2$	不可见轮廓线、不可见棱边线、不可见相贯线
细点画线	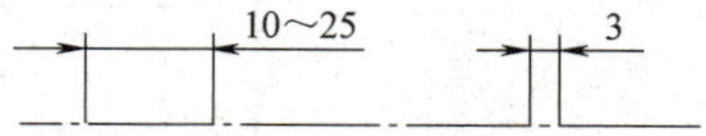 10～25　　3	$d/2$	轴线、对称中心线、分度圆线、孔系分布的中心线、剖切线
粗点画线	 ———·———	d	限定范围表示线
细双点画线	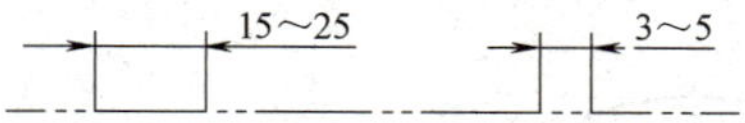 15～25　　3～5	$d/2$	相邻辅助零件的轮廓线、可动零件极限位置的轮廓线等

5. 尺寸注法

图形只能表达机件的形状，而机件的大小则由标注的尺寸确定。下面分别介绍 GB/T 4458.4—2003《机械制图　尺寸注法》中的一些主要内容，列举了一些常用的尺寸注法示例，以及 GB/T 16675.2—2012《技术制图　简化表示法　第 2 部分：尺寸注法》中的一部分简化注法，需要时可查阅上述两个标准。

（1）基本规则

1）机件的真实大小应以图样所注的尺寸数值为依据，与图形大小及绘图的准确度无关。

2）图样中（包括技术要求和其他说明）的尺寸，以 mm 为单位时，无需标注计量单位代号或名称，若采用其他单位，则必须标明相应计量单位的代号或名称。

3）图样中所标注的尺寸，为该图样所示机件的最后完工尺寸，否则应另加说明。

4）机件的每一个尺寸，一般只标注一次，并应标注在反映该结构最清晰的图形上。

（2）尺寸注法示例（表 2-10）

表 2-10　尺寸注法示例

标注内容	示　例	说　明
线性尺寸的数字方向	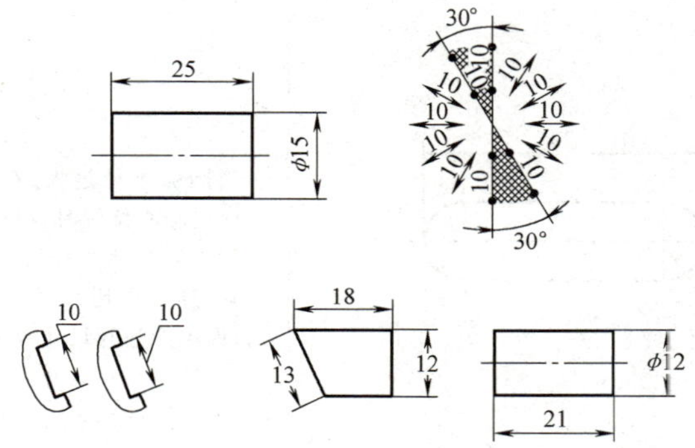	尺寸数字应按左图所示方向注写，并尽可能避免在图示 30°范围内注写。无法避免时，可如右图所示 对于非水平方向线性尺寸，其数字也可水平注写在尺寸线中断处 同一张图中，应尽可能采用同一种方法注写尺寸

（续）

标注内容	示　例	说　明
角度	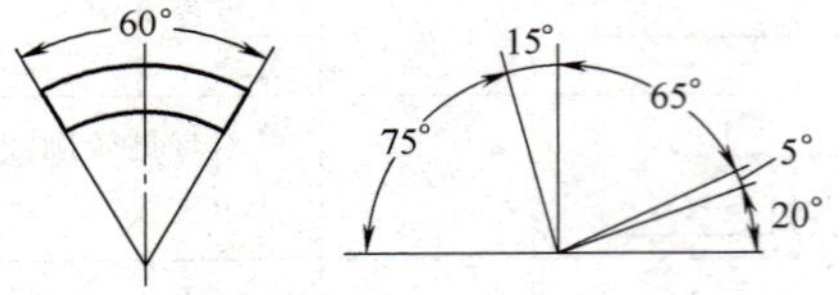	尺寸界线应沿径向引出,尺寸线画成圆弧,圆心是角的顶点。尺寸数字应水平注写,一般标注在尺寸线的上方或中断处,必要时可如右图标注在尺寸线的外侧或上方,也可引出标注
圆的直径	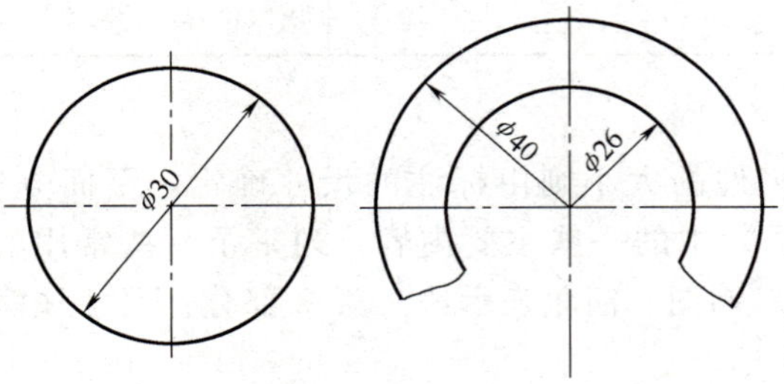	圆的直径尺寸按两个例图标注,一般圆弧大于半圆时标注直径
圆弧的半径	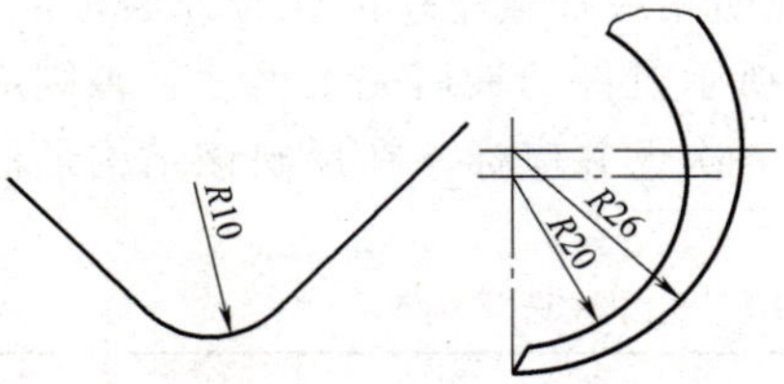	圆弧的半径尺寸按两个例图标注,一般小于等于半圆时标注半径
大圆弧的半径	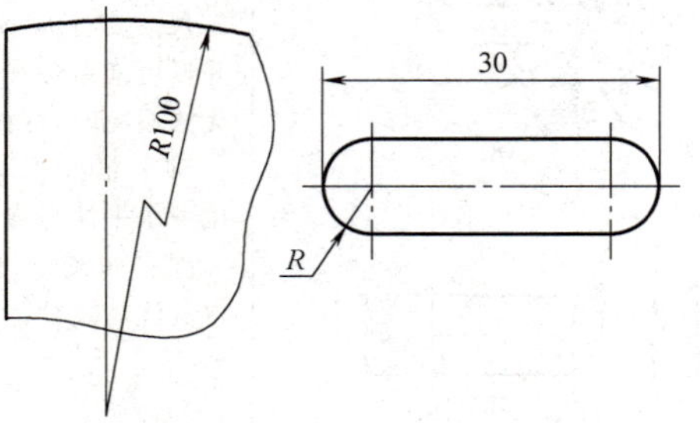	当圆弧半径过大,在图样范围内无法标出圆心位置时,可按左图标注 当需要指明半径尺寸是由其他尺寸所确定时,应用尺寸线和符号"R"标出,但不能注写尺寸数字

（续）

标注内容	示　例	说　明
小尺寸	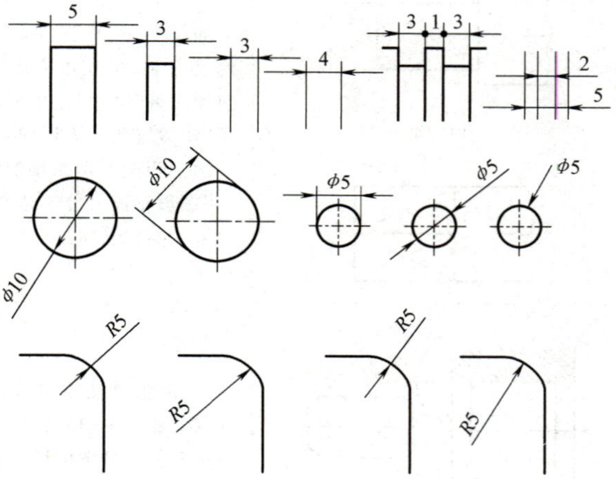	如左侧第一排例图所示，没有足够的位置画箭头或注写数字时，箭头可画在外面或用小圆点代替箭头 尺寸数字也可写在外面或引出标注 圆和圆弧的小尺寸可按左侧下两排例图标注
球面	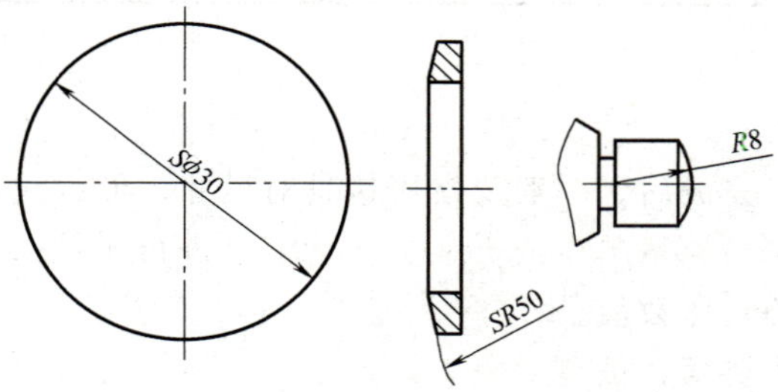	标注球面尺寸时，如左侧前两图所示，应在"ϕ"或"R"前加注"S"；不致引起误解时，则可省略"S"，如左侧第三图所示
弦长和弧长		弦长和弧长的标注如图示，尺寸界线应平行于弦的中垂线。标弧长时，尺寸线用圆弧，并在尺寸数字前面加符号"⌒"
板状零件	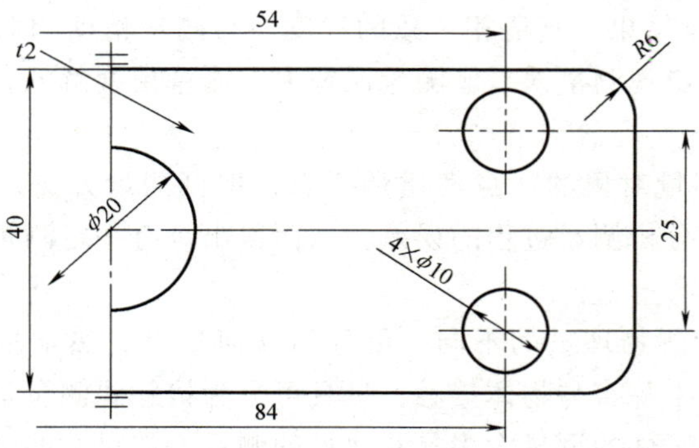	标注板状零件的尺寸时，在厚度的尺寸数字前加注符号"t"
只画一半的对称机件		尺寸54和84略超过对称中心线或断裂处的边界线，仅在尺寸线的一端画出箭头，在对称中心线两端分别画出两条与其垂直的平行细实线（对称符号）
尺寸相同的孔、槽等要素		相同直径的圆孔只要在一个圆孔上标注直径尺寸，并在其前加注"个数×"

（续）

标注内容	示　　例	说　　明
正方形结构	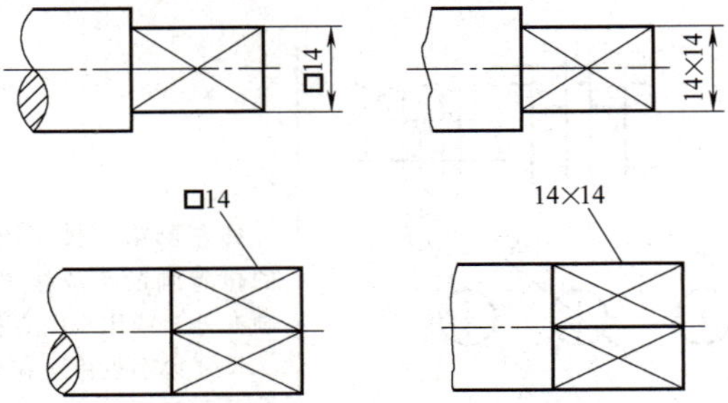	如图所示，标注剖面为正方形结构的尺寸时，可在正方形边长尺寸数字前加注符号"□"（边长等于字高），或用"B×B"（为正方形的对边距离）注出 图中相交的两条细实线是平面符号（当图形不能充分表达平面时，可用这个符号表示平面）
倒角	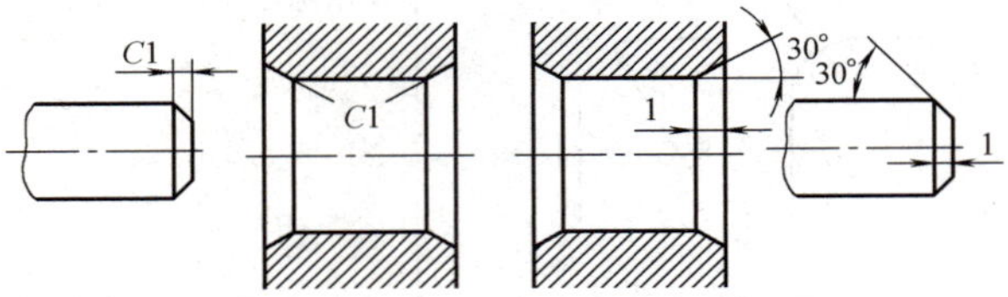	45°倒角可按左侧前两图的形式标注，C1 表示 1×45°倒角；非 45°的倒角可按左侧后两图的形式标注

2.3.3　量具及测量技术

　　毛坯或零件在加工过程中或加工完成后，一般要借用量具对尺寸、形状或位置精度进行测量。测量是将被测量物的几何量值与测量单位或标准量在量值上进行比较，从而求出二者值的实验过程。测量结果即被测量的具体数值。

　　一个完整的测量过程应包括四个要素：被测对象、计量单位、测量方法和测量精度。

　　1）被测对象。在几何量测量中，被测对象是指长度、角度、表面粗糙度值和几何形状。

　　2）计量单位。计量单位是度量同类值的标准量。我国法定计量单位中，长度单位以米（m）为基本度量单位，机械制造中常用的单位有毫米（mm）、微米（μm）和纳米（nm），平面角的角度单位是弧度（rad）、微弧度（μrad）及度（°）、分（′）、秒（″）。

　　3）测量方法。根据一定的测量原理，在实时测量过程中，对测量原理的应用及其实际操作。广义上即指测量所采用的测量原理、计量器具和测量条件的总和。

　　4）测量精度。测量精度指测量结果与真值相一致的程度。与测量精度相对的是测量误差。任何测量过程都不可避免地会出现测量误差。测量误差大，测量精度就低；反之，测量误差小，测量精度就高。

　　测量技术的基本任务是根据测量对象的特点和质量要求，拟订测量方法，选用计量器具，把被测量和标准量进行比较，分析测量过程的误差，从而得出具有一定测量精度的测量结果。

　　量具的种类多种多样，根据检测物理量的不同，可分为几何量具、热学量具、力学量具、电磁学量具等；根据检测过程中是否与物体接触，量具可分为接触式测量量具和非接触式测量量具。在机械制造过程中，工件的测量大多是几何量的测量，如尺寸的测量、形状公差和位置公差的测量等。根据不同的检测要求，所用的量具也不同。生产中常用的检测量具有金属直尺、游标卡尺、千分尺、千分表等。

1. 金属直尺

金属直尺是具有一组或多组有序的标尺标记及标尺数码所构成的钢制板状的测量器具，是测量长度的简单量具，一般用矩形不锈钢片制成，两边刻有线纹。

（1）金属直尺的测量范围　金属直尺的形式如图 2-21 所示。测量范围有：0～150mm、0～300mm、0～500mm、0～600mm、0～1000mm、0～1500mm 和 0～2000mm 七种规格。尺的一端呈方形，为工作端；另一端呈半圆形并附悬挂孔，可用于悬挂。金属直尺的标尺间距为 1mm，有的在起始 50mm 内加刻了标尺间距为 0.5mm 的刻度线。

金属直尺
使用方法

图 2-21　金属直尺

（2）金属直尺的使用范围　金属直尺的允许误差为 ±（0.15～0.3）mm，多用于测量准确度要求不高的工件。可用于划线，测量内、外径，测量长度、宽度、高度、深度等，如图 2-22 所示。

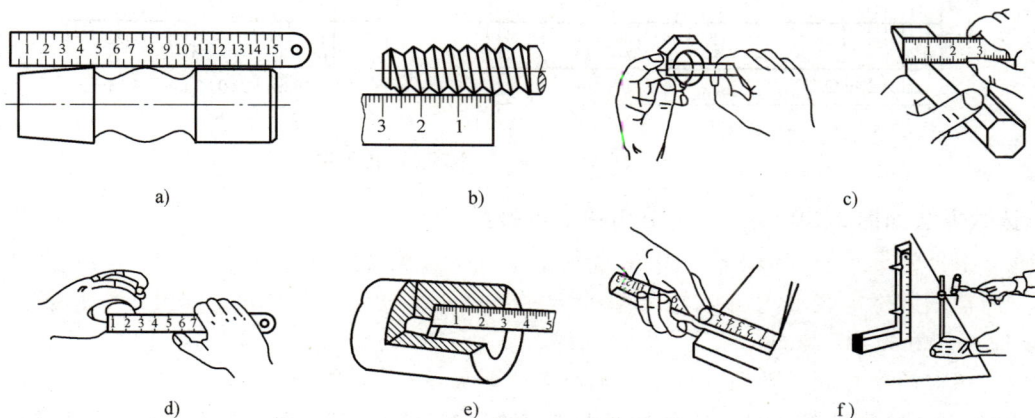

图 2-22　金属直尺的使用

a）测量长度　b）测量螺距　c）测量宽度　d）测量内径　e）测量深度　f）划线

2. 游标卡尺

游标卡尺是一种比较精密的量具，它可以直接量出工件的内径、外径、宽度、深度等，如图 2-23 所示。按照读数的准确度，游标卡尺可分为 10 分度、20 分度和 50 分度三种，它们的准确度分别是 0.1mm、0.05mm 和 0.02mm。游标卡尺的测量范围有 0～125mm、0～200mm、0～300mm 等多种规格。以 50 分度游标卡尺为例，说明它的刻线原理和读数方法，如图 2-24 所示。

游标卡尺
使用方法

刻线原理：当尺框与内外量爪贴合时，游标上的零线对准尺身的零线（图 2-24a），尺身每一小格为 1mm，取尺身 49mm 长度在游标上等分为 50 格，即尺身上的 49mm 刚好等于游标上的 50 格。

$$游标每格长度 = \frac{49}{50}mm = 0.98mm。$$

尺身与游标尺每格之差 = 1mm − 0.98mm = 0.02mm。

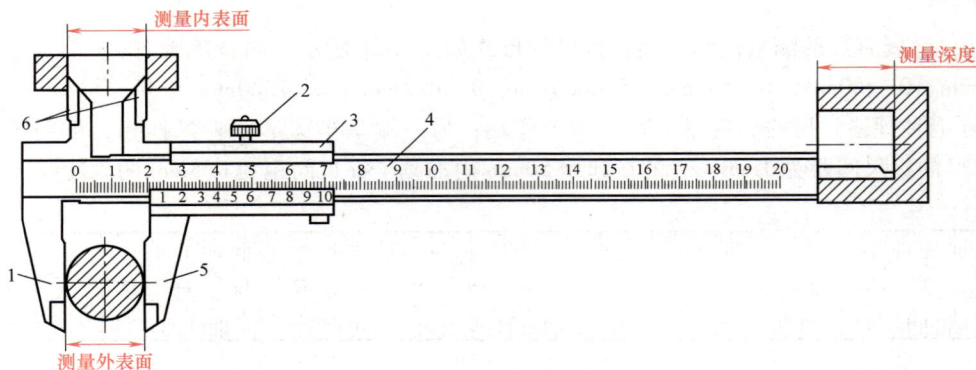

图 2-23　游标卡尺

1—固定外量爪　2—紧固螺钉　3—游标　4—尺身　5—活动外量爪　6—内量爪

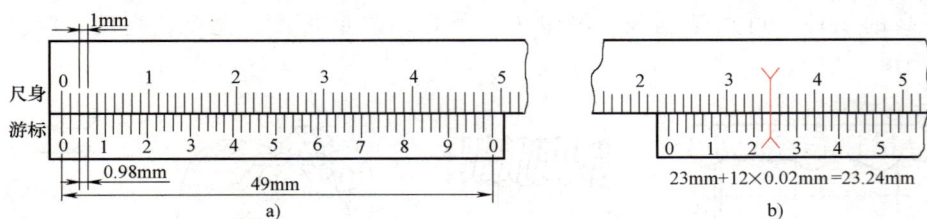

图 2-24　50 分度游标卡尺的读数及示例

读数方法如图 2-24b 所示，可分为三个步骤：

1）根据游标零线左边尺身上的最近刻度读出整毫米数，图 2-24b 中为 23mm。

2）根据游标零线右边游标与尺身刻线对准的刻线数乘以 0.02mm 读出小数，图 2-24b 中为 12×0.02mm = 0.24mm。

3）将上面整数和小数两部分尺寸加起来，即为总尺寸 23.24mm。

用游标卡尺测量工件时，应使内外量爪逐渐与工件表面靠近，最后达到轻微接触，如图 2-25 所示。除此以外，还要注意游标卡尺必须放正，切忌歪斜，以免测量不准。

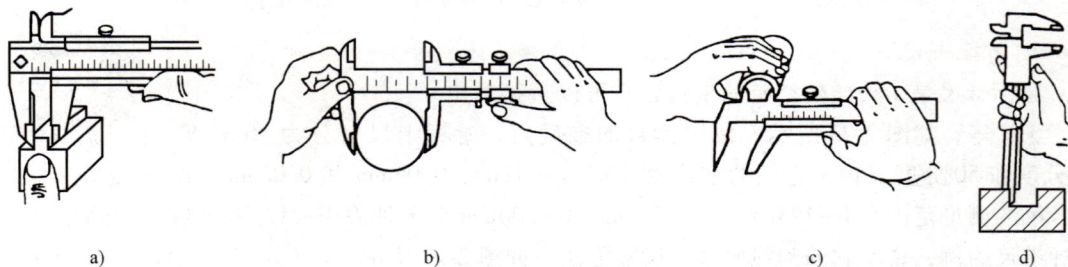

图 2-25　用游标卡尺测量工件

a）测量长度　b）测量外径　c）测量内径　d）测量深度

图 2-26 所示为专门用于测量高度和深度的游标高度卡尺和游标深度卡尺。游标高度卡尺除测量工件的高度外，也可精密划线。

3. 千分尺

千分尺也称螺旋测微器。它是比游标卡尺更为精确的测量工具，测量准确度为 0.01mm。千分尺的种类很多，有外径千分尺、内径千分尺、螺纹千分尺、深度千分尺和齿轮法线千分尺等。通常所说的千分尺一般指外径千分尺，主要用来测量精度较高的圆柱体外径和工件外表面长度尺寸。

千分尺按测量范围不同有 0～25mm、25～50mm、75～100mm、100～125mm 等规格。图 2-27a 所示为测量范围为 0～25mm

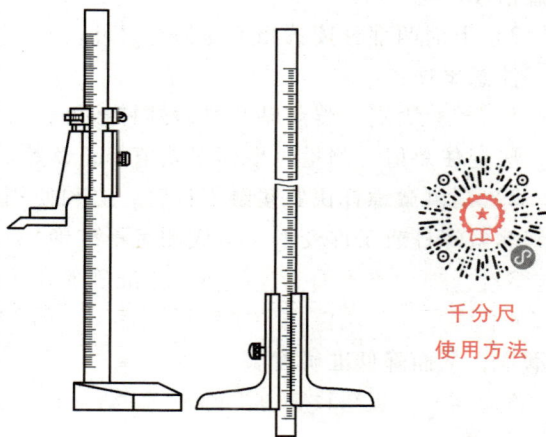

图 2-26 游标高度卡尺与游标深度卡尺

千分尺使用方法

的千分尺结构，测微螺杆和微分筒连在一起，转动微分筒时，测微螺杆和微分筒一起向左或向右移动。千分尺的读数如图 2-27b 所示。

刻线原理：千分尺的读数机构由固定套筒和微分筒组成（相当于游标卡尺的尺身和游标）。固定套筒在轴线方向上刻有一条中线，中线上、下方各刻一排刻线，刻线每小格间距均为 1mm，上下两排刻线相互错开 0.5mm；在微分筒左端锥形圆周上有 50 等分的刻度线。测微螺杆的螺距为 0.5mm，即螺杆转一周，同时轴向移动 0.5mm，故微分筒上每一小格的读数为 $\dfrac{0.5}{50}$mm = 0.01mm。

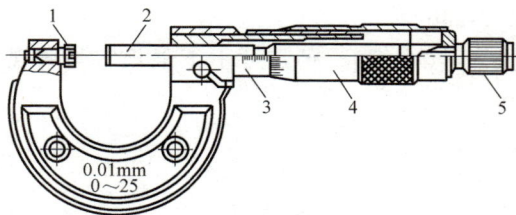

a)

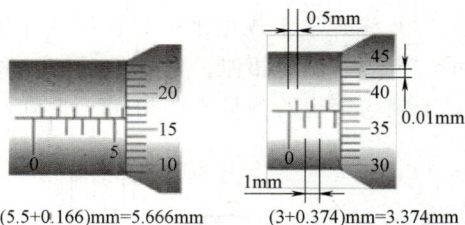

(5.5+0.166)mm=5.666mm (3+0.374)mm=3.374mm

b)

图 2-27 千分尺的结构与读数

a）结构 b）读数

1—测砧 2—测微螺杆 3—固定套筒 4—微分筒 5—棘轮

当千分尺的测微螺杆左端面与测砧表面接触时，微分筒左端的边线与轴向刻度线的零线重合，同时圆周上的零线应与中线对准。

测量时，读数方法可分三步：

1）以微分筒左端面为准线，从固定套筒上露出的刻线读出毫米整数（固定刻度）和半毫米整数（半刻度）。若半刻度线已露出，记作 0.5mm；若半刻度线未露出，记作 0.0mm。

2）以固定套筒的零线为准线，从微分筒上由固定套筒零线对准的刻线读出小数部分，注意估读一位。

3）上面两部分读数相加即为总尺寸。

注意事项：

1）校对零点。将测砧与测微螺杆接触，看圆周刻度零线是否与中线零点对齐，如有误差，应记住差值。测量时根据误差值修正读数。

2）当测微螺杆快要接触工件时，必须使用端部棘轮（严禁使用微分筒，以防用力过大引起测微螺杆或工件变形，造成测量不准确）。当棘轮发出"嘎嘎"打滑声时应停止转动。

3）工件测量表面要擦干净，并准确放在千分尺测量面间，不得偏斜。

4）测量时，不能先锁紧测微螺杆，后用力卡过工件，否则，将使测微螺杆弯曲或测量面磨损，从而降低准确度。

5）读数时提防读错 0.5mm。

4. 量规

量规是一种间接量具，适用于成批大量生产的工件的测量。量规的种类很多，可以根据工作的需要自行制作。常用量规有：检验内径的塞规、检验外径的卡规和环规、检验螺纹的螺纹量规、检验间隙的塞尺、检验半径的量规等。

（1）塞规　塞规用来检验孔径或槽宽，如图 2-28a 所示。塞规的一端长度较短，直径等于工件的上限尺寸，叫作"不过端"（止端）；塞规的另一端较长，直径等于工件的下限尺寸，叫作"过端"。检验工件孔径时，当"过端"能过去，"不过端"进不去时，则说明工件的实际尺寸在公差范围之内是合格的，否则就是不合格的，如图 2-29a 所示。

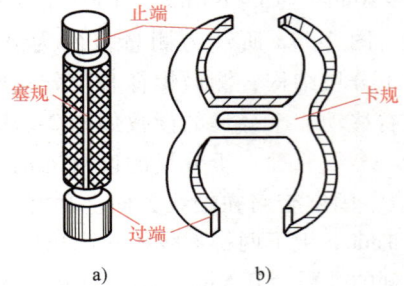

图 2-28　塞规和卡规
a）塞规　b）卡规

（2）卡规　卡规用来检验轴径或厚度，如图 2-28b 所示。卡规和塞规相似，也有"过端"和"不过端"（止端），但尺寸上下限规定与塞规相反。卡规与塞规的测量方法相同，如图 2-29b 所示。

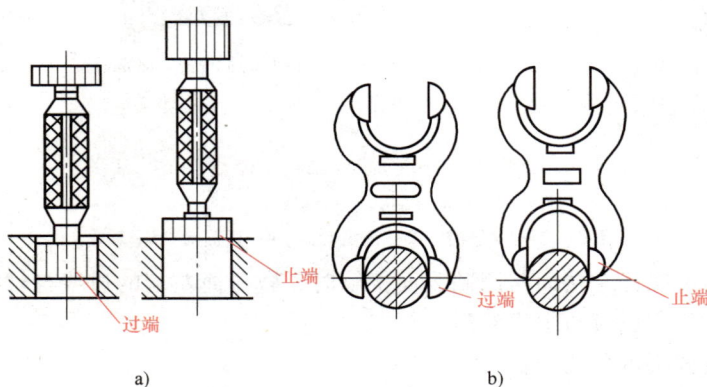

图 2-29　塞规和卡规的使用
a）塞规的使用　b）卡规的使用

（3）塞尺　塞尺是测量间隙的薄片量尺，如图 2-30 所示。它由一组厚度不等的薄钢片组成，每片钢片都印有厚度标记。测量时根据被测间隙的大小，选择厚度接近的薄片插入被测间隙（可以用几片重叠插入）。当一片或数片尺片能塞进被测间隙，则一片或数片的尺片厚度即为被测间隙的间隙值。若被测间隙能插入 0.05mm 的尺片，换用 0.06mm 的尺片则插不进去，说明该间隙为 0.05~0.06mm。

测量时选用的尺片数越少越好，必须先擦净尺面和工件，插入时用力不能太大，以免折弯尺片。

5. 宽座直角尺

宽座直角尺如图 2-31 所示，它的两边成 90°角，用来检查工件的直角、垂直度和平行度。当直角尺的一边与工件一面贴紧，工件另一面与直角尺的另一边之间露出缝隙，用塞尺可量出垂直度误差。直角尺的规格用长边（L）×短边（B）表示，是检验和划线工作中常用的量具。

直角尺
使用方法

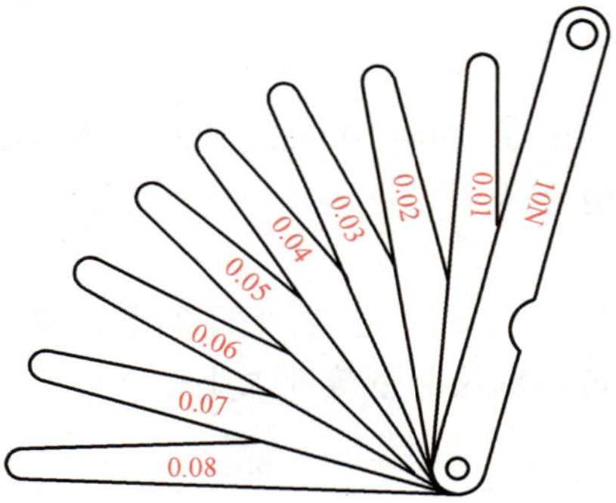

图 2-30　塞尺

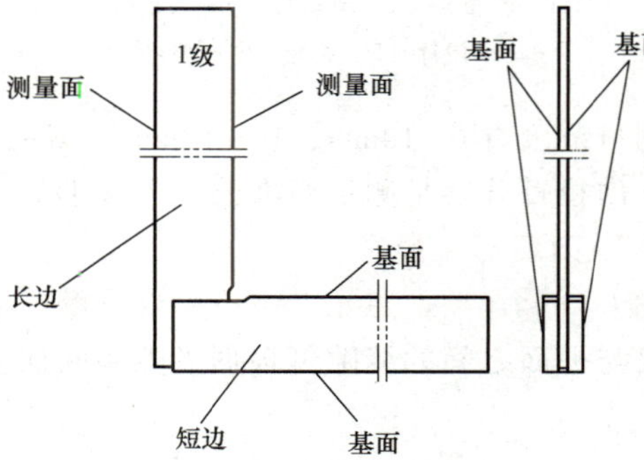

图 2-31　宽座直角尺

6. 指示表

指示表是精密测量中用途很广的指示式量具。它属于比较量具，只能测量出相对的数值，不能测量出绝对数值。指示表主要用来测量工件的形状和位置公差（如圆度、平面度、垂直度、圆跳动等），也常用于工件的精密找正。指示表按分度值分为 0.1mm、0.01mm、0.005mm、0.002mm 及 0.001mm 几种。其中，分度值为 0.1mm 的指示表称为十分表，分度值为 0.01mm 的指示表称为百分表，其他为千分表。

从指示表的传动原理考虑，指示表可分为齿轮传动、杠杆齿轮传动及杠杆螺杆传动等几种。

（1）百分表　百分表的结构如图 2-32 所示，属于齿轮传动结构。当测量杆 2 向上或向下移动 1mm 时，通过齿轮传动系统带动大指针 3 转一圈，小指针 4 转一格。刻度盘 6 在圆周上有 100 个等分刻度线，每格的读数值为 $\frac{1}{100}$mm = 0.01mm；小指针每格读数为 1mm。

测量时，大、小指针所示读数之和即为尺寸变化量。小指针处的刻度范围，即为百分表的测量范围。刻度盘可以转动，供测量时调整大指针对准零位刻线用。百分表使用时常装在专用百分表架上，如图 2-33 所示。

（2）内径百分表　内径百分表是用来测量孔径及形状精度的一种精密的比较量具。图 2-34 所示为内径百分表的结构。它附有成套的可换插头，读数准确度为 0.01mm。内径百分

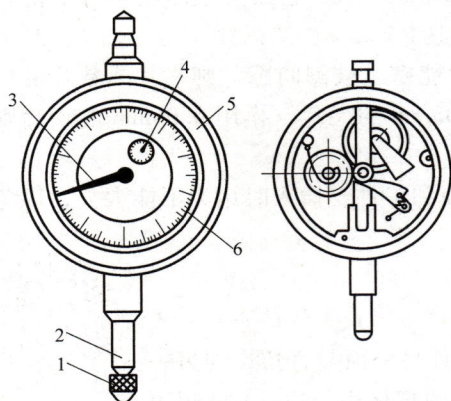

图 2-32 百分表的结构

1—测量头 2—测量杆 3—大指针
4—小指针 5—表壳 6—刻度盘

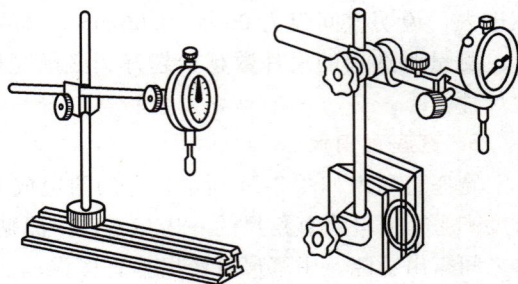

图 2-33 百分表架

表测量范围有 6~10mm、10~18mm、18~35mm、35~50mm、50~100mm、100~160mm 等几种。内径百分表是测量标准公差等级 IT7 以上孔的常用量具。

7. 刀口形直尺

刀口形直尺是用光隙法检验直线度或平面度的量尺（图 2-35）。若平面不平，则刀口形直尺与平面之间的缝隙可根据光隙判断误差状况，也可用塞尺测量缝隙大小。

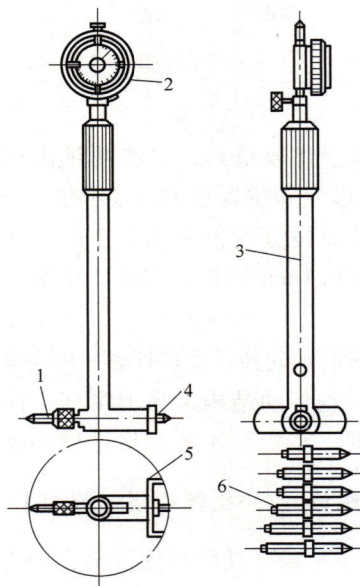

图 2-34 内径百分表的结构

1—可换插头 2—百分表 3—接管 4—活动量杆
5—定心桥 6—可换插头

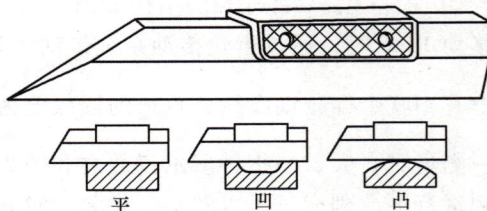

图 2-35 刀口形直尺及其应用

平 凹 凸

8. 测微仪

测微仪是用来对精密零部件的平行度、平面度进行测量的精密测量仪器，如图 2-36 所示。可配合指示表、电子测头等对零件或成品进行相对尺寸检验，有普通型测微仪、微调型测微仪和螺旋形测微仪等形式。

9. 圆度、圆柱度测量仪

圆度、圆柱度测量仪是一种用于机械工程领域的精密测量仪器，主要由机架、回转台、十字滑台、计算机和配套软件等组成，如图 2-37 所示。一般具有自动调心和自动调水平功能，可对内、外圆表面的圆度和圆柱度进行测量，精度可达 0.2m/350mm。

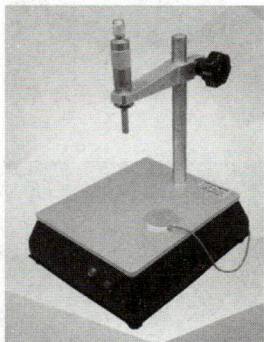

图 2-36　测微仪　　　　　　　　图 2-37　圆度、圆柱度测量仪

10. 三坐标测量机

三坐标测量机一般由主机机械系统、测头系统、电气控制等硬件系统和数据处理软件系统等组成，如图 2-38 所示。将被测物体置于三坐标测量机工作台上的适当位置，通过获得被测物体上各测点的坐标，数据处理后可求出被测物体的几何尺寸、形位公差。三坐标测量机可实现空间坐标点位的测量，方便测出各种零件的三维轮廓尺寸和位置精度，其测量精度高、速度快、重复性好，在机械、汽车、航空航天、军工、电子、仪表、塑胶等行业得到广泛应用。

11. 激光测量仪

激光测量仪可实现非接触式 360° 高精度扫描，具有操作简单、速度快、重复精度高等优点，如图 2-39 所示。测量时，将零件放置于载物台上，只需单击控制软件上的测量执行按钮，即可执行从扫描到测量的操作。载物台 360° 旋转，可不留死角地获取零件全周的真实 3D 数据，单幅能获取数百万个点的形状颜色数据。

12. 表面粗糙度测量仪器

（1）粗糙度仪　粗糙度仪又称表面粗糙度仪、表面光洁度仪、粗糙度计等，如图 2-40 所示。其具有测量精度高、测量范围宽、操作简单、便于携带、工作稳定等优点，可以广泛应用于各种金属与非金属加工表面粗糙度的检测。

（2）粗糙度样板　粗糙度样板是用比较法检查零件表面粗糙度的一种量具，又称表面粗糙度对比块、机加工粗糙度检测块等，如图 2-41 所示。能通过目测或放大镜与被测工件进行比较，以判断表面粗糙度的级别。

13. 量具的保养

量具保养得好坏，直接影响到它的使用寿命和零件的测量精度。因此，必须做到以下几点：

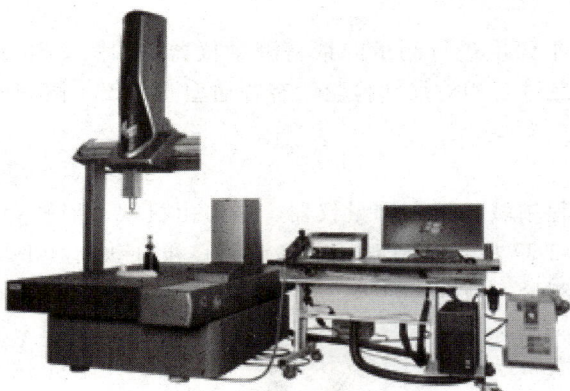

图 2-38　三坐标测量机

图 2-39　激光测量仪

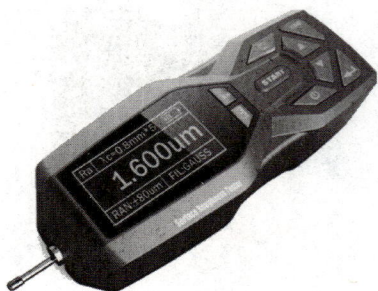

图 2-40　粗糙度仪

图 2-41　粗糙度样板

1）量具在使用前、后必须擦干净。

2）不能用精密量具去测量毛坯或运动的工件。

3）测量时不能用力过猛、过大，也不能测量温度过高的工件。

4）不能把量具乱扔、乱放，更不能当工具使用。

5）不能用脏油洗量具或注入脏油。

6）量具用完后应擦洗干净、涂油，并放入专用量具盒内。

2.4　机械加工精度与零件加工成本分析

2.4.1　机械加工精度

加工精度是指正常的加工条件下（完好的设备，合格的夹具、刀具，标准技术等级的工人，不延长加工时间），所能保证的产品的加工精度和表面粗糙度。

加工精度是机械加工中经常使用的一个概念。一个零件从设计到加工都要注意其经济性。在设计时，零件加工精度等级的高低是根据使用要求决定的，航空航天上的零件就要求有很高的精度，而拖拉机上零件的要求就比较低。在加工过程中，影响精度的因素很多。每种加工方法在不同的工作条件下，所能达到的精度会有所不同。例如，精细地操作、选择较低的切削用量就能得到较高的精度。但是，这样会降低生产率，增加成本。反之，如增大切削用量提高生产率，虽然降低了成本，但会增加加工误差，使精度下降。因此，选择加工方法一般应根据零件的加工经济精度和表面粗糙度综合考虑。

加工精度与加工成本之间的关系如图 2-42 所示，图 2-42 中 δ 为加工误差，C 表示加工成本。两者关系的总趋势是加工成本随着加工精度的变大而上升，但在不同的误差范围内，成本上升的比率不同。由 A 点左侧曲线可知，加工精度减少一点，加工成本会上升很多；加工精度减少到一定程度，投入成本再多，加工精度的下降也微乎其微，这说明加工精度的提高是有极限的（图 2-42 中用 δ_L 表示）。在 B 点右侧，即使加工精度增大许多，成本下降却很少，这说明对于一种加工方法，成本的下降也是有极限的，即最低成本（图 2-42 中用 C_L 表示）。只有在曲线的 AB 段内，加工成本随着加工精度的减少而上升的比率相对稳定。可见，只有加工精度等于曲线 AB 段对应的精度值时，采

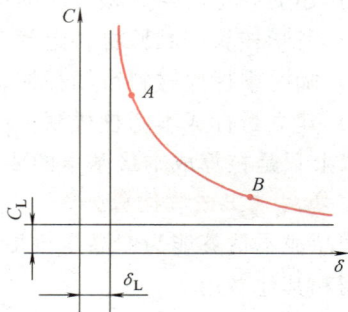

图 2-42　加工精度与加工成本之间的关系

用相应的加工方法加工才是经济的，该精度即为该加工方法的经济精度。因此，加工经济精度是指一个精度范围而不是一个确定值，可以理解为在这个精度范围内加工的零件是经济的。

经济精度的数值不是一成不变的，随着科学技术的发展、工艺的改进和设备及装备的更新，加工经济精度会逐步提高。通过对加工经济精度的分析，要根据经济精度来进行零件的设计与机加工工艺规程的制订。

2.4.2　零件加工成本分析

1. 零件加工成本及构成

零件加工成本是指从原材料的投入到生产加工的转换，直到得到成品这一过程花费的总费用。从生产角度出发，零件加工成本（即生产成本）包括材料费、人工费、设备费与制造费等。

（1）材料费　材料费分为原材料费和间接材料费。原材料是指加工后成为产品的一部分的物质。原材料费是构成产品的主要费用，包括原材料的购价、运费和仓储费用等；间接材料费是指制造过程中所需的工量具费用、工艺装备费用、模具费用、设备折旧费、水电费用、润滑油洗剂、黏结剂及螺钉等材料费。

（2）人工费　人工费包括人工的薪资与福利等。人工费分为直接人工费和间接人工费。直接人工是指直接从事产品制造的工作人员，如加工人员、班组长等。间接人工是指与产品的生产并无直接关系的人员，如各级管理人员、品管人员、维修人员及清洁人员等。

（3）设备费　包括加工该零件相关主副设备净值、折旧费、维修费，一般用设备利用率系数表征。

（4）制造费　制造费是指除材料费与人工费之外的一切制造成本，包括租金、保险费、修护费、税费、利润等。

2. 成本核算前要明确的相关问题

1）必须掌握一定的成本核算知识，了解成本的基本构成。

2）必须了解要核算对象的生产过程，掌握它的工艺流程。

3）建立一定的与其相对应的产品核算模式，科学、按步骤地核算产品成本。

4）科学核算产品原材料定额、工资定额、工时定额，合理分配费用。

5）随时掌握原材料市场行情，有降低材料成本的控制办法。

6）建立目标成本考核机制，严格控制生产成本。

以上只是核算成本最基本的要求，必须根据企业的具体情况而定。

3. 零件加工成本估算方法

产品成本估算能为产品定价提供依据或参考。成本估算时，通常将生产成本分为基本加工费用和其他费用。

（1）**基本加工费用** 基本加工费用是与工艺过程直接有关的费用，主要包括材料费和直接人工费，此部分费用占总费用的 70%~75%。

（2）**其他费用** 其他费用指与工艺过程无关的费用，如制造费、间接人工费等。

在同一生产条件下，与工艺过程无关的费用基本上是相等的，因此对零件进行工艺分析时，只要分析与工艺过程直接有关的基本加工费用即可。

基本加工费用的估算主要是先确定加工工艺方案，即加工路线，然后根据加工路线来计算工时，由工时来确定单个零件的基本加工费用，再加上其他费用。

加工工艺是一个很复杂的问题，因此，加工成本很难有统一的算法。由于机械加工存在很大的工艺灵活性，即一个零件可以有多种工艺安排，加工成本相差很大。另外，区域和生产时间对成本影响也很大，如不同区域、不同时间，原材料成本不同，各地人工费用也不相同，因此各地的基本加工费用差别非常大，不可能有统一的算法。但一般都按工时计价，并有一个基本参考价，即《关于一般机械加工件的收费标准》，"收费标准"通常在基本参考价之间浮动。

零件加工成本估算方法见下式（没有统一规定，以下仅供参考）：

$$E_d = V + C/N$$

式中，E_d 为单件工艺成本（元/件）；V 为单件加工费用，V＝材料费+加工费+加工费×16%税（元/件）；N 为工件的年产量（件）；C 为年生产所需的其他费用（元）。

（3）**材料费核算** 材料费=总用料重量×材料价格-（总用料重量-产品净重）×废料回收价格

1）圆柱形的材料重量为：材料重量＝$\pi \times r^2 \times$长度×密度×10^{-6}

2）板材的材料重量为：材料重量＝长度×宽度×厚度×密度×10^{-6}

其中，常用材料的密度见表 2-11；常用材料的价格和废料回收价格根据当时的市场价格计算。

表 2-11 常用材料的密度

材料名称	密度/（g/cm³）
铁	7.8
钢	7.85
铝	2.7

（续）

材料名称	密度/（g/cm³）
纯铜	8.9
铅黄铜	8.5
锰青铜	8.5

（4）加工费核算　在《关于一般机械加工件的收费标准》中有两种计价方式：按工时计价收费办法和根据零件数量、精度要求收费办法。

通常，加工费按工时计价收费办法核算，采用不同的工艺，价格有一定差异，表2-12为常用设备加工的基本价格。各工种的工时基本价格并不固定，根据工件的难易、设备大小、性质不同而不同。一般来说，都是在基本价之间浮动。做预算时，必须充分了解当前市场。表2-12中所列价格随地域和时间的变化很大，此处仅供参考。

表 2-12　常用设备加工的基本价格（仅供参考）

名称	价格
车床	20~40 元/时
铣床	25~45 元/时
钻床	15~35 元/时
刨床	15~35 元/时
磨床	25~45 元/时
线切割	3~4 元/时/900mm²（一般以加工面积来计算）
电火花	10~40 元/时;单件 50 元/件(小于 1h)
雕刻机	50~500 元/件
数控机床	基本价比普通机床贵 2~3 倍
钳工一般维修	15 元/时(计时单位,从接手加工开始至加工完成验收合格结束)
钳工装配	20 元/时

（5）其他费用　C＝制造费+间接人工费等（根据实际情况定）。

思　考　题

1. 钢的热处理的理论依据是什么？
2. 常用的热处理工艺有哪些？
3. 热处理加热设备有哪些？
4. 机械加工的主运动和进给运动指什么？在某机床的多个运动中，如何判断哪个是主运动？
5. 什么是切削用量三要素？
6. 刀具材料应具备哪些性能？
7. 什么是工件的定位和夹紧？机床夹具一般有哪些组成部分？
8. 常用的量具有哪几种？
9. 游标卡尺和百分尺测量的准确度是多少？怎样正确使用？能否测量铸件毛坯？

第3章

工程师的职业素养

【基本知识】

1. 学习工程师必须具备的职业素养。
2. 学习现代工程意识素养。

【基本技能】

1. 培养现代工程师必备的职业素养。
2. 树立正确的现代工程意识。

3.1 职业素养

工程是科技转化为生产力的重要环节，是联系科技与经济的桥梁。纵观人类社会发展的历史进程，正是工程科技的持续发展，极大地推动生产力发生了革命性的飞跃，使人类的生产方式和生活方式发生了根本性变革。工程科技人才是中国实现创新发展的中坚力量，是人类物质文明的创造者和建设者。当代工程师从事工程技术活动，除须自觉遵守法律法规外，还必须具备全面高尚的职业道德、正确的职业价值观、娴熟的职业技能和良好的职业规范，才能为国家的创新发展提供持续动力。大学生作为未来的工程师，不仅需要掌握高深的专业技术，还应具有良好的职业素养。

3.1.1 工程师的职业素养的含义

1. 职业素养的内涵

职业素养是职业内在的规范和要求的综合，是在从事某种职业过程中表现出来的综合品质，是员工素质的职场体现。职业素养包含职业道德、职业观念、职业技能、职业规范等要素。在工程领域，职业素养体现着一个工程师在职场中成功的素养及智慧。工程师应该深度了解工程相关知识，并且能够考虑技术、政治、经济、环境等因素综合解决工程问题；对于从事非工程相关工作的人员，应该具备一定的工程知识，能够处理日常生活中涉及的工程问题，能够对公共工程项目和问题做出科学、理性、独立的判断和选择。

2. 职业素养的要素

（1）职业道德 职业道德是与人们职业活动紧密联系的符合职业特点要求的道德准则、道德情操与职业品质的总和。它既是对员工在职业活动中的行为要求，同时又是职业对社会所担负的道德责任与义务。

（2）职业观念 职业观念是具有其职业特征的职业精神和职业态度。职业精神的内涵是：具备职业责任和职业技能，具备职业纪律和职业良心，以为人民服务为职业理想并甘于奉献。

（3）职业技能 职业技能是从业人员在职业活动中能够娴熟运用并能保证职业生产、职业服务得以完成的特定能力和专业本领。

（4）职业规范 职业规范是指维持职业活动正常进行或合理状态的成文和不成文的行为要求。这些行为要求是人们在长期活动实践中形成和发展起来的，并为大家共同遵守的各种制度、规章秩序、纪律以及风气、习惯等。

3.1.2 工程师的职业伦理

职业伦理应该成为工程教育的"开学第一课"，培养具有伦理意识的现代工程师、以造福人类和可持续发展为理念的工程师，才能在面临着忠诚于股东还是公众利益冲突等道德困境时做出正确的判断和选择。

1. 职业伦理的内涵

工程师伦理责任是指经过工程师资格权威认证机构认证的工程师，在工程活动中依据公正和关护原则，应当自觉地为包括当代人和后代人在内的工程利益相关者的行为承担事前、事中、事后的责任。工程师应该始终将公众利益置于个人利益之上，在工程活动的各个时期，坚持履行自己的伦理责任，提高工程的社会效益，使工程技术不断进步、工程成果能够造福全社会。

2. 职业伦理的原则

工程伦理是调整工程与技术、工程与社会之间关系的道德规范，是在工程领域必须遵守的伦理道德原则。工程伦理的道德规范是对从事工程设计、建设和管理工作的工程技术人员的道德要求，其主要道德规范是责任、公平、安全、风险。其中，前两者是普遍伦理原则，后两者是工程伦理特有的原则。工程伦理研究工程师职业道德素养、行为规范及其伦理控制机制，在充分总结工程活动的道德要求和工程技术实践的基础上，提出工程师及其他工程技术工作者应具备的道德素养和伦理规范。工程伦理原则包含以下几个方面：

1）以人为本的原则。以人为本就是以人为主体，以人为前提，以人为动力，以人为目的。以人为本是工程伦理观的核心，是工程师处理工程活动中各种伦理关系最基本的伦理原则。

2）关爱生命的原则。关爱生命原则要求工程师必须尊重人的生命权，意味着要始终将保护人的生命摆在重要位置，且不支持以毁灭人生命为目标的项目的研制开发，不从事危害人健康的工程的设计、开发。

3）安全可靠的原则。在工程设计和实施中，以对待人的生命高度负责的态度，充分考虑产品的安全性能和劳动保护措施，即要求工程师在进行工程技术活动时必须考虑安全可靠，对人类无害。

4）**关爱自然的原则**。工程技术人员在工程活动中要坚持生态伦理原则，不从事和开发可能破坏生态环境或对生态环境有害的工程。

5）**公平正义的原则**。正义与无私相关，包含着平等的含义。公平正义原则上要求工程技术人员的伦理行为要有利于他人和社会，尤其是面对利益冲突时要坚决按照道德原则行动。

3.1.3　工程师的伦理责任

事实上，在工程活动中，工程师承担的事故责任非常有限。因为，所有工程师的工作在相当大程度上受经营者或政府控制，而不是由工程师支配。当然工程师对自身工作中由于失职或有意破坏造成的后果应负责任，但对由于无意的疏忽（如产品缺陷）或由于根本没有认识（如地震预报）而造成的影响分别应负什么责任？更重要的是，在前一种情况，即大量的工程项目是受经营者或政府控制的情况下，工程师是否有责任，应对谁负责？是对工程本身（桥梁、房屋、汽车等）负责，还是对雇主、对用户乃至对国家、对整个社会负责？如果在工程本身、公众利益、雇主利益以至社会或人类的长期利益之间有冲突，工程师应首先维护谁的利益？

伦理责任是指人们要对自己的行为负责，该行为是可以以正义为标准进行解释说明的。相对于法律责任，伦理责任具有前瞻性，它是一种以善与恶、正义与非正义、公正与偏私、诚实与虚伪、荣誉与耻辱等作为评判准则的社会责任。工程师必须增强自身的伦理责任意识，勇于承担伦理责任。只有这样，他们才能恪尽职守，在工作中一丝不苟。工程师之所以要承担伦理责任，首先是因为工程师的工作职责事关人类和社会的前途，其次是因为工程师的行为选择。选择和责任分不开，选择将工程师带进价值冲突之中，使他们在多种可能性中取舍。传统观点认为，工程师的社会责任是做好本职工作。实际上这种看法是片面的，当代工程技术日新月异赋予了科技工作者前所未有的力量，使他们的行为后果常常难以预测，信息技术、基因工程等工程技术在给人类带来利益的同时还带来了可以预见亦或难以预见的危害甚至灾难，或者给一些人带来利益而给另一些人带来危险。由此可见，在现代社会，工程师的伦理责任要远超本职工作。

3.2　现代工程意识素养

现代工程意识是指从系统的、整体的全局观出发，分析工程的效用和利弊，以及由此引申而来的科学技术问题、功能审美问题、生态环境问题、资源安全问题、伦理道德问题，将工程技术、科学理论、艺术手法、管理手段、经济效益、环境伦理、文化价值进行综合，树立科学的可持续发展观。作为新时代未来的工程师，应该具有必要的现代工程意识。

2013年11月28日，教育部、中国工程院印发了《卓越工程师教育培养计划通用标准》（高函〔2013〕15号文件）。该通用标准规定了卓越计划各类工程型人才培养应达到的要求，同时也是制定行业标准和学校标准的宏观指导性标准。通用标准分为本科、硕士、博士三个层次。根据通用标准以及社会发展的需求，现代工程人员应具有良好的质量意识、安全意识、效益意识、环境意识、职业健康意识、服务意识、创新意识以及精细化工作意识。

3.2.1　质量意识和安全意识

1. 质量意识

工程质量是保证工程造福于民的关键，工程质量的好坏直接关系到人民的生命安全和国家的经济利益。由于质量事故，利国利民工程变成祸国殃民工程的情况在现实生活中并不少见，如重庆彩虹桥倒塌事件、九江大桥垮塌事件、哈尔滨阳明滩大桥断裂事件等，都使人民生命财产蒙受了重大损失。质量意识就是工程技术人员对质量和质量工作的认识、理解和重视程度，拥有良好的质量意识是工程技术人员追求卓越的前提，需贯穿于工程技术人员的整个职业生涯。

在工程实践中，工程技术人员要负责设计和监督产品生产，这是工程技术人员的一项主要工作。产品质量形成和实现的过程，就是产品的研究开发、设计、生产制造、交换和消费的过程。在这一过程中，如果任何一个环节出现问题，都会影响产品质量的形成和实现。所以，作为工程的建构者和质量的创造者，工程人员的质量意识直接影响着工程的质量、安全和效益。不论哪类工程，在设计、施工和使用的过程中都要讲究质量意识。

2. 安全意识

安全意识是工程技术人员在从事生产活动中对安全现状的认识，以及对自身和他人安全的重视程度。良好的安全意识关系到人民群众的人身安全和切身利益、国家和企业财产的安全，以及经济社会的健康稳定发展。安全既是工程技术人员从事工程实践的前提和保障，也是企业快速发展、创造利益的需要。可以说，安全是企业生产发展的命脉，安全意识也是员工应具备的核心意识。因此，现代工程技术人员必须具有高度的安全意识，在生产过程中严格遵守相关规章制度和劳动纪律，杜绝违章，才能实现安全生产并创造效益和价值。

工程是人类物质文明进步的阶梯，工程创新具有内在的不确定性，它可能成功，也可能失败。任何工程都具有风险性，尤其核电、载人航天等工程的风险性更高。工程风险关系到广大群众的生命和财产安全，影响到人类的生存和长远发展。要避免安全事故的发生，工程技术人员必须首先树立强烈的安全意识。

3.2.2　效益意识和环境意识

1. 效益意识

效益意识是指工程技术人员在从事相关工程活动中对经济效益和社会效益的重视程度，以及对两者关系的认识水平。良好的效益意识要求工程技术人员在工程活动时，既需要关注工程产生的经济效益，也需要注重其带来的社会效益，这样企业才能在获取经济效益的同时，得到社会的认可和支持。工程活动属于一种经济活动，经济活动的评价尺度主要是由产量、产值、利益等经济技术指标构成的，其成功的标准是最大限度地获取经济效益。创造经济效益是工程活动无可厚非的合理目标之一，也是大多数工程活动的基本着眼点，而成本控制是实现经济效益的重要基础。因此，在如何控制成本与追求经济效益之间，就不可避免地存在平衡问题。

在工程活动中，存在工程共同体各方如何把握和平衡成本与效益的关系问题。在市场经济条件下，工程的投资方都会采取各种方法达到增加经济效益的目的，其中就包括降低工程造价和生产成本的核算。降低工程造价和生产成本的前提条件是，在鼓励技术革新和加强工程管理的基础上，不能以牺牲其他利益为代价。如果不是以此为前提，就会在工程共同体的各利益主体之间造成矛盾，出现成本与效益矛盾的问题，甚至造成安全事故。

2. 环境意识

环境意识是指人们对环境的认识水平，以及对环境保护行为的自觉程度。良好的环境意识是工程技术人员在工程活动中重视环境保护、处理好人与自然和谐关系的基础。

在工程实践中，工程师与自然环境的关系最为密切，工程师利用自然界的物质和能源创造了一个又一个工程奇迹，给人类提供了物质文明和精神文明。正因为自然界对人有"恩赐"，人才得以生存，所以人不但要感谢自然，更有义务和责任保护好自然环境。就像美国学者维西林和冈恩所言："工程师与其他职业不一样，其直接涉及环境的保护。无论什么工程，工程师都是做事的人。建造一座水坝需要许多专业人员的技能，如会计师、律师和地质学家，但实际建造水坝的却是工程师。正因为如此，工程师对环境负有特殊的责任。"所以，在人类改造自然的各种工程活动中，在创造美好生活的同时，要记得爱护和保护好自然生态环境。毋庸置疑，与大自然关系最为密切的现代工程技术人员更应该正确认识和树立起良好的环境意识。

3.2.3 职业健康意识和服务意识

1. 职业健康意识

职业健康意识是指在职业活动过程中，人们注重个人身心健康和社会适应的能力。良好的职业健康意识，是有效预防职业病，保持身心健康、乐观向上和能在各种环境下顺利开展工作的主观条件。现代工程技术人员面对的工作环境往往具有一定复杂性和危害性，更应该树立起良好的职业健康意识。

2. 服务意识

服务意识是指人们自觉、主动地为服务对象提供热情和周到服务的观念和愿望，是现代行业、企业应对市场竞争，要求员工必须具备的重要意识。工程师的服务意识不仅体现在设计和研发阶段，还体现在产品售后或工程项目交付使用后的保养、维护和更新阶段。

现代工程师应树立坚持质量第一的思想、坚持"客户第一、服务至上"的理念、坚持企业必须服务于社会等服务意识。作为现代工程技术人员，只有具有良好的服务意识，才能创造出好的工程作品，才能为企业和社会做出更大的贡献。

3.2.4 创新意识和精细化工作意识

1. 创新意识

创新意识是指推崇创新、追求创新、主动创新的意识，即创新的积极性和主动性、创新的愿望与激情。创新意识具体表现为强烈的求知欲、创造欲、自主意识、问题意识，以及坚持不懈的创新追求等。目前，日益凸显的能源、资源和环境问题已经严重影响我国经济社会的持续健康发展。要解决这一系列突出问题，必须坚持科学发展观，走新型工业化道路，这就迫切需要创新型工程科技人才。而要想成为创新型工程技术人员，就必须树立创新意识。

2. 精细化工作意识

精细化工作意识是指工作人员在各种工作中对小事和工作细节的态度、认知、理解和重视程度。精细化工作意识通常能反映出一个员工的职业素养，而这也就是一些人能否取得成功的关键点所在。

精细化的核心就是工作中各个环节的细化、标准化、量化，它强调的不是某单一要素的精细化，而是众多环节共同作用的结果。依照"木桶理论"来分析，任何一个要素的短缺都可能使整个产品失去优势，只有每个环节、每个流程在精细化水平上达到一种均好，精细化才能发挥其最佳效应。树立正确的精细化工作意识是工程师成就自我、追求卓越的前提，应在每个工程师的职业生涯中得到体现。工程的可靠性直接关系到国家和人民的生命财产安全，只有保持精细化的工作意识，科学运用所学知识才能真正造福于民。

思 考 题

1. 简述工程师职业素养的内涵。
2. 现代工程意识包含哪些方面？

铸　　造

1. 学习铸造的工艺过程、特点和应用。
2. 学习型砂、芯砂等造型材料的性能、组成和制备方法。
3. 学习砂型铸造中铸型的组成及主要造型、制芯方法。
4. 学习常见的手工两箱造型的特点、方法、应用和基本操作方法。
5. 学习合金的熔炼方法、设备和浇注工艺。
6. 学习铸造安全文明生产知识。
7. 学习铸件落砂、清理及常见缺陷产生的原因。

1. 掌握铸造安全文明生产知识。
2. 掌握手工两箱造型（整模、分模、挖砂造型等）操作技能。
3. 掌握铸件铸造的工艺方法，能分析常见铸件缺陷产生的原因。

4.1　铸造基础知识

4.1.1　铸造概述

铸造是将熔融的液态金属浇注到与零件形状相适应的铸型空腔中，待其冷却凝固后，获得具有一定形状和性能铸件的成形方法。铸造是零件毛坯最常用的生产工艺之一，与其他成形工艺相比，它具有很多优点。铸造不受零件毛坯的质量、尺寸和形状的限制，质量从几克到几百吨，壁厚从 0.3mm 到 1m 以及形状十分复杂，用机械加工十分困难，甚至难以制得的零件，都可以用该方法获得。铸造生产的原材料来源丰富，铸造生产中的金属废料大都可以回炉再利用；铸造设备投资较少、成本较低。

铸造的主要缺点包括：生产工序较多；铸件的力学性能比锻件低；质量不稳定，废品率高。此外，传统的砂型铸造劳动条件差，会对环境造成一定的污染。

铸造是机械制造业中一项重要的毛坯制造工艺，其质量和产量以及精度等会直接影响到产品的质量、产量和成本。大多铸件只是毛坯，需要机械加工后才能成为各种机械零件。铸造在机械制造中的应用十分广泛。例如，在普通机床中，铸件占总质量的 60%～80%；在起重机械、矿山机械、水力发电等设备中，铸件占 80% 以上。铸造生产的现代化程度反映了机械工业的先进程度，同时也反映了环保生产和节能省材的工艺水准。

铸造方法有很多种，通常分为砂型铸造和特种铸造。

（1）砂型铸造 砂型铸造是以砂为主要造型材料制备铸型的一种铸造方法。由于砂型铸造的自身特点（不受零件形状、大小、复杂程度及合金种类的限制，生产周期短，成本低），使其成为铸造生产中应用最广的铸造方法，尤其是单件或小批量铸件。砂型铸造的生产工艺过程主要有制备铸型、熔炼金属、浇注、铸件清理四个部分，如图 4-1 所示。每个过程又由许多工艺过程组成，如制造模样和芯盒、配置型砂和芯砂、造芯、造型、合型、浇注、落砂和清理等。

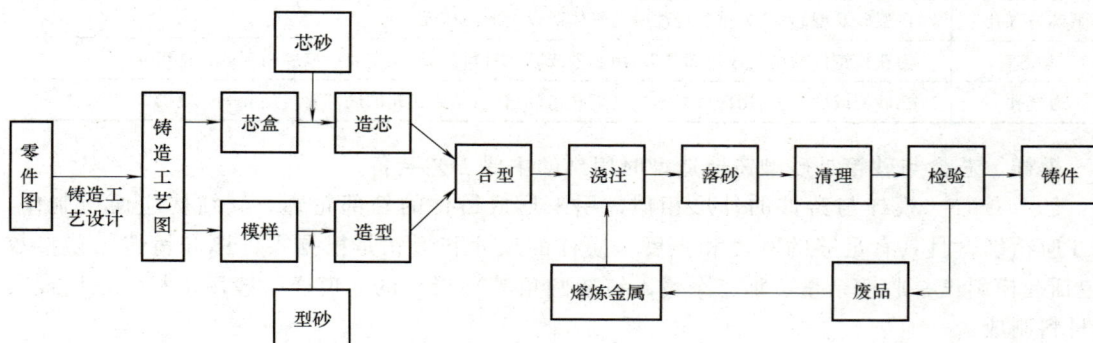

图 4-1 砂型铸造生产工艺过程

（2）特种铸造 除常规的砂型重力铸造以外的铸造方法都是特种铸造，包括消失模铸造、压力铸造、金属型铸造、失蜡铸造等。

4.1.2 铸型与造型材料

1. 铸型

铸造生产中的铸型用来容纳金属液，使金属液按照其型腔形状凝固成形，从而获得与型腔形状一致的铸件。按造型材料的不同，铸型可分为砂型和金属型。

如图 4-2 所示，铸型一般由上型 4、下型 1、型芯 11、型腔 10 和浇注系统 9 等组成，其组成部分的名称与作用见表 4-1。一般铸件的砂型多由上、下两个半型装配组成，上、下砂型的接触表面称为分型面 3。铸型中造型材料包围的空腔部分，即形成铸件本体的空腔称为型腔。型芯 11 一般用来形成铸件的内孔和内腔。液态金属通过浇注系统 9 流入并充满型腔 10，型砂及

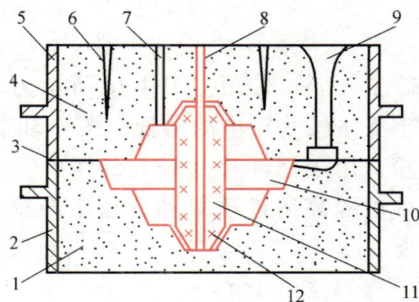

图 4-2 铸型装配图

1—下型 2—下箱 3—分型面 4—上型 5—上箱
6—通气孔 7—出气口 8—型芯通气孔
9—浇注系统 10—型腔 11—型芯 12—型芯头

49

型腔 10 中的气体从出气口 7 排出，而处于高温金属液包围之中的型芯 11 所产生的气体则通过型芯通气孔 8 排出。

表 4-1　砂型各组成部分的名称与作用

名称	作用与说明
上型	浇注时铸型的上部组元，也叫上砂箱
下型	浇注时铸型的下部组元，也叫下砂箱
分型面	铸型组元间的接合面
型砂	按一定比例配制、经过混制、符合造型要求的混合料
浇注系统	为金属液填充型腔和冒口而开设于铸型中的一系列通道，通常由外浇道、直浇道、横浇道和内浇道组成
型腔	铸型中造型材料所包围的空腔部分，型腔不包括模样上芯头部分形成的相应空腔
型芯通气孔	在型砂及型芯中，为排除浇注时的气体而设置的沟槽或孔道
型芯	为获得铸件的内孔或局部外形，用芯砂或其他材料制成的、安装在型腔内部的铸型组元
通气孔	在砂型或砂芯上，用针或成形扎气板扎出的出气孔，通气孔的底部要与型腔有一定的距离

模样、芯盒与砂箱是砂型铸造造型时用到的主要工艺装备。

（1）模样　模样与铸件的外形相似，用来形成铸件的外部轮廓。其结构应便于制作，尺寸应精确，且具有足够的刚度和强度。模样的尺寸和形状是根据零件图和铸造工艺参数（包括起模斜度、收缩余量、加工余量、铸造圆角等）得出的。模样一般用木材、金属或其他材料制成。

（2）芯盒　芯盒用来造型芯。铸件的孔及内腔由型芯形成，型芯由芯盒制成，应以铸件工艺图、生产批量和现有设备为依据确定芯盒的材质和结构尺寸。

制造芯盒所选用的材料，与铸件大小、生产规模和造型方法有关。一般单件小批量生产、手工造型时常用木材制造；大批量生产、机器造型时常使用铸造铝合金等金属材料或硬塑料制造。

（3）砂箱　砂箱是铸造生产常用的工程装备，造型时，用来容纳和支承砂型；浇注时，砂箱对砂型起固定作用。图 4-3a 所示为小型砂箱，用于浇注尺寸较小的铸件；图 4-3b 所示为大型砂箱，用于浇注尺寸较大的铸件。合理选用砂箱可以提高铸件质量和劳动生产率，减轻劳动强度。

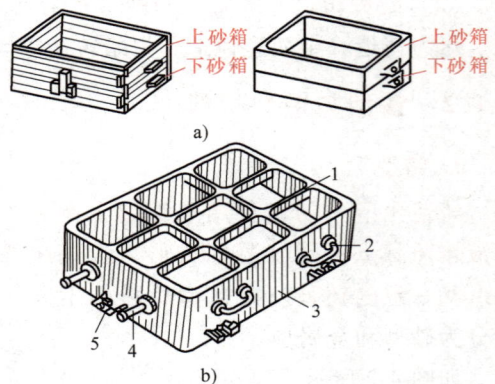

图 4-3　砂箱

1—横挡　2—吊环　3—箱体　4—抬手　5—定位孔

2. 造型（芯）材料

（1）型（芯）砂的组成　用来形成铸件外形的造型材料称为型砂，用来制造型芯的材料称为芯砂。型（芯）砂由原砂、黏结剂、附加物和水按一定比例配制，经过混制成为符合造型要求的混合物。

1）原砂。原砂是组成型（芯）砂的主体，含有 85% 的 SiO_2 和少量其他物质，一般采用天然砂。

2）黏结剂。黏结剂可提高型（芯）砂的可塑性和强度，用于在砂粒之间形成黏结膜而使其黏结在一起，以形成砂型或芯型。铸造用黏结剂种类很多，常用的有黏土、水玻璃、植物油、合脂和树脂等，对应的型（芯）砂则被称为黏土砂、水玻璃砂、油砂、合脂砂和树脂砂。图4-4所示为型砂的结构示意图。

3）附加物。型（芯）砂中的附加物主要有木屑、煤粉等。木屑可以改善型（芯）砂的透气性和热变形，防止铸件产生气孔、变形和裂纹等。煤粉可以防止铸件黏砂，提高表面质量。

4）水。型（芯）砂中需要加入适量的水，使黏结剂成浆状而具有黏结力，以便在砂粒间形成黏结膜。

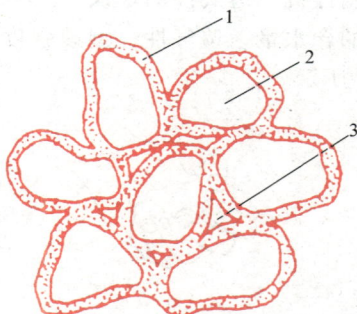

图4-4　型砂的结构示意图
1—黏结膜　2—砂粒　3—空隙

（2）型（芯）砂应具备的主要性能　型（芯）砂的成分和性能对铸件质量有很大的影响，因此对型（芯）砂的质量要进行适当的控制。

1）强度。型（芯）砂抵抗外力破坏的能力称为强度。型（芯）砂必须具备足够高的强度才能在造型、搬运、合箱过程中不致塌陷，浇注时也不会破坏铸型表面。型（芯）砂的强度也不宜过高，否则会因透气性、退让性的下降，使铸件产生缺陷。

2）耐火性。高温的金属液体浇入后会对铸型产生强烈的热作用，因此型（芯）砂要具有抵抗高温热作用的能力，即耐火性。若造型材料的耐火性差，则铸件易产生黏砂。型（芯）砂中的 SiO_2 含量越多，型（芯）砂颗粒越大，耐火性越好。

3）可塑性。型（芯）砂在外力作用下变形，去除外力后能完整地保持已有形状的能力称为可塑性。造型材料的可塑性好，造型操作方便，制成的砂型形状准确、轮廓清晰。

4）退让性。铸件在冷凝时，体积发生收缩，型（芯）砂应具有一定的被压缩的能力，称为退让性。型（芯）砂的退让性不好，铸件易产生内应力或开裂。型（芯）砂越紧实，退让性越差。在型（芯）砂中加入木屑等物质可以提高退让性。

5）透气性。高温金属液浇入铸型后，型腔内充满大量气体，这些气体必须由铸型内顺利排出去，型（芯）砂这种能让气体透过的性能称为透气性。否则将会使铸件产生气孔、浇不足等缺陷。铸型的透气性受原砂粒度、黏土含量、水分含量及砂型紧实度等因素影响。原砂的粒度越细、黏土及水分含量越高、砂型紧实度越高，透气性则越差。

（3）型（芯）砂的制备与检验　根据在合箱和浇注时的砂型烘干程度，黏土砂可分为湿型砂、干型砂和表面烘干型砂。湿型砂造型后不需要烘干，生产效率高，主要用于生产中小铸件；干型砂需要烘干，它主要靠涂料保证铸件表面质量，可采用粒度较粗的原砂，其透气性好，铸件不易产生冲砂、黏砂等缺陷，主要用于浇注中大型铸件。表面烘干型砂只在浇注前对型腔表面用适合的方法烘干一定程度，其性能兼备湿型砂和干型砂的特点，主要用于中型铸件的生产。

制备型（芯）砂的工序是将原砂、黏结剂、附加物和水按一定比例定量加入混砂机，经过混砂，在砂粒表面形成均匀的黏结膜，使其达到造型或造芯的工艺要求。

配好的型砂需检测合格后才能使用。型（芯）砂的性能可用型砂性能试验仪（如锤击式制样机、透气性测定仪、SQY 液压万能强度试验仪等）进行检测。检测项目包括型（芯）砂的含水量、透气性、型砂强度等。单件小批量生产时，可用手捏法检验型砂性能，如图4-5 所示。

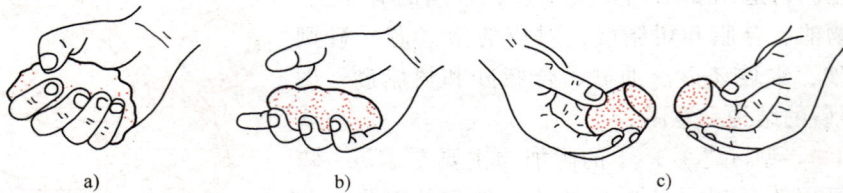

图 4-5 检验型砂性能

a）型砂干湿度适当时，可用手攥成砂团 b）手放开后可看出清晰的手纹
c）折断时断面没有碎裂状，表明有足够的强度

4.2 砂型铸造的基本操作

4.2.1 造型、造芯与合型

1. 造型

用造型材料、模样（模板）和砂箱等工艺装备制造铸型的过程称为造型。造型是铸造生产中最基本的工序，可分为手工造型和机器造型两大类。

（1）手工造型 手工造型指用手工完成紧砂、起模、修型及合型等主要操作的造型过程。手工造型常用的工具如图 4-6 所示，其特点是操作灵活，适用性强。因此，在单件小批

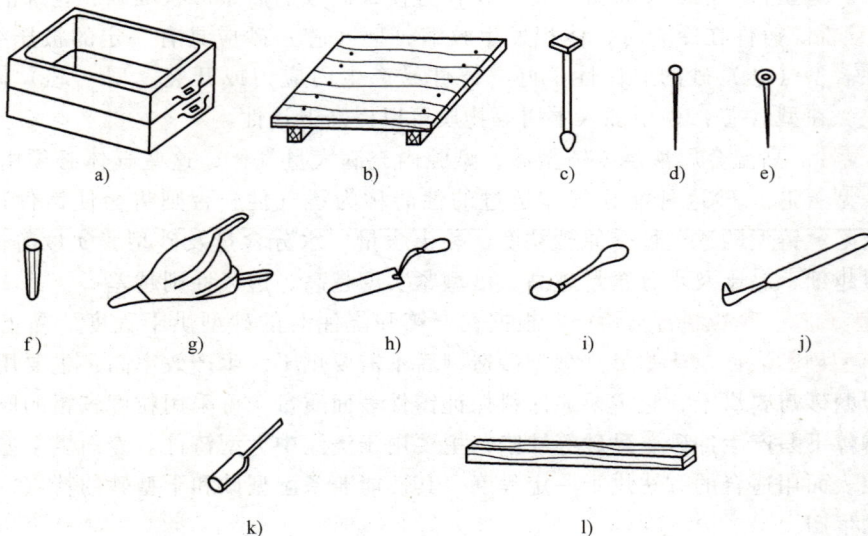

图 4-6 手工造型常用的工具

a）砂箱 b）底板 c）砂冲 d）通气针 e）起模针 f）浇口棒 g）鼓风器（皮老虎）
h）墁刀 i）秋叶（压勺） j）砂勾 k）半圆 l）刮砂板

量生产中，特别是不宜用机器造型的重型复杂件，常用此法，但手工造型效率低，劳动强度大。

手工造型方法很多，按砂箱特征可分为两箱造型、三箱造型和地坑造型等。按模样的结构特征可分为整模造型、分模造型、活块造型、挖砂造型、假箱造型和刮板造型等。常用手工造型方法的特点和应用见表4-2。

表4-2 常用手工造型方法的特点和应用

分类	造型方法	特点			应用
		模样结构和分型面	砂箱	操作	
按模样结构特征	整模造型	整体模；分型面为平面	两个砂箱	简单	较广泛
	分模造型	分开模；分型面多为平面	两个或三个砂箱	较简单	回转类铸件
	活块造型	模样上有妨碍起模的部分，做成活块；分型面多为平面	两个或三个砂箱	较费事	单件小批量
	挖砂造型	整体模，铸件最大截面不在分型面处，造型时须挖去阻碍起模的型砂；分型面一般为曲面	两个或三个砂箱	费事，对操作技能要求高	单件小批量生产的中小铸件
	假箱造型	为免去挖砂操作，用假箱代替挖砂操作；分型面仍为曲面	两个或三个砂箱	较简单	需挖砂造型的成批铸件
	刮板造型	与铸件截面相适应的板状模样；分型面为平面	两箱或地坑	很费事	大中型轮类、管类铸件，单件小批生产
按砂箱特征	两箱造型	各类模样手工或机器造型均可；分型面为平面或曲面	两个砂箱	简单	较广泛
	三箱造型	铸件截面为中间小两端大，用两箱造型取不出模样，必须用分开模；分型面一般为平面，有两个	三个砂箱	费事	各种大小铸件，单件小批生产
	地坑造型	中、大型整体模、分开模、刮板模均可；分型面一般为平面	上型用砂箱、下型用地坑	费事	大、中件单件生产

常见的几种手工造型方法如下：

1）整模造型。整模造型的模样是一个整体，其特点是造型的模样全部放在一个砂箱（下箱）内，分型面为平面。图4-7所示为整模造型的工艺过程。整模造型操作简便，所得铸型型腔的形状和尺寸精确，铸件不会产生错型缺陷，此方法适用于最大截面在一端，且为平面、形状简单的铸件，如压盖、齿轮坯、轴承座等。

2）分模造型。分模造型是造型方法中应用最广的一种。当铸件最大截面不在一端，而在中部，这时如果模样还是做成一个整体，造型时模样就会取不出来。因此需将模样沿最大截面处分成两半，并用定位销加以定位，这种模样称为分开模。分模造型时，模样分别放在上、下箱内，分型面为一平面。分模造型操作较简便，适用于形状较复杂的铸件，如套筒、齿坯、阀体等。分模造型工艺过程如图4-8所示。

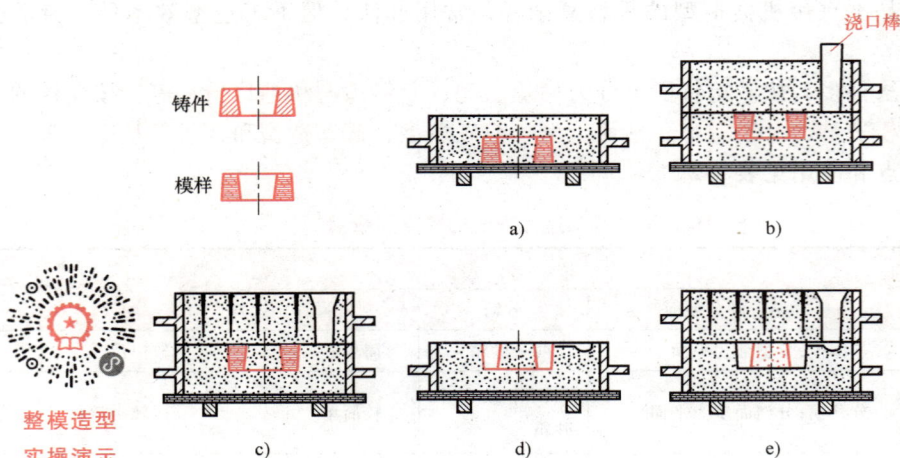

浇口棒

a) b)

整模造型
实操演示

c) d) e)

图 4-7 整模造型的工艺过程

a) 造下型 b) 造上型 c) 开浇道、扎通气孔 d) 起出模样 e) 合型

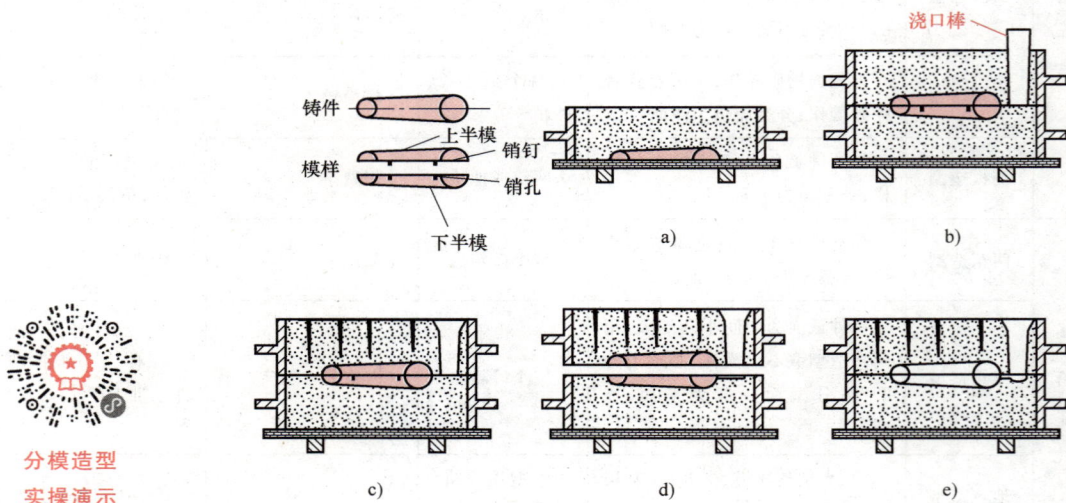

浇口棒

铸件
上半模
模样
销钉
销孔
下半模

a) b)

分模造型
实操演示

c) d) e)

图 4-8 分模造型的工艺过程

a) 用下半模造下型 b) 用上半模造上型 c) 开浇道、扎通气孔 d) 起出模样 e) 合型

3) 挖砂造型。整体模和分开模造型时，分型面是一个平面。有些铸件的形状为曲面或阶梯形，如手轮、端盖等，上下都不是平面，由于模样的结构要求（强度、刚度等）或制模工艺等原因，模样不便于分成两半，只好做成整体模，造型时先造好下型，然后修挖分型面，将阻碍模样取出的那一部分型砂挖掉，并修成光滑向上的斜面，然后再造上型，这种造型方法称为挖砂造型。挖砂造型的分型面呈曲面或有高低变化的阶梯形。图4-9所示为挖砂造型的工艺过程。

挖砂造型时，每造一个铸型就要挖砂一次，造型工时消耗多、生产率低且对操作者技术水平要求较高，只适用于单件生产。

4）**活块造型**。有些零件侧面带有凸台等凸起部分，造型时这些凸起部分会妨碍模样从砂型中取出，故在模样制作时，将凸起部分做成活块，用销钉或燕尾槽与模样主体连接，起模时，先取出模样主体，然后从侧面取出活块，这种造型方法称为活块造型，如图4-10所示。

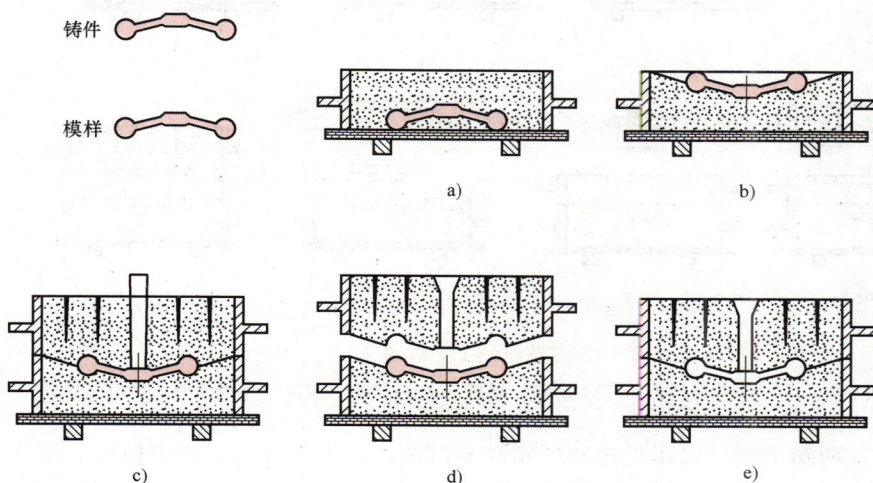

挖砂造型
实操演示

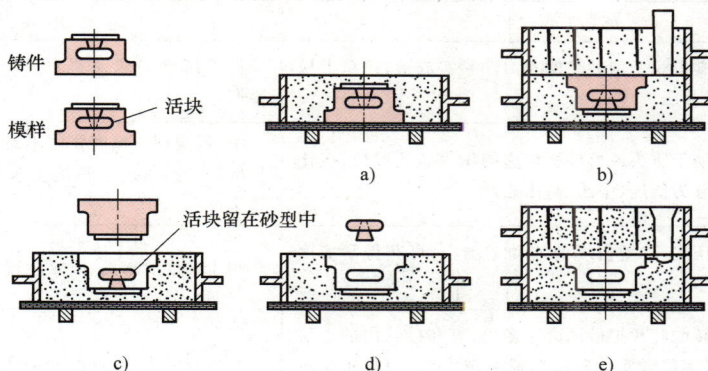

图4-9　挖砂造型的工艺过程
a）造下型　b）翻转、挖出分型面　c）造上型　d）起模　e）合型

活块造型
实操演示

图4-10　活块造型的工艺过程
a）造下型　b）造上型　c）起出模样主体　d）起出活块　e）开浇道、合型

5）**三箱造型**。对于一些形状复杂的铸件，只用一个分型面的两箱造型难以正常取出型砂中的模样，必须采用三箱或多箱造型。三箱造型有两个分型面，操作过程比两箱造型复杂，生产率低，只适用于单件小批量生产，其工艺过程如图4-11所示。

（2）**机器造型**　用机械全部完成或至少完成紧砂操作的造型工序，称为机器造型。机器造型实质上是用机械方法取代手工进行造型过程中的填砂、舂砂和起模操作。填砂常在造型机上用加砂斗完成，要求型砂松散、填砂均匀。舂砂就是使砂型紧实，达到一定的强度和刚度。型砂被紧实的程度通常用单位体积内型砂的质量表示，称为紧实度。机器造型可以降低劳动强度，提高生产率，保证铸件质量，适用于批量铸件的生产。

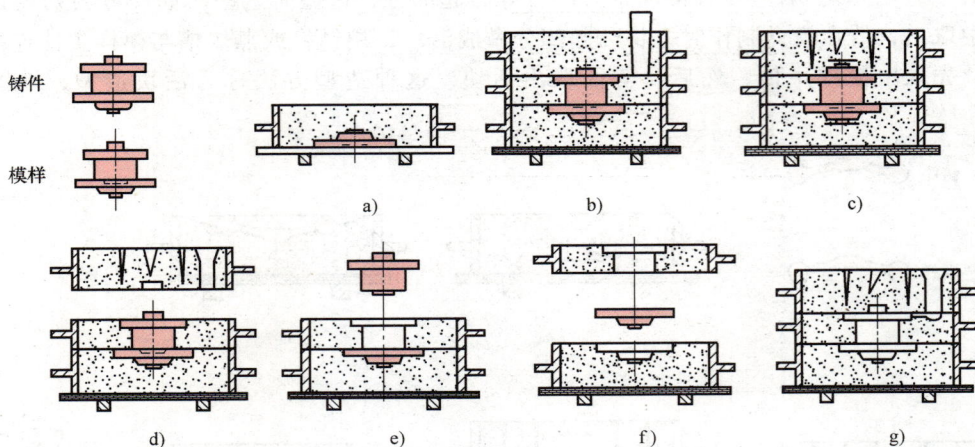

图 4-11　三箱造型的工艺过程

a）造下型　b）造中型和上型　c）扎通气孔　d）开上箱，起模　e）开中箱，起模　f）开下箱，起模　g）合型

　　机器造型一般是两箱造型，采用模板和砂箱在专门的造型机上进行。固定模样、浇注系统的底板称为模板。模板上的定位销用于固定砂箱的位置。根据紧砂方式的不同，机器造型有震压式造型、抛砂式造型等。常见的机器造型方法见表 4-3。

表 4-3　常见的机器造型方法

紧实方法	成形原理及特点	适用范围
震击式	靠机械震击赋予型砂动能和惯性紧实成形，铸型上松下紧，常需补压	用于精度要求不高的中小铸件的成批、大量生产
压实式	型砂借助于压头或模样所传递的压力紧实成形，按比压大小可分为低压、中压、高压三种	中、低压用于精度要求不高的简单铸件的中、小批生产。高压用于精度要求高、较复杂铸件的大量生产
震压式	震击加压实，砂型密度的波动范围小，可获得紧实度较高的砂型	用于精度要求高、较复杂铸件的大量、成批生产
抛砂式	借助旋转的叶片把砂团高速抛出，打在砂箱内的砂层上，使型砂逐层紧实。砂团的速度越大，砂型紧实度越高。若供砂情况和抛头移动速度稳定，则各部分紧实度均匀	用来紧实中、大件的砂型或砂芯，单件、小批、成批生产均可使用，但铸件精度较低
静压式	在砂箱内填砂（模板上有通气孔），然后对型砂施以压缩空气进行气流加压，通入的压缩空气穿过型砂经通气孔排出，最后用压实板在型砂上部压实，使其上下紧实度均匀。此法砂箱吃砂量较小，起模斜度较小	可用于精度要求高的各种复杂铸件的大量生产
气流冲击	具有一定压力的气体瞬时碰撞释放出来的冲击波作用在型砂上使其紧实。其砂型特点是紧实度均匀且分布合理，靠模样处的紧实度高于铸型背面	可用于精度要求高的各种复杂铸件的大量生产，比静压铸造具有更大的适应性

2. 造芯

（1）造芯工艺　型芯是铸型的重要组成部分，用芯盒制成，主要形成铸件的内腔和孔。

浇注时，型芯被金属液包围，金属液凝固后，去掉型芯形成铸件的内腔或孔，这是型芯用得最多的情况。对于一些比较复杂的铸件，由于单独使用模样造型有困难，这时也可用型芯（称为外型芯）与砂型配合构成铸件的外部形状。型芯的结构如图 4-12 所示。

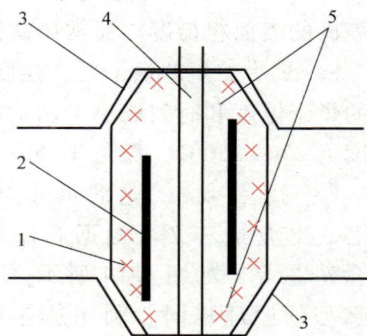

图 4-12　型芯的结构
1—芯体　2—芯骨　3—芯座
4—型芯通气孔　5—芯头

1）**做芯头**。芯头是型芯上用于定位和支承的部分。砂型中用于放置型芯的结构称为芯座，芯头安放在芯座中。为了在造型和造芯时便于起模和脱芯，同时也为了下芯和合型方便，芯头和芯座都带有一定的斜度。芯头与芯座的配合间隙必须合理，如果间隙过大，虽然下芯方便，但型芯在芯座中的定位精度不高，甚至有可能使金属液流入间隙，使铸件落砂和清理困难；如果间隙太小，下芯和合型操作比较困难，甚至可能破坏砂型和型芯。

2）**做芯体**。芯体为型芯上用于形成铸件内腔的部分，它决定了铸件内腔的形状和大小。由于收缩，铸件内腔的尺寸要比型芯体的尺寸略小。

3）**放芯骨**。芯骨又称为型芯骨，由芯砂包围，其作用是加强型芯的强度。芯骨埋在型芯内部，不影响型芯的形状和尺寸。通常芯骨由金属制成，根据型芯的尺寸不同，用来制造芯骨的材料、形状也不同。小型芯的芯骨用钢丝、钢钉制成；中、大型型芯一般采用铸铁芯骨或由型钢焊接而成的芯骨，如图 4-13 所示。为了保证型芯的强度，芯骨应伸入型芯头，但不能露出型芯表面，应有 20～50mm 的吃砂量，以免阻碍铸件收缩。大型芯骨还须做出吊环，以利于吊运。

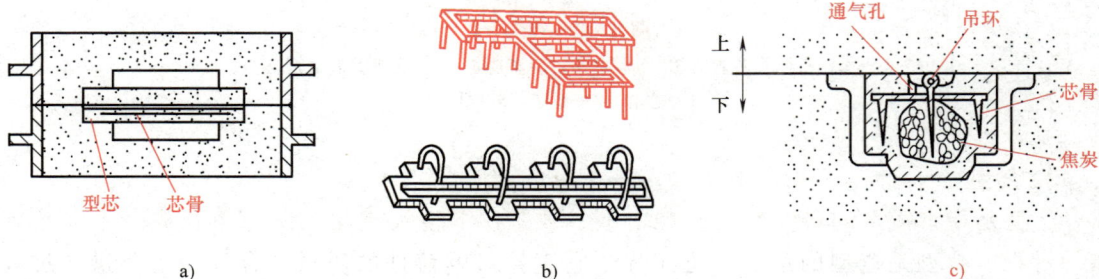

a)　　　　　　　　　　b)　　　　　　　　　　c)

图 4-13　芯骨
a）钢丝芯骨　b）铸铁芯骨　c）带吊环芯骨

4）**开型芯通气孔**。在浇注过程中，必须迅速排出型芯中的气体以及由于包围在型芯周围高温金属液的作用而形成的气体，为此应在型芯头上开型芯通气孔。型芯通气孔应有足够的尺寸与外面大气相通，不能堵死，否则达不到排气效果。另外，型芯通气孔不能开到型芯的工作表面，否则会把气体排到型腔中，并且金属液也有可能堵死通气孔。形状简单的型芯，用气孔针扎出通气孔；形状复杂、局部截面比较薄的型芯，可在型芯中埋入蜡线；对于大型型芯，通常在其内部填以焦炭或炉渣等空心材料，以便排气。

5）**刷涂料**。在型芯与金属液接触部位要刷涂料，其作用是防止铸件黏砂，改善铸件内腔表面的表面粗糙度。通常铸铁件型芯采用石墨涂料，而铸钢件型芯采用石英粉涂料。

6）**烘干**。型芯烘干后，强度和透气性都能提高，发气量减少，铸件质量容易保证。型芯的烘干温度和时间取决于黏结剂的性质、含水量及型芯大小、壁厚等，一般黏土型芯烘干温度为250~350℃，保温3~6h；油砂型芯烘干温度为200~220℃，保温1~2h。

（2）**造芯方法**　造芯可分为手工造芯和机器造芯，手工造芯可分成芯盒造芯和刮板造芯，芯盒造芯又可根据芯盒的结构分为整体式芯盒造芯、对开式芯盒造芯、可拆式芯盒造芯等，如图4-14所示。手工造芯主要应用于单件、小批量生产。机器造芯与机器造型的原理相同，利用造芯机完成填砂、紧砂和取芯，生产率高，型芯质量好，适用于大批量生产。

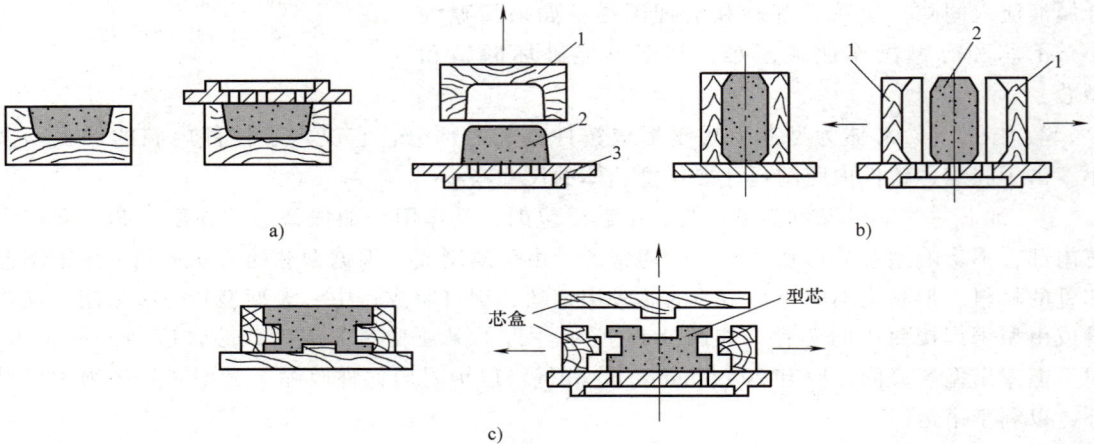

图4-14　芯盒造芯
a）整体式芯盒造芯　b）对开式芯盒造芯　c）可拆式芯盒造芯
1—芯盒　2—型芯　3—烘干板

3. 合型

合型是指将铸型的各个组元，如上型、砂芯、下型及浇注系统等组合成一个完整砂型的过程。合型是造型的最后一道工序，它直接影响铸件的质量。合型的主要操作过程如下：

1）**型芯的检验和修整**。型芯放入铸型前必须做一次全面检验，检验内容包括型芯是否烘干、有无损坏和裂纹、通气孔是否堵塞以及型芯的尺寸。对于发现的问题，应及时进行修整。

2）**型芯的安装**。安装好的型芯在型腔中应固定不动，型芯中产生的气体应能及时顺利排出。型芯在型腔中的固定借助芯头完成，必要时可用芯撑来增加型芯的支承点。

3）**铸型的紧固**。砂型浇注时，金属液注入型腔后会产生抬型力，因此合型后必须对砂型进行紧固，然后才能浇注。小型铸件浇注时产生的抬型力不大，常用压铁进行紧固。大、中型铸件浇注时会产生较大的抬型力，需要用螺栓、卡子等进行紧固。

4.2.2　熔炼和浇注

1. 合金的熔炼

合金的熔炼是铸造生产过程中相当重要的生产环节，熔炼是要获得一定温度和所需成分的金属液。若熔炼工艺控制不当，会使铸件因成分和力学性能不合格而报废。在熔炼过程中要尽量减少金属液中的气体和夹杂物，提高熔化率，降低燃料消耗等，以达到最佳的技术经济指标。

(1) **铸造合金的种类**　铸造用金属材料种类繁多，有铸铁、铸钢、铸造铝合金和铸造铜合金等。其中铸铁件是应用最广泛的铸造合金。据统计，铸铁件产量占铸件总产量的80%。

1) 铸铁。工业上常用的铸铁是碳的质量分数大于2.11%，以铁、碳、硅为主要元素的多元合金，它具有低廉的生产成本，良好的铸造性能、加工性能，耐磨性、减振性、导热性较好，以及适当的强度和硬度。因此，在工程上铸铁件有比铸钢更广泛的应用。但铸铁的强度较低且塑性较差，所以制造受力大而复杂的铸件，特别是中、大型铸件，往往采用铸钢。铸铁按用途不同分为常用铸铁和特种铸铁，常用铸铁包括灰铸铁、球墨铸铁、可锻铸铁、蠕墨铸铁，特种铸铁包括抗磨铸铁、耐蚀铸铁等。

2) 铸钢。铸钢包括碳素钢（碳的质量分数为0.20%~0.60%的铁-碳二元合金）和合金钢（碳钢和其他合金元素组成的多元合金）。铸钢强度较高，塑性较好，具有耐热、耐蚀、耐磨等特殊性能，某些合金钢具有特种铸铁所没有的良好加工性和焊接性。除应用于一般工程结构件外，铸钢还广泛应用于受力复杂、要求强度高且韧性好的铸件，如水轮机转子、高压阀体、大齿轮、辊子、球磨机衬板和挖掘机的斗齿等。

3) 铸造非铁合金。常用的铸造非铁合金有铜合金、铝合金和镁合金等。其中，铸造铝合金应用最多，它的密度小，具有一定的强度、塑性及耐蚀性，广泛用于制造汽车轮毂，发动机的气缸体、气缸盖、活塞等。铸造铜合金具有比铸造铝合金更好的力学性能，并具有优良的导电性、导热性和耐蚀性，可以制造承受高应力、耐蚀、耐磨损的重要零件，如阀体、泵体、齿轮、蜗轮、轴承套、叶轮、船舶螺旋桨等。镁合金是目前最轻的金属结构材料，它的密度小于铝合金，但比强度和比刚度高于铝合金。镁合金广泛应用于汽车、航空航天、兵器、电子电器、光学仪器以及电子计算机等制造部门，如飞机的框架、壁板，起落架的轮毂，汽车发动机缸盖等。

(2) **铸铁的熔炼**　对铸铁熔炼的基本要求是：铁液应有足够的温度；符合要求的化学成分，且含有较少的气体和夹杂物；烧损率低；金属消耗少。熔炼铸铁的设备很多，如冲天炉、电弧炉、感应电炉等。感应电炉是利用感应电流加热和熔炼金属的炉子，其结构如图4-15所示。金属炉料盛于由耐火材料制成的坩埚内，坩埚外面绕有内通水冷却的感应线圈。当感应线圈通以交变电流时，产生交变磁

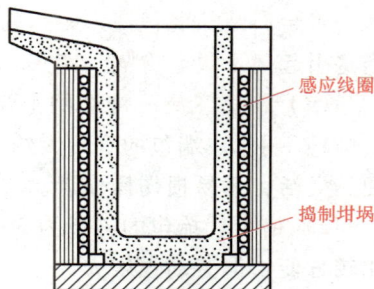

感应线圈
捣制坩埚

图4-15　感应电炉的结构

场，置于坩埚内的金属炉料就会产生感应电流，并产生很高的电阻热使金属料熔化和过热。

感应电炉熔炼速度快、热效率高、合金元素烧损少、易于控制合金液的化学成分和温度，且环境污染小；但设备投资较大、耗电较多。

（3）**铸钢的熔炼**　铸钢液的流动性比铁液差，铸钢的收缩率比铸铁要大很多，因此铸钢的铸造性比铸铁差。铸钢熔炼的主要设备是电弧炉和感应电炉。电弧炉利用炉膛内的石墨电极与金属炉料间产生的电弧放电而使炉料受热熔化，同时利用冶金反应改善钢液的化学成分，并进行脱氧、脱硫工作。感应电炉是利用感应器在交流电通过时炉料产生感应电流受热熔化。

（4）**铝合金的熔炼**　有色金属包括铝、铜、锌等，其中铝合金应用最为广泛。铝合金熔炼的主要设备是电阻坩埚炉，其结构如图4-16所示。

铝合金熔炼的金属料是铝锭、废铝、回炉铝和其他合金等。辅助材料有熔剂、覆盖剂、精炼剂及变质剂等。铝合金的化学性质活泼，熔炼时极易发生氧化反应生成 Al_2O_3，并难以去除。铝合金在高温时易吸收氢气，当温度超过 800℃ 时更为严重，易使铝合金铸件产生气孔、夹杂等缺陷，所以铝合金的熔炼温度一般不超过 800℃。

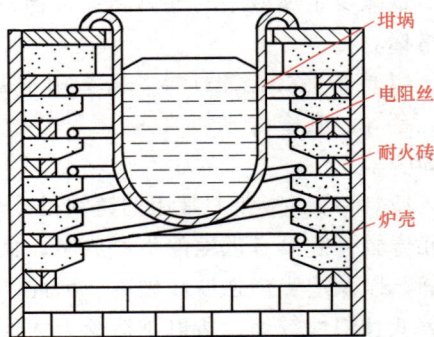

图 4-16　电阻坩埚炉的结构

为获得优质的铸件，熔炼铝合金时，需进行以下操作：

1）**清理炉料**。铝合金的化学性质较为活泼，易与其他物质发生化学反应。所以要仔细清理炉料，防止杂质进入铝液，并将炉料烘干。

2）**处理坩埚及用具**。在坩埚及熔炼用具表面涂覆涂料并预热，以免与铝合金接触发生各种反应，改变合金的化学成分。

3）**防吸气**。为防止铝合金吸气，应使用覆盖剂严密覆盖液面，尽量少搅动，控制熔炼温度，并加快熔炼。

4）**精炼**。精炼是以造渣的方式去除不溶性的各种夹杂物。精炼时，先用覆盖剂严密覆盖液面，然后用精炼剂分别清除合金液中的杂质。

5）**变质处理**。变质处理的目的是细化晶粒，消除枝晶，从而提高力学性能。变质处理的方法是用钠盐与铝发生置换，利用反应生成的钠原子使合金液变质细化。

2. 浇注

将金属液从浇包注入铸型的操作过程，称为浇注。浇注对铸件的质量影响很大，操作不当将引起浇不足、冷隔、跑火、夹杂、气孔、缩孔等铸造缺陷。

（1）**浇注工具**　浇注的主要工具是浇包，按浇包容量可分为：

1）**端包**。端包的容量大约为20kg，用于浇注小铸件。其特点是适合一人操作，使用方便、灵活，不易损伤操作者。

2）**抬包**。抬包的容量为 50～100kg，用于浇注中小型铸件，至少要两人操作，使用也比较方便，但劳动强度大。

3）**吊包**。吊包的容量在 200kg 以上，用起重机装运进行浇注，用于浇注大型铸件。吊包有一个操纵装置，浇注时，能倾斜一定的角度，使金属液流出。这种浇包可减轻工人的劳动强度，改善生产条件，提高生产劳动率。

（2）**浇注工艺**

1）**准备工作**。准备工作主要包含准备浇包、清理通道和烘干用具。

① 准备浇包：根据铸件大小选择合适的浇包。浇注工具要及时进行清理、修补并烘干。

② 清理通道：浇注时，行走的道路要畅通，不能有杂物和积水。

③ 烘干用具：避免因挡渣钩、浇包等潮湿而引起金属液飞溅及降温。

2）浇注温度。浇注温度过低，金属液的流动性差，易使铸件产生浇不足、冷隔、气孔等缺陷；浇注温度过高，使铸件收缩增大，易形成缩孔、缩松、裂纹和黏砂等缺陷。适宜的浇注温度应根据合金种类、铸件质量、壁厚和结构复杂程度综合考虑。一般厚大铸件及易产生热裂的铸件应选择较低的浇注温度；结构复杂的薄壁铸件应选择较高的浇注温度。铸铁的浇注温度为 $1260 \sim 1400 ℃$，铝合金的浇注温度为 $620 \sim 730 ℃$。

3）浇注速度。浇注速度应根据铸件的形状和大小来决定。浇注速度较快，金属液易于充满铸型型腔，减少氧化。但速度过快，型腔中的气体来不及跑出，易使铸件产生气孔，且金属液对铸型的冲击力变大，易造成冲砂和抬型等。若浇注速度过慢，则会使金属液降温过多，使铸件产生冷隔和浇不足等缺陷。对于薄壁、形状复杂和具有大平面的铸件，应采用较高的浇注速度；对于形状简单的厚大铸件，可采用较低的浇注速度。

（3）浇注技术　浇注时，金属液流应对准浇口杯，且不得断流；挡渣钩应挡在浇包嘴附近，防止浇包中的熔渣随金属液流入浇道；应及时用挡渣钩等点燃砂型中逸出的气体，加速砂型内气体的排出及减少 CO 等有害气体对环境的污染。

有色金属进行浇注时，为防止氧化，浇注一定要平稳。同时，浇注系统应能防止金属液飞溅，使金属液快速、通畅地流入铸型。

4.2.3　落砂与清理

1. 落砂

铸件凝固冷却到一定温度后，把铸件从砂箱中取出的操作称为落砂。落砂前要掌握开箱时间。开箱过早会造成铸铁平台表面硬而脆，使机械加工困难；开箱太晚则会增加场地的占用时间，影响生产率。一般小铸铁平台在浇注 1h 左右后开始落砂。

落砂的方法有手工和机械两种。小批量生产时一般采用手工落砂，大批量生产则多采用振动落砂机落砂。

2. 清理

为提高铸件表面质量，还需进一步对铸件进行清理，切除浇冒口、打磨毛刺并进行吹砂。

（1）浇冒口的切除　铸件必须除去浇注系统和冒口。对于中小型铸铁件，可用铁锤打掉浇冒口。铸钢件一般用氧气切割或电弧切割来去掉浇冒口。不能用气割法切除浇冒口的铸钢件和大部分铝镁合金铸件，采用车床、圆盘锯及带锯等进行切割。大批量生产时，许多定型铸铁、铸钢生产线都采用专用浇冒口切除线，甚至配备专用机器人或机械手来完成。

（2）铸件的表面清理　铸件的表面清理包括去除铸件内外表面的黏砂、分型面和芯头处的披缝、毛刺、冒口切除痕迹。铸件表面清理方法有手工清砂、水力清砂和水爆清砂等。

4.3　砂型铸造工艺设计

铸造工艺设计包括选择与确定分型面和浇注位置、浇注系统及工艺参数等内容。铸造工艺一经确定，模样、芯盒、铸型的结构及造型方法也随之确定。铸造工艺是否合理将直接影响铸件的质量和生产率。

4.3.1 造型方法的选择

造型方法的选择不仅要根据生产类型，而且还要根据工厂设备条件、铸件大小和复杂程度以及质量要求综合考虑。砂型铸造方法选择的原则是：

1）铸造方法应和生产批量相适应。低压铸造、压铸、离心铸造等铸造方法，因设备和模具的价格昂贵，所以只适合批量生产。

2）造型方法应适合工厂条件。

3）要兼顾铸件的精度要求和成本。

4.3.2 分型面与浇注位置

确定浇注位置、选择分型面是铸造工艺设计、确定铸造工艺方案的首要任务，也是最重要的内容，对于整个铸造生产过程和铸件质量有着至关重要的影响且难以改变。分型面是指上型和下型的分型面，往往也是模样的分模面。浇注位置是指铸件浇注时在铸型中所处的位置。分型面与浇注位置密切相关，在确定分型面的同时，一般铸件的浇注位置也同时予以考虑确定。

1. 分型面

砂型铸造时，一般情况下至少有上、下两个砂型，砂型与砂型之间的分界面是分型面。两箱造型有一个分型面，三箱造型有两个分型面。分型面是铸造工艺中的一个重要概念，分型面主要应根据铸件的结构特点来确定，并尽量满足浇注位置的要求，同时还要考虑便于造型和起模，合理设置浇注系统和冒口，正确安装型芯，提高劳动生产率和保证铸件质量等各方面的因素。确定一个铸件的分型面应根据实际需要，全面考虑，找出最佳方案。确定分型面时，应尽量满足以下原则：

① 分型面应选择在铸件的最大截面处，其最好为平面，以便于造型时顺利取出模样，如图 4-17 所示。

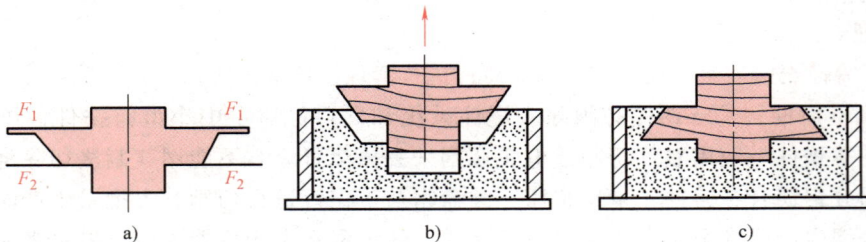

图 4-17 分型面的选择
a）选择分型面 b）合理 c）不合理

② 应使分型面数量尽可能少。大批量生产时，要采用外型芯将两个分型面改为一个分型面，从而实现机器造型。

③ 应使铸件的重要加工面朝下或侧立。浇注时，金属液中混杂的熔渣、气体等都易上浮，容易在铸件上表面形成气孔、渣孔、砂眼、夹渣等缺陷，朝下的表面或侧立面质量

较好。

④ 尽可能将整个铸件或铸件的大部分处于下型内，以防止和减少错型，提高铸件精度。

⑤ 应使铸件需要补缩的厚大部分置于铸型顶部或侧面，以利于安放冒口；而使铸件的宽大面积或大面积薄壁部分置于铸型底部，防止宽大平面产生夹砂，薄壁处产生浇不足、冷隔等缺陷。

2. 浇注系统

浇注系统是为金属液流入型腔而开设于铸型中的一系列通道。其作用是：保证金属液平稳、迅速地注入型腔；阻止熔渣、砂粒等杂质进入型腔；调节铸件各部分的温度并控制凝固次序；补充金属液在冷却和凝固时的体积收缩（补缩）。正确选择浇注系统的位置及各部分的形状和尺寸，对于获得合格铸件、减少金属液的消耗具有重大意义。若浇注系统设计不合理，铸件易产生冲砂、砂眼、渣孔、浇不足、气孔和缩孔等缺陷。

（1）浇注系统的组成 浇注系统一般由外浇道1、直浇道2、横浇道3和内浇道4组成，如图4-18所示。对于形状简单的小铸件，可以省去横浇道。

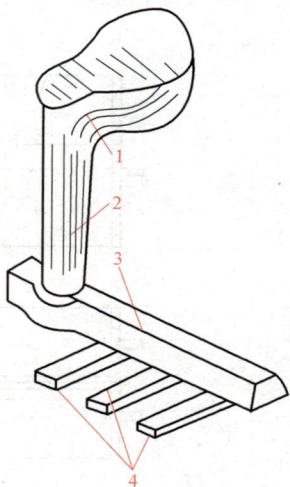

图 4-18 浇注系统的组成
1—外浇道 2—直浇道
3—横浇道 4—内浇道

1）外浇道。外浇道也叫浇口杯，多为漏斗形或盆形。其作用是接纳从浇包倒出来的金属液，减轻金属液对砂型的冲击，使之平稳地流入直浇道，并具有挡渣和防止气体卷入直浇道的作用。

2）直浇道。直浇道是连接外浇道与横浇道的垂直通道，一般呈上大下小的圆锥形。其主要作用是使液态金属保持一定的流速和压力，以便于金属液充满型腔。直浇道高度越大，金属液充满型腔的能力越强。如果直浇道的高度或直径太小，会使铸件产生浇不足。

3）横浇道。横浇道是浇注系统中的水平通道部分，一般开设在下箱的分型面上，其断面通常为梯形。其主要作用是分配金属液进入内浇道，并起挡渣的作用，还能减缓金属液的流速，使金属液平稳流入内浇道。

4）内浇道。内浇道是浇注系统中引导液态金属进入型腔的通道，一般位于下型分型面处，其断面多为扁梯形或月牙形，也可为三角形。内浇道可控制熔融金属的流动速度和方向，并能调节铸件各部分的冷却速度，其断面形状、尺寸、位置和数量是决定铸件质量的关键因素，应根据金属材料的种类、铸件的质量、壁厚大小和铸件的外形而定。对于壁厚较均匀的铸件，内浇道应开在薄壁处，使铸件冷却均匀，铸造热应力小；对于壁厚不均匀的铸件，内浇道应开在厚壁处，以便于补缩；大平面薄壁铸件，应多开几个内浇道，以便于金属液快速充满型腔。此外，开设内浇道时还应注意：

① 不要开设在铸件的重要部位（如重要加工面和加工基准面），这是因为内浇道附近的金属液冷却慢，组织粗大，力学性能差。

② 应使金属液顺着砂型的型壁流动，而不能正对着型芯和砂型的薄弱部位开设，以免冲坏型芯和砂型。

③ 与铸型结合处应带有缩颈，以防清除浇口时撕裂铸件。

（2）浇注系统的类型 内浇道的位置对铸件质量影响很大，因为随着内浇道位置的不同，金属液流入型腔的方式不同，金属液在型腔中的流动情况和温度分布情况也随之不同。如图 4-19 所示，根据内浇道中金属液流入型腔的方式不同，可将浇注系统分为顶注式、底注式、中注式和阶梯式。各种浇注系统的特点和应用见表 4-4。

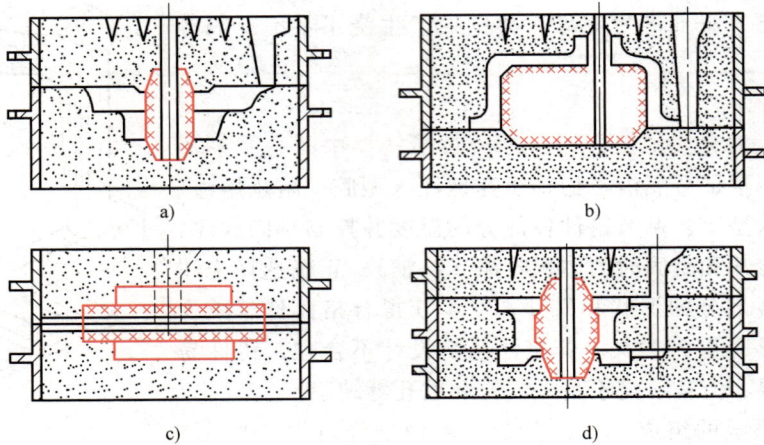

图 4-19 浇注系统的类型

a) 顶注式 b) 底注式 c) 中注式 d) 阶梯式

表 4-4 各种浇注系统的特点和应用

浇注系统的类型		特 点	应 用
按内浇道开设位置	顶注式	容易充满薄壁铸件，补缩作用好，金属消耗少，但容易冲坏铸型和产生飞溅	用于不太高而形状简单、薄壁及中等壁厚的铸件
	底注式	金属液流动平稳，不易冲砂，但是，补缩作用较差，薄壁铸件不易浇满	用于厚壁，形状较复杂，高度较大的大、中型铸件和某些易氧化的合金铸件（如铝合金、镁合金等）
	中注式	多从分型面引入金属液，此种系统开设方便，应用最为普遍	多用于一些不太高、水平尺寸较大的中型铸件
	阶梯式	能使金属液自下而上地逐步进入型腔，兼有顶注式和底注式的优点	用于高大铸件

3. 冒口

为防止缩孔和缩松，往往在铸件的最高部位、最厚部位以及最后凝固的部位设置冒口。冒口是在铸型内储存供补缩铸件用金属液的空腔，当液态金属凝固收缩时起补充液态金属的作用，也有排气和集渣的作用。冒口的形状多为圆柱形、方形或腰圆形，其大小、数量和位置视具体情况而定，如图 4-20 所示。应当说明的是浇注冷凝后，冒口与铸件相连，清理铸件时，应除去冒口将其回炉。

同时，在冒口难以补缩的部位放置冷铁，避免在铸件壁厚交叉及急剧变化部位产生裂纹。冷铁分为内冷铁和外冷铁两大类。放置在型腔内浇注后与铸件熔合为一体的金属激冷块称为内冷铁；在造型时放在模样表面的金属激冷块称为外冷铁，外冷铁一般可重复使用。

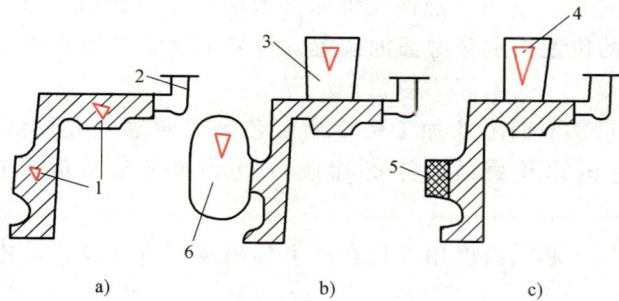

图 4-20 冒口的设置
a）铸件中的缩孔 b）用明冒口和暗冒口补缩 c）用明冒口和冷铁补缩
1—缩孔 2—浇注系统 3、4—明冒口 5—冷铁 6—暗冒口

4.3.3 铸造工艺参数

1. 加工余量

加工余量是指铸件加工面上预留、准备切除的金属层厚度。加工余量取决于铸件的精度等级，与铸件材料、铸造方法、生产批量、铸件尺寸和浇注位置等因素有关。

2. 收缩余量

为补偿铸件在冷却过程中产生的收缩，使冷却后的铸件符合图样的要求，需要放大模样的尺寸，放大量取决于铸件的尺寸和该合金的线收缩率。一般中小型灰铸铁件的线收缩率约取 1%；非铁金属的线收缩率约取 1.5%；铸钢件的线收缩率约取 2%；铝合金的线收缩率为 1.2%。

3. 起模斜度

为使模样（或型芯）易从铸型（或芯盒）中取出，在模样（或芯盒）上与起模方向平行的壁的斜度称为起模斜度。

4. 铸造圆角

为便于金属熔液充满型腔和防止铸件产生裂纹和夹砂，把铸件转角处设计为过渡圆角。

5. 不铸出的孔和槽

为简化铸造工艺，铸件上的小孔和槽可以不铸出，而采用机械加工。所以，这些孔或者槽在模样对应部位不仅要做成实心的，还要向外凸出一部分，以便在铸型中做出存放芯头的空间（芯座）。一般铸铁件上直径小于 30mm、铸钢件上直径小于 40mm 的孔可以不铸出。

4.3.4 铸造工艺图

铸造铸件，首先要根据零件的结构特点、技术要求和生产数量等确定铸造工艺。铸造工艺用铸造工艺图、铸件图、铸型装配图和工艺卡片等工艺文件表达。单件、小批量生产时，工艺设计较简单，只需绘制铸造工艺图。

铸造工艺图是用各种符号或文字表示铸造工艺方案的图。铸造工艺图的内容主要包括：浇注位置、分型面、型芯结构尺寸及冷铁、铸造工艺参数、浇冒口系统等。

铸造工艺图的绘制程序如下：

（1）**确定浇注位置和分型面** 浇注位置和分型面常在一起用符号"↑/↓上/下"（红色）表示。符号所处的位置表示分型面的位置，符号中汉字及箭头表示浇注位置，即表示上、下型。

（2）**确定加工余量** 剖面上的加工余量用红色画出轮廓线并用红色涂满，非剖面上的加工余量只用红色画出轮廓线，不必涂满红色。加工余量的具体数值可查阅有关手册。

（3）**确定起模斜度** 起模斜度用红色在图上标出宽度或角度，具体的起模斜度可查阅有关手册。

（4）**绘出铸造圆角** 圆角半径一般约为两壁厚度平均值的 1/2，而且铸件的内圆角应比外圆角大，铸造圆角用红色绘出。

（5）**确定型芯并绘出芯体、芯头和芯座** 凡是需要用型芯形成的铸件空腔或孔，都要将型芯的轮廓、芯头、芯头间隙在图上用蓝色标绘出。芯头斜度和芯头间隙的具体数值可从有关铸造手册中查得。

（6）**不需要铸出的孔的绘制** 例如孔径小于 30mm 的铸铁件、孔径小于 60mm 的铸钢件，其剖面图用红色涂满，非剖面图只需画交叉红线即可。

（7）**标注收缩率** 工艺图应标注铸件合金的收缩率。

（8）**绘制浇冒口** 确定并绘制浇冒口的大小及形状并标注必要的尺寸（用红色）。

铸造工艺图确定了铸造工艺方案、铸件实际形状、尺寸和技术要求，是模样和芯盒制造、铸件检验与验收的主要依据。图 4-21 所示为轴承支架的铸造工艺图及模样图。

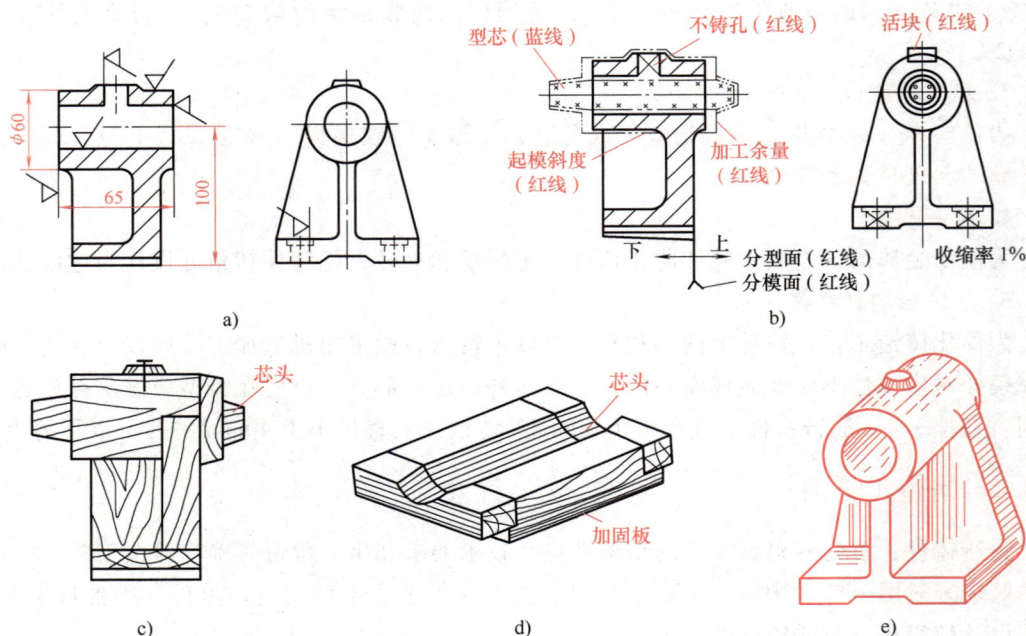

图 4-21 轴承支架的铸造工艺图及模样图
a）零件图 b）铸造工艺图 c）模样图 d）芯盒图 e）铸件

4.4　手工造型基本操作步骤

以整模造型为例，手工造型的基本操作步骤如下：

（1）**准备造型工具**　提前配制好型砂，并准备底板、砂箱、模样、芯盒和必要的造型工具。开始造型时，首先应确定模样在砂箱中的位置，模样与砂箱内壁之间必须留有 30～100mm 的距离，称为吃砂量，如图 4-22 所示。吃砂量不宜太大，否则需填入更多的型砂，并且耗费时间，加大砂型的质量；若吃砂量过小，则砂型强度不够，在浇注时，金属液容易流出。

（2）**做下型**　开始做下型时，模样、底板、砂箱按一定空间位置放置好后，填入型砂并舂紧，填砂时，应分批加入。填砂和舂砂时应注意：

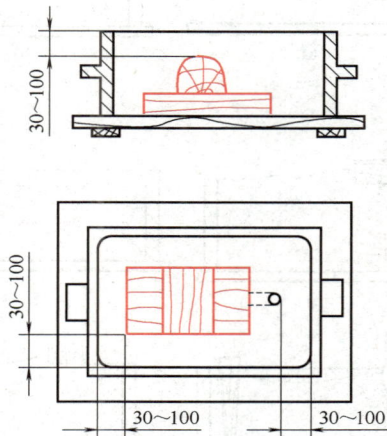

图 4-22　手工造型时的吃砂量

1）用手把模样周围的型砂压紧。因为这部分型砂形成型腔内壁，要承受金属熔液的冲击，故对它的强度要求较高。

2）每加入一次砂都应舂紧，然后才能再次加砂，依此类推，直至砂箱填满紧实。

3）使用舂砂锤舂砂时，用力大小应适当，用力过大，砂型太紧，型腔内气体排不出来；用力过小，砂粒之间黏结不紧，砂型太松易塌箱。此外，应注意同一砂型各处紧实度不同，靠近砂箱内壁应舂紧，以防塌箱；靠近型腔部分的型砂应较紧，使其具有一定的强度；其余部分砂层不宜过紧，以利于透气。

（3）**翻型**　用刮板刮去多余的型砂，使砂箱表面和砂型平齐。翻转下砂箱，并在分型面上撒分型砂，以便于两个砂型在分型面处分开。应该注意，模样的分模面上不应有分型砂，如果有应吹去。撒分型砂时，应均匀散落，在分型面上有均匀的一薄层即可，分型砂应为无黏结剂的干燥细砂。

（4）**做上型**

1）放置上砂箱，放入浇口棒，填入型砂，逐层填砂并舂紧；紧实后刮去多余的型砂，并用刮刀修光浇冒口处的型砂。

2）用通气针扎通气孔。通气孔应分布均匀，深度不能穿透整个砂型。

3）取出浇口棒，用浇口压子在直浇道上压，做出一个漏斗形作为浇口杯（外浇道）。

（5）**起模**　将上型翻转 180°扫除分型砂。用毛笔蘸水，刷在模样周围的型砂上，以增大这部分型砂的强度，防止起模时损坏砂型。起模时，将起模针轻轻钉入模样中，先轻轻敲击起模针，使其与周围的型砂分开。起模时要胆大心细，手不能抖动。起模方向应尽量垂直于分型面。起模后，型腔如有损坏，可用各种修复工具将型腔修好。

（6）**开设内浇道**　内浇道是将浇注的金属液引入型腔的通道。内浇道开得好坏，将影响铸件的质量。

（7）**合箱紧固**　合箱时应注意使砂箱保持水平下降，并且应对好合型线，防止错箱。

图 4-23 所示为手工造型基本过程。

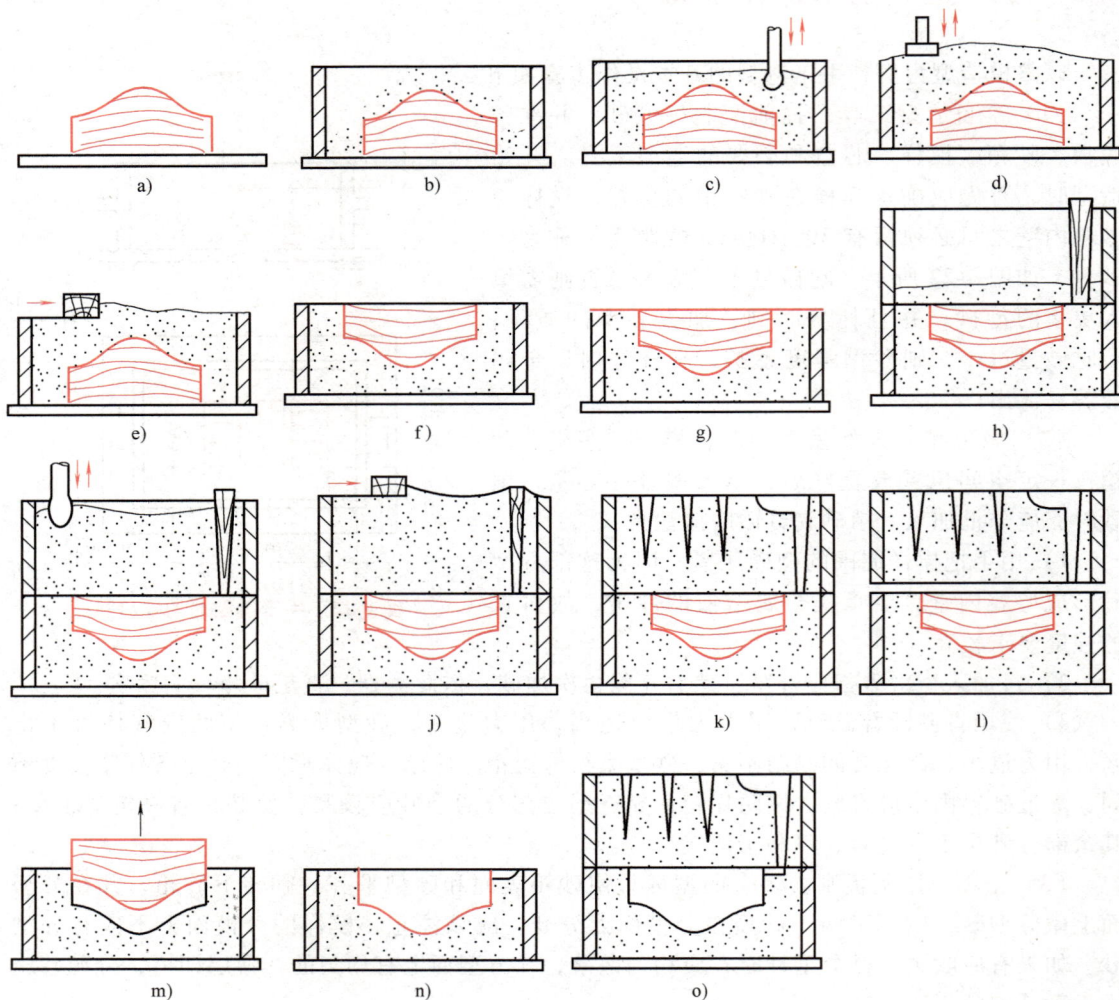

图 4-23 手工造型基本过程

a）将模样放在底板上 b）放好下砂箱后填砂 c）逐层填砂并紧实 d）舂紧最后一层砂 e）刮去高出砂箱的型砂
f）翻转下砂箱 g）撒分型砂并吹去模样上的分型砂 h）放置上砂箱，放浇口棒后填入型砂 i）逐层填砂并舂紧
j）上型紧实后刮去多余的型砂 k）扎通气孔，取出浇口棒，修整外浇道 l）做好合型线，移开上砂箱，翻转放好
m）起出模样 n）挖内浇道 o）合型

4.5 特种铸造

通常把不同于普通砂型铸造的其他铸造方法统称为特种铸造。随着科技的发展，要求铸造更加精准、性能更好、成本更低，特种铸造的应用日益广泛。特种铸造工艺有熔模铸造、金属型铸造、压力铸造、离心铸造、石膏型铸造和陶瓷型铸造等方式。

1. 熔模铸造

熔模铸造是用易熔材料（如蜡料）制成精确的模样，在模样上包覆若干层耐火涂料，制成型壳，用熔化的方法使模样从型壳中流失后，型壳经高温焙烧、浇注而获得铸件的方法。由于常用的制模材料为蜡质材料，故又称为"失蜡铸造"。熔模铸造的工艺过程如图4-24所示。

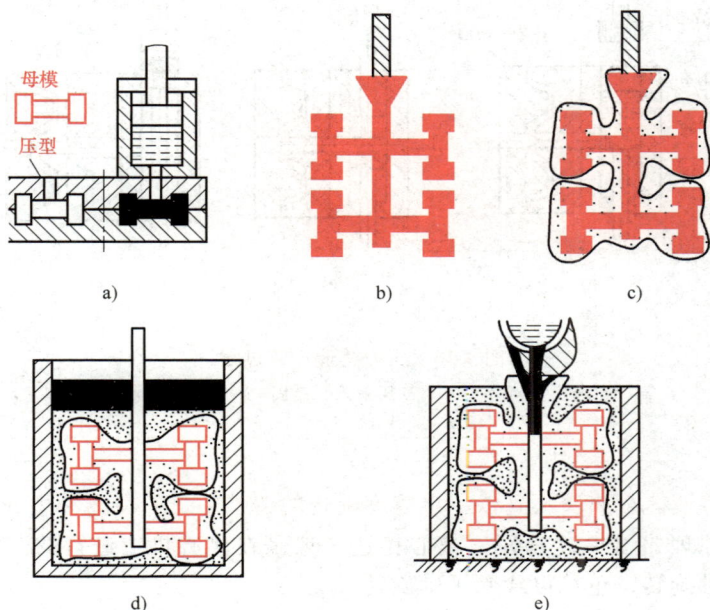

图 4-24 熔模铸造工艺过程
a）压制蜡膜 b）蜡膜组 c）结壳 d）脱蜡 e）浇注

2. 金属型铸造

金属型铸造是将液态金属浇入用金属材料制成的铸型而获得铸件的方法。一套金属型可以反复使用，所以又称为永久型。金属型铸造实现了一型多铸，生产率高。由于冷却速度较快，所得铸件晶粒细小，因而其力学性能得到了提高，只适用于大量生产的有色金属铸件，且铸件的形状和壁厚都应受到限制。

金属型一般用铸铁或铸钢制成。为方便从金属型中取出铸件，金属型常做成可分式的。图4-25所示为铸造铝合金活塞的金属型简图。和砂型相比，金属型没有透气性，耐火性也比砂型低，同时金属型散热比砂型要快得多，对铸件有激冷作用。因此应在金属型上开设通气槽，浇注前应将金属型预热，并要在型腔内表面涂上涂料，用以保护铸型和降低冷却速度，防止产生气孔、裂纹、白口和浇不足等缺陷。

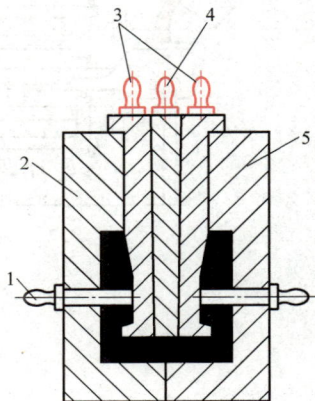

**图 4-25 铸造铝合金
活塞的金属型简图**

1—金属型芯 2—左半型
3、4—组合金属型芯 5—右半型

69

3. 压力铸造

压力铸造（简称压铸）是在高压（5~150MPa）的作用下将金属液快速压入压铸型中，并在压力作用下冷凝获得铸件的方法。压铸是在压铸机上进行的，压铸机有热压室式和冷压室式两类。其生产工艺过程如图4-26所示。

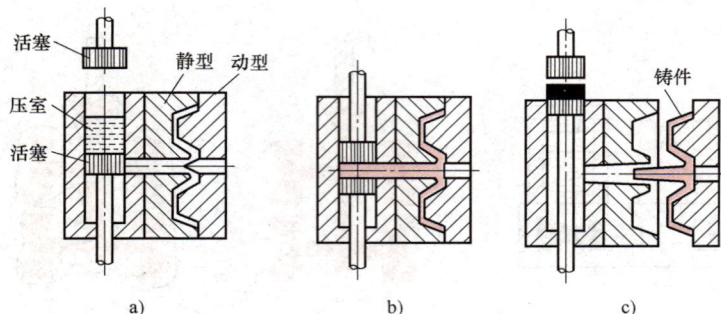

图 4-26 压力铸造工艺过程
a）合型注入金属液 b）高压射入，凝固 c）开型，顶出铸件

4. 离心铸造

离心铸造是将液体金属浇入到以一定速度旋转的铸型中，并在离心力的作用下凝固成形的铸造方法，其原理如图4-27所示。离心铸造一般是在离心机上进行的。铸型多采用金属型，可以绕垂直轴旋转，也可以绕水平轴旋转。

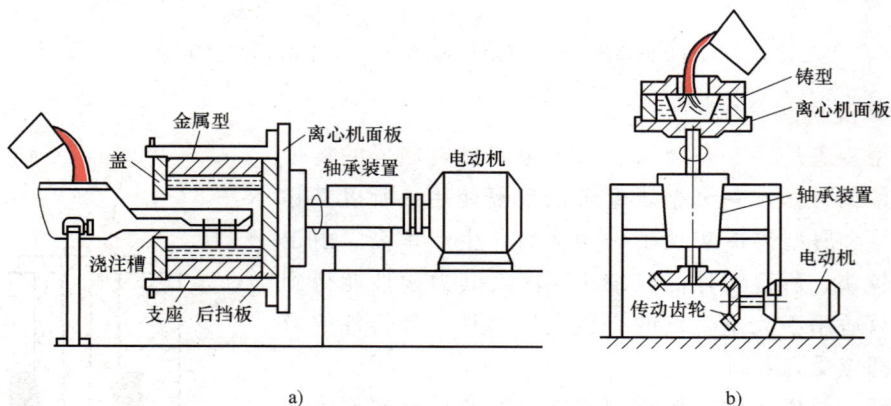

图 4-27 离心铸造
a）卧式离心铸造示意图 b）立式离心铸造示意图

5. 其他铸造新技术

铸造产品发展的趋势是要求铸件有更好的综合性能、更高的精度、更少的加工余量和更光洁的表面。此外，节能的要求和社会对恢复自然环境的呼声也越来越高。为适应这些要求，将开发新的铸造合金，冶炼新工艺和新设备将相应出现，见表4-5。

表 4-5　铸造新技术的成形原理、特点及应用

铸造新技术	成形原理及特点	应　用
陶瓷型铸造	在硅酸乙酯水解液和耐火粉料的陶瓷浆料中加入催化剂,用浇灌浆料的方法制造铸型,浇注金属液生产铸件	广泛用于生产厚大的精密铸件,也用于生产中型铸钢件
挤压铸造	对进入挤压铸型型腔内的液态(或半固态)金属施加较高的机械压力,使其成形和凝固,从而获得铸件或铸锭	适用于多种合金材料,包括铸造铝合金、锌合金、铜合金、铸铁、铸钢以及部分变形合金
实型铸造	以泡沫塑料(聚苯乙烯)为材料造型后不取出模样。浇注的高温金属液将模样汽化后获得铸件	在汽车、造船、机床等行业中用来生产模具、曲轴、箱体、阀门、缸座、缸盖、制动盘等较复杂的铸件
磁型铸造	用磁丸代替砂型的实型铸造	用于形状不十分复杂的中、小型铸件,以浇注黑色金属为主
连续铸造	将金属液连续注入特制水冷金属型或石墨型结晶器中,形成的铸件不断从结晶器另一端拉出	用于铸钢、铸铁、铜合金和铝合金等的长铸件的批量生产

4.6　铸件质量与检验

1. 铸件的质量检验

铸件清理后,应进行质量检验。铸件质量检验是铸件生产过程中不可缺少的环节,其目的是保证铸件质量符合交货验收技术条件。常见的检验方法主要有铸件外观缺陷检验、无损探伤检测(铸件表面缺陷检验、铸件内部缺陷检验)、铸件理化性能检测等多种。

(1) 铸件外观缺陷检验　通过直接观察,可发现铸件的外观铸造缺陷(如有无砂眼、气孔、疏松、浇不足、铸造裂纹等),以及毛坯加工余量是否满足加工要求,一般适用于普通铸件的检测。

(2) 铸件表面缺陷检验　常用渗透法和磁粉探伤法。渗透法是将铸件浸入荧光液或着色液中,利用毛细作用,从而确定有无缺陷并确定缺陷具体位置的一种方法。磁粉探伤法是利用铁粉在磁场作用下产生的磁场线来检查磁性材料缺陷的一种方法。当铸件表层有裂纹、孔隙时,因磁阻增大,磁场线弯曲,从而发现缺陷的存在和位置。

(3) 铸件内部缺陷检验　内部缺陷常用无损探伤检测。无损探伤是指利用声、光、磁和电等特性,在不损害或不影响被检对象使用性能的前提下,检测被检对象中是否存在缺陷或不均匀性,给出缺陷的大小、位置、性质和数量等信息的检测手段。例如超声波探伤,是利用超声波在固体中传播遇到缺陷界面时能够反射的原理来探测铸件内部缺陷。探测时,在显示屏上可以看到始脉冲和底脉冲,若铸件内部存在缺陷,则在显示屏上出现缺陷脉冲。无损探伤检测费用高,一般适用于重要铸件的检测。

(4) 铸件理化性能检测　对各种金属及合金材料中化学元素的精确成分分析,进行定性、定量的检测,方便快捷。

2. 铸件的缺陷分析

由于铸件生产过程工序多、工艺复杂,铸件常常会有一些缺陷,其特征和产生原因见表 4-6。

表 4-6 铸件常见缺陷的特征及产生原因

类别	缺陷	缺陷形态图例	特征	产生原因分析
孔洞类	气孔	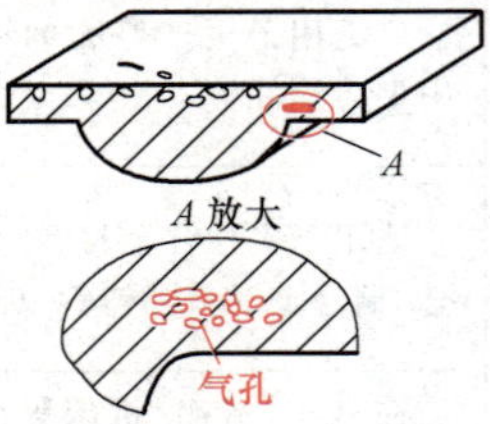 A 放大 气孔	出现在铸件内部,孔壁圆而亮	铸型透气性差,紧实度过高;起模刷水过多,型砂过湿;浇注温度偏低;型芯、浇包未烘干
	缩孔	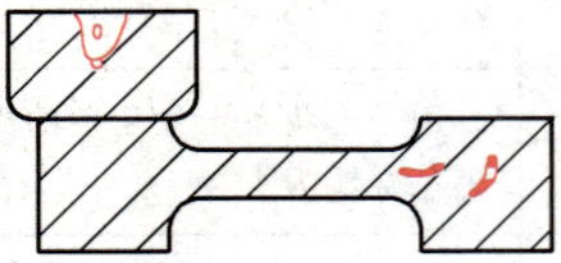	出现在铸件厚大部位,孔壁粗糙	结构设计不合理,壁厚不均匀;浇、冒口设计不合理,冒口尺寸太小;浇注温度太高
	缩松	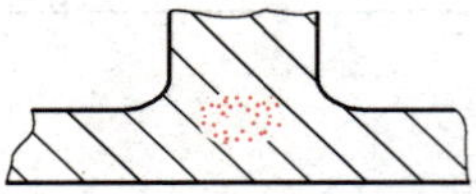	铸件内部微小密集的孔洞称为缩松	铸铁中碳、硅含量低,其他合金元素含量高时易出现缩松
	砂眼	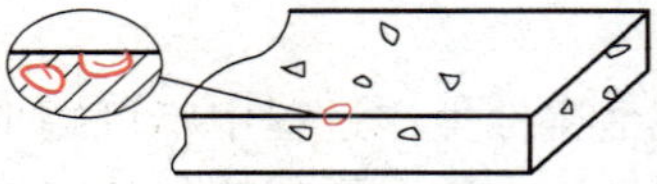	出现在铸件表面或内部,孔内带有砂粒	型砂强度不够或局部掉砂、冲砂;型腔、浇注系统内散砂未吹净;浇注系统不合理,冲坏砂型、砂芯
裂纹冷隔类	冷隔	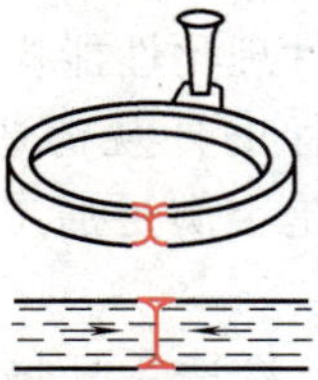	铸件上有未完全融合的缝隙。边缘呈圆角	浇注温度过低;浇注速度过慢;内浇道截面尺寸过小,位置不当;远离浇口的铸件壁过薄
	裂纹	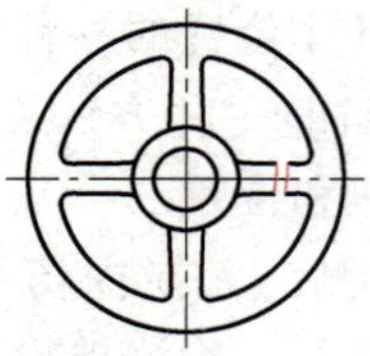	在铸件夹角或薄厚交接处的表面或内部产生裂纹	型(砂)芯的退让性差,阻碍铸件收缩;铸件设计不合理,壁厚不均,收缩不一致;浇注温度太高;合金含磷、硫量较高
形状差错类	错型	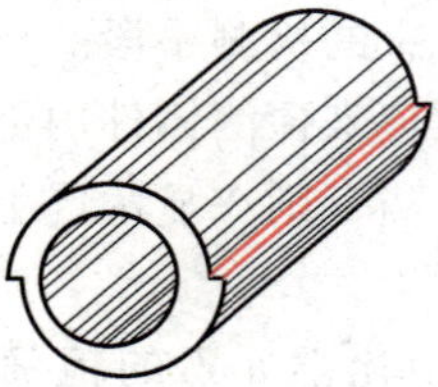	铸件在分型面处相互错开	合型时上、下型错位;造型时上、下模有错移;上、下砂箱未夹紧;定位销或泥记号不准
	偏芯	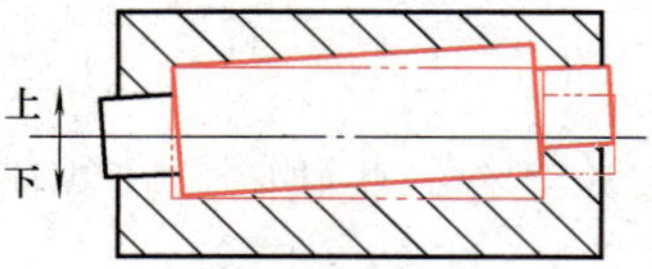 上 下	铸件内腔和局部形状偏斜	下芯时偏斜;型芯变形;型芯未固定好,浇注时被冲偏

（续）

类别	缺陷	缺陷形态图例	特征	产生原因分析
形状差错类	变形	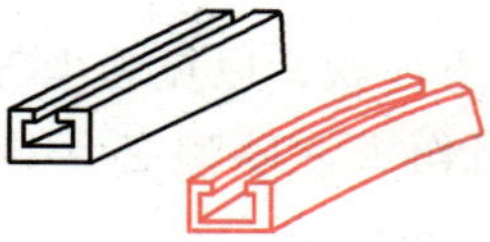	铸件向上、向下或向其他方向弯曲变形	铸件结构设计不合理,壁厚不均匀;铸件冷却时,收缩不均匀;落砂过早
表面缺陷类	黏砂	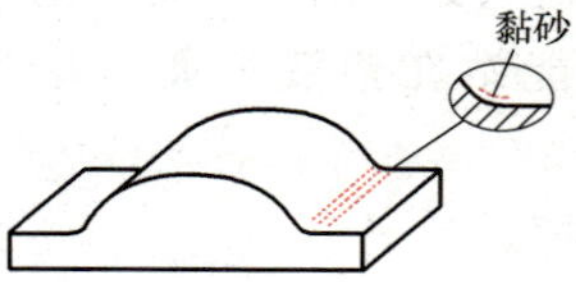	铸件表面黏附着一层砂粒	型砂选用不当,耐火性差;浇注温度太高,金属液渗透力大;砂型紧实度太低,型腔表面不致密
残缺类	浇不足	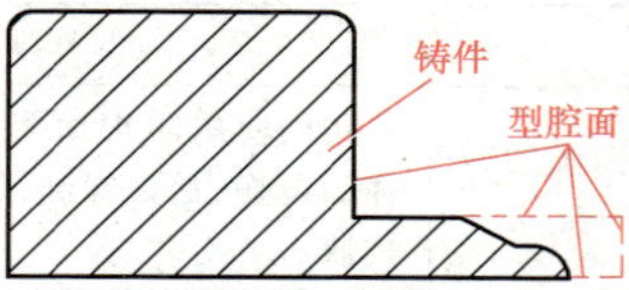	铸件形状不完整,金属液未充满铸型	合金流动性差或浇注温度太低;浇注速度过慢或断流;浇注系统尺寸太小或铸件壁太薄;未开出气口,金属液的流动受型内气体阻碍

3. 铸件质量控制

进行铸件质量控制,就是要预防和消除铸件缺陷的产生,使铸件各指标达到技术要求。由于铸造工艺过程复杂,影响铸件质量的因素很多。因此,对铸件进行质量控制就必须对铸造生产工艺过程各个环节的质量进行系统、科学、全面地管理。

（1）型（砂）芯配制方面　造型材料应选择、配制恰当,否则易使铸件产生气孔、黏砂、夹砂、砂眼等缺陷。因此,应选用适宜的原砂,控制黏结剂、水分、附加物的加入量,用科学的方法进行检测,保证型（砂）芯应具备的各项性能。

（2）砂型工艺方面　为保证砂型工艺的质量,必须根据铸件的特点、技术条件、生产批量等,从造型工艺和操作上进行全面分析,制订出合理的工艺方案,防止铸件产生缩孔、缩松、浇不足、冷隔、气孔等缺陷。

（3）合金熔炼方面　合金熔炼时必须进行严格的工艺操作,控制熔炼过程,以保证获得化学成分和温度合乎要求的金属液。当使用冲天炉熔炼铸铁时,应加强对炉料配置、加料顺序、炉前操作等的控制。使用坩埚炉熔炼有色金属时,应加强保护、控制熔炼温度,并严格精炼和除气等。

（4）浇注及落砂方面　控制好浇注温度、浇注速度及落砂时间是铸件质量控制中不可忽视的环节,它对防止铸件产生黏砂、缩孔、气孔、浇不足、冷隔、裂纹等缺陷具有重要作用。

4.7　铸造安全文明生产

1. 铸造伤害、安全隐患及操作规范（表4-7）

2. 铸造安全文明生产知识

1）严格遵守安全操作规程,进入训练教学区必须穿工作服、工作鞋,戴工作帽,女同学必须把长发纳入帽内；禁止穿高跟鞋、拖鞋、裙子、短裤。

2）工作前检查自用设备和工具。

3）造型时要保证分型面平整、吻合。

4）禁止用嘴吹型砂，使用吹风机时，要选择无人方向吹，以免砂尘飞入眼中。

5）搬动砂箱和砂型时要按顺序进行，以免倒塌伤人。砂型必须排列整齐，并留出通道。

6）浇注时应穿戴防护用具，除直接操作者，其他人必须离开一定距离。

7）浇注速度及流量要掌握适当，浇注时人不能站在铝液正面，并严禁从冒口正面观察。

8）发生任何事故时，要保持镇静，服从统一指挥。

表 4-7 铸造伤害、安全隐患及操作规范

序号	铸造伤害	安全隐患	操作规范
1	烫伤	在熔炼金属和浇注时,易产生高温的熔融金属飞溅物,会烫伤人体表面及颈部	正确使用防护面罩,避免飞溅物对人体的烫伤,最好穿纯棉工作服,以防烫伤皮肤
2	灼伤	熔融金属的温度较高,会产生强烈的热辐射	防护面罩上的防护镜片,可以避免强烈热辐射对眼睛的伤害,穿工作服,以减少热辐射对皮肤的直接作用
3	有毒气体、烟尘	熔炼金属会产生大量的烟尘和 H_2S 等有毒气体,长期接触容易中毒和患金属热职业病	必须戴好合适的防尘口罩、专用面具或防毒面具,以减少烟尘和有毒气体等对人体的危害
4	四肢触电、烫伤、砸伤	铸造过程中由于操作不当引起伤亡事故	要求铸造过程中在任何情况下操作时,必须佩戴好符合要求的防护手套、工作鞋及鞋盖,以避免触电、烫伤和砸伤等事故发生

思 考 题

1. 什么是铸造？

2. 生活中常见的铸件有哪些？

3. 常用的手工造型方法有哪些？

4. 图 4-28 所示的四种套筒类铸件都是单件生产，试确定它们的造型方法，画出分型面的位置。

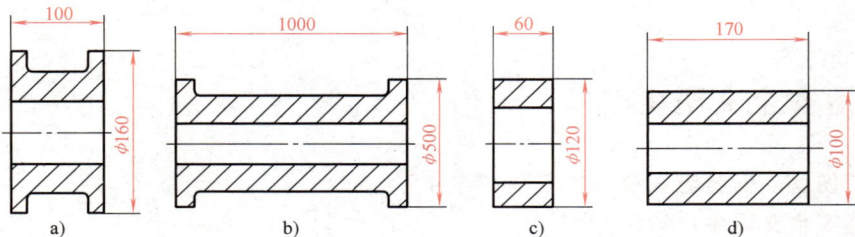

图 4-28 套筒类铸件

5. 常见的铸造缺陷有哪些？

6. 型砂由哪些材料组成？型砂应具备哪些基本性能？

7. 浇注系统由哪几部分组成？

8. 检验铸件缺陷常用的方法有哪些？

9. 什么是分型面，分型面选择一般性的原则是什么？

10. 铸造工艺流程是什么？

11. 落砂时铸件的温度过高或过低，各有什么坏处？清理浇冒口的方法有哪些？

12. 结合实习过程中出现的铸件缺陷和废品，分析缺陷产生的原因并提出防止方法。

第5章

锻 压 成 形

【基本知识】

1. 学习锻造和冲压生产的工艺过程、特点及应用。
2. 学习锻造和冲压生产所用设备，如空气锤、压力机等。
3. 学习坯料加热的目的、方法以及常见的加热缺陷。
4. 学习锻压安全文明生产知识。

【基本技能】

掌握自由锻和冲压基本工序与操作。

5.1 锻造

锻压是利用外力使金属坯料产生塑性变形，从而获得预定形状、尺寸和性能的制件（毛坯或零件）的加工方法。它不仅能使金属材料成形，还能提高其力学性能。

锻压是锻造和冲压的总称，以金属锭或棒料为原材料时（在热态下）为锻造；以板料为原材料时（在冷态下）为冲压。金属锭料经过锻压后，不仅形状、尺寸发生改变，其内部组织也更加致密，铸锭内部的疏松组织以及气孔、微裂纹等也被压实和焊合，同时晶粒细化，因而力学性能得到提高。因此，承受重载荷和冲击载荷的重要机器零件和工模具，如主轴、连杆、齿轮、刀杆和锻模等，大都采用锻造的毛坯。冲压件则具有质量小、刚度和强度高等优点，并且生产率高，易于实现机械化和自动化，广泛应用于汽车、电力、电子、仪表、航空及家用制品的生产中。但是，冲压生产必须使用专用模具，只有在大批量生产的条件下，才能发挥其优越性。

5.1.1 锻造基础知识

1. 锻造的概念

锻造是锻料在锻压设备及工（模）具的作用下，使坯料或铸锭产生塑性变形，以获得一定几何尺寸、形状和质量的锻件的加工方法。

2. 锻造的生产过程

锻造的生产过程包括下料、坯料加热、锻造成形、锻件冷却以及检验和热处理等工序。

(1) 下料 锻造前根据锻件的形状、尺寸和质量，从选定的原材料上截取相应坯料的工序，称为下料。锻件的下料方法主要有剪切、锯削、氧气切割等。

(2) 坯料加热

1) 加热目的与锻造温度。对坯料进行加热的目的是提高金属的塑性和降低其变形抗力，以改善其锻造性能。为保证金属在变形时具有良好的塑性，又不致产生热缺陷，锻造必须在合理的温度范围内进行。

金属材料锻造时，所允许加热的最高温度称为始锻温度。金属材料停止锻造的温度称为终锻温度。从始锻温度到终锻温度之间的间隔称为锻造温度范围。确定锻造温度范围的原则是：在保证坯料具有良好锻造性能的前提下，始锻温度尽量取高，终锻温度应尽量取低，以放宽锻造温度范围，降低消耗，提高生产率。常用材料的锻造温度范围见表 5-1。

表 5-1　常用材料的锻造温度范围

材料种类	牌号举例	始锻温度/℃	终锻温度/℃
低碳钢	Q195,Q215,Q235	1200~1250	700~800
中碳钢	30,60,40Mn	1150~1200	800~850
合金结构钢	30CrMnSi,18CrMnTi,18Cr2Ni4W	1100~1180	800~850
高速工具钢	W18Cr4V,W6Mo5Cr4V2	1150~1200	800~850
不锈钢	12Cr13,20Cr13,12Cr18Ni9	1150~1200	850~900
铝合金	3A21,5A02,2A50,2B50	450~500	350~380
铜合金	T1,T2,T3	800~900	650~700

金属在加热和锻造过程中的温度变化可用仪表（热电高温计或光学高温计）测量，也可通过观察金属火色的方法来判断。碳素钢的加热温度与火色的对应关系见表 5-2。

表 5-2　碳素钢的加热温度与火色的对应关系

火色	黄白	淡黄	黄	淡红	樱红	暗红	褐红
加热温度/℃	1300	1200	1100	900	800	700	600

2) 加热设备。一般采用火焰加热和电加热方式。火焰加热设备有手锻炉、油炉、煤气炉。电加热设备有电阻炉、感应加热装置和接触加热设备等。

① 手锻炉。手锻炉的结构如图 5-1 所示。手锻炉由炉膛 3、风管 6、风门 5 等组成。通常以烟煤或焦炭为原料。它的优点是结构简单、体积小、升温快，生火、停炉方便，适用于小件、局部加热的锻件以及修理车间等。

② 油炉和煤气炉。油炉和煤气炉的结构基本相同，图 5-2 所示为油炉的结构。油炉（煤气炉）是由喷嘴 1 将油（煤气）与空气直接喷射到加热室 2（即炉膛）内燃烧加热坯料，生成的废气由烟道 3 排出。调节油或煤气及压缩空气的流量，便可控制炉膛的温度。此炉加热比较均匀，结构简单紧凑，操作方便，生产率高，应用广泛。

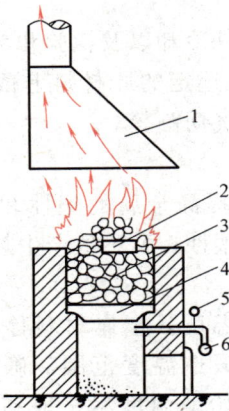

图 5-1 手锻炉的结构

1—排烟罩 2—坯料 3—炉膛 4—炉箅 5—风门 6—风管

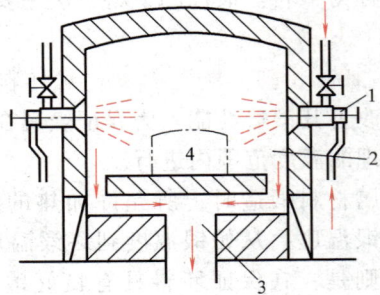

图 5-2 油炉的结构

1—喷嘴 2—加热室 3—烟道 4—炉门

③ 电阻炉。电阻炉是利用电流通过分布在炉膛壁上的电热元件产生的电阻热为热源，通过辐射和对流加热坯料的设备。电阻炉结构简单、体积小、操作简便、温度控制准确、加热质量高，且可通入保护性气体控制炉内气氛，以防止和减少坯料加热时的氧化。电阻炉主要用于精密锻造及高合金钢、有色金属等加热质量要求高的场合。中温箱式电阻炉的结构如图 5-3 所示。

④ 感应加热装置。感应加热装置是用交流电流通过感应线圈 2 而产生交变磁场，使置于线圈中的坯料 1 内部产生涡流而升温加热，如图 5-4 所示。这种设备虽复杂、投资大，但加热速度快、质量好、温度易控制，适用于现代化的大批量生产。

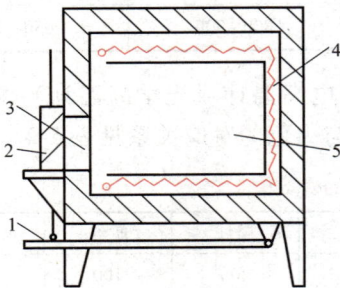

图 5-3 中温箱式电阻炉的结构

1—踏杆（控制炉门升降） 2—炉门
3—装、出炉口 4—电热体 5—加热室

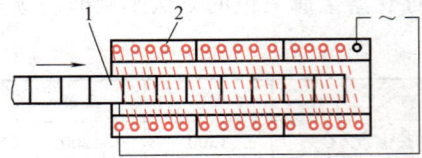

图 5-4 感应加热装置示意图

1—坯料 2—线圈

（3）锻造成形 按照锻造时金属变形的方式不同，锻造可分为自由锻、模锻和特殊成形方法。自由锻按设备和操作方式不同，又可分为手工自由锻和机器自由锻。

自由锻是在锻锤或压力机上，使用简单或通用的工具使坯料变形，获得所需形状和性能的锻件。它适用于单件或小批量生产。主要变形工序有镦粗、拔长、冲孔、弯曲、错移和扭转等。

模锻是在锻锤或压力机上，使用专门的模具使坯料在模膛中成形，获得所需形状和尺寸的锻件。它适用于成批或大量的生产。按所使用锻造设备不同,模锻分为胎模锻和模锻。

特殊成形方法通常采用专用设备,使用专门的工具或模具使坯料成形,获得所需形状和尺寸的锻件。它适用于产品的专业化生产。目前,生产中采用的特殊成形方法有电镦、辊轧、旋转锻造、摆动辗轧、多向模锻和超塑性锻造等。

(4)锻件冷却 锻件冷却是保证锻件质量的重要环节,锻件常用的冷却方法及应用场合见表5-3。

表5-3 锻件常用的冷却方法及应用场合

冷却方法	概　　念	应 用 场 合
空冷	在无风的空气中,将热态锻件放在干燥的地面上自然冷却	碳素结构钢和低碳合金钢的中小型锻件
坑冷	将热态锻件放在充填有石灰、干砂或炉灰的地坑或铁箱中冷却	合金工具钢和碳素工具钢的中小型锻件应空冷到650~700℃,然后再坑冷
炉冷	将锻件放在500~700℃的加热炉中随炉缓慢冷却	成分复杂的合金钢锻件或厚截面的大型锻件

此外,为使金属获得所需的组织和性能,一般在机械加工前,需对锻件进行热处理,如退火、正火等。

3. 自由锻的设备及工具

自由锻是使用通用的工具或在锻造设备的上、下砧铁之间使坯料变形,从而获得所需形状和性能的锻件的加工方法。坯料变形时,沿变形方向可以自由流动,不受限制。

(1)自由锻的设备 锻造所用设备有两类,一类是以冲击力使金属坯料产生塑性变形的锻锤,如空气锤、蒸汽-空气自由锻锤;另一类是以静压力使金属坯料产生塑性变形的液压机,如水压机、油压机等。

1)空气锤。空气锤是生产小型锻件的常用设备,可用于锻造中、小型锻件。它既可自由锻造,又可胎模锻造。空气锤由锤身、压缩缸、工作缸、减速机构、操作机构、落下部分及砧座部分等组成,其结构及工作原理如图5-5所示。

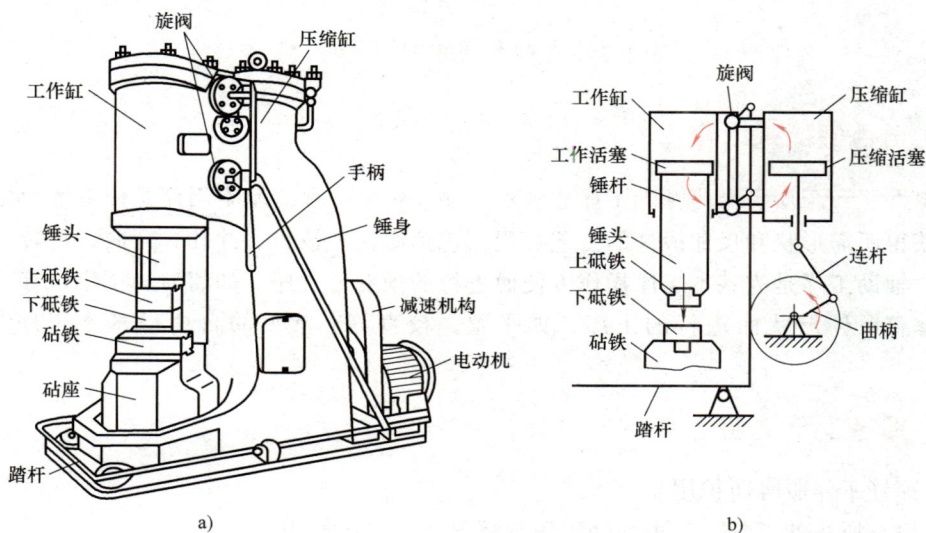

a)　　　　　　　　　　　　　b)

图5-5 空气锤的结构及工作原理
a)空气锤的结构　b)空气锤的工作原理

2）**蒸汽-空气自由锻锤**。蒸汽-空气自由锻锤是生产大、中型锻件常用的设备，它是用0.6~0.9MPa的压力蒸汽或压缩空气作为动力源进行工作的。蒸汽-空气自由锻锤由机架、气缸、落下部分、配气操纵机构及砧座等部分组成，它的规格以锤落下部分的质量来表示。

3）**水压机**。水压机是生产大型锻件常用的设备，以高压水泵所产生的高压水（15~40MPa）为动力源进行工作的。水压机广泛采用三梁四柱式传动机构，并带有活动工作台。水压机的规格以水压机产生的静压力大小表示。

（2）**自由锻工具**　自由锻工具种类很多，按用途分为支持工具，如砧铁；成形工具，如冲子、摔子等；打击工具，如手锤、大锤、平锤等；夹持工具，如钳子等；量具，如直尺、卡钳等。机器自由锻工具如图5-6所示。

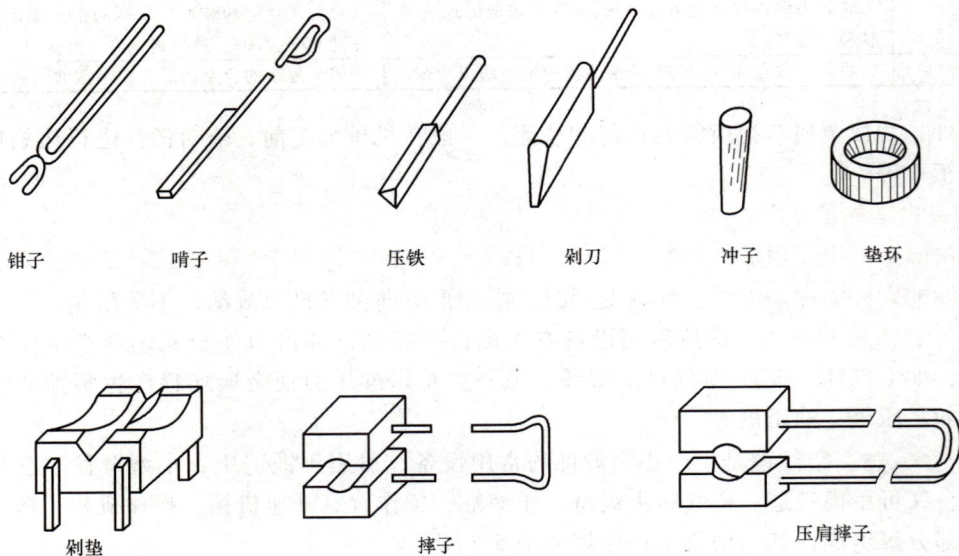

图5-6　机器自由锻工具

5.1.2　自由锻的基本操作

自由锻生产工序可分为基本工序、辅助工序及精整工序。基本工序是使毛坯产生塑性变形，以获得所需形状和尺寸锻件的工艺过程，包括镦粗、拔长、冲孔、弯曲、扭转、错移和切割等；辅助工序是为基本工序操作方便而进行的预变形工序，如切肩、压钳口等；精整工序是为修整锻件形状而进行的工序，如平整、校直等。常见的自由锻基本工序如图5-7所示。

5.1.3　锻造安全文明生产

1）穿好工作服等防护用品。

2）检查所用的工具、仪表均处于正常情况下，方可使用。

3）钳口形状必须与坯料断面形状、尺寸相符。

4）钳子或其他工具的柄部应靠近身体侧旁，不允许将手指放在钳柄之间，以免伤害

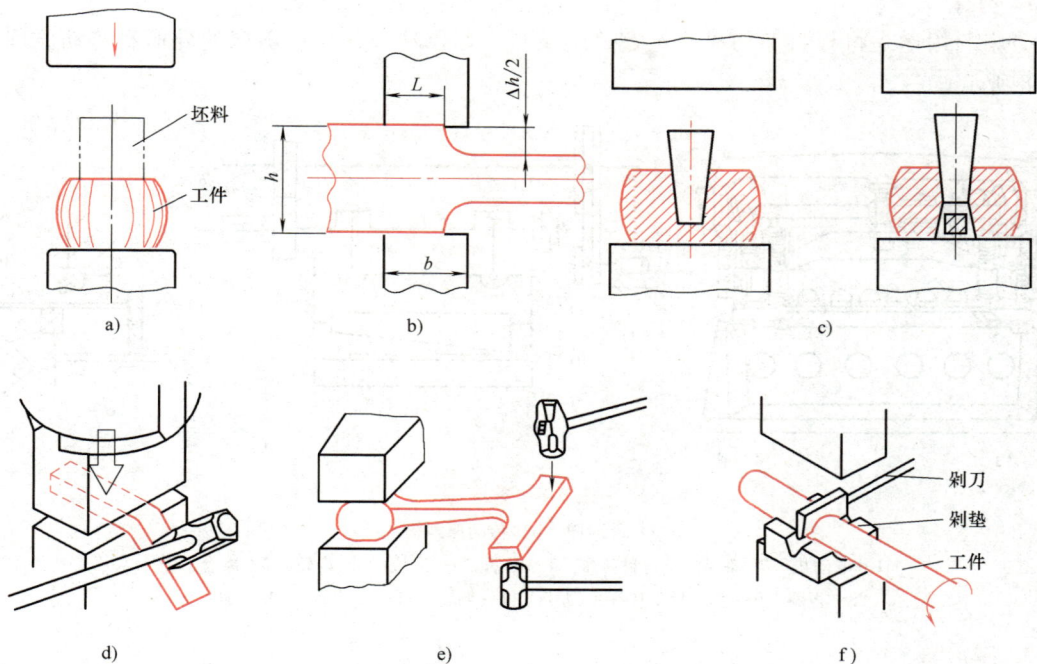

图 5-7 常见的自由锻基本工序

a）镦粗 b）拔长 c）冲孔 d）弯曲 e）扭转 f）圆料切割

身体。

5）踩踏杆时，脚跟不许悬空，以便稳定操纵踏杆，保证操作安全。

6）锤头应做到"三不打"，即工模具或锻坯未放稳不打、过烧或已冷锻坯不打、砧上没有锻坯不打。

7）锤头工作时，严禁将手伸入锤头行程中，必须及时清除干净砧座上的氧化皮。

8）锻造时，不要直接用手去触摸锻件和钳口。

9）两人或多人配合操作时，应分工明确。

5.2　板料冲压

板料冲压是利用装在压力机上的模具使板料分离或变形，以获得毛坯或零件的加工方法，它主要用于常温下对板料进行加工，所以也称为冷冲压。

冷冲压的生产率高，冲压件的刚性强、精度高，一般不再进行切削加工即可装配使用，广泛用于汽车、航空、电器、仪表、电子器件、电工器材及日用品等工业部门的批量生产。

板料、模具和冲压设备是冲压生产的三要素。

5.2.1　冲压基础知识

板料冲压设备主要有剪床和压力机。

1. 剪床

剪床的用途是将板料剪切成一定宽度的条料，以供冲压使用。剪床的外形和传动原理如图 5-8 所示。

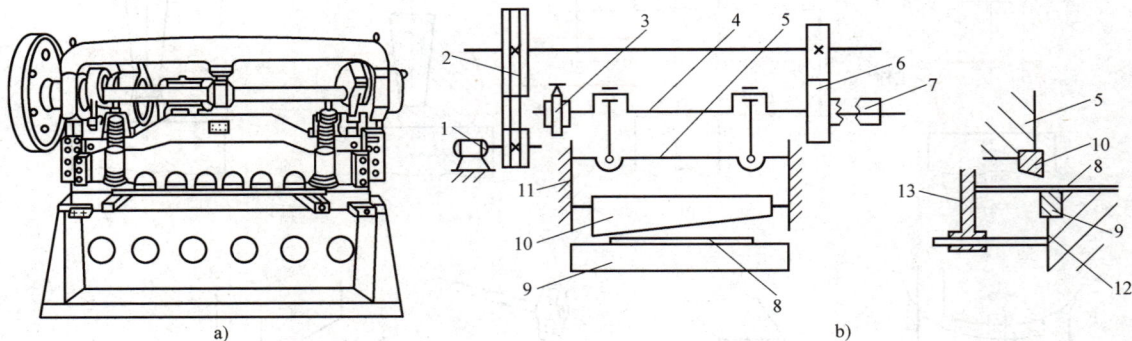

图 5-8 剪床

a）外形图 b）传动原理图

1—电动机 2—带轮 3—制动器 4—曲柄 5—滑块 6—齿轮 7—离合器
8—板料 9—下刀片 10—上刀片 11—导轨 12—工作台 13—挡铁

2. 压力机

压力机是冲压加工的基本设备。板料冲压的基本工序都是在压力机上进行的。压力机按其结构可分为单柱式和双柱式两种。双柱可倾式压力机如图 5-9 所示。

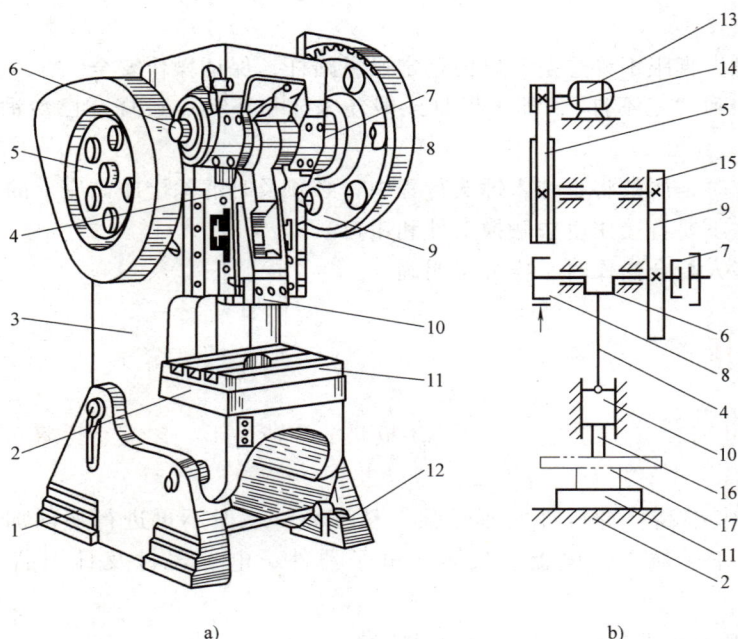

图 5-9 双柱可倾式压力机

a）外形图 b）传动原理图

1—底座 2—工作台 3—床身 4—连杆 5—大带轮 6—曲轴 7—离合器 8—制动器 9—大齿轮 10—滑块
11—垫板 12—脚踏板 13—电动机 14—小带轮 15—小齿轮 16—上模 17—下模

冲模是使板料分离或成形的工具。冲模的结构如图 5-10 所示，一般分为上模和下模两部分，上模通过模柄安装在压力机滑块上，下模则通过下模板由压板和螺栓安装在压力机工作台上。

冲模各部分的作用如下：

1) 凸模 4 与凹模 11 是冲模的核心部分，凸模 4 又称冲头，它与凹模 11 配合使板料产生分离或成形。

2) 导板 2 用来控制板料的进给方向，定位销 1 用来控制板料的进给量。

3) 卸料板 3 用于冲压后使凸模 4 从板料中脱出。

4) 模架由上模板 8、下模板 13、导柱 10 和导套 9 等组成。上模板 8 用于固定凸模 4 和模柄 7 等，下模板 13 用于固定凹模 11、导板 2 和卸料板 3 等。导套 9 和导柱 10 分别固定在上、下模板上，以保证上、下模对准。

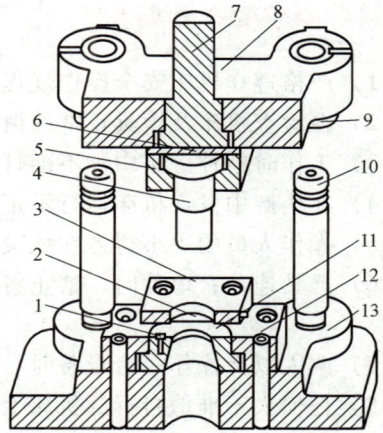

图 5-10　冲模的结构

1—定位销　2—导板　3—卸料板　4—凸模
5—凸模压板　6—模垫　7—模柄
8—上模板　9—导套　10—导柱
11—凹模　12—凹模压板　13—下模板

5.2.2　板料冲压基本操作

板料冲压的工序分为**分离工序和变形工序**两大类。**分离工序是使板料沿一定的线段分离的冲压工序，有冲裁、切口、切断等；变形工序是使板料产生局部或整体塑性变形的工序，有弯曲、拉深、成形等。**各种形状的冲压器件都是经过一个或几个冲压工序制成的。冲压基本工序如图 5-11 所示。

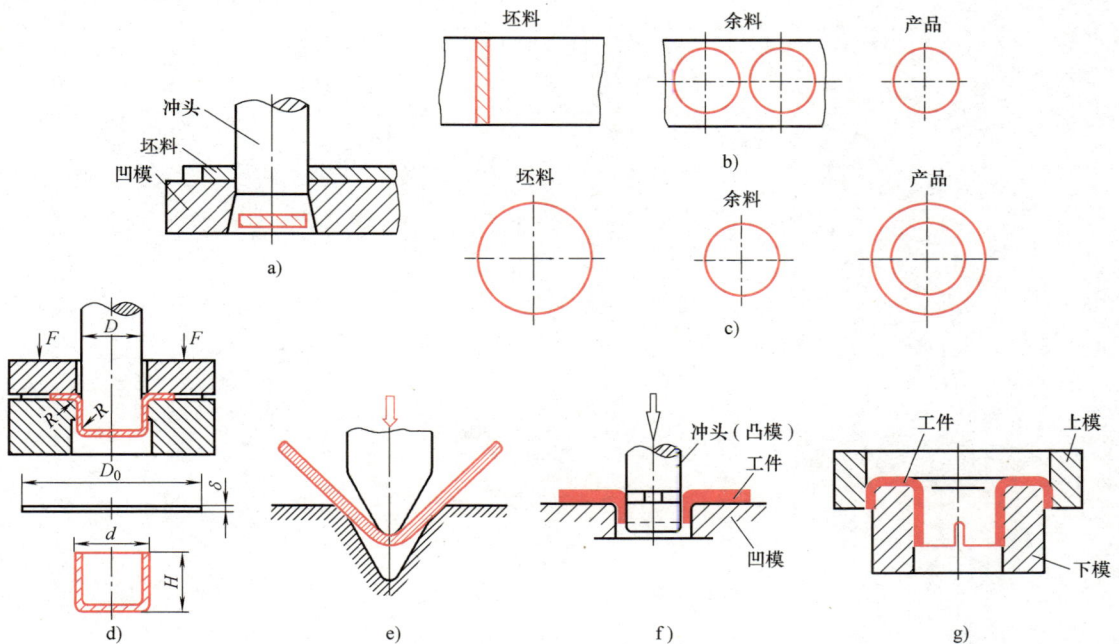

图 5-11　冲压基本工序

a) 冲裁模　b) 落料　c) 冲孔　d) 拉伸　e) 弯曲　f) 内孔翻边　g) 外孔翻边

5.2.3　冲压安全文明生产

1）严格遵守机床安全操作规程。

2）在检查机床及模具正常的情况下，再开机试车。

3）工作时精神应集中，不准打闹、说笑和打瞌睡等，以免滑块下行时，手误入冲模。

4）在生产中发现机床运行不正常时，应立即停车，检查原因或停车修理。

5）操作人员的手不得停在危险区，防止发生安全事故。

6）严禁连冲；单冲时，禁止将脚一直放在离合器踏板上进行操作，应每件一次，即踩一下。

7）两人以上操作一台设备时，要分工明确，配合协调。

8）任何人不准擅自拆卸机床上的安全防护装置，缺少安全防护装置的设备不准使用。

思　考　题

1. 锻压成形的基本原理是什么？

2. 锻造前金属坯料加热的作用是什么？

3. 自由锻的设备和基本工序有哪些？

4. 冲压常用的设备有哪些？

第6章

焊　接

【基本知识】

1. 学习焊接的工艺过程、特点和应用。
2. 学习焊条电弧焊的工作原理、所用设备及工具的结构和使用。
3. 学习焊条的组成、作用、性能及选用。
4. 学习常见的焊接接头形式、坡口、焊接空间位置等。
5. 学习焊接质量分析及检验方法。
6. 学习其他常用焊接方法的特点和应用。
7. 学习焊接安全文明生产知识。

【基本技能】

1. 掌握焊接安全文明生产知识。
2. 掌握焊条电弧焊的焊接基本操作方法和操作技能。

6.1　焊接基础知识

6.1.1　焊接概述

　　焊接是机械制造中应用较为广泛的金属连接成形技术。焊接连接技术不同于其他机械连接，它是利用原子间的结合作用来实现连接的，连接后不可拆卸。焊接是通过加热或加压，或者两者并用，使两个或两个以上分离的物体产生原子结合而连接成一体的加工方法。焊接时可以用填充材料，也可以不用。

　　焊接具有省工、省料、体轻、接头致密和容易实现机械化、自动化等特点。焊接在铸件、锻件的缺陷（具有缺陷的铸件、锻件）以及磨损零件等修复方面发挥着其他加工方法不可代替的作用。目前，焊接广泛应用于机械、桥梁、船舶、车辆、航空、石油、化工和电子等行业中。

6.1.2　焊接方法分类

　　焊接的方法有很多，按焊接过程中金属所处的表面状态及工艺特点不同可分为熔焊、压焊和钎焊三大类。

（1）熔焊 熔焊是利用局部加热的方法将连接处的金属加热至熔化状态，不加压力完成焊接的方法。根据加热过程中热源不同，有气焊、焊条电弧焊、氩弧焊、CO_2 气体保护焊、等离子弧焊、电子束焊以及激光焊等。

（2）压焊 压焊是利用焊接时施加一定压力而完成焊接的方法。这种焊接方法有加热或者不加热两种形式，它是使被焊工件在固态下克服其连接表面的不平度和氧化物等杂质的影响，使其产生塑性变形，从而形成不可拆分的连接接头，有电阻焊（点焊、缝焊、对焊等）、锻焊、超声波焊等。

（3）钎焊 钎焊是采用比母材熔点低的金属材料作为钎料，将焊件和钎料加热到高于钎料熔点，但又低于母材熔点的温度，利用液态钎料润湿母材，填充接头间隙并与母材相互扩散实现焊件连接的方法，有烙铁钎焊、火焰钎焊和感应钎焊等。

6.2 焊条电弧焊

焊条电弧焊是以焊条与工件作为电极，利用电弧放电产生的热量熔化焊条与焊件，用手工操作焊条进行焊接的一种方法。焊条电弧焊所需的设备简单、操作方便、灵活，适用于各种条件下的焊接，特别适用于结构形状复杂、焊缝短小、弯曲或各种空间位置的焊接。

焊条电弧焊示意图如图 6-1 所示，焊接前，将焊钳 6 和焊件 1 分别连接在弧焊机 7 输出端的两极，并用焊钳 6 夹持焊条 5。焊接时，让焊条 5 和焊件 1 接触，迅速将焊条 5 提高一定距离，在焊条 5 与焊件 1 之间即可形成电弧 4，这个过程称为引弧。所谓焊接电弧，是指焊接时在两个电极之间的气体介质中发生的一种长时间的剧烈放电现象。电弧在燃烧时会产生较高的温度，温度可达 $6000\sim8000℃$。电能以电弧的形式转化成热能，并利用转化的热能使焊条 5 末端和焊件 1 表面熔化，形成熔池 3。随着电弧 4 沿焊接方

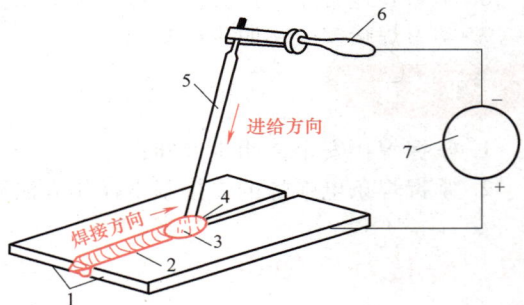

图 6-1 焊条电弧焊示意图

1—焊件 2—焊缝 3—熔池 4—电弧
5—焊条 6—焊钳 7—弧焊机

向移动，熔化的金属迅速冷却凝固形成焊缝 2，即随着焊条 5 的移动，新的熔池不断产生，原有的熔池不断冷却、凝固，形成焊缝，使分离的两个焊件连接在一起。焊后使用清渣锤把覆盖在焊缝上的熔渣清理干净，检查焊接质量。

6.2.1 焊条电弧焊设备

焊条电弧焊的主要设备是电弧焊机，简称弧焊机或电焊机。焊接时，为了顺利引燃电弧并始终保持稳定燃烧，弧焊机在性能上应具有陡降的外特性、适当的空载电压和短路电流，同时还应有良好的动特性和调节特性。弧焊机是供焊接电弧燃烧的设备。常用的弧焊机分为交流弧焊机和直流弧焊机两类。

1. 交流弧焊机

交流弧焊机是一种具有下降外特性的降压变压器，如图 6-2 所示。它可以把 220V 或 380V 的电源电压降至 55~80V（即焊机的空载电压），满足电弧引燃和电弧稳定燃烧的要求。焊接时，电压会自动下降到电弧的正常工作电压 20~40V。它能自动限制短路电流，因而引弧时焊条与工件的接触短路也不会造成影响，还能供给焊接时所需的电流，一般从几十安培到几百安培，并可根据工件的厚度和所用焊条直径调节电流值。电流调节一般分为初调和细调两级。交流弧焊机有分体式弧焊机、同体式弧焊机、动铁漏磁式弧焊机、动圈式弧焊机和抽头式弧焊机等类型。交流弧焊机的结构简单，制造和维修方便，价格低廉，工作时噪声小，应用比较广泛；主要缺点是焊接电弧不够稳定。

2. 直流弧焊机

直流弧焊机有旋转式直流弧焊机和整流弧焊机两种。旋转式直流弧焊机的结构复杂、维修困难、噪声大、耗电多，正在逐渐被淘汰。整流弧焊机（又称弧焊整流器）如图 6-3 所示，其噪声低、耗电少，已经逐步取代旋转式直流弧焊机。它将交流电经过变压整流后获得直流电，既弥补了交流弧焊机电弧不稳定的缺点，又比旋转式直流弧焊机结构简单、维修容易、噪声小。在焊接质量要求高或焊接 2mm 以下薄板钢件、有色金属、铸铁和特殊钢件时，宜采用整流弧焊机。

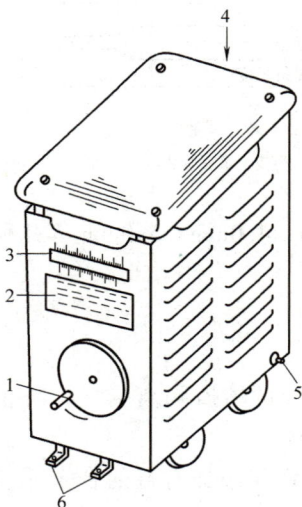

图 6-2　交流弧焊机

1—调节手柄　2—焊机标牌　3—电流指示器
4—焊机输入端　5—接地螺栓　6—焊接电源两极

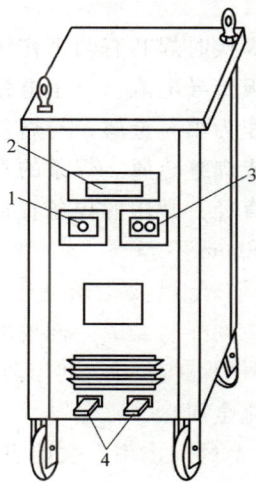

图 6-3　整流弧焊机

1—电流调节器　2—电流指示盘
3—电源开关　4—焊接电源两极

直流弧焊机的输出端有正极、负极之分，焊接时电弧两端温度不同。因此，直流弧焊机输出端有两种接法，焊件接弧焊机正极，焊条接负极，称为正接。焊接厚板时，一般采用直流正接，这是因为电弧正极的温度和热量比负极高，能获得较大的熔深。焊件接弧焊机的负极，焊条接正极，称为反接。焊接薄板时，为了防止烧穿，常采用反接。但在使用碱性焊条时，均采用直流反接。

3. 电焊机的型号

电焊机的型号按统一规定编制，它采用汉语拼音字母和阿拉伯数字表示。

BX1-200 型，B 表示弧焊变压器，X 表示焊接电源为下降特性，1 表示动铁心式，200 表示焊接的额定电流为 200A。

ZX7-400 型，Z 表示焊接整流器，X 表示焊接电源为下降特性，7 表示逆变式，400 表示额定电流为 400A。

4. 焊接工具及防护用品

1）焊接电缆。芯线用纯铜制成，有良好的导电性；线皮为绝缘性橡胶。

2）焊钳。它的作用是夹持焊条和传导电流。

3）面罩。采用红色或褐色硬纸板，正面开有长方形孔，内嵌白玻璃和黑玻璃，是防止焊接时的飞溅、弧光及熔池和焊件的高温对焊工面部及颈部灼伤的一种遮蔽物。

4）敲渣锤。用以清掉覆盖在焊缝上的焊渣以及周边的飞溅物。

5）其他防护用品。焊工手套、护脚、工作服和平光眼镜。

6.2.2 焊条

1. 焊条的组成和作用

焊条是电弧焊的焊接材料，由焊芯和药皮两部分组成，如图 6-4 所示。

（1）焊芯　焊芯是焊条内有一定长度和直径，经过特殊冶炼的专业金属丝。焊接时焊芯有两个作用：一是作为电极传导电流，产生电弧；二是熔化后作为填充金属，与熔化的母材一起组成焊缝金属。焊条的直径是

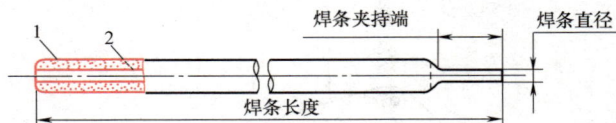

图 6-4　焊条
1—药皮　2—焊芯

指焊芯的直径，常用的焊条直径有 2.0mm、2.5mm、3.2mm、4.0mm、5.0mm 等几种，长度在 250～550mm 不等。

（2）药皮　药皮是压涂在焊芯表面的涂料层，由矿石粉、铁合金、有机物和黏结剂等按一定的比例配制而成。药皮的主要作用是：

1）机械保护作用。利用药皮熔化后释放出的气体和形成的熔渣隔离空气，防止有害气体侵入熔化金属。

2）冶金处理作用。去除有害杂质（如氧、氢、硫、磷）和添加有益的合金元素，使焊缝获得合乎要求的化学成分和力学性能。

3）改善焊接工艺性能。使电弧燃烧稳定、飞溅少、焊缝成形好、易脱渣等。

2. 焊条的种类、型号和选用

焊条按用途不同分为结构钢焊条、耐热钢焊条、不锈钢焊条、铸铁焊条、铜及铜合金焊条、铝及铝合金焊条等。

按焊条药皮熔化后熔渣的酸碱性可分为酸性焊条与碱性焊条。药皮中含有大量的酸性氧化物的焊条称为酸性焊条；药皮中含有大量的碱性氧化物的焊条称为碱性焊条。酸性焊条电弧稳定、脱渣容易、熔深适中、飞溅少、焊缝成形好，适用于各种位置的焊接；但因酸性焊条熔渣除硫、磷的能力差，所以焊缝的力学性能，特别是冲击韧度较差，适用于一般低碳钢

和强度较低的低合金结构钢的焊接。碱性焊条脱氧完全，合金过渡容易，能有效降低焊缝中氢、氧、硫、磷的含量，所以焊缝的力学性能和抗裂性能比酸性焊条好，但其焊接的工艺性较差，引弧困难，电弧稳定性差，飞溅较大，不易脱渣，必须采用短弧焊，适用于合金钢和重要碳钢的焊接。

焊条型号是国家标准中的焊条代号，如 GB/T 5117—2012《非合金钢及细晶粒钢焊条》中的 E4303、E5015、E5016 等。其中，"E"表示焊条；前两位数字表示焊缝金属抗拉强度的 1/10，单位为 MPa；第三位数字表示焊条的焊接位置（0 及 1 适用于全位置焊接，2 适用于平焊和平角焊，4 适用于向下立焊）；第三和第四位数字组合表示焊接电流的种类和类型，如"03"表示钛钙型药皮，可采用交流或直流焊接。

焊条选用应该考虑以下原则：

1）根据被焊的金属材料类别选择相应的焊条种类，例如焊接低碳钢和低合金钢时，应选用结构钢焊条。如焊接 Q235 钢和 20 钢时选用 E4303 或者 E4315 焊条。

2）焊接工艺性要满足施焊操作需要。例如，向下立焊、管道焊接、底层焊接、盖面焊、重力焊时，可选用相应的专用焊条。

3）焊缝性能要和母材的性能相同或相近，或者焊缝的化学成分类型和母材相同，以保证性能相同。

6.2.3 焊条电弧焊工艺

选择合适的焊接参数是获得优良焊缝的前提，并会直接影响劳动生产率。焊条电弧焊工艺是根据焊接接头形式、焊件材料、板材厚度、焊缝焊接位置等具体情况制订的，包括焊条牌号、焊条直径、电源种类和极性、焊接电流、焊接电压、焊接速度、焊接坡口形式和焊接层数等内容。

1. 焊接位置

在实际生产中，由于焊件结构和焊件移动的限制，焊缝可以在空间不同的位置施焊。焊接位置可分为平焊、立焊、横焊和仰焊等，如图 6-5 所示。

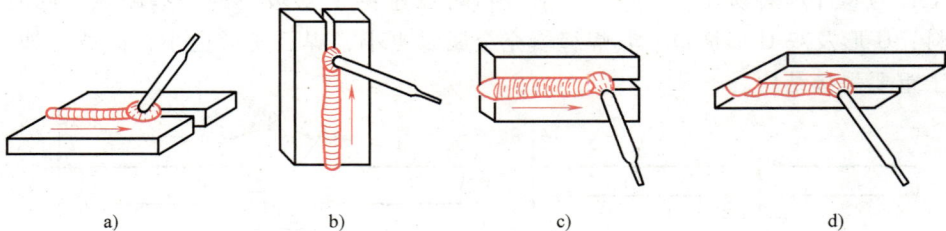

图 6-5 焊接位置

a）平焊 b）立焊 c）横焊 d）仰焊

（1）平焊 处于水平位置或倾斜度不大的焊缝焊接称为平焊。由于焊缝处于水平位置，熔滴主要靠自重过渡，操作技术比较容易掌握，可以选择较大直径的焊条和较大的焊接电流，生产率高，因此在生产中应用较普遍。如果焊接参数选择不当，容易造成根部焊瘤或未焊透。

（2）立焊 立焊是在竖直的方向上焊接焊缝。由于重力作用，焊条熔化所形成的熔滴会向下掉落，所以焊缝形成会比较困难，从而影响焊接质量。因此，立焊时选用的焊条直径和焊接电流要相应减小（相对平焊减小 10%～15%），并尽量采用短弧焊接，弧长一般不大于焊条直径。

（3）横焊　横焊是指在竖直面上焊接水平位置焊缝。横焊时由于重力作用，形成的熔滴容易向下流而产生各种缺陷。因此，应采用短弧焊接，并选较小直径的焊条和较小的焊接电流以及适当的运条方法。

（4）仰焊　仰焊是焊缝位于燃烧电弧上方进行焊接的一种方式，即操作人员在仰视位置进行焊接。仰焊劳动强度大，一定要采用直径较小的焊条和较小的焊接电流，采用最短的电弧长度。

2. 焊接接头与坡口形式

在焊条电弧焊中，由于产品结构形式、材料厚度和工件质量的要求不同，其接头形式也不相同。常见的焊接接头形式有对接、搭接、角接和 T 形接等，如图 6-6 所示。

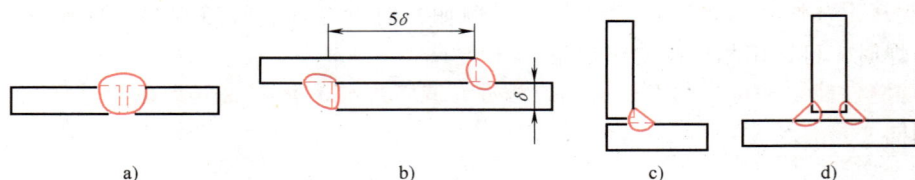

图 6-6　焊接接头形式
a）对接　b）搭接　c）角接　d）T 形接

焊接前，把两焊件间待焊处加工成所需几何形状的沟槽称为坡口。焊接前加工坡口的目的在于使焊接容易进行，电弧能沿板厚熔敷一定的深度，保证接头根部焊透，并获得良好的焊缝成形。焊接坡口形式有 I 形坡口、V 形坡口、U 形坡口、X 形坡口等多种。常见焊条电弧焊对接接头的坡口形状和尺寸如图 6-7 所示。对焊件厚度小于等于 6mm 的焊缝，可以不开坡口或者开 I 形坡口；中等厚度和大厚度板对接焊，为保证熔透，必须开坡口。V 形坡口便于加工，但零件焊后易发生变形；X 形坡口可以避免 V 形坡口的一些缺点，同时可减少填充材料；U 形及双 U 形坡口，其焊缝填充金属量更小，焊后变形也小，但坡口加工困难，一般用于重要焊接结构。

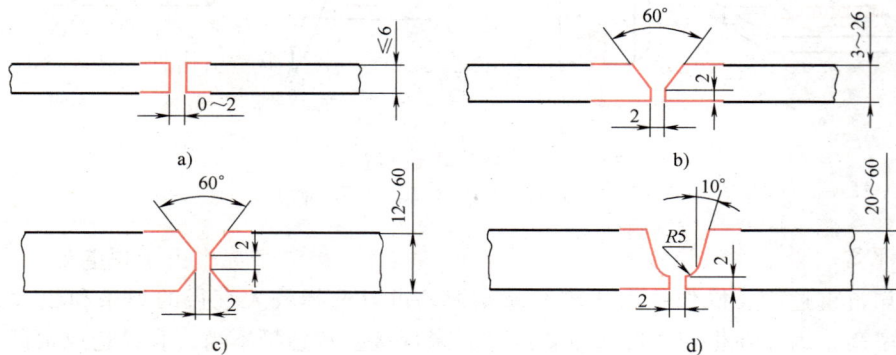

图 6-7　对接接头坡口形状及尺寸
a）I 形坡口　b）V 形坡口　c）X 形坡口　d）U 形坡口

3. 焊接参数

为了保证焊接质量，所选定的各物理量的总称称为焊接参数。焊条电弧焊的焊接参数主要包括焊条直径、焊接电流、电弧电压和焊接速度等。

（1）焊条直径　焊条直径的选择主要取决于焊件的厚度，焊件薄选择小直径焊条，焊件厚选择大直径焊条。影响焊条直径的其他因素还有接口形式、焊接位置和焊接层数等。平焊低碳钢时焊条直径与焊件厚度的关系见表6-1。

表 6-1　平焊低碳钢时焊条直径与焊件厚度的关系

焊件厚度/mm	2	3	4~5	6~12	>12
焊条直径/mm	1.6~2.5	2.5~3.2	3.2~4.0	4.0~5.0	5.0~6.0

（2）焊接电流　应根据焊条直径选择焊接电流。焊接低碳钢时，可根据下面的经验公式选择焊接电流：

$$I = (30 \sim 50)d$$

式中，I 为焊接电流（A）；d 为焊条直径（mm）。

平焊低碳钢时焊条直径和焊接电流的参考值见表6-2。

表 6-2　平焊低碳钢时焊条直径和焊接电流的参考值

焊条直径/mm	2.5	3.2	4.0
焊接电流/A	70~90	100~130	170~190

表6-2仅提供了一个参考的焊接电流范围，实际生产中，还要根据焊件厚度、接头形式、焊接位置、焊条种类等因素，通过试焊来调整和确定焊接电流的大小。电流过小，容易引起夹渣和未焊透；电流过大，容易产生咬边、烧穿等缺陷。

（3）电弧电压　电弧电压是指电弧两端（两极）之间的电压降。电弧电压由电弧长度决定。电弧长，电弧电压高；电弧短，电弧电压低；电弧过长，电弧燃烧不稳定，熔深浅，并容易产生焊接缺陷；若电弧太短，熔滴过渡时可能发生短路，容易粘焊条，使操作困难。因此，正常的电弧长度是不超过焊条直径，即短弧焊。

（4）焊接速度　焊接速度即焊条沿焊接方向移动的速度。焊接速度增加时，焊缝厚度和焊缝宽度都会明显下降。焊接参数选择是否合适将直接影响焊接质量。焊接参数对焊缝成形也会产生影响，焊接电流和焊接速度合适，焊缝外形尺寸符合要求，形状规则，焊波均匀并呈椭圆形，焊缝到母材过渡平滑。焊接电流太小时，电弧不易引出，燃烧不稳定，焊波呈圆形，而且余高增大，熔宽和熔深都减小；焊接电流太大时，飞溅增多，焊条往往变得红热，焊波变尖，熔宽和熔深增加，焊薄板时，有烧穿的可能。焊接速度太慢时，焊波变圆而且余高、熔宽和熔深增加，焊薄板时有烧穿的可能；焊接速度太快时，焊波变尖，焊缝形状不规则而且余高、熔宽和熔深都减小。

6.3　焊条电弧焊的基本操作

1. 焊前准备

焊前准备包括焊条的烘干、焊件表面的清理、焊件的组装及预热。对于刚性不大的低碳钢和级别较低的低合金高强度结构钢，一般无须预热。但对刚性大或者焊接性差容易开裂的结构，焊前需要预热。

2. 引弧

焊条电弧焊时引燃电弧的过程称为引弧。引弧就是使焊条和焊件之间产生稳定的电弧。常用的引弧方式有敲击引弧法和划擦引弧法，如图 6-8 所示。

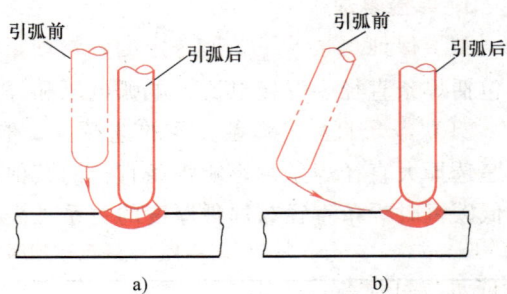

图 6-8　引弧方法
a）敲击引弧法　b）划擦引弧法

（1）敲击引弧法的操作要领　将焊条末端对准焊件，然后将手腕下弯，使焊条轻微碰一下焊件后迅速提起 2~4mm，即引燃电弧，引弧后，手腕放平，使电弧长度保持在与所用焊条直径适当的范围内，使电弧稳定燃烧。

（2）划擦引弧法的操作要领　先将焊条末端对准焊件，然后手腕扭转一下，像划火柴似的将焊条在焊件表面轻轻划擦，引燃电弧，再迅速将焊条提起 2~4mm，使电弧引燃，并保持电弧长度，使之稳定燃烧。

3. 运条

在焊接过程中，焊条相对焊缝所做的各种运动的总称称为运条。为保证焊缝质量，正确运条十分必要。

当电弧引燃后，必须掌握好焊条与焊件之间的角度，如图 6-9 所示。焊条要有三个基本方向的运动，如图 6-10 所示。

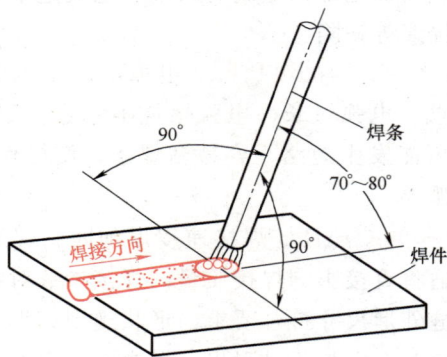

图 6-9　平焊的焊条角度

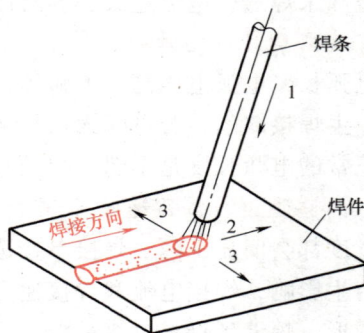

图 6-10　焊条基本动作
1—向熔池方向送进　2—沿焊接方向移动　3—横向移动

（1）焊条向熔池方向送进的运动　为了使焊条熔化后仍能有一定的弧长，要求焊条向熔池方向送进的速度与焊条熔化的速度相适应。如果焊条送进的速度低于焊条熔化的速度，则电弧的长度逐渐增加，最终导致断弧；如果焊条送进的速度太快，则电弧长度迅速缩短，使焊条末端与焊件接触造成短路，同样会使电弧熄灭。

（2）焊条沿焊接方向的移动　焊条沿焊接方向的移动主要是使焊接熔化金属形成焊缝。焊条移动的速度与焊接质量、焊接生产率有很大的关系。如果焊条移动的速度太快，则电弧可能来不及熔化足够的焊条与焊件金属，而造成未焊透、焊缝较窄；如果焊条移动的速度太慢，则会造成焊缝过高、过宽，外形不整齐，在焊接较薄焊件时容易焊穿。因此，适当的运条速度才能使焊缝均匀。

（3）焊条的横向移动　焊条横向移动的主要目的是得到一定宽度的焊缝，防止两边产生未熔合或夹渣，也能延缓熔池金属的冷却速度，利于气体逸出。焊条横向移动的范围应根据焊缝宽度与焊条的直径而定，横向移动的速度应根据熔池的熔化情况灵活掌握。横向移动力求均匀一致，以获得宽度一致的焊缝。正常的焊缝一般不超过焊条直径的 2~5 倍。

总之，在焊接时，除保持正确的焊接角度外，还应根据不同的焊接位置、接头形式、焊件宽度，灵活运用运条中的三个动作，分清熔渣与铁液，控制熔池的形状、大小，才有可能焊出合格的焊缝。

焊接生产实践中，根据不同的焊缝位置，不同的接头形式，以及考虑焊条直径、焊接电流、焊件厚度等因素，创造出许多运条手法。图 6-11 所示为常用的三种运条方法。

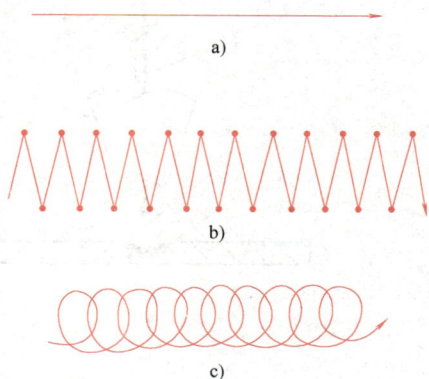

图 6-11　常用的运条方法
a）直线形运条法　b）锯齿形运条法
c）正圆圈形运条法

4. 焊缝的收尾

焊缝的收尾是指一条焊缝焊完后，应把收尾处的弧坑填满。焊缝收尾时若操作不当往往会形成弧坑，这样会降低焊缝的强度，产生应力集中或裂纹。为了防止和减少弧坑的出现，焊接时通常采用以下三种方法：

（1）划圈收弧法　焊条移至焊缝终止处，做圆圈运动，直到填满弧坑后再拉断电弧，适合于酸性、碱性焊条厚板焊接的收尾。

（2）反复断弧收尾法　适合于酸性焊条厚板、薄板和大电流焊接的收尾。

（3）回焊收弧法　适合于碱性焊条的收尾。

5. 焊后清理、检查

焊接完成后，要除去焊件表面的飞溅物、熔渣，进行外观检验，若发现有缺陷要进行焊补。

6.4　其他焊接方法

6.4.1　氩弧焊

氩弧焊是国内外发展最快、应用最广的一种焊接技术。近年来，氩弧焊，特别是手工钨极氩弧焊，已经成为各种金属结构焊接中必不可少的手段，所以全国各地对氩弧焊工的需求也越来越大。近年来，氩弧焊的机械化、自动化程度得到了很大的提高，并向着控制因子越来越多的数控化方向发展，达到了一个更高的阶段。

1. 钨极氩弧焊的焊接过程

钨极氩弧焊的焊接过程示意图如图 6-12 所示。从焊枪喷嘴 5 中喷出的氩气流 6，在电弧区形成严密的保护气层，将电极和金属熔池与空气隔绝；同时，利用电极（钨极8或焊丝1）与焊件7之间产生的电弧热量，来熔化附加的填充焊丝1（或自动给送的焊丝）及基体金属，待液态熔池金属凝固后即形成焊缝9。

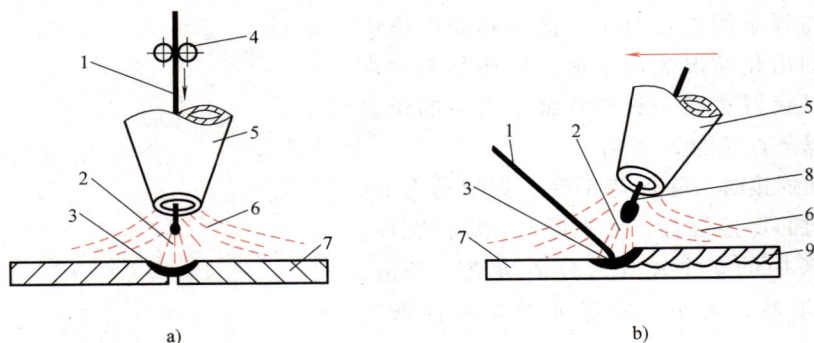

图 6-12 钨极氩弧焊的焊接过程示意图
a）熔化极氩弧焊 b）非熔化极氩弧焊
1—焊丝 2—电弧 3—熔池 4—送丝轮 5—喷嘴 6—氩气流 7—焊件 8—钨极 9—焊缝

2. 氩弧焊的优点

氩弧焊之所以能获得如此广泛的应用，主要是因为有如下优点：

1）氩气保护可隔绝空气中的氧气、氮气、氢气等对电弧和熔池产生的不良影响，减少合金元素的烧损，以得到致密、无飞溅、质量高的焊接接头。

2）氩弧焊的电弧燃烧稳定，热量集中，弧柱温度高，焊接生产率高，热影响区窄，焊件应力、变形、裂纹倾向小。

3）氩弧焊为明弧施焊，操作、观察方便。

4）电极损耗小，弧长容易保持，焊接时无熔剂、涂药层，所以容易实现机械化和自动化。

5）氩弧焊几乎能焊接所有金属，特别是一些难熔金属、易氧化金属，如镁、钛、钼、锆、铝等及其合金。

6）不受焊件位置的限制，可全位置焊接。

6.4.2 埋弧焊

1. 埋弧焊的定义

埋弧焊又称为焊剂层下电弧焊。因为电弧被埋在焊剂层下燃烧，所以形象地称为埋弧焊。埋弧焊设备由焊接电源、控制系统和带焊剂的漏斗、送丝机构及带导电焊嘴的焊接小车等组成，它能在起弧前提前漏出焊剂、起弧后自动送丝、自动沿轨道行走形成焊缝。埋弧焊可以用2.5~5mm的焊丝，电流可以达到上千安培，焊接速度大大快于焊条电弧焊，因此目前依然是一种广泛应用的焊接方法。

2. 埋弧焊焊缝的形成过程

埋弧焊的电弧在一个由熔剂蒸气和金属蒸气组成的气泡内燃烧，在气泡外覆盖了一层液态熔剂构成的弹性外膜，使气泡与空气隔绝。由于覆盖在弹性外膜上的熔剂有一定的重量，所以气泡内的蒸气压略大于大气压力，可避免空气的侵入。在电弧热的作用下，母材被熔化，焊丝和焊剂也在不断熔化并过渡到焊接熔池中。随着焊接过程的进行，电弧向前移动，焊接熔池也随之冷却而凝固，形成焊缝。熔点较低、密度较小的熔渣浮在熔池表面，冷却后形成渣壳。埋弧焊时焊缝的形成过程如图 6-13 所示。

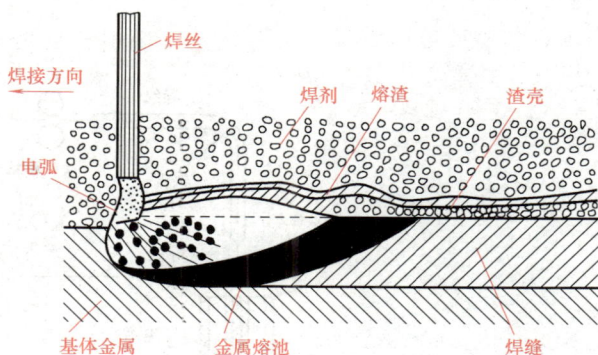

图 6-13 埋弧焊时焊缝的形成过程

3. 埋弧焊的优缺点

（1）埋弧焊的优点

1）生产率高。由于埋弧焊电流大，电流密度大，因而电弧熔深能力和焊丝熔化效率都比焊条电弧焊高。一般不开坡口，单面一次焊接的熔深可达 5mm 以上。同时由于焊剂的隔热作用，使得电弧的功率能充分地用于熔化焊丝和母材金属。焊条电弧焊时，一般只有 25%~30% 的电弧热量被有效利用，而埋弧焊的有用电弧热量可达到 85% 左右，因此埋弧焊的效率可比焊条电弧焊提高 4~5 倍。

2）焊缝质量高。埋弧焊时，因为熔渣的保护效果较好，焊缝中的氮、氧含量都大大降低；又因为焊接参数（焊接电流、电弧电压、送丝速度和行走速度）可自动调节保持稳定，同时也消除了焊条电弧焊时因更换焊条而带来的缺陷，因此焊缝成分稳定，成形良好。

3）劳动条件大大改善。

（2）埋弧焊的缺点

1）由于埋弧焊是用焊剂（使用前是颗粒状）起保护作用，所以主要用于水平位置的焊接。

2）由于焊剂的成分主要是氧化锰、氧化硅及氟化物，所以难以焊接铝、钛等氧化性强的金属及其合金。

3）设备比较复杂，机动灵活性差，一般只适合长而规则的焊缝（如直缝或环缝）。

6.4.3 CO_2 气体保护焊

CO_2 气体保护焊是用 CO_2 作为保护气体，依靠焊丝与焊件之间产生的电弧来熔化金属的一种气体保护焊方法，简称 CO_2 焊。

1. CO_2 气体保护焊的过程

CO_2 气体保护焊的焊接过程如图 6-14 所示。电源的两输出端分别接在焊枪和焊件上。盘状焊丝由送丝机构带动，经软管和导电嘴不断地向电弧区域送给；同时，CO_2 气体以一定的压力和流量送入焊枪，通过喷嘴后，形成连续的保护气流，使熔池和电弧不受空气的侵入。随着焊枪的移动，熔池金属冷却凝固而形成焊缝，从而将被焊的焊件连成一体。

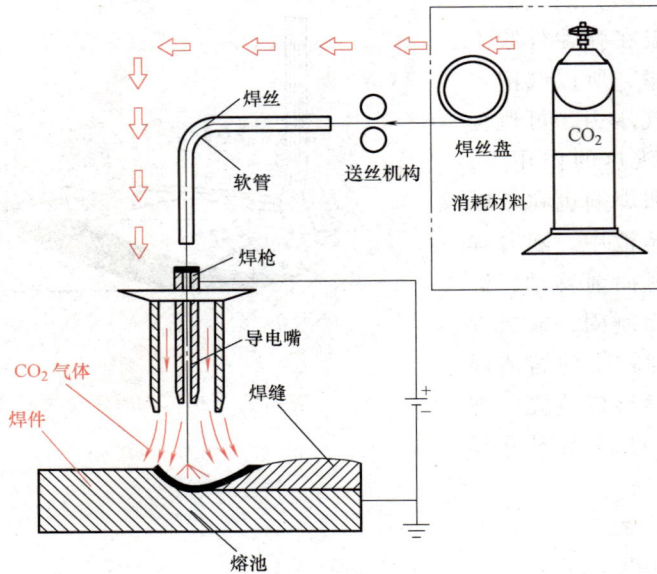

图 6-14 CO_2 气体保护焊的焊接过程

CO_2 气体保护焊按所用的焊丝直径不同，可分为细丝 CO_2 焊（焊丝直径为 0.5 ~ 1.2mm）及粗丝 CO_2 焊（焊丝直径为 1.6 ~ 5mm）。按操作方式可分为 CO_2 半自动焊和 CO_2 自动焊，主要区别在于：CO_2 半自动焊用手工操作焊枪完成电弧热源移动，而送丝、送气与 CO_2 自动焊一样，由相应的机械装置来完成。CO_2 半自动焊的机动性较大，适用于不规则或较短的焊缝；CO_2 自动焊主要用于较长的直缝和环缝等焊缝的焊接。

2. CO_2 气体保护焊的特点

（1）焊接成本低　CO_2 气体来源广、价格低，消耗的焊接电能少，因而 CO_2 气体保护焊的成本低。

（2）生产率高　因 CO_2 气体保护焊的焊接电流密度大，使熔深增大，焊丝的熔化率提高，熔敷速度加快；另外，焊后没有焊渣，特别是多层焊接时，节省了清渣时间。所以生产率比焊条电弧焊高 1 ~ 4 倍。

（3）抗锈能力强　CO_2 气体保护焊对铁锈的敏感性不大，因此焊缝中不易产生气孔，而且焊缝含氢量低，抗裂性能好。

（4）焊接变形小　由于电弧热量集中，焊件加热面积小，同时 CO_2 气流具有较强的冷却作用，因此，焊接热影响区和焊件变形小，特别适合用于薄板焊接。

（5）操作性能好　因 CO_2 气体保护焊是明弧焊，可以看清电弧和熔池的情况，便于掌握与调整，也有利于实现焊接过程的机械化和自动化。

（6）适用范围广　CO_2 气体保护焊可进行各种位置的焊接。它不仅适合用于焊接薄板，还常用于焊接中、厚板，并且也常用于磨损零件的修补堆焊。

但是，CO_2 气体保护焊也存在一些缺点，如使用大电流焊接时，焊缝表面成形较差，飞溅较多；不能焊接容易氧化的有色金属材料；很难用交流电源焊接及在有风的地方施焊。

由于 CO_2 气体保护焊的优点显著，而且随着对 CO_2 气体保护焊的设备、材料和工艺的不断改进，不足之处也将逐步得到改善与克服。因此，CO_2 气体保护焊是一种值得推广应用的高效焊接方法。

6.4.4　电阻焊

电阻焊是利用电流通过焊件时产生的电阻热作为热源加热焊件进行焊接的方法。与其他焊接方法相比，电阻焊具有生产率高、成本低、易于实现自动化等优点，主要用于汽车、飞机及电真空器件制造等工业。

按接头形式不同，电阻焊可分为对焊、点焊及缝焊三类，如图 6-15 所示。碳素钢、不锈钢、耐热钢、铝合金、钛合金属板的点焊应用比较广泛。

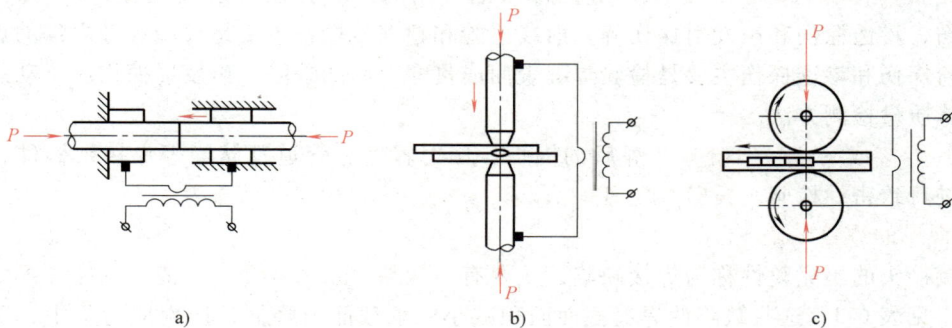

图 6-15　电阻焊的基本形式
a）对焊　b）点焊　c）缝焊

1. 对焊

对焊又分为电阻对焊和闪光对焊两种。

1）电阻对焊时，将两焊件端面互相压紧并通以很大的电流，依靠两焊件端面间的接触电阻和焊件本身的电阻，使金属加热到塑性状态，断电后，在压力的作用下，两端面则被连接在一起。

2）闪光对焊主要依靠两焊件间的接触来加热焊件。加热时，首先使两焊件保持轻微的接触；当电流流过两焊件间的接触点时，接触点被熔化并向四周喷溅；随着焊件的继续靠紧，接触处不断有金属熔化并产生闪光和火花；迅速断电后加压，焊接接头处凸起一定的高度，两焊件即被连接在一起。

2. 点焊

将焊件（薄板）搭接装配后，在压紧的两圆柱形铜合金电极间通以很大的电流，将两焊件接触处加热到熔化温度，形成像透镜状的液态熔池，断电后在压力作用下凝固形成焊点。

3. 缝焊

缝焊与点焊相似，它是以旋转的滚盘代替点焊时的圆柱形电极，焊件在转动的滚盘间借摩擦力向前移动，当电流流过焊件时，形成一个个相互叠加（每个焊点之间相互叠加 1/3～1/2）的连续焊点，即缝焊焊缝。缝焊也称为滚焊。

6.5 焊接质量检验与焊接缺陷

1. 焊接质量检验

（1）**焊缝外观形状、尺寸的检验** 焊缝外观形状检验是用肉眼或借助样板，或用低倍放大镜（不大于5倍）观察焊件外形、尺寸的检验方法。焊缝外观形状、尺寸检验包括直接和间接外观检验。直接外观检验是用眼睛直接观察焊缝的形状、尺寸，检验过程中可采用适当的照明，利用反光镜调节照射角度和观察角度，或借助低倍放大镜进行观察；间接外观检验必须借助工业内窥镜等工具进行观察，主要用于检验眼睛不能接近的被焊结构件，如焊制的直径较小的管子及小直径容器的内表面焊缝。

（2）**焊缝内部缺陷的检验** 焊缝内部缺陷常用的检验方法有射线检验、超声波探伤、磁粉探伤、渗透探伤和声发射探伤等。射线检验和超声波探伤主要是检验焊缝内部的焊接缺陷；磁粉探伤和渗透探伤主要是检验焊缝表面或贯穿表面的缺陷；声发射探伤属于动态状况下的焊缝质量检测方法。

（3）**焊接成品密封性检验** 焊后的锅炉、压力容器、管道及储罐等焊接结构件，要求对焊缝进行致密性检验。检验方法有煤油试验、水压试验和气压试验等。

2. 常见的焊接缺陷

焊接接头的不完整性称为焊接缺陷，主要有焊接裂纹、未焊透、夹渣、气孔和焊缝外观缺陷等，见表6-3。这些缺陷使焊缝截面面积减小，承载能力降低，产生应力集中，引起裂纹；同时降低疲劳强度，易引起焊件破裂而导致脆断。其中危害最大的是焊接裂纹和气孔。

表6-3 常见焊接缺陷的表现形式、危害性及处理原则

缺陷名称	图例	表现形式（定义）	危害性	处理原则
裂纹		外部或X射线可见细条状裂隙	不能受力，裂纹在使用中还会扩展，导致构件失效	不允许存在，清除后重新焊接
未熔合		X射线可以判定，实质是金属未熔合在一起	不能受力，裂纹在使用中还会扩展，导致构件失效	不允许存在，清除后重新焊接
咬边		基体金属和焊缝金属交界处由电弧角度不对的啃咬作用形成了凹下的沟槽	这是一种危险的缺陷，它不但减小了基体金属的工作截面，而且在咬边处还会造成应力集中，加速使用中的开裂破坏	允许少量存在，重要结构咬边深度不大于0.5mm且长度不超过焊缝总长度的10%；不重要的中厚板件咬边深度不超过1.5mm，超标时应焊补打磨
焊缝尺寸不符合要求	太高 下陷 太宽 单边 太窄	外表形状高低不平，焊缝宽度不齐、尺寸过大或过小	尺寸过小的焊缝，接头强度降低；焊缝尺寸过大，浪费焊材并增加焊接结构的残余应力与变形	尺寸过小的焊缝应重新补足，尺寸过大的焊缝应予以打磨

（续）

缺陷名称	图例	表现形式（定义）	危害性	处理原则
焊瘤		焊缝上未与金属熔合的堆积金属	焊瘤下面常有未熔合存在,管子内部的焊瘤会降低焊缝强度,减小管内的有效截面	清除焊瘤,若有未熔合或未熔透应补焊
弧坑		在焊缝尾部或焊缝接头处有低于基体金属表面的凹坑	弧坑形成凹陷,会降低焊缝的基本承载能力;弧坑内常有气孔、夹渣或微裂纹,对使用不利	补焊填满弧坑;弧坑内有可见缺陷时先挖除再补焊
未焊透		对接焊缝根部两侧母材金属未充分地熔合在一起	降低焊缝的承载能力且成为现成的裂纹源	能补焊的必须补焊,腔内无法补焊的重要焊缝清除重焊,一般构件的焊缝降级使用
气孔		焊缝表面或内部存在的近似球形或筒形的空洞	气孔的存在减小了焊缝工作截面,降低了致密性和接头强度	在符合产品的强度和致密性要求的前提下,允许少量存在,严重时应予挖补
夹渣		在焊缝中存在非金属熔渣,有点渣和条渣等形式,表面的夹渣像砂眼	夹渣的危害同气孔	在符合产品的强度和致密性要求的前提下,允许少量存在,严重时应予挖补

6.6　焊工安全文明生产

1. 焊条电弧焊和气焊伤害、安全隐患及操作规范（表6-4）

表6-4　焊条电弧焊和气焊伤害、安全隐患及操作规范

序号	伤害	安全隐患	操作规范
1	面部、颈部烫伤	焊接时,有高温的熔融金属飞溅物,它会烫伤人体面部及颈部	正确使用防护面罩,可以避免飞溅物对人体的烫伤
2	对人眼睛的电弧光辐射	强烈的弧光辐射,会灼伤眼睛,发生电光性眼炎,视力减退,严重地会使人失明	防护面罩上的防护镜片,可以避免强烈的电弧光对眼睛的伤害,同时还可以安全地观察熔池
3	烟尘、有毒气体	焊条药皮焊接时会产生大量的烟尘,其主要成分是氧化铁、氧化硅和氧化锰,长期接触容易患电焊铁尘肺、锰中毒和金属热职业病	必须戴好合适的防尘口罩、专用面具或防毒面具,以减少烟尘和有毒气体等对人体的危害
4	对人体的电弧光辐射和热辐射	电弧焊时产生的弧光辐射和热辐射,作用强烈时会伴随全身症状	最好穿白色帆布工作服,以防止强光灼伤皮肤和屏蔽辐射

（续）

序号	伤害	安全隐患	操作规范
5	四肢触电	若电焊机外露,带电部分没有完好的防护装置、不带电部分外壳没有良好接地或接零保护装置、焊钳没有良好地绝缘和隔热,焊接时由于操作不当会引起伤亡事故	要求焊工在任何情况下操作时,必须戴好符合要求的防护手套,穿好工作鞋及护脚套,以避免触电。同时应具备一定的预防触电的知识和急救知识
6	灼伤和砸伤	气焊中需利用可燃气体(如乙炔、液化石油气和氢气)及高压气瓶(如氧气瓶、乙炔瓶)。如果焊接设备和安全装置有故障,或者操作人员作业时违反安全操作规程,都可能引起爆炸和火灾等事故发生	对从事该职业的人员应严格要求,必须对其进行相应的专门的理论学习和实际操作训练,并经考核合格取得安全技术操作证方准独立作业。作业时必须严格执行安全操作规程、穿戴好劳动保护用品,加强自身防护,以避免灼伤和砸伤等事故发生

2. 焊接安全操作规程

1）做好个人防护。焊工操作时必须按劳动保护规定穿戴防护工作服、绝缘鞋和戴防护手套,并保持干燥和清洁。

2）焊接前,应先检查设备和工具是否安全可靠。不允许未进行安全检查就开始操作。

3）焊工在更换焊条时一定要戴电焊手套,不得赤手操作。在带电情况下,不要将焊钳夹在腋下而去搬动焊件或将电缆线绕挂在脖颈上。

4）在特殊情况下（如夏天身上大量出汗,衣服潮湿时）,切勿倚靠带电的工作台、焊件或接触焊钳等,以防事故发生。在潮湿地点焊接作业时,地面上应铺橡胶板或其他绝缘材料。

5）焊工推拉开关时,要侧身向着电闸,防止电弧火花烧伤面部。

6）下列操作应在切断电源开关后才能进行：改变焊机接头；更换焊件需要改接二次线路；移动工作地点；检修焊机故障和更换熔丝。

7）焊接安装、修理和检查应由电工进行,焊工不得擅自拆修。

8）工作完毕后离开作业现场时须切断电源,清理好现场,防止留下事故隐患。

9）使用行灯照明时,其电压不应超过36V。

3. 设备的安全检查

（1）设备安全检查的必要性　焊接工作前,应先检查焊机和工具是否安全可靠,这是防止触电事故及其他设备事故的非常重要的环节。

（2）焊条电弧焊施焊前对设备检查的项目

1）检查电源一次、二次绕组绝缘与接地情况。应检查绝缘的可靠性、接线的正确性、电网电压与电源铭牌是否吻合。

2）检查电源接地的可靠性。

3）检查噪声和振动情况。

4）检查焊接电流调节装置的可靠性。

5）检查是否有绝缘烧损。

6）检查是否短路,焊钳是否放在被焊工件上。

思 考 题

1. 焊接的实质是什么？
2. 解释 BX1-200、ZX7-400 各符号和数字分别代表的含义。
3. 焊缝的空间位置有哪些？
4. 常见的焊接接头形式有哪些？
5. 焊条由哪几部分组成？作用分别是什么？
6. 影响焊接的工艺参数有哪些，各有什么影响？
7. 简述焊条电弧焊的操作步骤。
8. 氩弧焊、埋弧焊、CO_2 气体保护焊、电阻焊分别属于哪一类焊接方法？
9. 影响焊接质量的主要因素有哪几点？
10. 焊条电弧焊如果不正确操作，容易产生哪几种伤害？

第7章

车削加工

【基本知识】

1. 学习车削加工的基本概念和加工范围。
2. 学习普通卧式车床的型号、组成和主要部件的功能。
3. 学习车刀的种类和结构组成。
4. 学习车工安全文明生产知识。
5. 学习车削加工基本操作方法和车削加工操作要领。

【基本技能】

1. 掌握车工安全文明生产知识。
2. 掌握车削端面、外圆、台阶、圆锥面、圆弧及滚花、钻中心孔等操作技能。

7.1 车削加工基础知识

7.1.1 车削加工概述

车削加工是指在车床上利用主轴的旋转运动（工件旋转）与刀具的直线进给运动来改变工件的尺寸和形状以达到图样要求，使之成为零件的加工过程。车削时，主轴的旋转运动（工件旋转）为主运动，刀具的直线运动为进给运动。车削加工范围广，是最常用的一种加工方法。车床占机床总数的一半左右，在机械加工中具有重要的地位。

车床使用的刀具主要有车刀、钻头、铰刀、丝锥和滚花刀等。车床主要用来加工各种回转表面，如内、外圆柱面，内、外圆锥面，端面，内、外沟槽，内、外螺纹，内、外成形表面，钻孔、扩孔、铰孔、镗孔、攻螺纹、套螺纹、滚花等，如图 7-1 所示。

7.1.2 车床

1. 车床的型号

车床的种类很多，按照结构和用途不同，主要分为卧式车床、转塔车床、立式车床、自动及半自动车床、仪表车床、数控车床等。

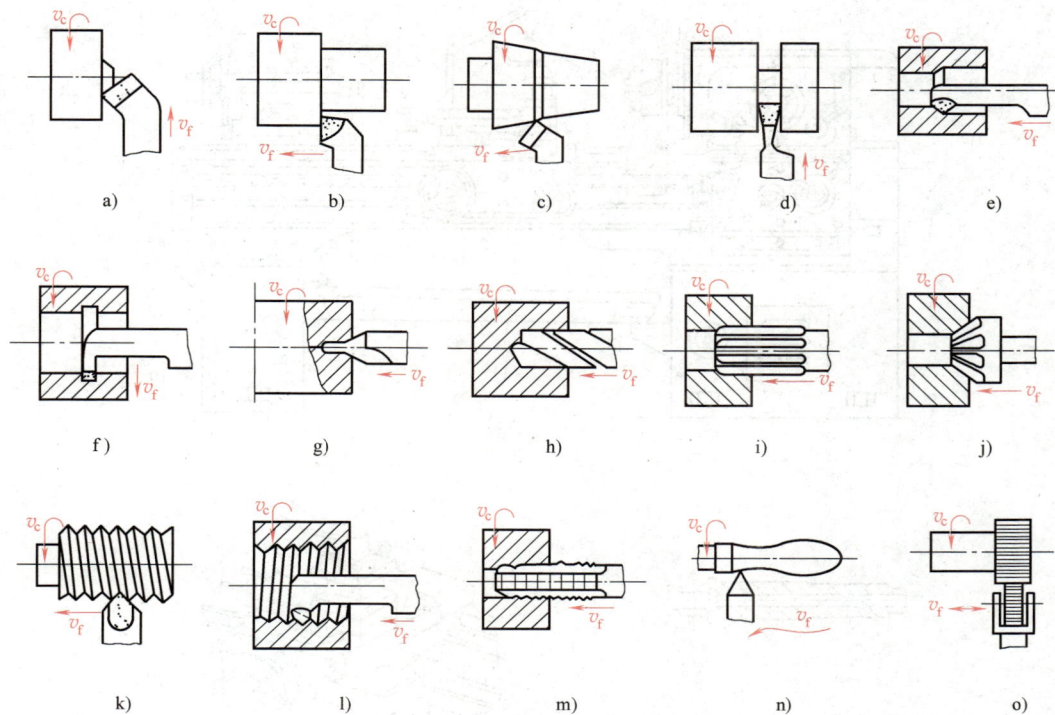

图 7-1 车床加工范围

a）车端面 b）车外圆 c）车圆锥面 d）切槽、切断 e）镗孔 f）切内槽 g）钻中心孔 h）钻孔
i）铰孔 j）锪锥孔 k）车外螺纹 l）车内螺纹 m）攻螺纹 n）车成形面 o）滚花

依其类型和规格，车床可按照类、组、型三级编成不同的型号，根据国家标准 GB/T 15375—2008《金属切削机床　型号编制方法》规定，车床型号由汉语拼音字母和数字组成，现以 C6136 卧式车床为例，其字母与数字的含义如下：

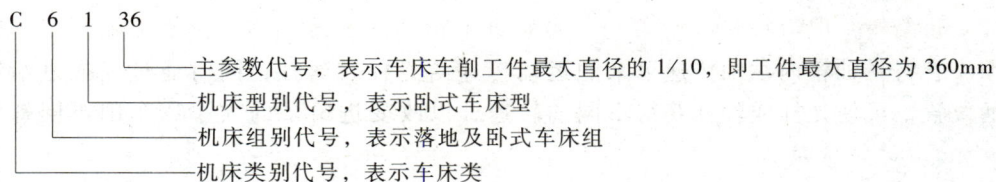

C　6　1　36

- 主参数代号，表示车床车削工件最大直径的 1/10，即工件最大直径为 360mm
- 机床型别代号，表示卧式车床型
- 机床组别代号，表示落地及卧式车床组
- 机床类别代号，表示车床类

2. C6136 普通卧式车床的主要组成及各部分功能

图 7-2 所示为 C6136 普通卧式车床的结构外形图。它由主轴箱 3、进给箱 1、溜板箱 11、光杠 8、丝杠 7、方刀架 13、尾座 6、床身 9、床腿 10 等部分组成。

（1）主轴箱　主轴箱又称床头箱，内装主轴和变速机构。电动机起动后，通过带传动将运动传递给箱体内的主轴，通过变速机构使主轴得到不同的转速。变速是通过操作主轴箱上面板的相应变速手柄来实现的。主轴部件是主轴箱最重要的部分，由主轴、主轴轴承和轴承上的传动件、密封件等组成。主轴前端可安装卡盘，用以夹持工件，并由其带

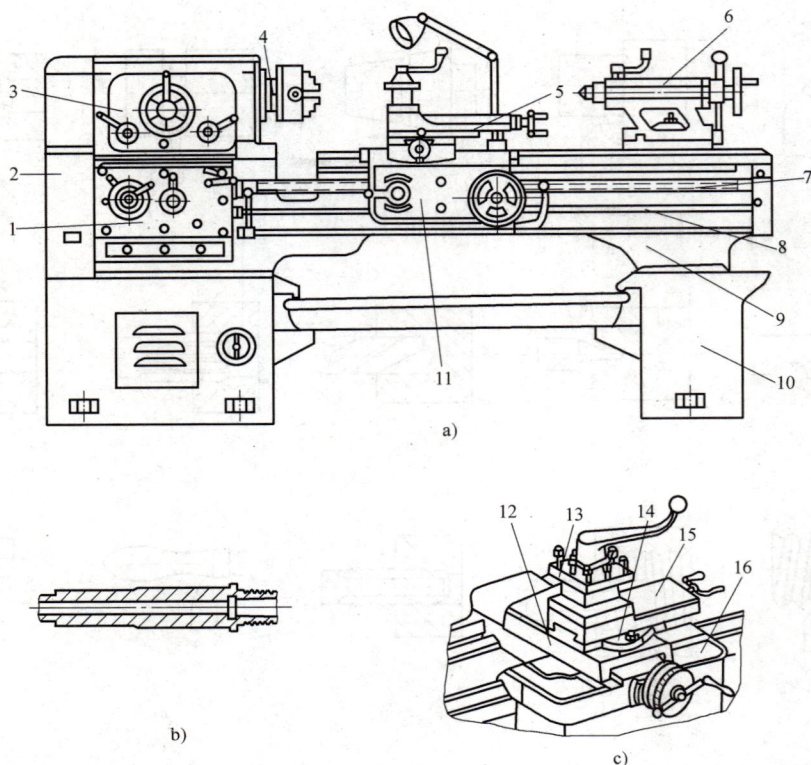

图 7-2 C6136 普通卧式车床结构外形图

a）外形图 b）主轴结构 c）刀架结构

1—进给箱 2—挂轮罩 3—主轴箱 4—主轴 5—刀架 6—尾座 7—丝杠 8—光杠 9—床身
10—床腿 11—溜板箱 12—中滑板 13—方刀架 14—转盘 15—小溜板 16—大溜板

动旋转。主轴是空心结构，能通过长棒料。主轴右端有外螺纹，用以连接卡盘、拨盘等附件。

（2）进给箱 进给箱又称走刀箱，内装进给运动的变速机构，位于主轴箱下部的床身左侧。它将主轴箱内主轴传递下来的运动传递给光杠或丝杠，同时通过变换进给箱上的手柄位置，可使光杠或丝杠获得不同的转速，以改变进给量的大小或车削不同螺距的螺纹。

（3）溜板箱 溜板箱又称拖板箱，与床鞍用螺钉连接，是进给运动的操纵机构，将光杠或丝杠的旋转运动转变为直线运动带动方刀架进给。溜板箱上有大、中、小三层溜板。大溜板与溜板箱固定相连，可沿床身导轨做纵向移动；中溜板被安装在大溜板的燕尾形导轨，可做横向移动；小溜板位于转盘上面的燕尾槽内，可沿导轨做短距离的纵向移动。

（4）光杠与丝杠 光杠与丝杠主要是将进给箱的运动传至溜板箱。接通光杠时用于普通车削，接通丝杠并闭合开合螺母时可车削螺纹。溜板箱内设有互锁机构，使光杠、丝杠两者不能同时使用。

（5）方刀架 方刀架位于小溜板的上方，用来装夹车刀。松开锁紧手柄，即可转动刀架，把所需的车刀更换到工作位置上。方刀架下方是转盘，松开紧固螺母可转动转盘，使它和床身导轨成工作需要的角度，然后再拧紧螺母，以进行车削锥面等工作。

（6）尾座　尾座由活动套筒、尾座体和底座等部分组成。用于安装顶尖，以支持长轴类零件加工，或安装钻头、铰刀等刀具进行孔加工。偏移尾座可以车削较长工件的圆锥面。

（7）床身　床身是车床的基础件，用来连接各三要部件并保证各部件有正确的相对位置。床身上装有供溜板箱和尾座移动的导轨。床身由床腿支承并用地脚螺栓固定在地基上。

3. C6136 卧式车床传动系统

图 7-3 所示为 C6136 卧式车床的传动路线示意图。这里有两条传动路线，从电动机经带轮和主轴箱使主轴旋转，并能满足车床主轴变速和换向的要求，称为主运动传动系统；从主轴箱经交换齿轮到进给箱，再经光杠或丝杠到溜板箱使刀具移动，称为进给运动传动系统。

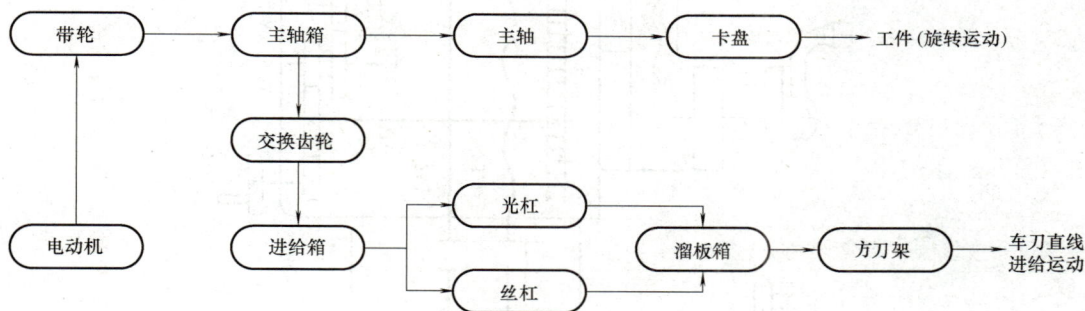

图 7-3　C6136 卧式车床传动路线示意图

主轴通过改变传动比来达到变速的目的。传动比 i 是传动轴之间的转速之比。若主动轴的转速为 n_1，从动轴的转速为 n_2，则车床的传动比 i 规定为

$$i = \frac{n_1}{n_2}$$

在车床运转过程中，箱体内的传动轴之间是通过齿轮啮合来传递运动的。现设主动轴上的齿轮齿数为 z_1、从动轴上的齿轮齿数为 z_2，则车床传动比可转换为从动齿轮与主动齿轮之间的齿数比，即

$$i = \frac{n_1}{n_2} = \frac{z_2}{z_1}$$

图 7-4 所示为 C6136 卧式车床传动系统简图，从图中可以清楚、直观地看出车床整个传动过程。其涉及的传动运动以及相关传动机构包括：带传动、直齿圆柱齿轮传动、曲柄滑块机构、三星轮换向机构、交换齿轮机构、塔轮摆移齿轮机构、牙嵌式离合器、齿轮齿条传动、锥齿轮换向机构、丝杠螺母传动、丝杠开合螺母机构等。

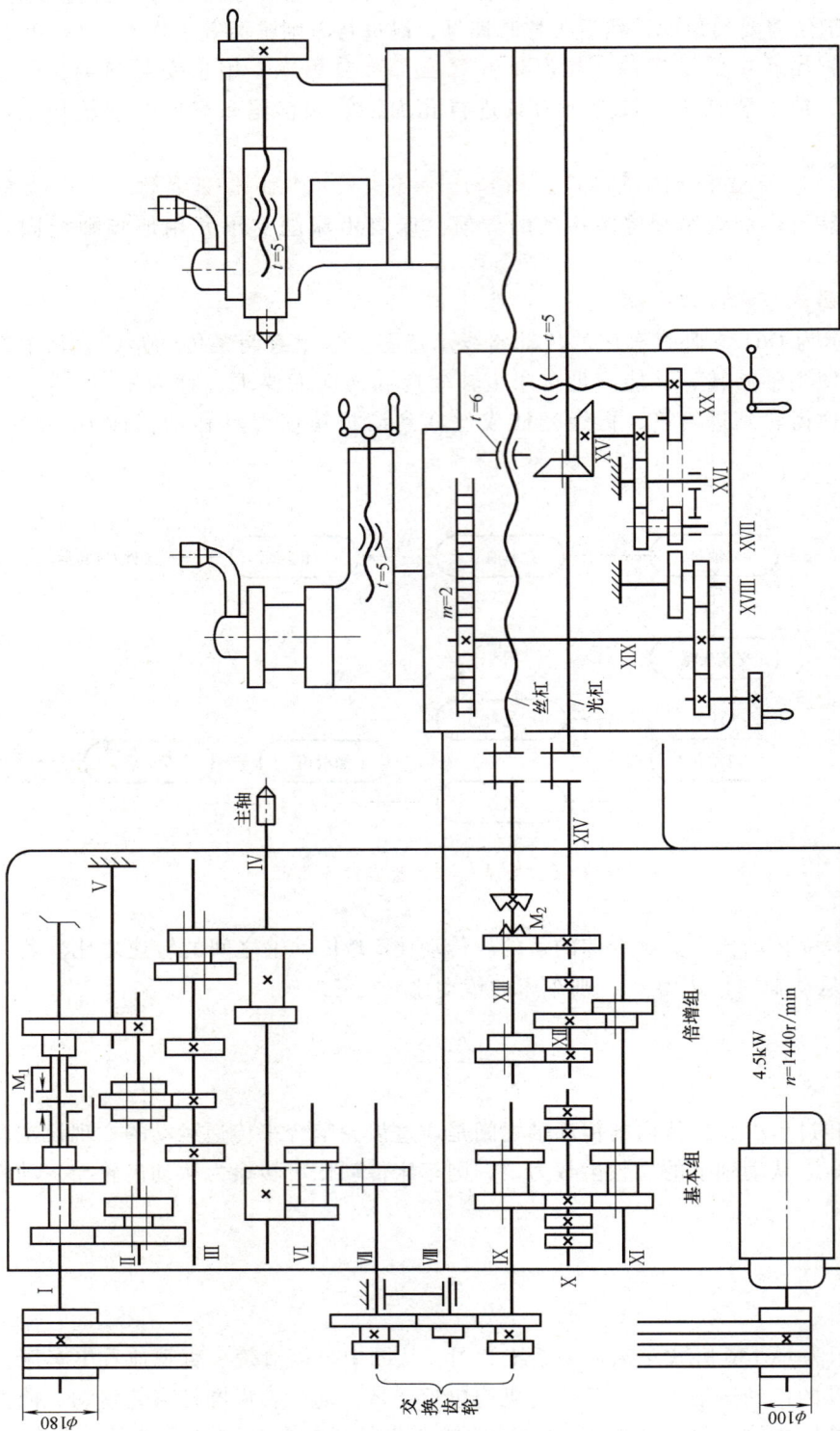

图 7-4 C6136 卧式车床传动系统简图

7.1.3　车刀及其安装

1. 车刀的材料

常用的刀具材料主要有高速工具钢和硬质合金两大类。

1) **高速工具钢**。俗称白钢，是一种加入较多钨、钼、铬、钒元素的高合金工具钢，制造简单，刃磨方便。其强度、冲击韧度、工艺性很好，是制造复杂形状刀具的主要材料，如成形车刀、麻花钻头、铣刀、齿轮刀具等。高速工具钢的耐热性不高，故切削速度不能过高。

2) **硬质合金**。由高硬度、难熔的金属碳化物（WC、TiC）粉末以 Co、Mo、Ni 作黏合剂经高温高压烧结而成，其硬度、耐磨性和耐热性都很高，但抗弯强度和韧性较差。故适用于切削塑性材料，切削速度较高。

2. 车刀的种类和用途

在车削过程中，由于零件的形状、大小和加工要求不同，采用的车刀也不相同。车刀的种类很多，用途各异。现介绍几种常用车刀，如图 7-5 所示。

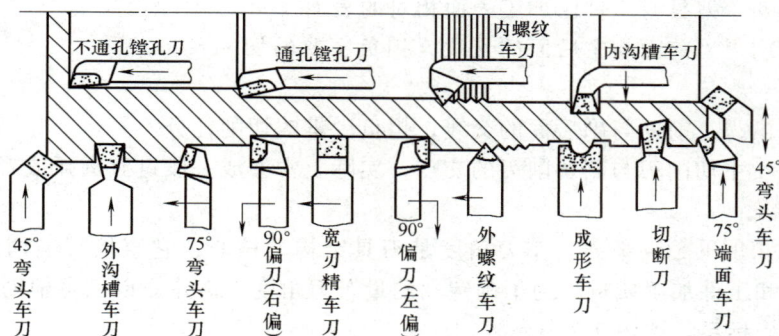

图 7-5　车刀的用途和分类

（1）**外圆车刀**　外圆车刀主要用于车削外圆、平面和倒角。一般有三种形状：

1) **直头尖刀**。主偏角与副偏角基本对称，一般为 45° 左右，前角为 5°~30°，后角一般为 6°~12°。

2) **45°弯头车刀**。主要用于车削不带台阶的光轴，它可以车削外圆、端面和倒角，使用比较方便，刀头和刀尖强度高。

3) **75°弯头车刀**。主偏角为 75°，适用于粗车加工余量大、表面粗糙、有硬皮或形状不规则的零件，它能承受较大的冲击力，刀头强度高，刀具寿命长。

（2）**偏刀**　偏刀的主偏角为 90°，用来车削工件的端面和台阶，有时也用来车削外圆，特别是用来车削细长工件的外圆，可以避免把工件顶弯。偏刀分为左偏刀和右偏刀两种，常用的是右偏刀，它的切削刃向左。

（3）**切断刀**　切断刀的刀头较长，其切削刃也较长，这是为了减少工件材料消耗和切断时能切到中心的缘故。因此，切断刀的刀头长度必须大于工件的半径。

（4）**镗孔刀**　镗孔刀用来加工内孔。它可以分为通孔镗孔刀和不通孔镗孔刀两种。通孔镗孔刀的主偏角小于 90°，一般为 45°~75°，副偏角为 20°~45°，后角应比外圆车刀稍大，一般为 10°~20°。不通孔镗孔刀的主偏角应大于 90°，刀尖在刀杆的最前端，为了使内孔底面车平，刀尖与刀杆外端距离应小于内孔的半径。

（5）**螺纹车刀** 螺纹按牙型有三角形、方形和梯形等，相应使用三角形螺纹车刀、方形螺纹车刀和梯形螺纹车刀等。螺纹的种类很多，以三角形螺纹应用最广。若刀具为硬质合金，采用三角形螺纹车刀车削米制螺纹时，其刀尖角必须为 60°，前角取 0°。

（6）**成形车刀** 成形车刀用来车削圆弧面和成形面，按照其结构和形状分为平体、棱体、圆体三种。

3. 车刀的结构

车刀由刀头和刀杆两部分组成，**刀头是用来切削的部分，刀杆是固定在刀架上的部分。刀头由三面、两刃、一尖组成**，如图 7-6 所示。

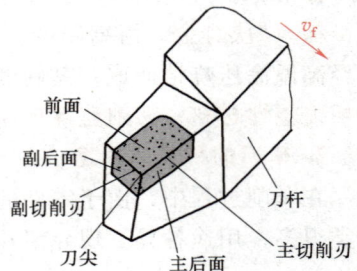

图 7-6 车刀刀头

（1）**前面** 刀具上切屑流出时所经过的表面。

（2）**主后面** 刀具与工件切削表面相对的表面。

（3）**副后面** 刀具与工件已加工表面相对的表面。

（4）**主切削刃** 前面与主后面的交线，担负主要的切削任务。

（5）**副切削刃** 前面与副后面的交线，担负少量的切削任务。

（6）**刀尖** 主切削刃与副切削刃的交点，实际上常磨成一段过渡圆弧或者直线。

4. 车刀角度

（1）**车刀角度的辅助平面** 车刀角度是刀具结构的核心，它直接影响切削力、刀具强度、刀具寿命和工件加工质量。为了确定和测量车刀角度，需建立以三个辅助平面为基础的切削空间直角坐标系，如图 7-7 所示。

1）**切削平面（p_s）。**切削平面是通过切削刃选定点与切削刃相切并垂直于基面的平面。当切削刃为直线刃时，过切削刃选定点的切削平面，即包含切削刃并垂直于基面的平面。对应于主切削刃和副切削刃的切削平面分别称为主切削平面（p_s）和副切削平面（p_s'）。

2）**基面（p_γ）。**基面是通过切削刃选定点并平行或垂直于刀具，在制造、刃磨及测量时适合安装或定位的平面。一般基面要垂直于假定的主运动方向。对于车刀，基面就是过切削刃选定点并与刀柄安装面平行的平面。

3）**正交平面（p_o）。**正交平面是指通过切削刃选定点并同时垂直于基面和切削平面的平面，也可看成通过切削刃选定点并垂直于切削刃在基面上投影的平面。

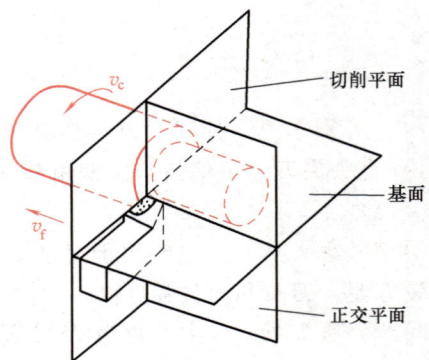

图 7-7 切削空间直角坐标系

（2）**车刀的几何角度** 直头外圆车刀的主要角度有前角（γ_o）、后角（α_o）、主偏角（κ_r）、副偏角（κ_r'）、刃倾角（λ_s），如图 7-8 所示。上述五个角度称为基本角度，它们能完整表现出车刀切削部分的几何形状，反映切削的特点。

1）前角（γ_o）。正交平面中所测量的基面和前面之间的夹角，表示前面的倾斜程度，其作用是使切削刃锋利。在加工中要根据材料的硬度来选择前角大小。对于塑性材料，硬度较小，前角一般可选大些；对于脆性材料则相反，前角要选小些，否则容易磨损甚至崩刃。通常，制作车刀时并没有预先制出前角，而是通过在车刀上刃磨出排屑槽来获得前角。排屑槽又称断屑槽，它的作用是折断切屑，使之不产生缠绕；同时控制切屑的流出方向，保持已加工表面的精度；降低切削抗力，延长刀具寿命。

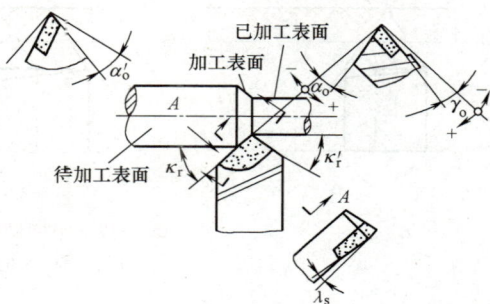

图 7-8 车刀主要角度

2）后角（α_o）。后角为正交平面中所测量的主后面与切削平面之间的夹角。其作用是减小刀具主后面与工件的摩擦，影响切削刃强度和锋利度。加工塑性材料时后角选大些，加工脆性材料时后角选小些；粗加工时后角选大些，精加工时后角选小些。前角和后角如图7-8所示。

3）主偏角（κ_r）。主切削刃在基面上的投影与进给方向之间的夹角。主偏角的作用是影响切削刃的工作长度、刀尖强度和散热条件。主偏角越小，则切削刃工作长度越长，散热条件越好，但切削背向力越大，易引起工件的振动和弯曲，如图7-9所示。因此，切削细长轴时常选用主偏角为75°和90°的车刀。

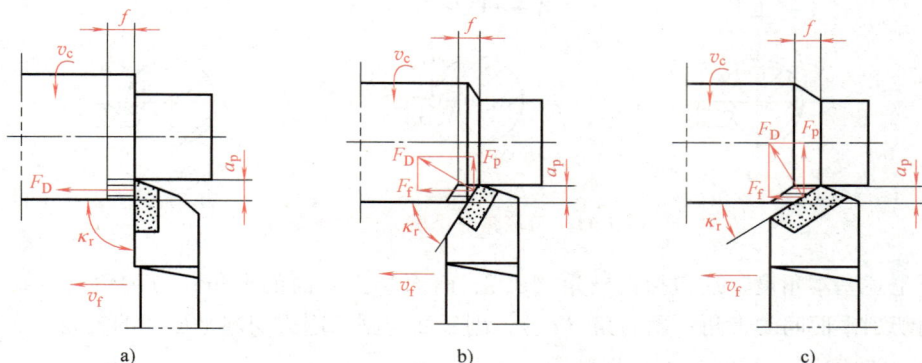

图 7-9 主偏角对背向力的影响

a）$\kappa_r = 90°$ b）$\kappa_r = 60°$ c）$\kappa_r = 30°$

4）副偏角（κ_r'）。在基面内测量的副切削刃在基面上的投影与进给运动反方向之间的夹角。副偏角的作用是减小副切削刃与工件已加工表面之间的摩擦力，从而减小工件已加工表面的表面粗糙度值。通过减小副偏角，可减小车削后的残留面积，减小表面粗糙度值，如图7-10所示。切削时一般选取副偏角为5°和15°。

5）刃倾角（λ_s）。主切削刃与基面之间的夹角，主要影响主切削刃的强度和控制切屑流出的方向。以刀杆底面为基准，当主切削刃与刀杆底面平行时，刃倾角为0°，切屑沿垂直于主切削刃的方向流出，如图7-11a所示；当刀尖为主切削刃最低点时，刃倾角为负值，

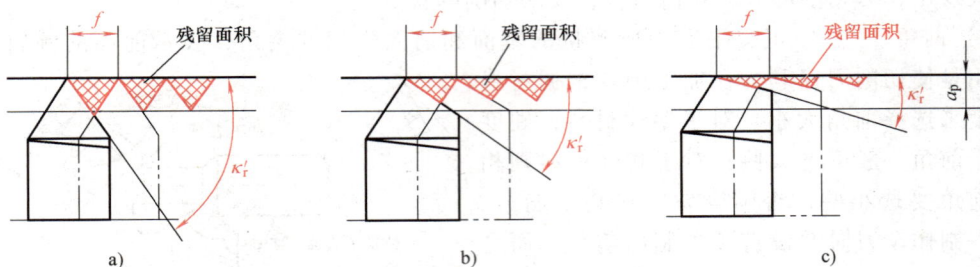

图 7-10 不同副偏角对残留面积的影响

a) $\kappa_r' = 60°$ b) $\kappa_r' = 30°$ c) $\kappa_r' = 15°$

切屑流向已加工表面，如图 7-11b 所示；当刀尖为主切削刃最高点时，刃倾角为正值，切屑流向待加工表面，如图 7-11c 所示。一般刃倾角在 ±5° 之间选择。粗加工时，刃倾角常取负值，虽然切屑流向已加工表面，但保证了主切削刃的强度；精加工时，刃倾角常取正值，使切屑流向待加工表面，从而不会划伤已加工表面。

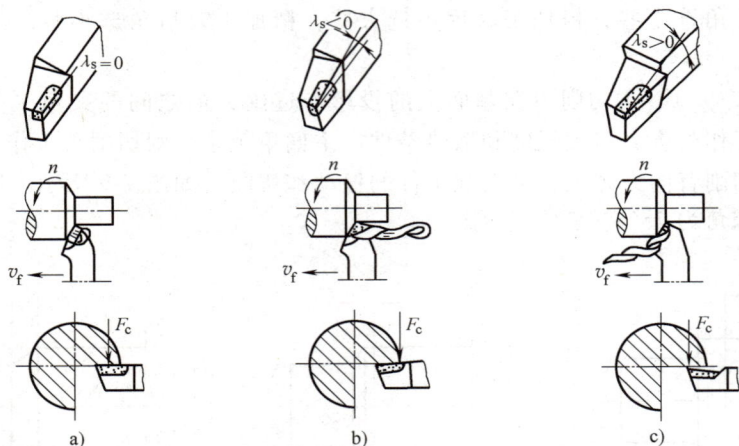

图 7-11 刃倾角对排屑方向的影响

除了上述基本角度，还包括：楔角（β_o）、前面与主后面的夹角；刀尖角（ε_r），主切削平面与副切削平面间的夹角；副后角（α_o'）、副后面与副切削刃切削平面间的夹角。

5. 车刀的安装

车削前，应将选好的车刀安装在刀架上。车刀安装正确与否将影响操作安全性和加工质量。如图 7-12 所示，安装车刀时应注意以下几点：

1）**车刀刀尖应与主轴轴线等高。**若车刀刀尖装得过高，车刀的主后面会与工件产生摩擦，不易车削；若装得过低，切削就不顺利，工件会被抬起，有使工件从卡盘上掉下来的危险，甚至把车刀折断。为了使车刀刀尖对准主轴轴线，可通过调整车刀刀尖高度，使其与装在尾座上的回转顶尖高度一致。刀尖的高度可用一些厚薄不同的垫片来调整。垫片必须平整，其宽度应与刀杆一样，长度应与刀杆被夹持部分一样。同时，应尽可能用少数厚垫片来代替多数薄垫片，因为垫片过多会造成车刀在车削时接触刚度变差而影响加工质量。

2）**车刀不能伸出太长。**车刀伸出过长，切削时易产生振动，影响车削加工精度和表面

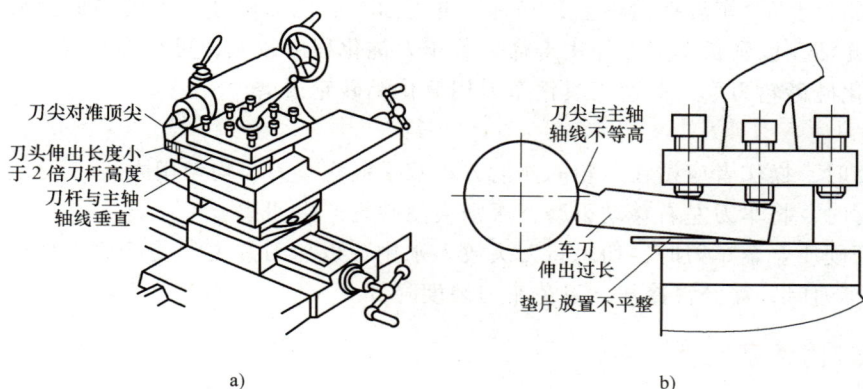

图 7-12 车刀的安装

a）正确 b）错误

粗糙度，甚至会折断车刀；但也不宜伸出过短，易造成刀架与卡盘碰撞。一般，车刀刀头伸出长度不超过刀杆高度的 2 倍，能看见刀尖车削即可。

3）车刀刀杆应与车床主轴轴线垂直。

4）车刀位置合适后，车刀底面的垫片要平整，并尽可能用厚垫片，垫片数量尽可能少。调整好车刀高度后，应交替拧紧刀架螺钉。

6. 车刀的刃磨

无论硬质合金车刀，还是高速工具钢车刀，加工过程中都会有磨损。为恢复其原有的几何形状和角度，必须根据切削条件所选择的合理切削角度重新刃磨。

（1）磨刀步骤 刃磨外圆车刀的一般步骤如图 7-13 所示。

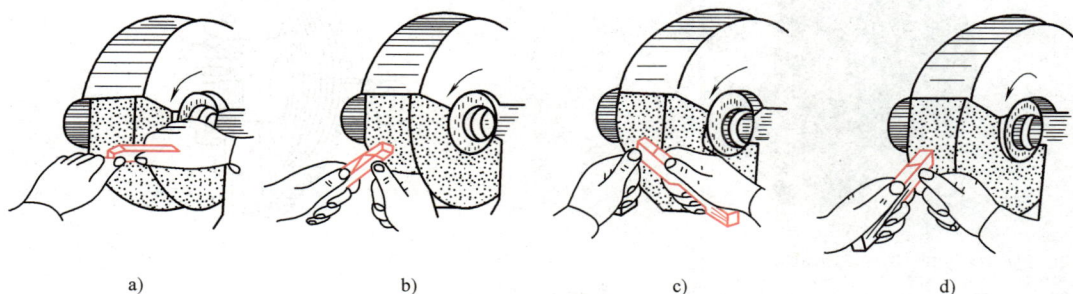

图 7-13 刃磨外圆车刀的一般步骤

a）磨前面 b）磨主后面 c）磨副后面 d）磨刀尖圆弧

1）磨前面。把前角和刃倾角磨正确。

2）磨主后面。把主偏角和主后角磨正确。

3）磨副后面。把副偏角和副后角磨正确。

4）磨刀尖圆弧。在主切削刃与副切削刃之间磨出刀尖圆弧，半径为 0.5~2mm，以提高刀尖强度并改善散热条件。

5）磨断屑槽。在刀体上磨出断屑槽的目的是切屑经过断屑槽时，使切屑产生内应力而使其切断。

6）研磨切削刃。车刀在砂轮上磨好后，再用油石加机油研磨车刀的前面及后面，使切削刃锐利和光洁，以延长车刀的使用寿命。若车刀钝化程度较低，可用油石修磨。硬质合金车刀可用碳化硅砂轮刃磨，高速工具钢车刀用氧化铝砂轮刃磨。

（2）磨刀注意事项

1）磨刀时，操作者应站在砂轮的侧前方，双手握稳车刀，均匀用力。

2）刃磨时，将车刀左右移动刃磨，否则会使砂轮产生凹槽。

3）刃磨硬质合金车刀时，切忌将刀头放入水中，以免刀片突然受冷收缩而碎裂；刃磨高速工具钢车刀时，需经常冷却，以免车刀硬度降低。

7.1.4 车床附件及工件安装

工件安装的主要任务是准确定位及牢固夹持工件。由于工件的形状和大小不同，采用的安装方法也各不相同。

1. 用自定心卡盘安装工件

自定心卡盘是车床最常用的附件。自定心卡盘上的三个卡爪同时动作，可以达到自动定心兼夹紧的目的。它装夹方便，但定心精度不高（因卡爪易遭磨损）。对同轴度要求较高的表面，应尽可能在一次装夹中车出。因传递的转矩也较小，故自定心卡盘适用于夹持圆柱形、六角形等中小工件。当安装直径较大的工件时，可用"反爪"。

自定心卡盘由卡盘体、三个小锥齿轮、大锥齿轮（另一端是平面螺纹）和三个卡爪组成，如图7-14所示。当使用卡盘扳手转动任何一个小锥齿轮时，大锥齿轮便随之转动，其背面的平面螺纹就带动三个卡爪同时做向心（夹紧）或离心（松开）的移动。

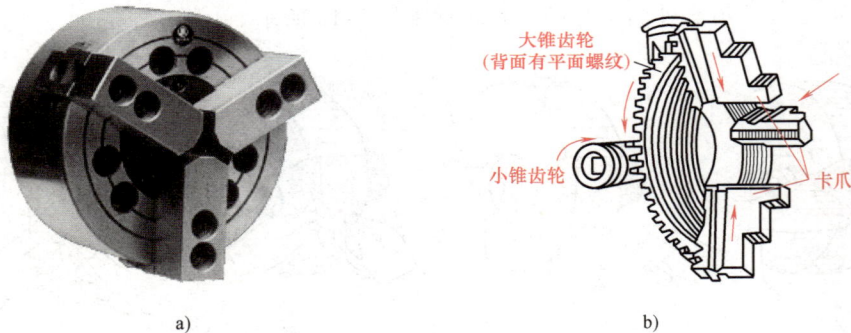

a)   b)

图7-14 自定心卡盘及其结构
a) 实物图 b) 内部结构图

自定心卡盘能够自定心，定心精度为 $0.05 \sim 0.15$mm。三个卡爪有正爪和反爪之分，反爪可装夹直径较大的工件。自定心卡盘的应用如图7-15所示。当工件直径较小时，工件置于三个正爪之间装夹；此外也可将三个卡爪伸入工件内孔中利用正爪的径向张力装夹盘、套、环状零件；而当工件直径较大且正爪不便装夹时，可将三个正爪换成反爪进行装夹；当工件长度大于4倍直径时，应在工件右端用尾座顶尖支承。

2. 用单动卡盘安装工件

单动卡盘的结构和应用如图7-16所示。它有四个互不相关的卡爪均匀分布在圆周上，每一个卡爪后面均是一个丝杠螺母机构。当使用卡盘扳手转动丝杠时，带有螺纹的卡爪就会

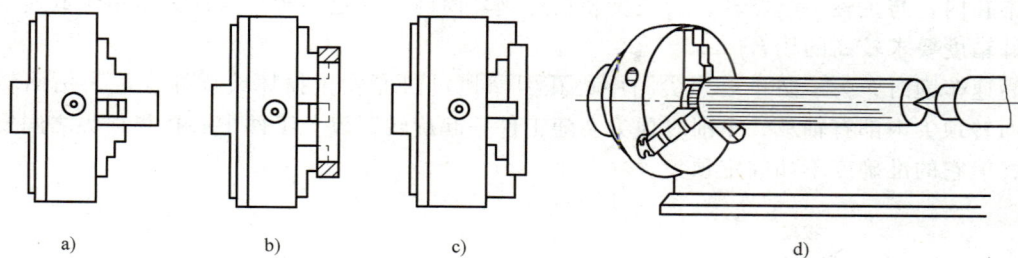

图 7-15 自定心卡盘的应用

a) 正爪 b) 正爪装夹盘套环类 c) 反爪 d) 与尾座顶尖配合使用

做向心或离心的移动。

　　由于单动卡盘的四个卡爪是独立移动的，因此不具备自定心功能。为了使工件加工面的轴线与机床主轴轴线同轴就必须找正，找正所用的工具是划线盘或百分表，找正方法如图 7-16 所示。划线盘用于按工件上毛糙的表面或按钳工划线去找正，找正精度低。百分表用于已加工表面的找正，通过表针指示的跳动值来判断是否找正，找正精度较高。

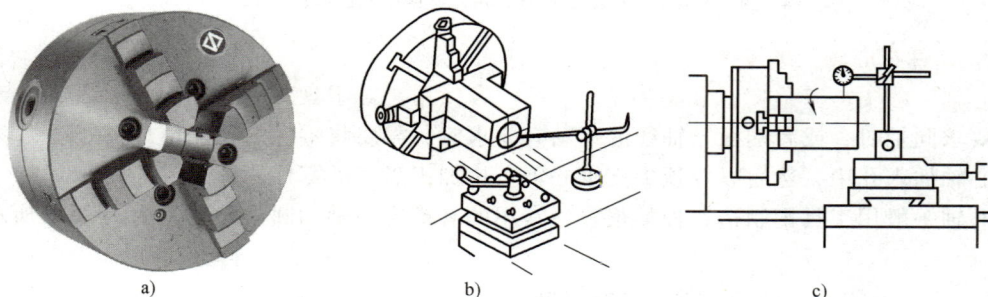

图 7-16 单动卡盘的结构和应用

a) 单动卡盘 b) 用划针、划线盘找正 c) 用百分表找正

3. 用顶尖安装工件

　　顶尖是支承、固定工件的工具，分为固定顶尖（死顶尖）和回转顶尖（活顶尖），如图 7-17 所示。

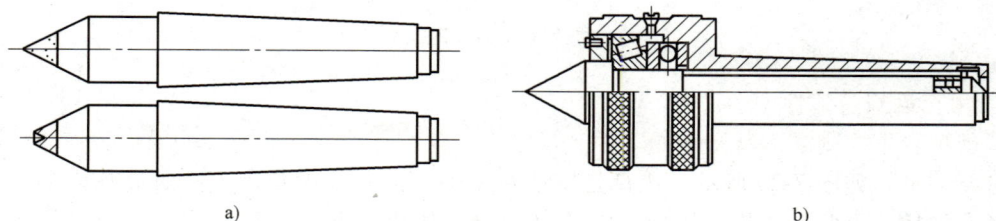

图 7-17 顶尖

a) 固定顶尖 b) 回转顶尖

　　较长或加工工序较多的轴类工件，为保证工件同轴度要求，常采用双顶尖的装夹方法，如图 7-18 所示。采用双顶尖安装时，安装在主轴上的称为前顶尖，安装在尾座上的称为后顶尖。工件被支承在前、后两顶尖之间，由卡箍、拨盘带动旋转。前顶尖为固定顶尖，装在

主轴锥孔内，与主轴一起旋转；后顶尖装在尾座套筒内，固定不转。双顶尖适用于低速车削和工件精度要求较高的场合。

高速车削时，为了防止后顶尖与中心孔因摩擦过热而发生损坏或烧坏，常采用回转顶尖。回转顶尖内部有轴承，车削时顶尖会随工件一起旋转，以免工件中心孔与顶尖之间发生摩擦，但它的准确度不如固定顶尖。

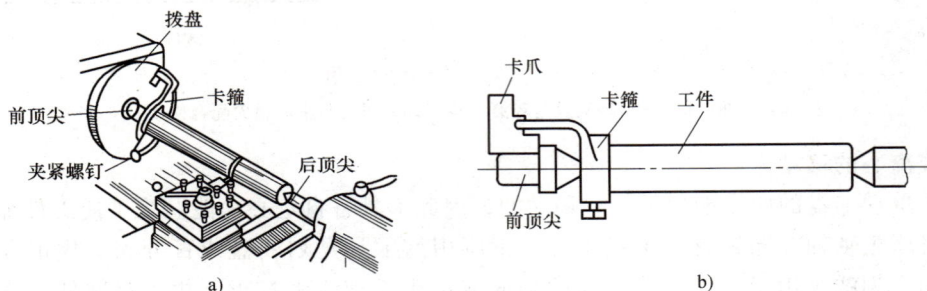

图 7-18　双顶尖安装工件

a）用拨盘双顶尖安装工件　b）用自定心卡盘代替拨盘安装工件

4. 工件在心轴上的安装

心轴一般要与双顶尖、卡箍、拨盘一起配合使用。对于盘套类零件，当外圆轴线与孔的轴线要求同轴时，或者端面与轴线的跳动有要求时，需要将零件的孔先精加工处理，以孔定位将心轴插入孔中，然后以双顶尖支承心轴来精加工盘套类零件的外圆或端面。

心轴一般用工具钢制造，种类很多，常用的有锥度心轴和圆柱心轴，如图 7-19 所示。

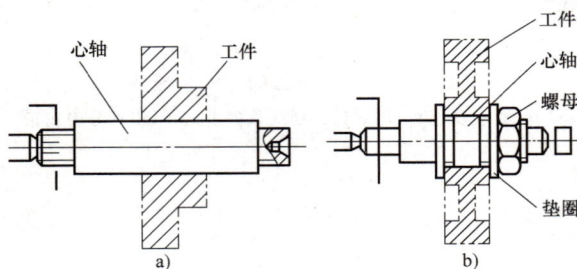

图 7-19　心轴

a）锥度心轴　b）圆柱心轴

5. 用花盘安装工件

车削形状不规则或形状复杂的工件，自定心卡盘、单动卡盘或顶尖均无法装夹时，可用花盘进行装夹，如图 7-20 所示。花盘是安装在主轴上的一个大圆盘，盘面上有许多长短不等的径向导槽，再配以角铁、压板、螺栓（螺母、垫块）和平衡铁等附件，便可将工件装夹在盘面上。安装时，按工件的划线痕找正，同时平衡重心，防止旋转时产生振动。

6. 中心架和跟刀架的使用

车削细长轴（尤其是阶梯轴工件）和尺寸较大的套筒时，因工件本身刚性较差，为防止切削时产生弯曲变形和振动，需增加辅助支承，如中心架或跟刀架。

（1）中心架　中心架用压板和螺栓、螺母紧固在床身导轨上，有上、前、后三个支承

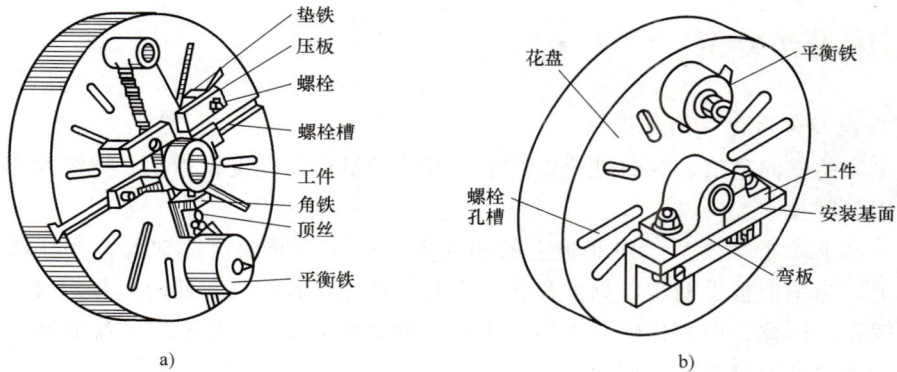

图 7-20　花盘的应用

a）花盘上装夹工件　b）花盘与弯板配合装夹工件

爪（图7-21），主要用于提高细长轴或悬臂安装工件的刚度。

使用中心架时，工件安放支承爪的地方应预先车出一个"颈部"（比支承爪宽并留出精车余量），调整支承爪的位置及松紧程度，使工件平稳旋转。在工件摩擦处应经常加润滑油，以免损坏工件。

（2）跟刀架　跟刀架与中心架一样用于车削刚度差的细长轴，以增加工件的刚性，如图7-22所示。跟刀架一般有两个支承爪，常固定在床鞍上，跟随车刀移动，

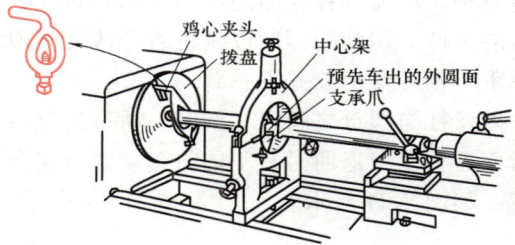

图 7-21　用中心架车削外圆

其作用是可抵消径向切削力，以提高车削细长轴的形状精度和降低表面粗糙度值。图7-23a所示为两爪跟刀架，车刀施加给工件的切削抗力使工件紧贴在跟刀架的两个支承爪上，但由于工件本身的重力及偶然因素会使切削过程中工件和支承爪瞬时接触或者瞬时离开，因而产生振动。因此，三爪跟刀架支承比较稳定，不易产生振动，如图7-23b所示。跟刀架适用于加工不宜调头车削的细长轴。

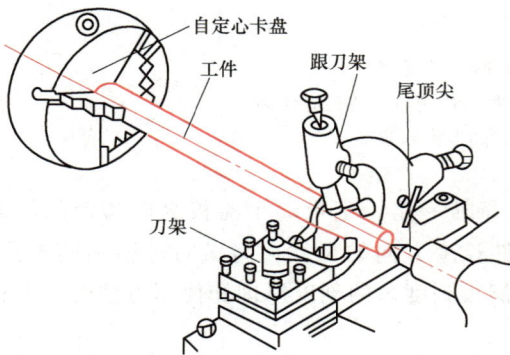

图 7-22　用跟刀架车削工件

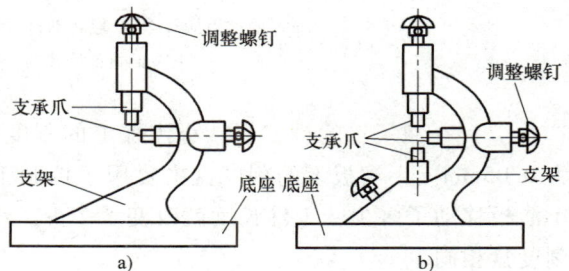

图 7-23　跟刀架支承车削细长轴

a）两爪跟刀架　b）三爪跟刀架

7.2 车床操作要领

1. 刻度盘及刻度盘手柄的使用

卧式车床的横向进给、纵向进给以及小溜板移动量均靠刻度盘指示，熟练操作车床就必须准确使用刻度盘。

（1）中溜板上的刻度盘 中溜板上的刻度盘紧固在中溜板丝杠轴上，丝杠螺母则固定在中溜板上。当中溜板手柄带着刻度盘转一周时，丝杠也转一周，此时丝杠螺母带动中溜板移动一个螺距。因此，中溜板横向进给的距离（即背吃刀量），可按刻度盘的格数计算。刻度盘每转一格，横向进给的距离为

$$刻度盘格值 = \frac{丝杠螺距}{刻度盘格数}$$

例如，C6136 车床，中溜板丝杠螺距为 4mm，刻度盘等分为 200 格，当手柄带动刻度盘每转一格，中溜板移动的距离为 4mm/200＝0.02mm，即背吃刀量为 0.02mm。由于车刀是在旋转的工件上切削的，所以工件直径改变了 0.04mm。（注：因厂家原因，同一型号车床丝杠螺距、刻度盘格数并不一致。）

因丝杠与螺母之间存在间隙，所以进刻度时，若刻度盘手柄转动过量或试切后发现尺寸不对而需将车刀退回时，不能将刻度盘直接退回到所需刻度，而应反转约一周后再转至所需刻度，如图 7-24 所示。

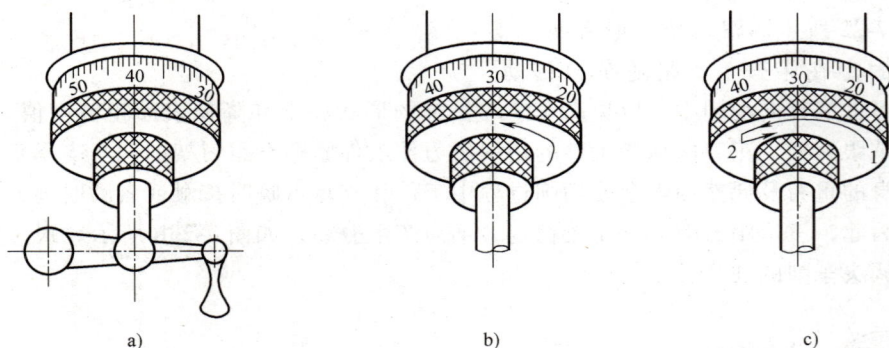

图 7-24 手柄转动过量后的纠正方法

a）要求手柄转至 30 但转动过量成 40 b）错误：直接退至 30

c）正确：反转约一周后，再转至 30

（2）小溜板上的刻度盘 小溜板上的刻度盘每转一格，则带动小溜板纵向移动的距离为 0.05mm。小溜板上的刻度盘主要用于控制工件长度方向的尺寸，与横向进给不同的是，小溜板移动了多少，工件长度就改变了多少。小溜板刻度盘的刻度原理和使用方法与中溜板刻度盘相同。

2. 试切的方法与步骤

工件安装在车床上后，需根据工件的加工余量决定走刀次数和每次走刀的切深。半精车

和精车时，为了准确地确定背吃刀量，以保证工件的尺寸精度，仅靠刻度盘进刀是不够的。因为刻度盘和丝杠均有误差，往往不能满足半精车和精车的要求，这就需要试切。试切的方法与步骤，如图 7-25 所示。

1）开车对刀，使车刀与工件表面轻微接触，如图 7-25a 所示。

2）纵向退出车刀，如图 7-25b 所示。

3）横向进刀 a_{p_1}，如图 7-25c 所示。

4）车削纵向长度 1~3mm，如图 7-25d 所示。

5）纵向退刀，进行测量，如图 7-25e 所示。

6）尺寸未到，再横向进刀 a_{p_2}，如图 7-25f 所示。

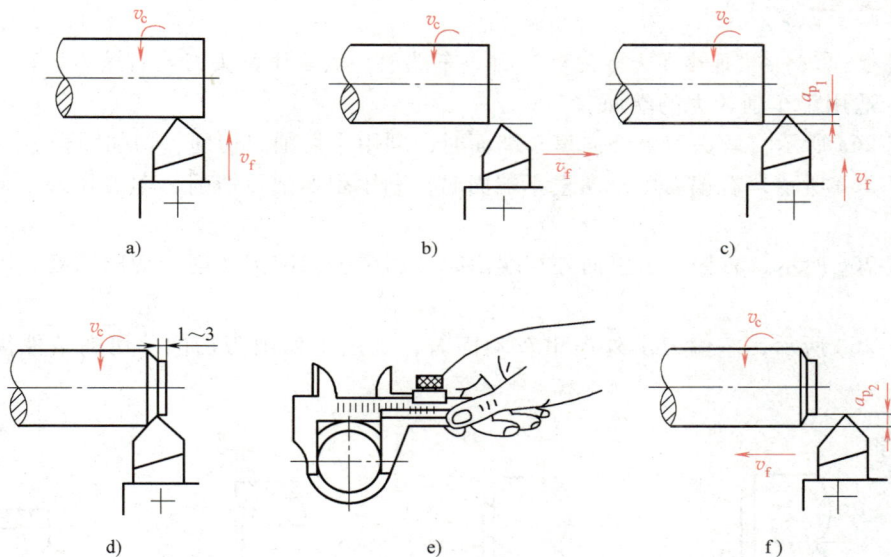

图 7-25　试切的方法与步骤

图 7-25 所示为试切的一个循环，若仍未达到尺寸要求，则进刀仍按以上的循环进行试切；若已达到尺寸要求，则需按确定的背吃刀量加工整个表面。

3. 粗车和精车

车削加工往往要多次走刀才能完成。为了提高生产率，保证加工质量，车削加工分为粗车和精车。若零件精度要求高，车削又可分为粗车、半精车和精车。

粗车的目的是尽快地从工件上切除大部分加工余量，使工件接近图样要求的形状和尺寸。粗车需为精车留有合适的加工余量，其精度和表面粗糙度等技术要求均较低。实践证明，加大背吃刀量不仅可提高生产率，而且对车刀的寿命影响较小。因此，粗车时需优先选用较大的背吃刀量，其次适当加大进给量，最后选用中等或中等偏低的切削速度。

粗车为精车（半精车）预留的加工余量一般为 0.5~2mm。精车是要保证零件的尺寸精度和表面粗糙度等要求，尺寸公差等级可达 IT9~IT7，表面粗糙度 Ra 值可达 1.6~0.8μm。精车的车削用量见表 7-1，其尺寸公差等级主要通过准确地度量、进刻度并加试切来保证。

表 7-1 精车的车削用量

车削材料	背吃刀量 a_p/mm	进给量 f/(mm/r)	切削速度 v_0/(m/s)
铸铁件	0.1~0.15		60~70
钢件（高转速）	0.3~0.5	0.05~0.2	100~120
钢件（低转速）	0.05~0.1		3~5

7.3 车削加工基本操作

7.3.1 车端面

对工件端面进行车削的方法称为车端面。车端面一般采用弯头刀或右偏刀。弯头刀的刀尖强度高，适用于车削较大的端面。

如图 7-26a 所示，弯头刀由外向里车端面时，利用主切削刃切削，切削顺畅。

如图 7-26b 所示，右偏刀由外向里车端面时，利用副切削刃切削，车刀扎入工件易形成凹面。

如图 7-26c 所示，右偏刀由里向外车端面时，利用主切削刃切削，切削顺畅，不易产生凹面。

如图 7-26d 所示，左偏刀由外向里车端面时，利用主切削刃切削，切削条件优于副切削刃。

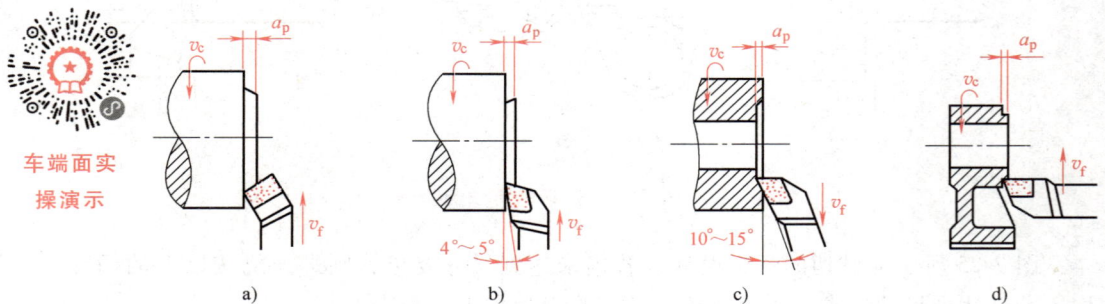

车端面实操演示

图 7-26 车端面

车端面时，车刀应和工件回转轴线等高。如果刀尖高于工件回转轴线，则可能挤崩刀尖，尤其是偏刀；如果刀尖低于工件回转轴线，则会在工件端面留下凸台。

7.3.2 车外圆及台阶

1. 车外圆

车削加工中，车削外圆是最基本的操作，常见的方法有三种，如图 7-27 所示。直头车刀（尖刀）强度较高，主要用于车外圆，并可倒角；45°弯头车刀适用于粗车和车削不带台阶的工件；右偏刀适用于加工细长工件。

2. 车台阶

（1）低台阶车削方法 低台阶面（高度小于 5mm 的台阶）可在车外圆

车外圆实操演示

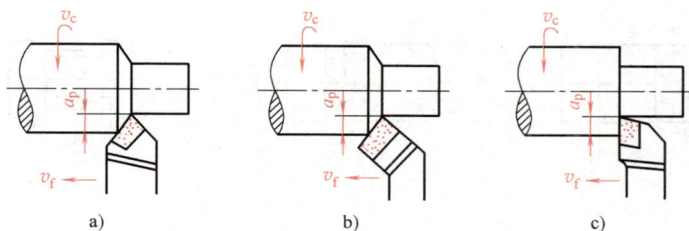

图 7-27 车外圆

a）直头车刀车外圆 b）45°弯头车刀车外圆 c）右偏刀车外圆

时同时车出，一般采用 90° 右偏刀车出。车刀的主切削刃要垂直于工件的轴线，如图 7-28a 所示。同时，可用直角尺或以车好的端面来对刀，且端面对刀时需确保主切削刃和端面贴平，如图 7-28b 所示。

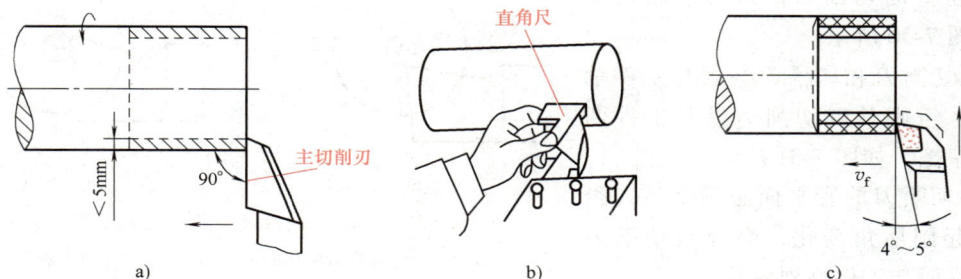

图 7-28 车台阶

a）低台阶一次车出 b）用直角尺对刀 c）高台阶多刀车出

（2）高台阶车削方法　车削高台阶（高度大于 5mm 台阶）工件时，因肩部过宽，易引起振动。因此，先用外圆车刀把台阶车成大致形状后，再用偏刀车削，使主切削刃与工件端面成 5° 左右的夹角，分层切削，如图 7-28c 所示，但最后一刀必须横向走刀完成，否则会使车出的台阶偏斜。

为使台阶长度符合要求，可用刀尖预先刻出线痕，以此作为加工界限。

7.3.3 切槽和切断

车削加工中，常需把长的原材料切成多段的毛坯之后再进行加工；或者将车削好的成品从原材料上切下，这种加工方法称为切断。而有的工件则需在靠近台阶处车出各种不同的沟槽，以满足车螺纹或磨削时的退刀需求，称为切槽。

1. 切槽

切槽分为切窄槽和切宽槽两种。

1）车削宽度小于 5mm 的窄槽时，可用刀头宽度等于槽宽的切槽刀一刀车出。

2）车削宽度大于 5mm 的宽槽时，应先用外圆车刀的刀尖在工件上划两条线，将沟槽的宽度和位置确定下来，然后用切槽刀在两条线之间粗车，但必须在槽的两侧面和槽的底部留下精车余量，最后根据槽宽和槽底精车，如图 7-29 所示。

切槽实操演示

2. 切断

切断刀与切槽刀相似，刀头宽度一般为 2~6mm，长度比工件的半径长 5~8mm。安装和

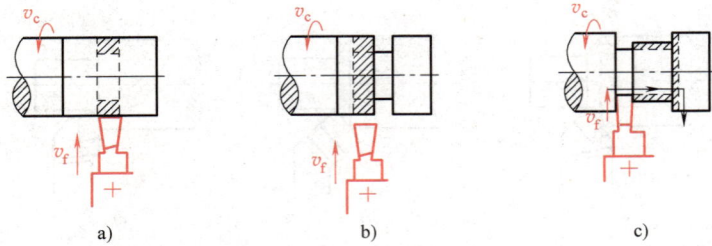

图 7-29　切宽槽

a）第一次横向进给　b）第二次横向进给　c）末次横向进给后再以纵向进给精车槽底

使用切断刀时要非常小心。切断刀的安装注意事项如下：

1）刀尖必须与工件轴线等高，刀尖过低易折断切断刀，刀尖过高切不断，如图 7-30 所示。

2）切断刀和切槽刀必须与工件轴线垂直，否则其副切削刃易与工件两侧产生摩擦，如图 7-31 所示。

3）切断刀的底平面必须平直，否则会引起副后角变化，会导致切断刀某一副后面与工件剧烈摩擦。

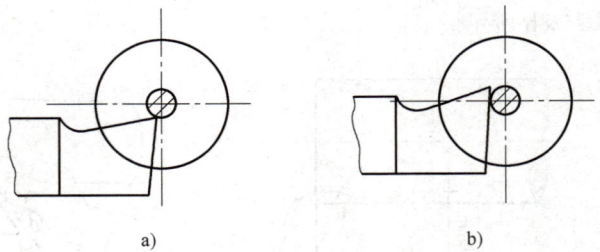

图 7-30　切断刀的刀尖须与工件轴线等高

a）刀尖过低易折断切断刀　b）刀尖过高切不断

切断一般在卡盘上进行，如图 7-32 所示，切断部位应尽可能靠近卡盘，以免振动产生。进给量要均匀，尤其在即将切断时进给速度要慢，以免刀头折断。

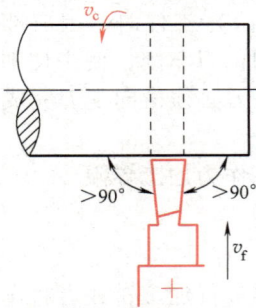

图 7-31　切槽刀的正确位置

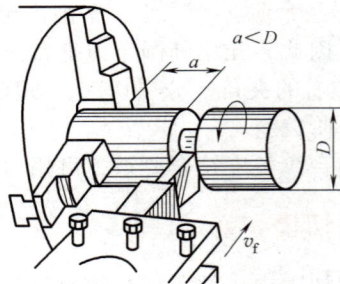

图 7-32　在卡盘上切断

7.3.4　孔加工

在车床上可以用钻头、扩孔钻、铰刀和镗刀进行钻孔、扩孔、铰孔和镗孔。

1. 钻孔、扩孔和铰孔

钻中心孔
实操演示

对精度要求不高的孔可以用麻花钻直接钻出，如图 7-33 所示。先将工件安装在自定心卡盘上，钻头安装在尾座套筒的锥孔内。工件旋转为主运动，摇动尾座手柄带动钻头慢慢做进给运动，完成钻孔。钻孔较深时注意经常退出钻头，排出切屑。

钻孔前，一般要将端面车平，用中心钻在端面钻出中心孔作为钻头的定位

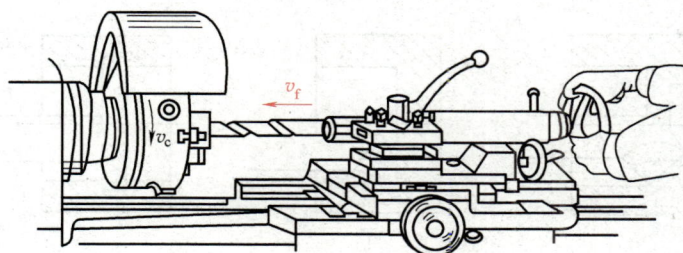

图 7-33　在车床上钻孔

孔，以防引偏钻头。常用的中心孔有 A 型和 B 型两种，如图 7-34 所示。A 型中心孔的锥孔为 60°，一般适用于不需要多次安装或不保留中心孔的零件；B 型中心孔是在 A 型中心孔端部多一个 120°的圆锥孔，其目的是保护 60°的锥孔，避免其被碰伤，一般适用于多次安装的零件。

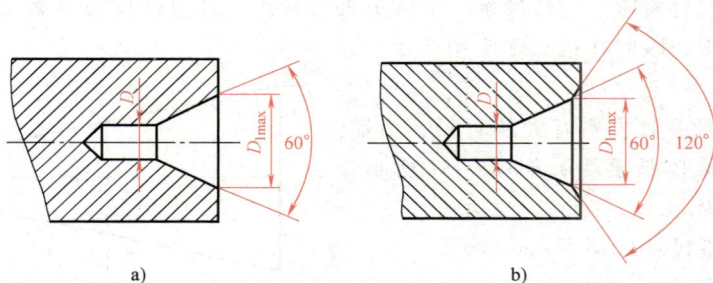

图 7-34　中心孔

a）A 型中心孔　b）B 型中心孔

钻孔时，需注入切削液。钻孔进给不能过快，以免折断钻头。一般钻头越小，进给量越小，但切削转速可加大；钻大孔时，进给量可大些，但切削转速应降低。

扩孔是用扩孔钻扩大工件孔径的方法。扩孔常用于铰孔前或磨孔前的预加工，作为钻孔后的预精加工。为了提高孔的精度和降低表面粗糙度值，常用铰刀对钻孔或扩孔后的工件再进行精加工。

在尾座上安装扩孔钻或机用铰刀（图 7-35），则可以扩孔和铰孔。

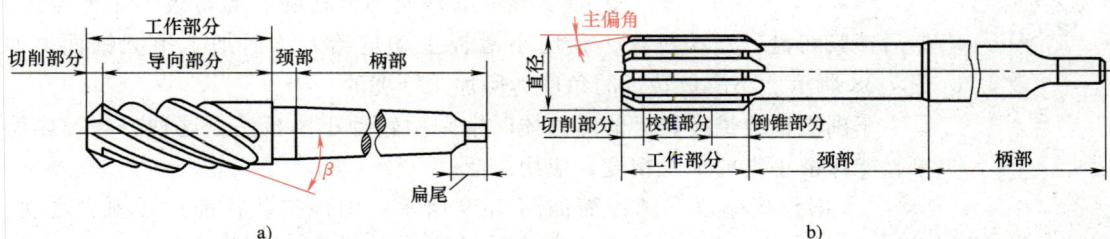

图 7-35　扩孔钻和机用铰刀

a）扩孔钻　b）机用铰刀

2. 镗孔

镗孔是对钻出、铸出或锻出的孔进行进一步加工，用来扩大孔径、提高精度、降低表面粗糙度值和纠正原孔的轴线偏差，以达到图样上的精度等技术要求，如图 7-36 所示。

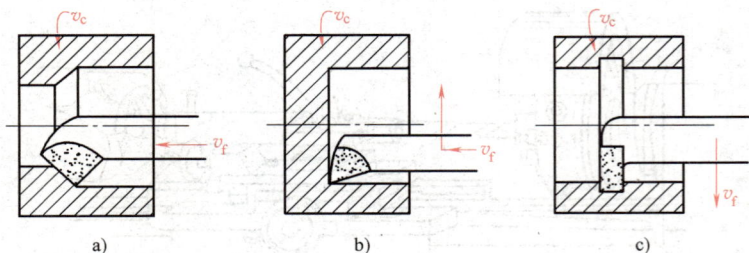

图 7-36 镗孔

a）镗通孔 b）镗不通孔 c）镗内槽

7.3.5 车圆锥面

圆锥面具有配合紧密、定位准确、装卸方便等优点，并且即使发生磨损，仍能保持精密的定心和配合作用，因此在机械中应用广泛。

1. 锥度计算

圆锥面的几何参数主要有大端直径、小端直径、圆锥角、锥体长度等，如图 7-37 所示，各几何参数关系为

图 7-37 圆锥面的几何参数

圆锥体大端直径：$D = d + 2L\tan(\alpha/2)$

圆锥体小端直径：$d = D - 2L\tan(\alpha/2)$

锥度：$\quad C = \dfrac{D-d}{L} = 2\tan(\alpha/2)$

斜度：
$$M = \frac{D-d}{2L} = \tan(\alpha/2) = \frac{C}{2}$$

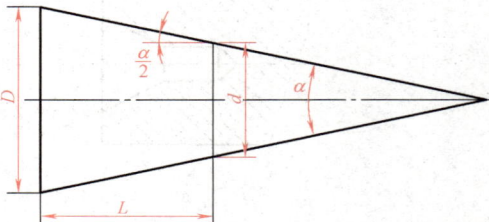

式中，D 为圆锥体大端直径；d 为圆锥体小端直径；L 为锥体部分长度；α 为圆锥角。

2. 车削圆锥面的操作方法

圆锥面的车削方法主要有转动小滑板法、偏移尾座法、靠模法和宽刀法。

（1）转动小滑板法　转动小滑板法是使小滑板随转盘转过一定的角度，然后锁紧转盘，开动机床，利用小滑板手动进给，从而加工出圆锥面，如图 7-38 所示。小滑板转过的角度为所加工锥度的一半。

车削短锥或锥度较大的圆锥体时常采用转动小滑板法，这种方法操作简单，能保证一定的加工精度，应用广泛。

（2）偏移尾座法　偏移尾座法车圆锥面如图 7-39 所示。工件安装在前、后顶尖之间，将尾座偏移一个距离 S，使工件回转轴线与车床主轴轴线的夹角等于圆锥斜角 $\alpha/2$，当刀架自动（或手动）进给时即可车出所需的圆锥面。偏移尾座法只适宜加工在顶尖上安装的、较长的、锥度不大于 16° 的外圆锥面。

（3）靠模法　靠模法适宜加工成批和大量生产中长度较长、锥度 $C < 12°$ 的内外圆锥面，如图 7-40a 所示。

（4）宽刀法　宽刀法多用于加工较短的圆锥面，如图 7-40b 所示。

车外圆锥
实操演示

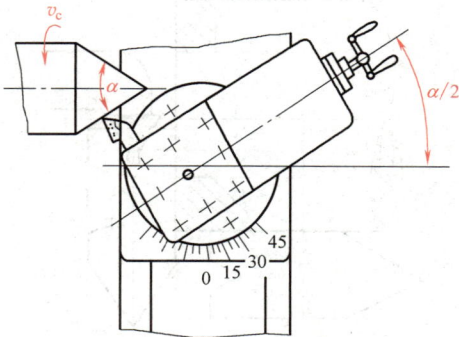

图7-38 转动小滑板法车圆锥面

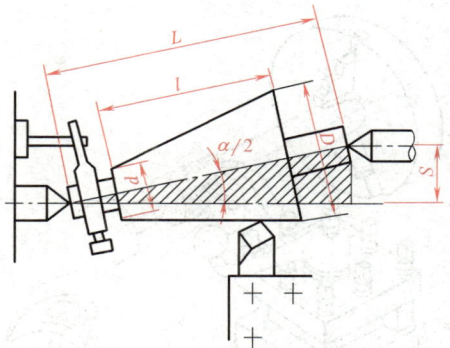

图7-39 偏移尾座法车圆锥面

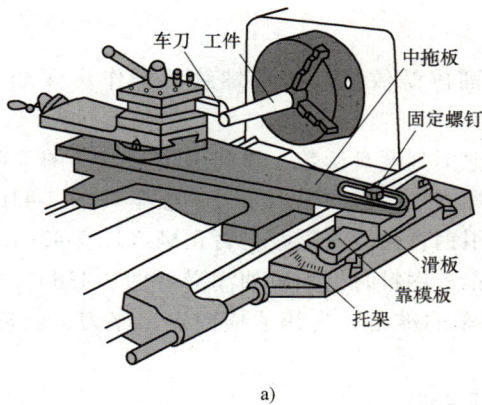

a)

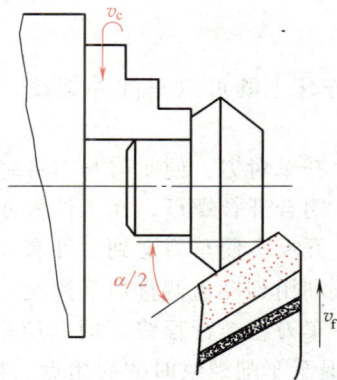

b)

图7-40 靠模法和宽刀法车圆锥面

a）靠模法 b）宽刀法

7.3.6 滚花

滚花实操演示

有些机器零件或工具，为了便于握持和外形美观，往往在工件表面上滚出各种不同的花纹，如千分尺的套筒。滚花是在车床上用滚花刀挤压工件，使工件表面产生塑性变形而形成花纹的工艺方法，如图7-41所示。加工时工件的转速要低，一般要充分供给切削液，以免弄坏滚花刀，防止细屑滞塞在滚花刀内而产生乱纹。滚花刀有直纹滚花刀和网纹滚花刀两种，相应滚压而成的花纹分为直纹和网纹。

7.3.7 车螺纹

螺纹在机器零部件中起连接和传动的功能。按照螺纹的形状用途不同可分为三角形螺纹、梯形螺纹和矩形螺纹，同时螺纹又分为右旋和左旋。其中单线、右旋的米制三角形螺纹（又称普通螺纹）应用最广。螺纹的加工方法很多，车削加工螺纹应用较广。

螺纹车刀常用的材料有硬质合金和高速工具钢两种。安装螺纹车刀时，应使刀尖与工件轴线等高，并且刀尖角的平分线要与工件轴线垂直，否则会影响螺纹的截面形状。装刀时，可采用样板对刀，如图7-42所示。如果车刀装歪，会导致螺纹牙型歪斜。

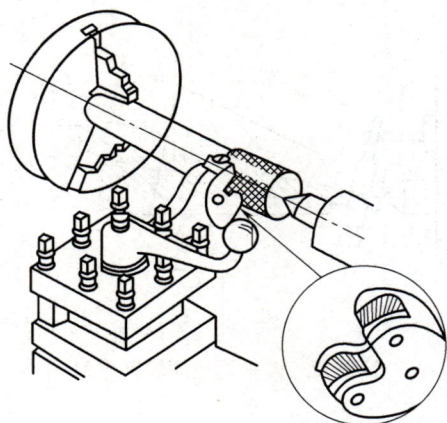

图 7-41 在车床上滚花

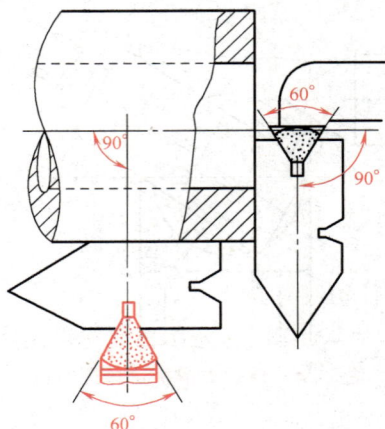

图 7-42 用样板对内、外螺纹车刀进行对刀

在车床上既可以车削外螺纹，又可以车削内螺纹。车削外螺纹的操作步骤如图 7-43 所示。

1）开车对刀，使车刀与工件轻微接触，记下刻度盘读数，纵向退出车刀（图 7-43a）。

2）闭合开合螺母，在工件表面车出一条螺旋线，横向退出车刀，停车（图 7-43b）。

3）开反车使车刀退到工件右端，停车，用钢直尺检查螺距是否正确（图 7-43c）。

4）利用刻度盘调整切削深度，开车切削；车钢料时，加机油润滑（图 7-43d）。

5）车刀将至行程终了时，应做好退刀停车的准备，先快速横向退出车刀，然后停车，开反车退至车削螺纹时的起始点（图 7-43e）。

6）再次横向切入，继续切削至结束（图 7-43f）。

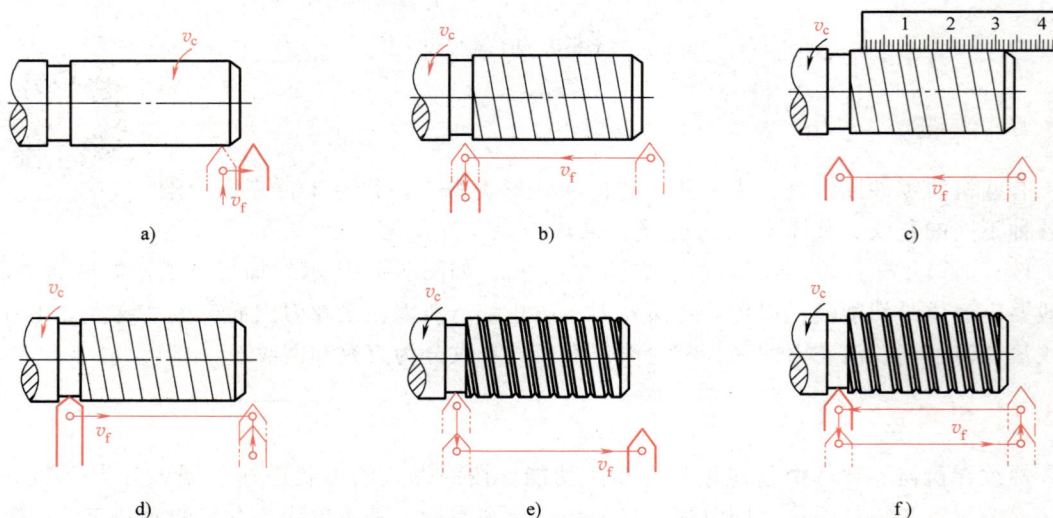

图 7-43 车削外螺纹的操作步骤

7.3.8 车回转成形面

回转成形面是由一条曲线（母线）绕一固定轴线回转而形成的表面，如手柄和圆球等。

车削回转成形面的方法有双手控制法、样板刀成形法和靠模法。

双手控制法车回转成形面如图 7-44 所示。车回转成形面一般使用圆弧车刀。车削时，用双手同时摇动中滑板和小滑板的手柄，使刀尖所走的轨迹与回转成形面的母线相符。加工中需多次车削和度量。回转成形面的形状一般用样板检验，如图 7-45 所示。由于手动进给不均匀，工件形状基本正确后，可用锉刀和砂布加以修整，以得到所需的精度及表面粗糙度值。双手控制法对操作技术要求较高，多用于单件小批量生产。

样板刀成形法是用成形刀加工的方法，成形刀切削刃形状与工件表面吻合，装刀时刀口要与工件轴线等高。

靠模法加工时，先按标准样件制作靠模，刀具沿靠模对工件进行加工。在卧式车床上，靠模使车刀做纵向进给的同时做横向进给，从而使刀具的运动轨迹与标准样件外圆素线平行，加工出和标准样件外形相同的工件。

图 7-44　双手控制法车回转成形面　　　　图 7-45　用样板检验回转成形面

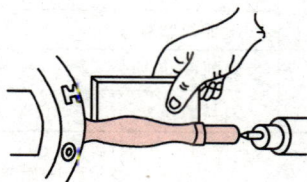

车成形面
实操演示

7.4　车削加工质量与检验

保证零件加工质量是机械加工最重要的任务，涉及机床、刀具、装夹、加工、检测等一系列因素。只有根据实际情况正确整合上述所有因素才能确保最终加工完成的零件符合图样上所提出的各项技术要求。

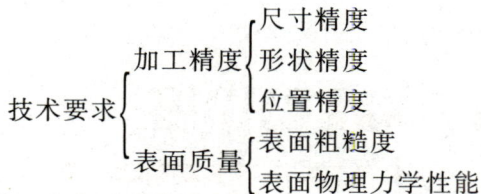

$$
技术要求
\begin{cases}
加工精度
\begin{cases}
尺寸精度 \\
形状精度 \\
位置精度
\end{cases} \\
表面质量
\begin{cases}
表面粗糙度 \\
表面物理力学性能
\end{cases}
\end{cases}
$$

加工精度是指零件加工完成后，经过测量所达到的精确程度，若加工精度在图样上所规定的公差范围内，则为合格零件，否则不合格。图样上所提出的技术要求，是设计人员根据零件的使用性能要求以及零件所采用的加工方法，再依照国家标准而确定的。对于一般的零件，都应有尺寸精度和表面粗糙度值的要求；对于要求较高或较低的零件，就必须提出形状精度和位置精度的要求。

车削加工质量主要是外圆表面、端面等的表面粗糙度值、尺寸精度、形状精度和位置精度。车削加工外圆、端面可能出现的质量缺陷、产生原因及预防措施见表 7-2 和表 7-3。

表7-2 车削外圆质量分析及预防措施

尺寸精度缺陷	产生原因	预防措施及改善方法
尺寸超差	看错进刀刻度	看清并记住刻度盘读数，记住手柄转过的圈数
	盲目进刀	根据余量计算背吃刀量，并通过试切法进行调整
	量具有误差或错误使用；量具未校零；测量读数不准	使用前检查量具和校零，掌握正确的测量和读数方法
圆度超差	主轴轴线漂移	调整车床主轴组件
	毛坯余量或材质不均	多次进给
	质量偏心引起离心惯性力	加平衡块
圆柱度超差	刀具磨损	合理选用刀具，使用切削液
	工件变形	使用顶尖、中心架、跟刀架；减小刀具主偏角充分对工件进行冷却，防止受热膨胀
	尾座偏离	调整尾座
	主轴轴线角度摆动	调整车床主轴组件
表面不光滑，过于粗糙	切削用量选择不当	调整切削速度、进给量和背吃刀量
	刀具几何参数不当	增大前角和后角，减小副偏角
	出现积屑瘤	使用切削液
	切削振动	提高工艺系统刚性
	刀具磨损	更换新刀或重新刃磨刀具

表7-3 车削端面质量分析及预防措施

位置精度缺陷	产生原因	预防措施及改善方法
平面度超差	主轴轴向窜动引起端面不平	调整车床主轴组件，提高车床精度
	主轴轴线角度摆动引起端面内凹或外凸	
垂直度超差	二次装夹引起工件轴线偏斜	提高工人操作技术水平，一次装夹加工或二次装夹时严格找正
阶梯轴同轴度超差	定位基准不统一	用中心孔定位或减少装夹次数

7.5 车工安全文明生产

1. 车工伤害、安全隐患及操作规范（表7-4）

表7-4 车工伤害、安全隐患及操作规范

序号	伤害	安全隐患	操作规范
1	绞伤	头发、衣服绞入卡盘	穿戴劳保用品进行工作，不允许戴手套。女生必须戴帽子并将发辫盘入帽内。操作中不靠近旋转部件
2	砸伤	卡盘上的工件或卡盘扳手飞出，工具柜上的工具掉落	操作前安装工件必须夹紧，操作结束后及时将卡盘扳手从卡盘上取下，工具按照指定位置摆放
3	划伤	刀具或工件上的毛刺划伤皮肤	按照安全操作规范更换刀具，不用手去触碰带有毛刺的工件

（续）

序号	伤害	安全隐患	操作规范
4	撞击	刀具和卡盘发生碰撞事故	不在车床运转过程中更换刀具，小溜板上、下导轨必须对齐。操作中时刻关注刀架位置，车削完成后及时停车
5	烫伤	铁屑飞出	佩戴护目镜进行操作，同时远离铁屑飞出方向，正确站位；及时刃磨车刀
6	触电	私自开启电气控制柜	车床电路元器件故障必须由专业电工进行维修，操作人员不得擅自拆卸检查
7	摔伤	摔倒在地面或车床上	严禁穿高跟鞋进行操作，身体不适者不宜进行操作

2. 车工安全文明生产知识

（1）劳保用品的穿戴 操作前要穿紧身工作服，袖口扣紧，上衣下摆不能敞开，严禁戴手套，不得在起动的机床旁穿、脱、换衣服，或围布于身上，防止机器绞伤。女生必须戴好安全帽，辫子应放入帽内，不得穿裙子、拖鞋、高跟鞋。操作时必须佩戴护目镜，以防铁屑飞溅伤眼。

（2）操作前的准备工作

1）车床开始工作前要预热，并低速空载运行 2~3min，检查车床运转是否正常。

2）认真检查润滑系统工作是否正常（润滑油和切削液是否充足），如车床长时间未起动，先手动向各部分供油润滑。

3）使用的刀具应与机床允许的规格相符，有严重破损的刀具要及时更换。

4）检查卡盘夹紧时的工作状态。

（3）操作过程中的安全规程

1）车床运转时，严禁用手触摸车床的旋转部分，严禁在车床运转中隔着车床传送物件。装卸工件、更换刀具、加油以及打扫切屑，均应在停车时进行。清除铁屑应用刷子或钩子，禁止用手清理。

2）车床运转时，不准测量工件，不准用手去制动转动的卡盘。用砂纸时，应放在锉刀上，严禁戴手套用砂纸操作，磨破的砂纸不允许使用。

3）加工工件必须按机床技术要求选择切削用量，以免发生意外事故。

4）加工切削时，停车时应将车刀退出。切削长轴类工件必须使用回转顶尖，防止工件弯曲变形伤人。伸入主轴箱的棒料长度不应超出箱体主轴之外。

5）高速切削时，应有防护罩，选择合理的转速和刀具，同时工件和刀具的装夹要牢固。

6）机床运转时，操作者不能离开机床，发现机床运转不正常时，应立即停车，检查修理。突然停电时，要立即关闭机床，并将刀具退出工作部位。

7）工作时必须侧身站在操作位置，禁止身体正面对着转动的工件。

8）车床运转过程中出现有异响或轴承温度过高等异常现象，要立即停车并报告指导老师。

9）严禁在操作中做与实习内容无关的事情，如听音乐、看电影、玩手机游戏等。

（4）操作完毕后的注意事项

1）清除切屑、擦拭机床，使机床与环境保持清洁。

2）检查润滑油、切削液的状态，及时添加或更换。

3）依次关掉机床的电源和总电源。

4）打扫卫生，填写设备使用记录。

思 考 题

1. 卧式车床由哪些部分组成？各部分的功能是什么？
2. C6136 车床的最大切削直径是多少？
3. 车削圆锥面的方法有哪些？
4. 普通车床常用的附件有哪些？
5. 光杠和丝杠的作用是什么？二者有何区别？
6. 车刀刀头由哪几个部分组成？
7. 车床操作过程中需注意哪些安全操作事项？
8. 中心架和跟刀架有何区别？分别如何使用？
9. 常用的中心孔有哪几种类型？请用图画出。

第8章

铣 削 加 工

【基本知识】

1. 学习铣削的工艺特点和应用范围。
2. 学习铣削加工四要素和铣削用量的选择原则。
3. 学习常用铣床的特点和结构。
4. 学习铣刀的种类和用途。
5. 学习常用铣床附件的构造原理、用途和使用方法。
6. 学习铣削安全文明生产知识。
7. 学习铣削基本操作方法。

【基本技能】

1. 掌握铣削安全文明生产知识。
2. 掌握铣削加工基本技能。

8.1 铣削加工基础知识

8.1.1 铣削加工概述

铣削是指在铣床上利用旋转的多齿刀对移动的工件进行切削加工的方法。铣削是以铣刀的旋转运动为主运动，以工件的移动为进给运动的一种切削加工方法。

铣削使用旋转的多切削刃刀具，不但可以提高生产率，而且还可以使工件表面获得较小的表面粗糙度值。在正常生产条件下，铣削加工的尺寸公差等级可达 IT9~IT7，表面粗糙度值 Ra 可达 6.3~1.6μm。因此，在制造业中，铣削加工占有相当大的比重。

1. 铣削加工范围

铣削加工范围很广，它不仅可以加工平面、台阶、各类沟槽、凸轮、离合器等，还可以加工成形表面及齿轮等，如图 8-1 所示。

2. 铣削要素

铣削要素包括铣削速度、进给量、铣削深度和铣削宽度，如图 8-2 所示。

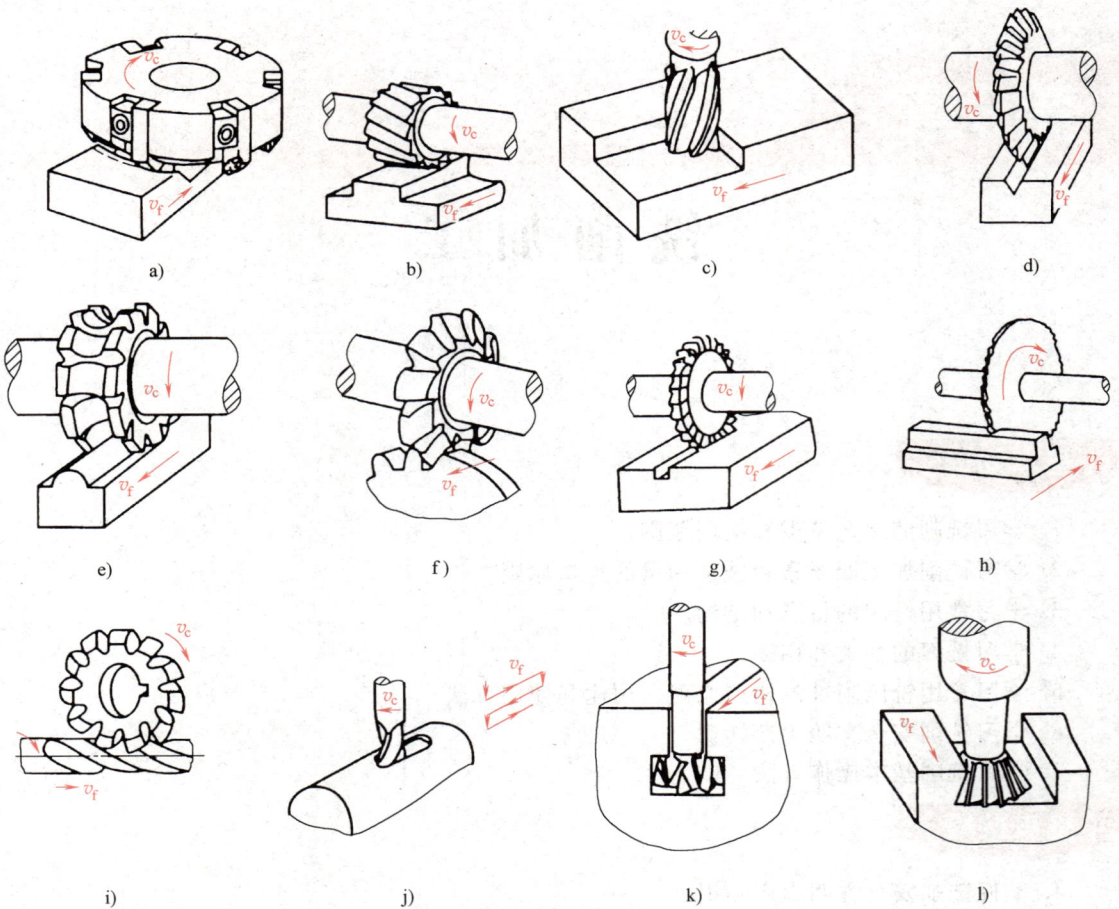

图 8-1 铣削加工的范围

a）面铣刀铣大平面　b）圆柱铣刀铣平面　c）立铣刀铣台阶面　d）角度铣刀铣槽　e）成形铣刀铣凸圆弧
f）齿轮铣刀铣齿轮　g）三面刃铣刀铣直槽　h）锯片铣刀切断　i）成形铣刀铣螺旋槽
j）键槽铣刀铣键槽　k）T形槽铣刀铣 T 形槽　l）燕尾槽铣刀铣燕尾槽

（1）铣削速度 v_c（mm/s）　铣刀最大直径处的线速度。

（2）进给量 f　铣削时，工件在进给运动方向上相对刀具的移动量。由于铣刀为多刃刀具，有三种表示方法：

1）每齿进给量 f_z（mm/齿）。铣刀每转过一个刀齿，工件沿进给方向移动的距离。

2）每转进给量 f（mm/r）。铣刀每转一圈，工件沿进给方向移动的距离。

3）每分钟进给量 v_f（mm/min）。工件每分钟沿进给方向移动的距离。

（3）铣削深度 a_p（背吃刀量）　a_p 是指平行于铣刀轴线方向测量的切削层尺寸，单位为 mm。因周铣和端铣相对于工件的角度不同，故背吃刀量也有所不同。

（4）铣削宽度 a_e（侧吃刀量）　a_e 是指垂直于铣刀轴线方向测量的切削层尺寸，单位为 mm。

（5）铣削用量的选择原则　通常粗加工应优先采用较大的侧吃刀量或背吃刀量，其次是选择较大的进给量，最后选择适宜的铣削速度，这是因为铣削速度对刀具寿命影响最大，进给量次之，侧吃刀量或背吃刀量影响最小；精加工时，为减小工艺系统的弹性变形，必须采用较小的进给量。

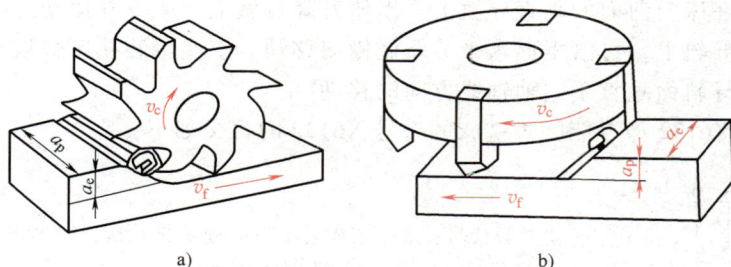

图 8-2 铣削运动及铣削要素

a）在卧式铣床上铣平面　b）在立式铣床上铣平面

8.1.2 铣床

根据结构、用途及运动方式不同，铣床可分为不同的种类。常用的有卧式铣床、立式铣床和龙门铣床等。

1. 卧式铣床

卧式铣床是主轴与工作台面平行布置的一类铣床，又可分为普通卧式铣床和万能卧式铣床。下面以图 8-3 所示的 X6132 型万能卧式升降台铣床为例，介绍其特点、型号及组成。

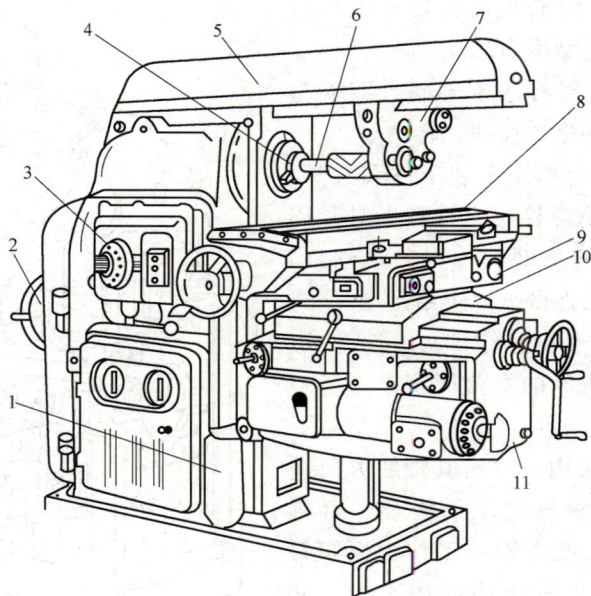

图 8-3 X6132 型万能卧式升降台铣床外观图

1—床身底座　2—主传动电动机　3—主轴变速机构　4—主轴　5—横梁
6—刀杆　7—吊架　8—工作台　9—转台　10—横向溜板　11—升降台

（1）**特点**　工作台可以在水平面内左右扳转45°，以铣削加工斜槽、螺旋槽等表面，扩大了铣床的加工范围。床身固定在底座上，用以安装和支承其他部件。横梁安装在床身顶部，并可沿着燕尾形导轨调整前后位置。横梁上的刀杆吊架用来支承刀杆，以提高刀杆的刚性。升降台安装在床身前面的垂直导轨上，以使升降台做上升或下降运动。床鞍装在升降台顶面的矩形水平导轨上，可沿矩形水平导轨做横向移动。工作台装在床鞍顶面的燕尾形导轨上，可沿燕尾形导轨做垂直于主轴轴线方向的移动。

（2）**型号**　X6132型万能卧式铣床的型号X6132的含义如下：

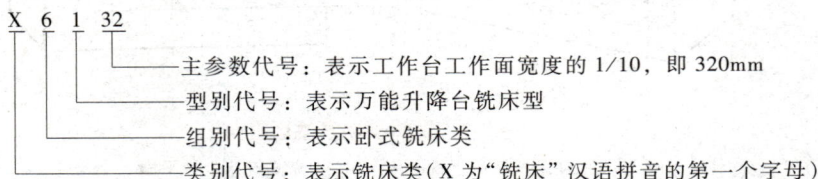

```
X 6 1 32
        └── 主参数代号：表示工作台工作面宽度的1/10，即320mm
      └──── 型别代号：表示万能升降台铣床型
    └────── 组别代号：表示卧式铣床类
  └──────── 类别代号：表示铣床类（X为"铣床"汉语拼音的第一个字母）
```

（3）**组成**　铣床由下列几部分组成：

1）**床身**。床身用来支承和固定铣床各部件，上部有横梁，下部与底座相连。底座还是一个油箱，其内装有切削液。

2）**横梁**。横梁上装有安装吊架，用以支承刀杆的外端，减小刀杆的弯曲和振动。

3）**主轴**。主轴用来安装刀杆并带动它旋转。其一般做成空心轴，前端有锥孔，以便安装刀杆。

4）**升降台**。升降台位于工作台、转台、横向溜板的下方，并带动它们沿床身的垂直导轨做上下移动，以调整台面与铣刀间的距离。升降台内装有进给运动的电动机及传动系统。

5）**横向溜板**。横向溜板用来带动工作台在升降台的水平导轨上做横向移动。

6）**转台**。转台上端有水平导轨，下端与横向溜板连接，可供工作台移动、转动。

7）**工作台**。工作台用来安装工件和夹具。台面上有T形槽，可用螺栓将工件和夹具紧固在工作台上。工作台的下部有一根传动丝杠，通过它使工作台带动工件做纵向进给运动。

2. 立式铣床

立式铣床与卧式铣床的主要区别是**主轴与工作台面是垂直布置的**。

主轴安装在立铣头内，可沿其轴线方向进给或手动调整位置。根据加工的需要，可将立铣头左右偏转45°，使主轴与工作台面倾斜成所需的角度，以扩大机床的适用范围。立式铣床的其他部分，如工作台、床鞍及升降台的结构与卧式升降台铣床相同，如图8-4所示。

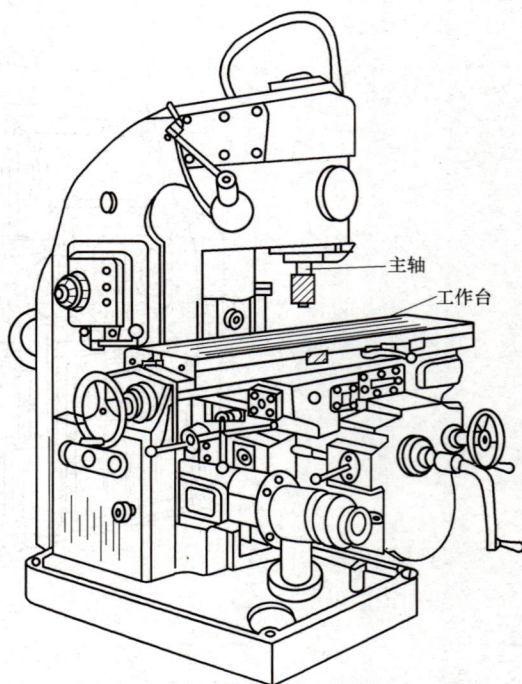

图8-4　立式升降台铣床外观图

3. 龙门铣床

龙门铣床是一种大型、高效、能通用的机床。由于龙门铣床的刚性和抗振性比较好，其也允许采用较大的切削用量，并可用几个铣头同时从不同的方向加工几个表面，机床生产率高，因此在成批和大量生产中得到了广泛的应用。龙门铣床的外形如图 8-5 所示。

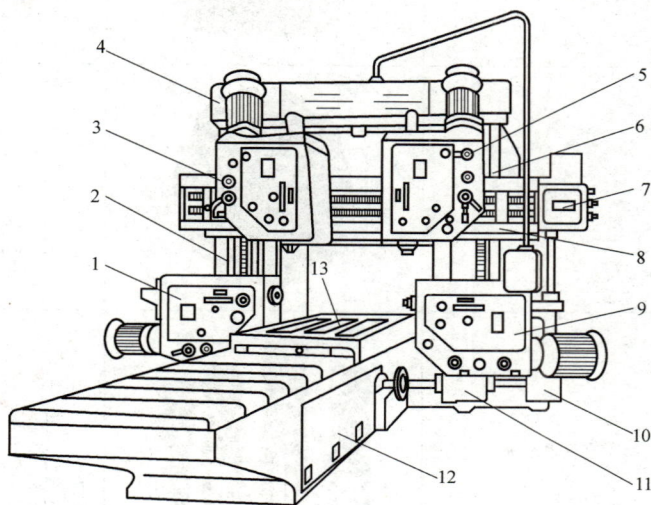

图 8-5　龙门铣床的外形

1—左水平铣头　2—左立柱　3—左垂直铣头　4—连接梁　5—右垂直铣头
6—右立柱　7—垂直铣头进给箱　8—横梁　9—右水平铣头
10—进给箱　11—右水平铣头进给箱　12—床身　13—工作台

8.1.3　铣刀及其安装

1. 铣刀

（1）铣刀切削部分材料的基本要求　在切削过程中，刀具切削部分会因受切削力、切削热和摩擦力的作用而易磨损，所以选用刀具时，不仅要锋利而且耐用，不易磨损变钝。因此刀具材料必须具备以下几个基本要求：

1）高硬度和耐磨性。

2）良好的耐热性。

3）高的强度和良好的韧性。

（2）铣刀的种类和用途　铣刀的种类很多，用途也各不相同。按材料不同，铣刀分为高速工具钢和硬质合金两大类；按刀齿与刀体是否为一体又分为整体式和镶齿式两类；按铣刀的安装方法不同分为带孔铣刀和带柄铣刀。常用铣刀的种类及用途见表 8-1。

2. 铣刀的安装

铣刀的结构不同，安装方法也不一样。带孔的圆柱铣刀安装在刀杆上，刀杆与主轴的连接方法如图 8-6 所示。

133

表 8-1　常用铣刀的种类及用途

用途	种类	铣刀图示	铣削示例
铣削平面用铣刀	圆柱铣刀		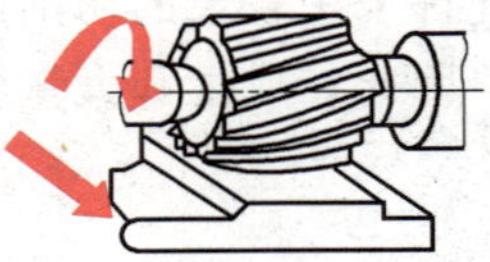
	面铣刀	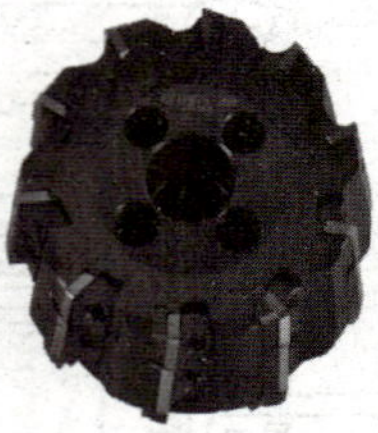	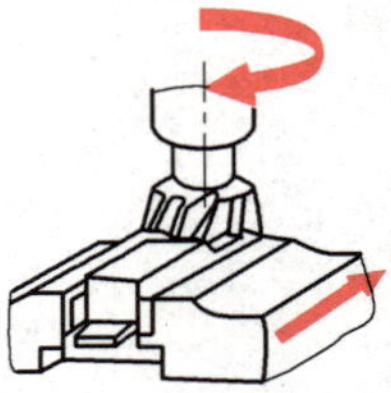
铣削直角沟槽和台阶用铣刀	直柄和锥柄立铣刀		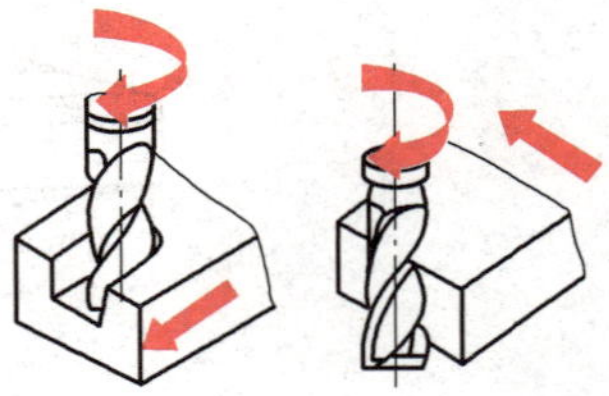
	直齿和错齿三面刃铣刀	 	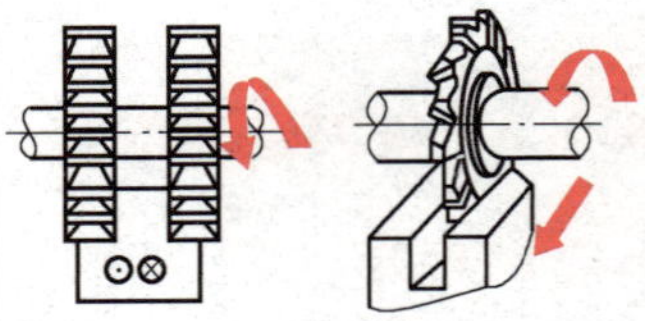
	键槽铣刀		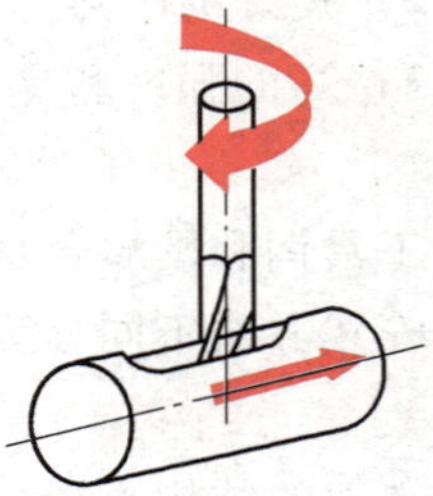

（续）

用途	种类	铣刀图示	铣削示例
切断及铣窄槽用铣刀	锯片铣刀		
铣削特形沟槽用铣刀	T形槽铣刀		
	燕尾槽铣刀		
	角度铣刀		

安装铣刀的步骤如下：

1）在刀杆上先套上几个垫圈1，装上键2，再套上铣刀3，注意旋转方向（图8-7a）。

2）在铣刀外边的刀杆上再套上几个垫圈，拧紧压紧螺母4（图8-7b）。

3）装上支架，拧紧支架紧固螺钉5，在轴承孔内加润滑油（图8-7c）。

4）初步拧紧螺母，开机观察铣刀是否装正，然后用力拧紧螺母（图8-7d）。装刀前应将刀杆、铣刀及垫圈擦拭干净，以保证铣刀的正确安装。

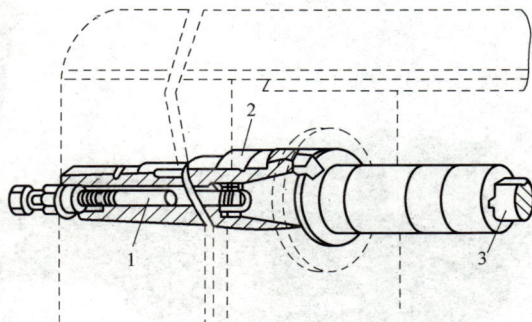

图 8-6　刀杆与主轴的连接方法

1—拉杆　2—主轴　3—刀杆

同是加工平面，可以用面铣也可以用周铣；同是用圆柱铣刀加工平面，又有<mark>顺铣与逆铣</mark>之分。选择铣削方法时，应充分注意它们各自的特点，选取合理的铣削方式，以保证加工质量和提高生产率。

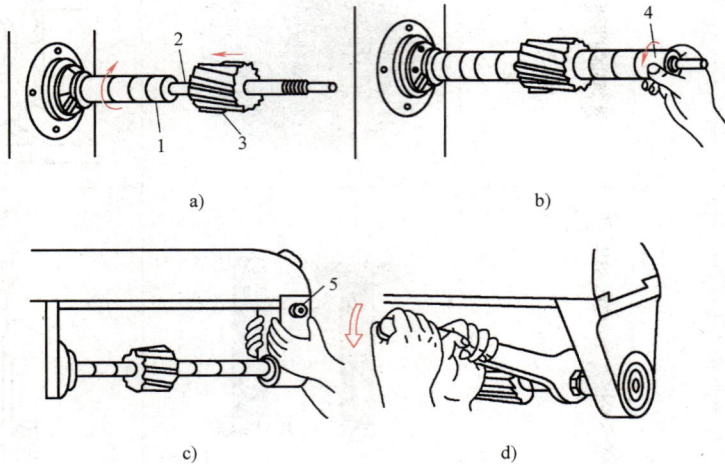

图 8-7　安装铣刀的步骤

a）套上垫圈和铣刀　b）再套上垫圈，拧紧螺母　c）装上支架，加润滑油　d）校正铣刀，拧紧螺母

1—垫圈　2—键　3—铣刀　4—压紧螺母　5—紧固螺钉

8.1.4　铣床附件及工件安装

1. 铣床附件

铣床常用的附件有<mark>平口虎钳、万能立铣头、回转工作台、万能分度头</mark>等。

（1）<mark>平口虎钳</mark>　平口虎钳也称为机用虎钳，是一种通用夹具，主要用于安装尺寸小、形状规则的零件，如图 8-8 所示。

（2）<mark>万能立铣头</mark>　万能立铣头外形如图 8-9 所示，铣头主轴可在空间扳转出任意角度。在卧式铣床上装上万能立铣头后，不仅能完成各种立式铣床的工作，还能在一次装夹中对工件进行各种角度的铣削。

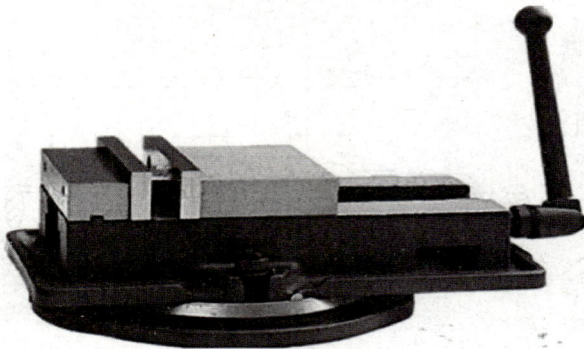

图 8-8　平口虎钳

图 8-9　万能立铣头

万能立铣头的底座用螺栓固定在铣床的垂直导轨上，铣床主轴的运动通过铣头内的两对锥齿轮传到铣头主轴。铣头的壳体可绕铣床主轴轴线偏转任意角度。铣头主轴的壳体还能在铣头壳体上偏转任意角度。因此，铣头主轴就能在空间上偏转成所需的任意角度。

（3）回转工作台　回转工作台又称转台或圆形工作台，是立式铣床的重要附件，如图 8-10 所示。回转工作台内部为蜗杆传动，工作时，摇动手轮可使转台做旋转运动，转台周围有刻度以确定转台的位置，转台中央的孔用来找正和确定工件的回转中心。回转工作台适用于对较大工件进行分度和非整圆弧槽、圆弧面的加工。

图 8-10　回转工作台

（4）万能分度头　铣削加工中，要求工件铣好一个面或槽后，能转过一定角度，继续加工下一个面或槽，这种转角称为分度。万能分度头就是用来进行分度的装置。因此，它是铣床十分重要的附件。

1）万能分度头的作用。万能分度头能对工件作任意圆周等分或通过交换齿轮使工件作直线移距分度；可将工件轴线安装成水平、垂直或倾斜的位置；使工件随纵向工作台的进给做等速旋转，从而铣削螺旋槽、等速凸轮等。

2）万能分度头的结构。万能分度头如图 8-11所示，在它的底座上装有转动体，分度头主轴可随转动体在垂直面内向上 90° 至向下 10° 范围内转动，主轴前端一般装有自定心卡盘或者顶尖来装夹工件。分度时，拔出定位销，摇动分度手柄，通过蜗轮蜗杆带动分度头主轴旋转进行分度。

图 8-11　万能分度头

3）万能分度头的分度原理。主轴上固定有齿数为 40 的蜗轮，它与单头蜗杆相啮合，如图 8-12 所示。当拔出定位销，转动手柄时，通过一对齿数相等的齿轮传动，使蜗杆带动蜗轮及主轴传动。

手柄每转动一圈，主轴转动 1/40 圈。如果工件要分为 z 等份，那每分一等份就要求主轴转过 $1/z$ 圈。因此，每次分度时，手柄应转过的转数 n 与工件等分数 z 之间具有以下关系式：

$$1 : \frac{1}{40} = n : \frac{1}{z} \quad 即\ n = \frac{40}{z}$$

4）分度方法。分度头分度的方法有直接分度法、简单分度法、角度分度法和差动分度法等。这里仅介绍常用的简单分度法。$n = 40/z$ 就是简单分度法计算转数的计算公式。分度时，如果求出的手柄转数不是整数，可利用分度盘上的等分孔距来确定。分度头一般备有两块分度盘，如图 8-13 所示。分度盘的两面各钻有不通的许多圈孔，各圈孔数均不相等，见表 8-2，然而同一孔圈上的孔距相等。

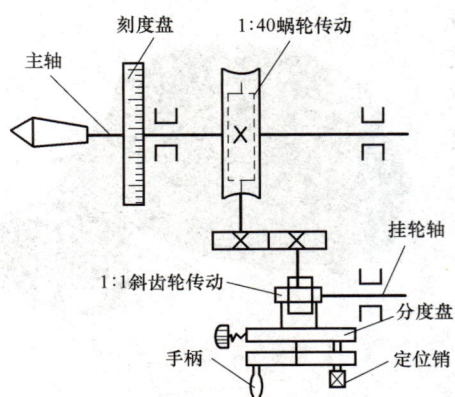

图 8-12 万能分度头的传动系统图

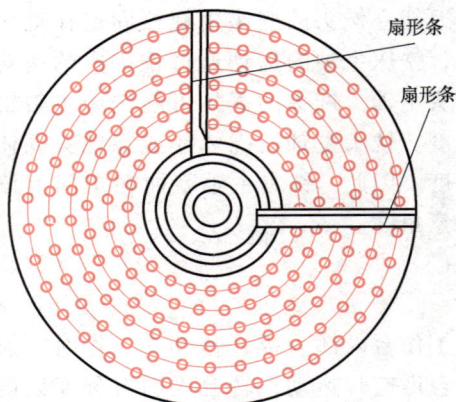

图 8-13 分度盘

表 8-2 分度盘各圈孔数表

第一块	正面	24	25	28	30	34	37
	反面	38	39	41	42	43	
第二块	正面	46	47	49	51	53	54
	反面	57	58	59	62	66	

例如，要铣一齿轮，其齿数 $z = 35$，计算每铣完一齿后，分度手柄应转多少圈，再铣下一个齿。

解：将 $z = 35$ 代入公式

$$n = \frac{40}{z} = \frac{40}{35} = 1\frac{1}{7} \text{（圈）}$$

选用 42 的孔圈，则

$$n = 1\frac{1}{7} = 1\frac{6}{42} \text{（圈）}$$

即每铣完一个齿，手柄需转过 $1\frac{6}{42}$ 圈，其中 1 圈直接转动分度手柄即可，另外的 1/7 圈需通过分度盘来控制。具体操作过程为：先将分度盘固定，再将分度手柄上的定位销调整到孔数为 7 的倍数的孔圈，如孔数为 42 的孔圈，此时分度手柄转过 1 整圈后，再沿孔数为 42 的孔圈转过 6 个孔距。为了保证手柄转过的孔距正确，避免重复数孔，可调整分度盘上的两个扇形条，其角度大小可根据需要的孔距数来调节。即每铣完一个齿后，分度手柄的定位销需在 42 的孔圈上转 1 圈另加 6 个孔距。

2. 工件安装

铣床常用的工件安装方法如下：

（1）用平口虎钳装夹　使用平口虎钳时，先把钳口找正并固定在工作台上，然后再安装工件，如图 8-14 所示。装夹工件时，运用划针找正，并使工件被加工面高出钳口。

（2）用压板螺栓装夹　当工件较大或形状奇异时，可用压板、螺栓、垫铁和挡铁将工件直接固定在工作台上进行铣削，如图 8-15 所示。

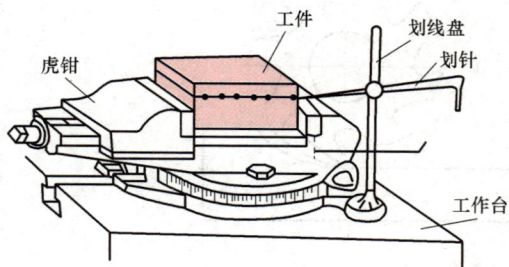

图 8-14 平口虎钳装夹工件

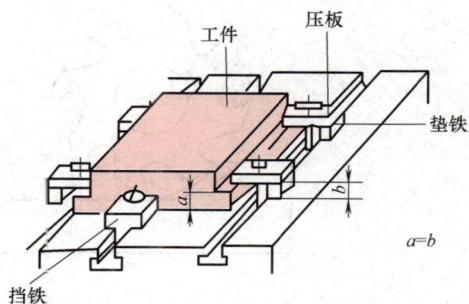

图 8-15 在工作台上直接装夹工件

（3）用分度头装夹 分度头常用于装夹有分度要求的工件。它既可以用分度头卡盘（或顶尖）与尾座顶尖配合使用来装夹轴类零件（图 8-16），也可以仅用分度头卡盘直接装夹工件。

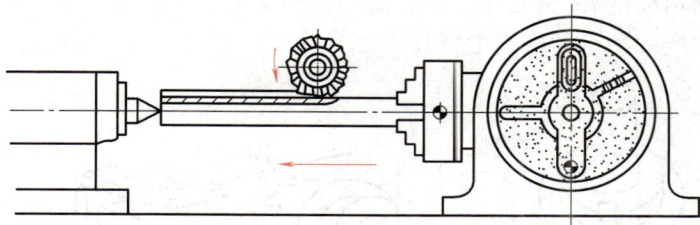

图 8-16 分度头卡盘与尾座顶尖水平安装工件

当零件的生产批量大时，可采用专用夹具或组合夹具来装夹工件。

8.2 铣削加工基本操作

8.2.1 铣平面

1. 铣平面的方法

铣床上铣削平面时选择不同的铣刀，其安装方法与铣削方法均有所不同。通常选择圆柱铣刀、面铣刀或立铣刀在铣床上进行平面铣削加工。

（1）圆柱铣刀铣平面 圆柱铣刀铣平面一般在卧式铣床上进行。利用刀齿分布在圆周表面的铣刀铣削平面的方式称为周铣法。根据铣刀旋转方向与工件进给方向的关系，又将周铣法分为顺铣与逆铣两种方式。顺铣时，铣刀的旋转方向与工件的进给方向相同；逆铣时，铣刀的旋转方向与工件的进给方向相反。

逆铣（图 8-17a）时，铣刀的切削刃开始接触工件后，将在表面滑行一段距离后才真正切入金属，这就使得切削刃容易磨损；同时，铣刀对工件有上挑的切削分力，影响工件的稳固性。

顺铣（图 8-17b）时，铣削的水平分力与工件的进给方向相同，工件的进给会受工作台传动丝杠与螺母之间间隙的影响，且工作台的窜动和进给量不均匀，因此切削力忽大忽小，严重时会损坏刀具与机床。因此，用圆柱铣刀铣平面时，一般选用逆铣法加工。

（2）面铣刀铣平面 面铣刀铣削平面一般在立式铣床或卧式铣床上进行，如图 8-18 所示。利用铣刀端面上的刀齿铣削平面的方法又称为端铣法。

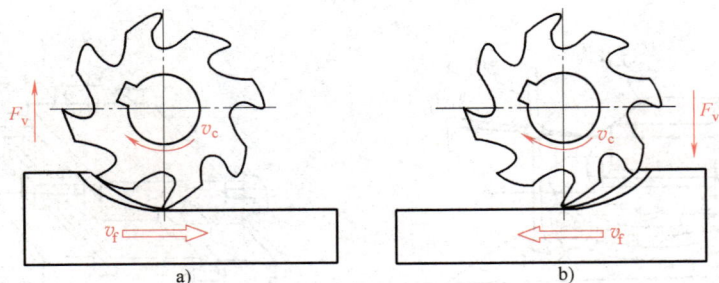

图 8-17　逆铣法与顺铣法

a）逆铣法　b）顺铣法

　　面铣刀大多镶有硬质合金刀头，其刀杆又比较短，刚性好，铣削过程更为平稳，所以加工时可以采用较大的铣削用量进行切削，加工效率高。另外，端铣时面铣刀的切削刃又起修光作用，因此表面粗糙度 Ra 值较小。端铣法既提高了生产率，又提高了表面质量，因此端铣已成为大批量生产中加工平面的主要方式之一。

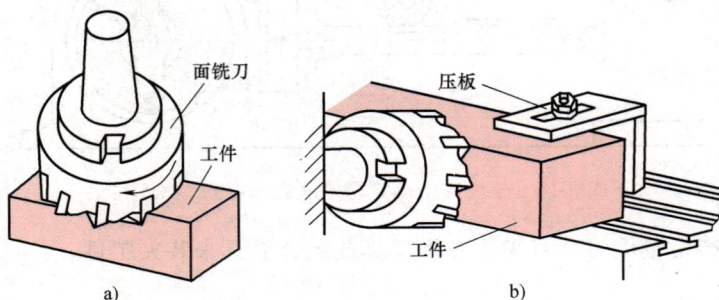

图 8-18　面铣刀铣平面

a）用面铣刀在立式铣床铣平面　b）用面铣刀在卧式铣床铣平面

　　（3）立铣刀铣平面　立式铣床上还可以采用立铣刀加工平面。与面铣刀相比，立铣刀的回转直径相对面铣刀的回转直径小，因此，加工效率较低。加工较大的平面时，有接刀纹，表面粗糙度值 Ra 较大。但其加工范围广，可进行各种内腔表面的加工。

2. 铣削平面实例

　　如图 8-19 所示的矩形零件，材料为 45 钢，表面粗糙度值 Ra 为 $3.2\mu m$，各面铣削余量为 5mm。

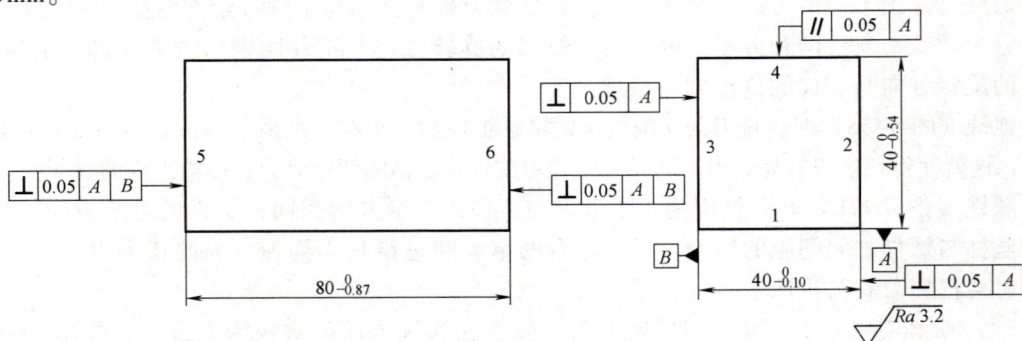

图 8-19　矩形零件图

（1）**正确选择基准面及加工步骤**　面 1 为主要设计基准 A，遵循基准重合的原则，现选面 1 为定位基准面。

六面体零件的加工顺序如图 8-20 所示。为了保证各项技术要求，加工中应注意以下几点：

1）先加工基准面 1，然后用面 1 作定位基准面。

2）加工面 2、面 3 时，既要保证其与面 1 的垂直度，又要保证面 2、面 3 之间的尺寸精度。

3）加工面 5、面 6 两个端面时，为了保证其与 1、4 两个基准面均垂直，除了使面 1 与固定钳口贴合外，还要用直角尺校正面 3 与工作台台面的垂直度。

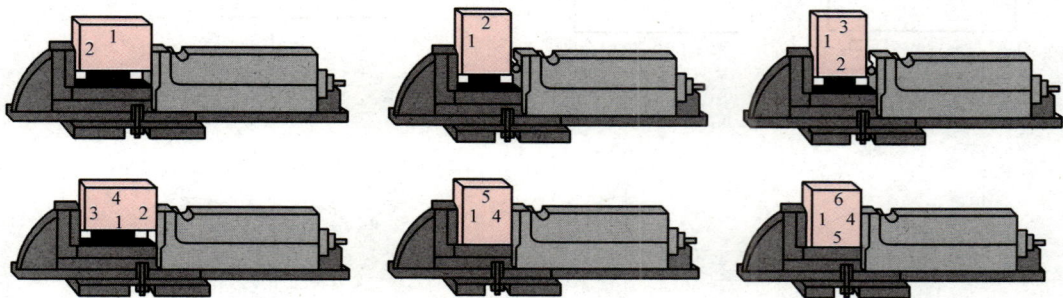

图 8-20　六面体零件的加工顺序

（2）**选择铣刀和铣削用量**

1）选择铣刀。根据工件尺寸和材料，可选用直径为 80mm 的面铣刀，铣刀切削部分材料采用 YG8 硬质合金。

2）选择铣削用量。材料按中等硬度考虑，选取铣削深度 $a_p = 5mm$；每齿进给量 $f_z = 0.15mm/齿$；铣削速度 $v_c = 80m/min$。经计算取 $n = 300r/min$，$v_f = 190mm/min$。

（3）**检测**

1）尺寸检测。用卡尺测量长、宽、高的尺寸，达到 $80_{-0.87}^{0}mm$、$40_{-0.10}^{0}mm$、$40_{-0.54}^{0}mm$ 的要求。

2）垂直度检测。两个相邻平面间的垂直度为 ⊥ | 0.05 | A | B |，一般用直角尺测量，测量时，尺座紧贴基准 1 和 4，观其相邻面与直角尺面的缝隙，缝隙若小于 0.05mm 为合格，反之不合格。

3）平行度检测。用百分表在平板上测量，若误差小于 0.05mm 为合格，反之不合格。

4）表面粗糙度检测。表面粗糙度一般都用标准样块来比较。如果加工出的平面与 $Ra3.2\mu m$ 的样块接近，说明此平面的表面粗糙度已符合图样要求。

（4）**铣平面的机床操作步骤**　铣平面的操作步骤如图 8-21 所示，具体步骤如下：

1）**移动工作台对刀**。刀具接近工件时开机床，铣刀旋转，缓慢移动工作台，使工件和铣刀接触，将垂直进给刻度盘的零线对准，如图 8-21a 所示。

2）**纵向退出工作台，使工件离开铣刀**。如图 8-21b 所示。

3）**调整铣削深度**。利用刻度盘的标志，将工作台升高到规定的铣削深度位置，然后，将升降台和横向溜板紧固，如图 8-21c 所示。

铣平面实
操演示

4）切入。先手动使工作台纵向进给，当切入工件后，改为自动进给，如图 8-21d 所示。

5）下降工作台，退回。铣完一遍后停机，下降工作台，如图 8-21e 所示，并纵向使工作台退回，如图 8-21f 所示。

6）检查工件尺寸和表面粗糙度值，依次继续铣削至符合要求。

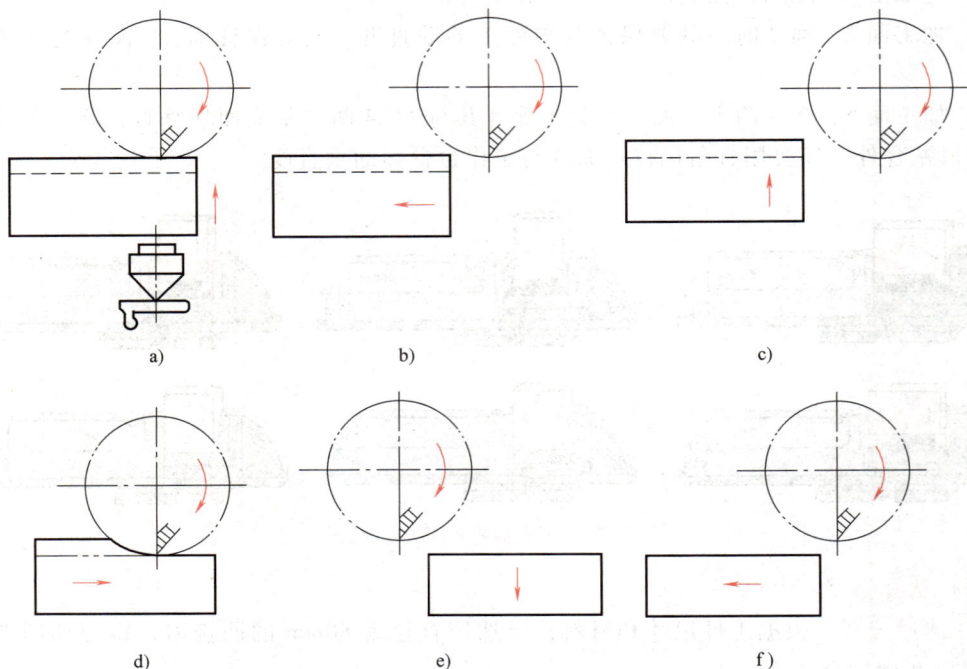

图 8-21 铣平面的操作步骤

8.2.2 铣斜面

铣斜面常用的方法有三种：偏转工件铣斜面、偏转铣刀铣斜面和用角度铣刀铣斜面。

1. 偏转工件铣斜面

（1）划线校正工件角度（图 8-22a） 铣斜面时，先按图样要求划出斜面的轮廓线。对于尺寸不大的工件，可用平口钳装夹。工件装夹后，用划线盘把所划的线校正得与工作台平行，然后夹紧，进行铣削，就可得到所需要的斜面。这种方法因为需要划线与校正，步骤复杂，只适合单件或小批量生产。

（2）垫铁调整工件角度（图 8-22b） 在零件基准的下面垫一块倾斜的垫铁，则铣出的平面就与基准面成倾斜位置。通过改变倾斜垫铁的角度，可加工不同角度的斜面。用倾斜垫铁装夹工件比较方便，因此在小批量生产中常采用这种加工方法。

（3）万能分度头调整工件角度（图 8-22c） 在一些圆柱形和特殊形状的零件上加工斜面时，可利用万能分度头将工件调整到所需位置再铣出斜面。

2. 偏转铣刀铣斜面

在铣头可回转的立式铣床上加工斜面时，可以调整立铣头的角度，使铣刀角度倾斜到与

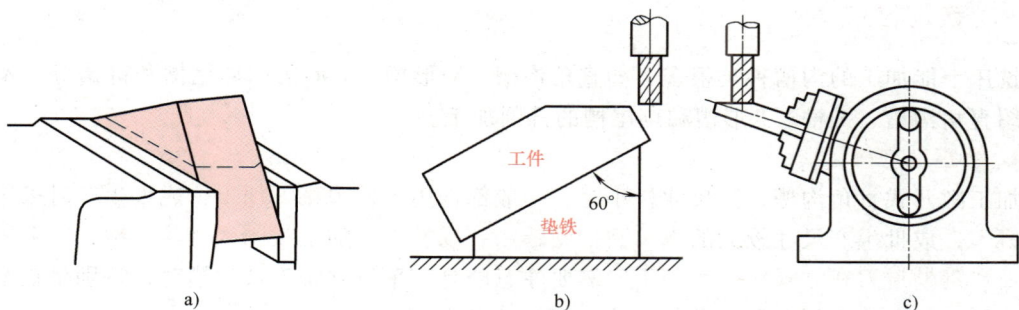

图 8-22　偏转工件铣斜面

工件斜面角度相同后再铣斜面，如图 8-23 所示。用此方法铣削时，由于工件必须横向进给才能铣出斜面，因此受工作台行程等因素限制，不宜铣较大的斜面。

3. 用角度铣刀铣斜面

较小的斜面可以直接用角度铣刀铣出，如图 8-24 所示，其铣出的斜面的倾斜角度由铣刀的角度保证。

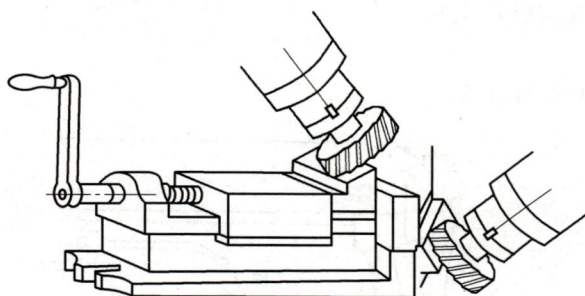

图 8-23　偏转铣刀铣斜面

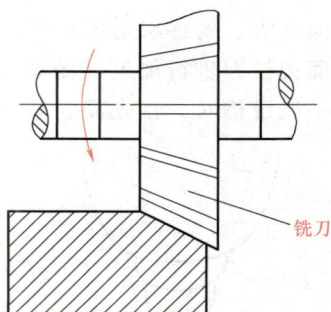

图 8-24　用角度铣刀铣斜面

8.2.3　铣台阶面

在铣床上铣台阶面时，可以用三面刃铣刀铣削（图 8-25a）或用立铣刀铣削（图 8-25b）。成批生产时，也可以用组合铣刀同时铣几个台阶面（图 8-25c）。

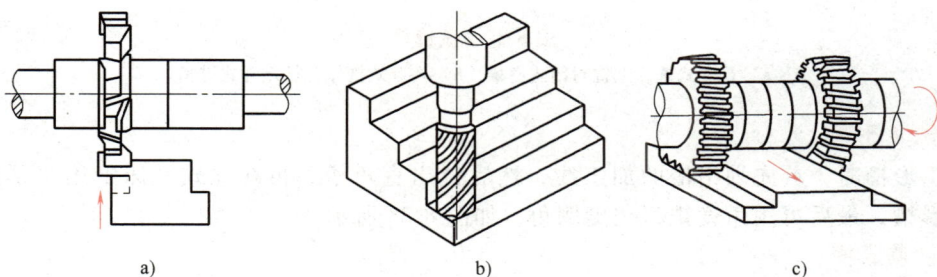

图 8-25　铣台阶面

a）三面刃铣刀铣台阶面　b）立铣刀铣台阶面　c）组合铣刀铣台阶面

8.2.4 铣沟槽

铣床上能加工的沟槽种类很多，如直角沟槽、V形槽、T形槽、燕尾槽和键槽等。本书只介绍直角沟槽、键槽、T形槽和燕尾槽的铣削加工。

1. 铣直角沟槽

加工敞开式直角沟槽，当尺寸较小时，一般都选用三面刃铣刀加工，成批生产时采用盘形槽铣刀，成批生产尺寸较大的直角沟槽则选用合成铣刀；加工封闭式直角沟槽，一般采用立铣刀或键槽铣刀在立式铣床上加工，需要注意的是，采用立铣刀铣沟槽时，特别是铣窄而深的沟槽时，由于排屑不畅，散热面小，所以在铣削时采用较小的铣削用量。同时，由于立铣刀中央无切削刃，不能向下进刀，因此必须在工件上钻一落刀孔以便其进刀，如图8-26所示。

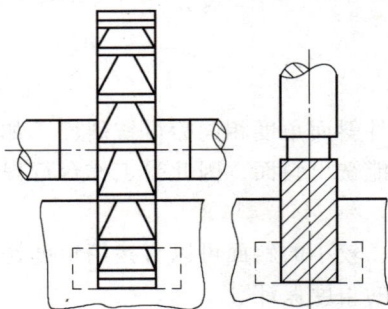

图8-26 铣直角沟槽

2. 铣键槽

常见的键槽有封闭式和敞开式两种。加工单件封闭式键槽时，一般在立式铣床上进行，工件可用平口虎钳装夹（图8-27a），加工时应注意键槽铣刀一次轴向进给不能太大，要逐层切削；敞开式键槽多在卧式铣床上用三面刃铣刀进行加工（图8-27b）。

铣键槽时，首先需要对刀，以保证键槽的对称度。

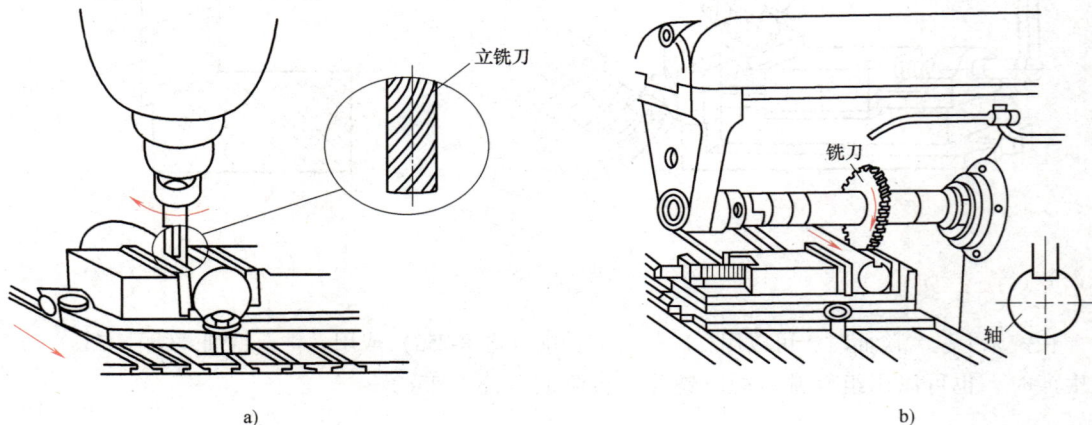

立铣刀

铣刀

轴

a)   b)

图8-27 铣键槽

a）在立式铣床上铣封闭式键槽 b）在卧式铣床上铣敞开式键槽

3. 铣T形槽

铣T形槽时，首先划出槽的加工线，然后铣出直角槽，再在立式铣床上用T形槽铣刀铣出T形槽，最后再用角度铣刀铣出倒角，如图8-28所示。

4. 铣燕尾槽

铣燕尾槽的加工过程与铣削T形槽相似。先铣出直角槽，再使用燕尾槽铣刀铣出左、右两侧燕尾，如图8-29所示。

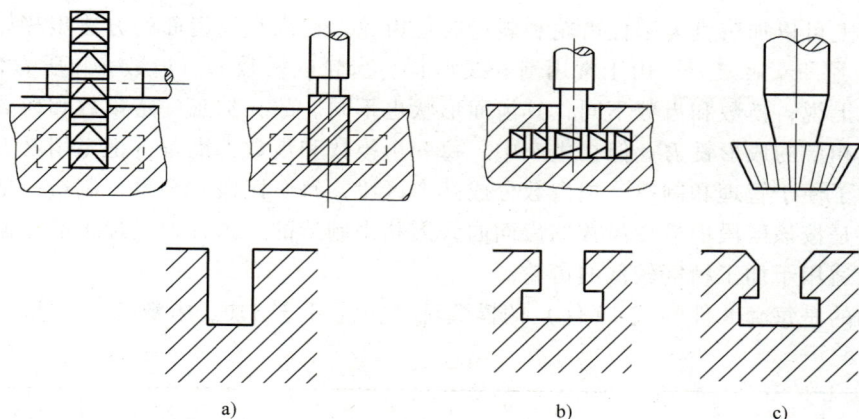

图 8-28　铣 T 形槽

a）铣直角槽　b）铣 T 形槽　c）倒角

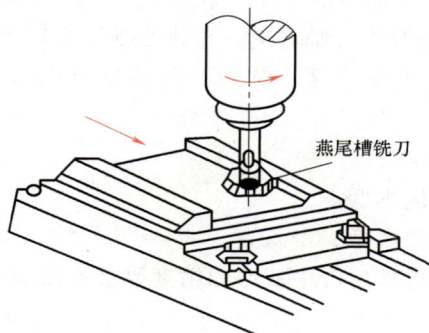

燕尾槽铣刀

图 8-29　铣燕尾槽

8.3　齿轮齿面加工

齿轮加工可分为轮坯加工和齿面加工，齿轮轮坯属盘类零件，多由车削完成，按加工原理分为成形法和展成法两种。

1. 成形法

成形法主要指铣齿，铣齿是用与被切齿轮轮齿槽形状相近的铣刀加工齿轮或齿条等的齿面加工过程。在卧式铣床上用模数圆盘铣刀或在立式铣床上用模数指形齿轮铣刀加工齿轮齿面，均为成形法加工，如图 8-30 所示。

成形法铣齿轮实操演示

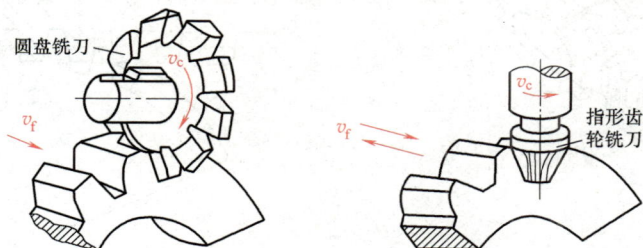

圆盘铣刀　v_c　v_f　指形齿轮铣刀　v_c　v_f

图 8-30　模数圆盘铣刀和模数指形齿轮铣刀加工齿轮齿面

在铣床上可以加工直齿圆柱齿轮和斜齿圆柱齿轮。铣削直齿齿面的方法步骤如下：

（1）选择和安装铣刀　由于常用渐开线形状与齿轮的模数 m、齿数 z 和压力角 α 有关，因此从理论上说，模数和齿数不同，其齿面形状也不同。故在加工一定模数和齿数的齿面时都需要一把相应的成形铣刀。但在生产中，每一个模数和齿数都准备一把专用铣刀是非常不经济的，为了便于管理和制造，把齿数分成几个区段，每一区段一个号，制造一把铣刀，每个号的铣刀是按该区段中最少齿数的齿面曲线形状来制造的。这种刀具加工的齿面形状误差较大，故仅适用于加工精度较低的齿轮。

最常用的是每套8件（或15件）的模数铣刀，铣刀号与加工齿数范围见表8-3。

表8-3　铣刀号与加工齿数范围

铣刀号	1	2	3	4	5	6	7	8
加工齿数范围	12～13	14～16	17～20	21～25	26～34	35～54	55～134	135 以上至齿条

安装铣刀时先使铣刀中心平面对准分度头顶尖中心，然后固定横向滑板。

（2）安装工件　先将工件装于心轴之上，再将心轴装在铣床分度头与尾座顶尖之间。

（3）逐齿分度　利用分度头分度、铣齿。每铣完一齿，分一次度，直至铣完全部轮齿。

成形法铣齿的特点是：

1）无需专用设备，刀具成本低。

2）每铣一齿分度一次，效率低，误差大。

3）铣齿仅适用于修配或单件生产中低速和精度要求不高的齿轮。

2. 展成法

利用齿轮刀具与被切齿轮的啮合运动而切出齿轮齿面的加工方法称为展成法。滚齿和插齿都属于此法。

（1）滚齿　用齿轮滚刀按展成法加工齿轮、蜗轮等齿面称为滚齿，如图8-31所示。滚刀的形状与蜗杆相似，但要在垂直于螺旋线的方向开出若干个槽，形成刀齿磨出切削刃，这一排排的刀齿如齿条的齿形，因此滚齿可被看作是强制齿轮坯与齿条保持啮合运动的关系，如图8-32所示。

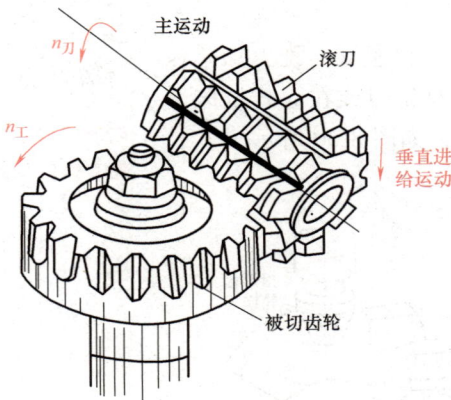

图 8-31　滚齿法

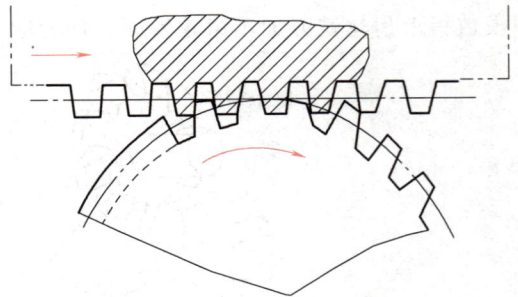

图 8-32　滚刀的法向剖面内为齿条齿形

滚齿时，滚刀的安装应偏转一个角度，使刀齿的旋转平面与齿轮的齿槽方向一致。滚齿机（图 8-33）加工齿面有主运动、分齿运动和垂直进给运动三种运动。

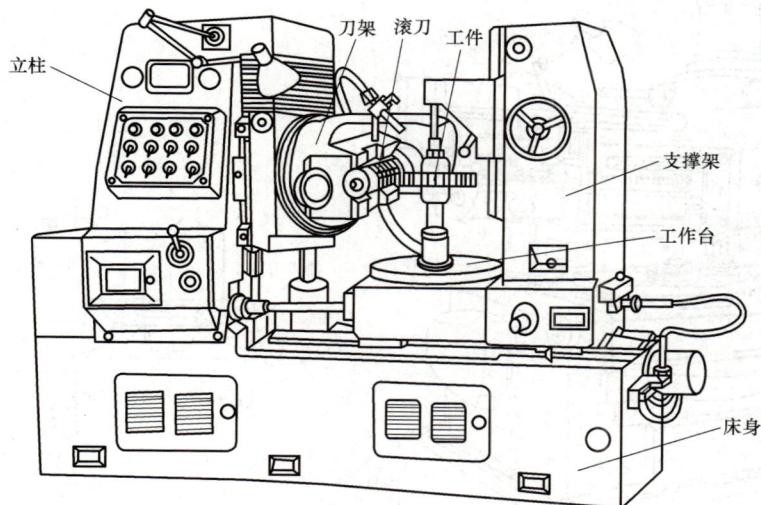

图 8-33　滚齿机

1）主运动。主运动为滚刀的旋转。

2）分齿运动。分齿运动为滚刀与被切齿轮之间强制保持着齿条齿轮的啮合关系的运动。

3）垂直进给运动。垂直进给运动是滚刀沿轮坯轴线进给，以逐渐切出整个齿宽。

滚齿除用于加工直齿圆柱齿轮，还可以加工斜齿轮、蜗轮和链轮。

滚齿加工的齿面公差等级可达 IT8~IT7，表面粗糙度值 Ra 可达 3.2~1.6μm。

（2）插齿　插齿指在插齿机（图 8-34）上用插齿刀按展成法或成形法加工内、外齿轮或齿条的齿面。

插齿刀的形状类似于圆柱齿轮，只是将轮齿都磨制成有前角、后角的切削刃。这特制的"齿轮"就是插齿刀，插齿刀与相啮合的齿轮坯之间保持一定相对转动关系的同时，插齿刀还做上下往复运动。插齿机插齿加工的运动形式如图 8-35 所示。

1）主运动。主运动为插齿刀的上下往复直线运动。

2）分齿运动。分齿运动为插齿刀和齿轮坯之间强制保持着一对齿轮的啮合关系的运动。

3）圆周进给运动。圆周进给运动为插齿刀每往复一次在自身分度圆上转过一定弧长的运动。

4）径向进给运动。径向进给运动为插齿刀向工件径向进给以切出全齿深的运动。

5）让刀运动。让刀运动是为了防止插齿刀在返回行程时和已切齿面的摩擦，工作台带着工件所做的退让和复位的径向往复移动。

插齿加工精度、表面粗糙度值与滚齿相近。插齿加工中小模数的齿轮，特别是加工宽度小的齿轮时，效率高，而且插齿加工还可以加工滚齿无法加工的内齿轮及双联齿轮或多联齿轮。相对于铣齿加工，滚齿、插齿的加工精度和生产率都比铣齿高，属中等精度的齿面加工，应用广泛。

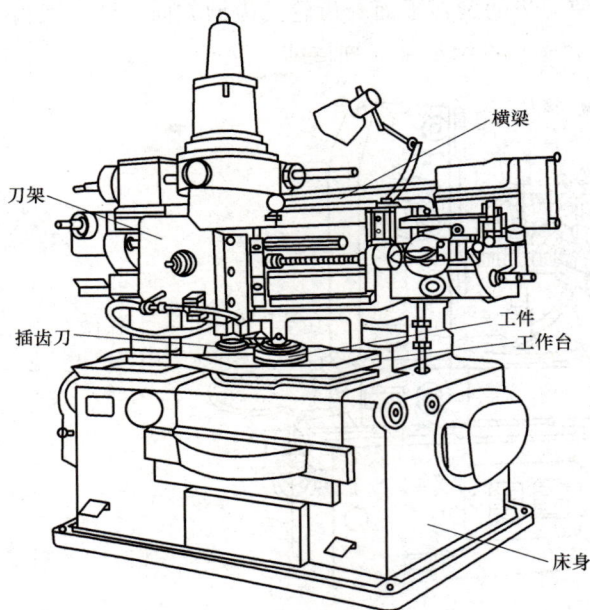

图 8-34 插齿机

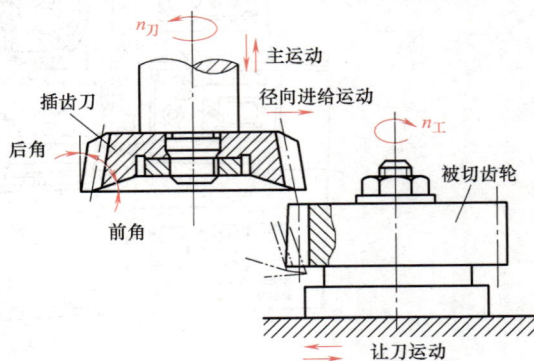

图 8-35 插齿时的运动

对于高精度齿轮，滚齿或插齿后，还可以进行精整加工以进一步提高齿轮的精度，常用的精加工方法有剃齿、珩齿、磨齿和研齿等。

8.4 铣削加工质量与检验

1. 平面铣削

（1）平面铣削的质量分析（表 8-4）

表 8-4 平面铣削的质量分析

项　　目	原　　因
影响表面粗糙度的因素	进给量太大，铣削余量太多，这样会使振动加剧，产生明显的波纹 铣刀不锋利 有表面"深啃"现象 铣削时有振动 铣刀参数选择不当 切削液使用不当 铣刀跳动偏大
影响平面度的因素	用圆柱铣刀铣削时，平面不平的主要原因是铣刀的圆柱度差 用面铣刀铣削时，平面不平的主要原因是机床主轴轴线与进给方向不垂直 工件在受夹紧力和铣削力后产生变形 工件存在内应力，在表层切除后产生变形 工件在铣削过程中，由铣削热而产生变形 铣床工作台进给运动的直线性差 铣床主轴轴承的轴向和径向间隙大 当铣刀的宽度不够而多次加工同一平面时，由于接刀而产生的刀痕

（2）影响平面的垂直度或平行度的因素　影响平面垂直度或平行度的因素很多，主要有以下几点：

1）工件基准面与工作台面没有擦干净或贴合不紧。

2）夹具和垫铁等的垂直度或平行度不高而产生误差。

3）立铣头与工作台面不垂直而产生误差。

4）铣刀和刀杆有问题。

5）机床的精度不够。

2. 斜面铣削

（1）斜面的检测方法　斜面除了检验表面粗糙度和平面度，还需检验其与基准面的夹角是否准确。这个角度可用游标万能角度尺来测量。测量时，先将游标万能角度尺的底边与工件的基准面贴紧，然后把游标万能角度尺的直尺与工件的斜面紧贴，则其读数即为斜面的倾斜度。

对于精度要求高的斜面和斜度小的斜面，一般用正弦规来检验。

（2）影响斜面质量和精度问题的因素　铣削斜面时经常产生的问题及其原因，与铣削平面时质量分析所论述的相同；此外，还与倾斜角度正确与否有关。产生这个问题的原因主要有以下几点：

1）工件划线及找正误差大。

2）立铣头扳转角度误差大。

3）万能台虎钳及转台等夹具的扳转角度误差大。

4）铣刀问题，如立铣刀的圆周刃有锥度、角度铣刀刃磨误差等。

5）工件在铣削过程中产生微量位移。

8.5　铣工安全文明生产

1. 铣工伤害、安全隐患及操作规范（表8-5）

表8-5　铣工伤害、安全隐患及操作规范

序号	铣工伤害	安全隐患	操作规范
1	触电	机床陈旧，电气线路损坏，私自开启电控柜	开机前，先用手背轻触机床，检查是否漏电。电气故障必须由专职电工维修，操作人员不得私自开启电控柜
2	绞伤	头发、衣物绞入旋转的铣刀或其他旋转的部件	正确穿戴劳保用品，不接近正在旋转的部件，停机改变主轴转速，停机测量、装卸工件
3	烫伤	加工时铁屑飞出	选择合理的切削用量；选择正确的站位
4	划伤	触碰工件毛刺、铁屑	正确清理毛刺，使用专用工具清理铁屑
5	砸伤	工具柜上放置的工件或工具等物品掉落，工件未装夹紧固	物品用完摆放至正确的位置；工件装夹牢固

2. 铣工安全操作规程

1）实习时应穿好工作服，袖口要扎紧或戴袖套。戴工作帽，留长发者将头发全部塞入帽内，防止衣角或头发被铣床转动部分卷入而发生安全事故。

2）严禁戴手套操作铣床，以免发生事故。

3）铣床机构比较复杂，操作前必须检查铣床状态是否正常，并熟悉铣床性能及其调整方法。

4）操作时，头不能过分靠近铣削部位，防止切屑烫伤眼睛或皮肤。高速铣削时要戴好防护镜，防止高速铣削飞出的铁屑损伤眼睛。若有切屑飞入眼睛，千万不要用手揉擦，应及时就医。

5）装拆铣刀时要用专用衬垫垫好，不要用手直接接触铣刀。

6）使用扳手时，用力方向尽量避开铣刀，以免扳手打滑时造成不必要的损伤。

7）铣削过程中，不准变速或做其他调整工作。

8）铣削过程中，不准离开机床做其他事情，不得度量尺寸。

9）铣削过程中，不能用手触摸工件和清理切屑，以免铣刀损伤手指，铣削完毕，要用毛刷清除铁屑，不要用手抓或用嘴吹。

10）发现异常现象应立即停机，报告指导老师。

11）工作完毕后，一定要清除铁屑和油污，擦干净机床，并在各运动部位适当加油，以防生锈。

思 考 题

1. 简述铣削的特点和应用。
2. 在铣床上能加工外圆吗？如果可以，请画出工艺简图。
3. 简述卧式铣床的主要组成部件和功能。
4. 顺铣和逆铣的区别是什么？
5. 试述分度头的工作原理。若加工一个六面体，应如何分度。
6. 常见的齿面加工方法有哪些？请列表比较各自的特点。

第9章

刨 削 加 工

【基本知识】

1. 学习刨削加工的特点和应用范围。
2. 学习刨床的分类、结构等基本知识。
3. 学习刨刀的基本知识。
4. 学习刨削加工安全文明生产知识。
5. 学习平面刨削加工方法及加工工艺。

【基本技能】

1. 掌握刨削加工安全文明生产知识。
2. 掌握刨削平面等基本操作技能。

9.1 刨削加工基础知识

9.1.1 刨削加工概述

在刨床上使用单切削刃刀具相对工件做直线往复运动进行切削加工的方法，称为刨削。刨削是金属切削加工中常用的方法之一。在机床床身导轨、机床镶条等长而窄零件表面的加工中，刨削占据着重要地位。

1. 刨削加工的优点

1）通用性好，生产准备容易。

2）刨床结构简单、操作方便，有时一人可同时操作几台刨床。

3）刨刀与车刀基本相同，制造和刃磨简单。

4）刨削加工可获得较好的直线度和平面度。

5）生产成本较低，尤其对窄而长的工件，大型工件的毛坯或半成品可采用多刀、多件加工，有较高的经济效益。

2. 刨削加工的缺点

1）生产率低。刨刀在切入和切出时会产生冲击和振动，且需要缓冲惯性；另外，刨削为单刀单刃断续切削，回程不切削且前后有空行程。因此速度低，生产率也低。

2）加工质量不高。刨削加工工件的尺寸公差等级一般为IT10~IT8，表面粗糙度值 Ra 一般为 6.3~1.6 μm，直线度一般为 0.04~0.12mm/m。一般用于毛坯、半成品、质量要求不高及形状较简单零件的加工。

9.1.2 刨床

刨床由滑枕带动刨刀做水平直线往复运动，刀架可在垂直面内回转一个角度，并可手动进给，工作台带动工件做间歇性横向或垂直进给运动。刨床主要用于单件小批量生产时刨削中小型工件上的平面、成形面和沟槽。

刨床的种类很多，按其结构特征，可分为插床、龙门刨床和牛头刨床。按传动方式不同，又可分为机械传动刨床和液压传动刨床两类。

1. 插床

插床又称为立式刨床，主要加工工件内表面。其结构与牛头刨床几乎一样，不同点主要是插床的插刀在垂直方向上做直线往复运动（切削运动），工作台除了能做纵、横方向的间歇进刀运动外，还可以在圆周方向上做间歇的回转进刀运动。插床的实物图和结构图如图9-1所示。

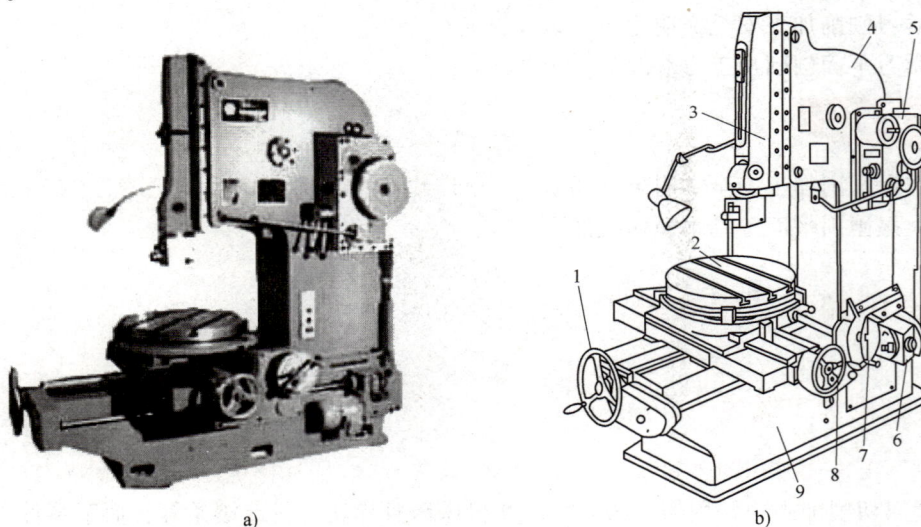

图 9-1 插床的实物图和结构图

a）实物图 b）结构图

1—工作台纵向移动手轮 2—工作台 3—滑枕 4—床身 5—变速箱
6—进给箱 7—分度盘 8—工作台横向移动手柄 9—底座

2. 龙门刨床

龙门刨床主要加工较大型的箱体、支架、床身等零件。其刨削过程是工件（放在刨台上）与刨刀之间做相对运动的过程。龙门刨床的工作台带动工件通过门式框架做直线往复运动，空行程速度大于工作行程速度。横梁上一般装有两个垂直刀架，刀架滑座可在垂直面内回转一个角度，并可沿横梁做横向进给运动；刨刀可在刀架上做垂直或斜向进给运动；横梁可在两立柱上做上下调整。龙门刨床的实物图和结构图如图9-2所示。

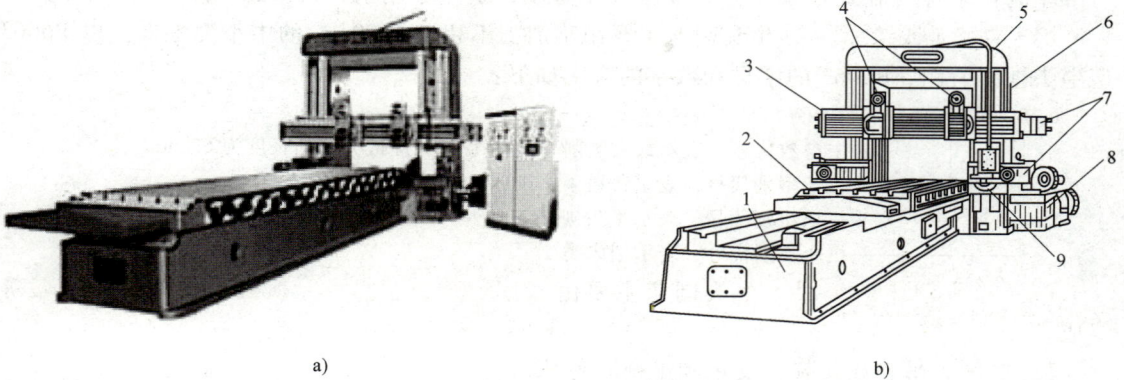

a)   b)

图 9-2 龙门刨床的实物图和结构图

a）实物图 b）结构图

1—床身 2—工作台 3—横梁 4—立刀架 5—顶梁 6—立柱 7—进给箱 8—液压系统 9—侧刀架

3. 牛头刨床

牛头刨床是一种由滑枕带动刨刀做直线往复运动的刨床，因滑枕前端的刀架形似牛头而得名。滑枕的返回行程速度大于工作行程速度。牛头刨床用于加工长度不超过 1000mm 的中小型工件。中小型牛头刨床的主运动，大多采用曲柄摆杆机构，故滑枕的移动速度不均匀；大型牛头刨床多采用液压传动，滑枕基本上是匀速运动。

由于采用单刃刨刀加工，且在滑枕回程时不切削，牛头刨床的生产率较低。机床的主参数是最大刨削长度。牛头刨床的实物图和结构图如图 9-3 所示。

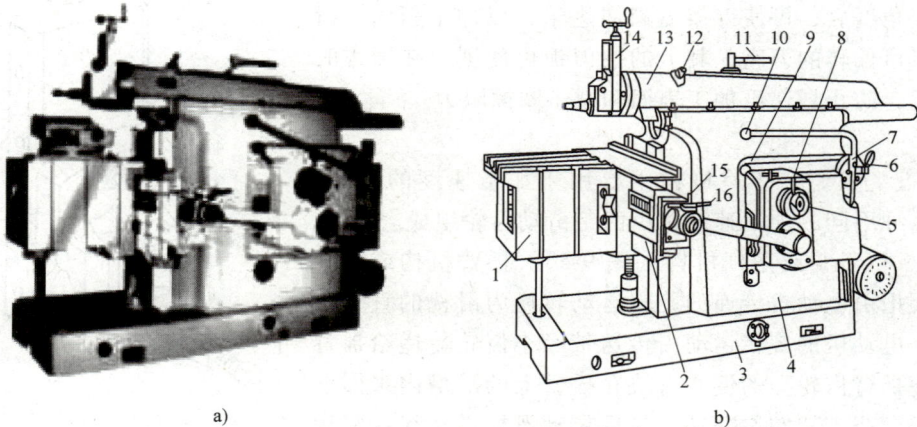

a)   b)

图 9-3 牛头刨床实物图和结构图

a）实物图 b）结构图

1—工作台 2—横梁 3—底座 4—床身 5—调节行程长度手柄 6、7—变速手柄 8—进给量调节手柄
9—工作台快速移动手柄 10—操纵手柄 11—紧定手柄 12—调节滑枕位置手柄 13—滑枕
14—刀架 15—工作台横向或垂直进给转换手柄 16—进给运动换向手柄

牛头刨床主要有普通牛头刨床、仿形牛头刨床和移动式牛头刨床等。仿形牛头刨床是在普通牛头刨床上增加一仿形机构，用于加工成形表面，如透平叶片。移动式牛头刨床的滑枕

与滑座能在床身（卧式）或立柱（立式）上移动，适用于刨削特大型工件的局部平面。

（1）**牛头刨床的型号**　牛头刨床主要用于加工不超过 1000mm 的中小型零件。以 B6063 型牛头刨床为例，B6063 的字母和数字的含义如下：

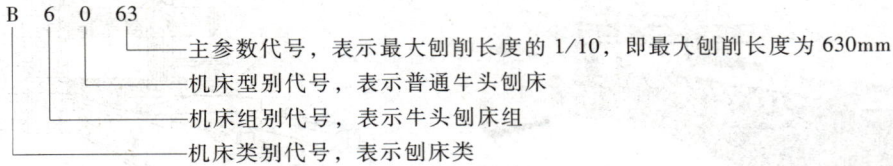

```
B  6  0  63
            └──── 主参数代号，表示最大刨削长度的 1/10，即最大刨削长度为 630mm
         └─────── 机床型别代号，表示普通牛头刨床
      └────────── 机床组别代号，表示牛头刨床组
   └───────────── 机床类别代号，表示刨床类
```

（2）**牛头刨床的组成**　牛头刨床主要由底座、床身、滑枕、横梁、工作台和刀架等组成。

1）底座。吊装和安装（支承和平衡）刨床。

2）床身。床身安装在底座上，主要用来支承和连接各零部件。其顶面的水平导轨供滑枕做水平直线往复运动，侧面导轨供带动工作台横梁做升降运动。另外，床身内部还装有控制滑枕速度和行程长度的变速机构和摆杆机构。

3）滑枕。滑枕主要用来带动刀架（或刨刀）沿水平方向做直线往复运动，其运动快慢、行程长度、起始位置均可调整。

4）横梁。横梁主要用来带动工作台做上下和左右进给运动，其内部有丝杠螺母副。

5）工作台。工作台主要用来直接安装工件或装夹工件的夹具，台面上有 T 形槽供安装螺栓压板和夹具用。

6）刀架（图 9-4）。刀架主要用来夹持刀具，转动刀架进给手柄，刀架可上下移动，以调整刨削深度或加工垂直面时做进给运动。松开刻度转盘上的螺母，将刻度转盘扳转一定角度后，可使刀架做斜向进给，以加工斜面。滑板上装有可偏转的刀座，其上的抬刀板可使刨刀在回程时充分抬起，防止划伤已加工表面和减小摩擦阻力。

（3）**牛头刨床的主要机构与调整**

1）变速机构。变速机构主要用于加工速度的变换，可获得六种不同的加工速度，由两组滑动齿轮组成。

2）摇臂机构或摆杆机构（图 9-5）。摇臂机构或摆杆机构主要把由电动机传递的旋转运动转换为滑枕的直线往复运动。电动机的旋转运动由传送带经小齿轮传递给摇臂齿轮，使摇臂齿轮上的偏心滑块在摇臂上的滑槽内来回滑动，使摇臂绕支架左右摆动，最后带动滑枕做直线往复运动。滑枕向前和向后运动时，滑块的转角分别为 α 和 β，且 $\alpha > \beta$。因此，滑枕向前的工作运动速度慢，向后回程运动速度快，两端速度为零，中间速度最快。

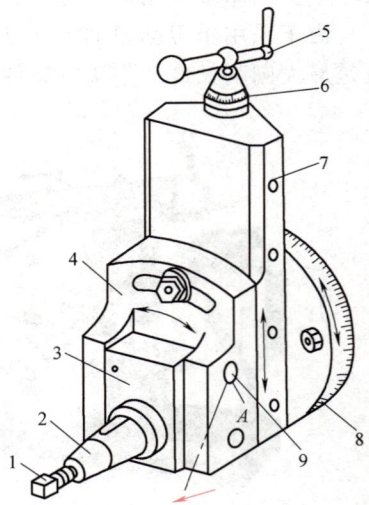

图 9-4　刀架

1—紧固螺钉　2—刀夹　3—抬刀板
4—刀座　5—手柄　6—刻度环
7—滑板　8—刻度转盘　9—轴

① 滑枕行程长度的调整。滑枕行程长度一般比工件加工长度长 30~40mm。调整时，先松开行程长度调整方榫端部的螺母，使用曲柄转动轴，通过锥齿轮，带动小丝杠转动，带动偏心滑块在摇臂齿轮端面的位置改变，从而使摆杆的摆动幅度随之改变，达到改变滑枕行程长度的目的。顺时针转动则行程增长；反之，则行程缩短。

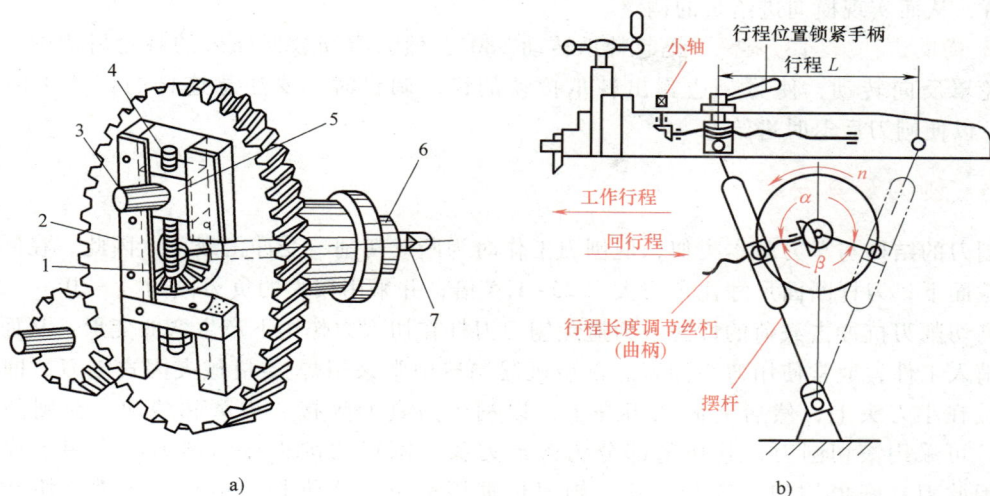

行程位置锁紧手柄

行程 L

小轴

工作行程

回行程

n

α

β

行程长度调节丝杠
（曲柄）

摆杆

a)
b)

图 9-5　摆杆机构

a）结构图　b）工作原理图

1—锥齿轮　2—大齿轮　3—曲柄轴　4—调节丝杠　5—调节滑块　6—锁紧螺母　7—调节轴

② 滑枕行程起始位置的调整。松开滑枕锁紧手柄，转动行程位置调整方榫，通过一对锥齿轮使丝杠旋转，使滑枕移动到所需位置。顺时针转动，则滑枕起始位置向后移动；反之，则向前移动。

③ 滑枕行程速度的调整。根据变速铭牌所示位置，扳动变速手柄到所需位置。

3）棘轮机构（图9-6）。棘轮主要是实现工作台的横向间歇进给。当大齿轮带动一对齿数相等的齿轮转动时，通过连杆2使棘爪4摆动，并拨动固定在进给丝杠上的棘轮3转动。棘爪4每摆动一次，便拨动棘轮3和工作台进给丝杠9转动一定的角度，从而使工作台实现一次横向进给。由于棘爪4背面是斜面，当它反向摆动时，爪内弹簧被压缩，棘爪4从棘轮3顶上滑过，不带动棘轮3转动，实现间歇进给。

① 横向进给量的调整。调整棘轮罩缺口的位置，改变棘爪拨动棘轮的齿数 K（一般为

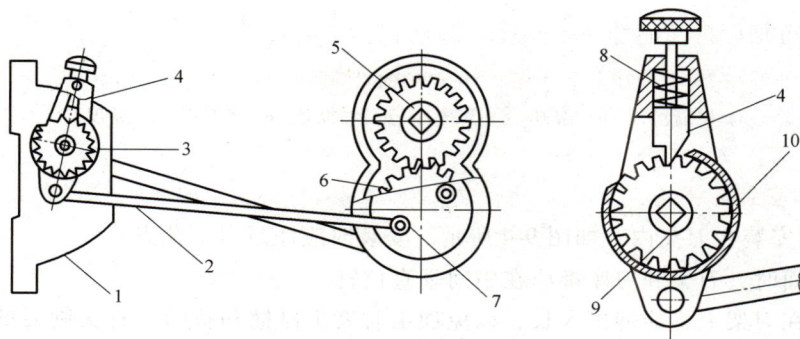

图 9-6　棘轮机构

1—横梁　2—连杆　3—棘轮　4—棘爪　5—齿轮Ⅰ　6—齿轮Ⅱ　7—曲柄销
8—弹簧　9—工作台进给丝杠　10—棘轮罩

1～10），从而实现横向进给量的调整。

②　横向进给方向的调整。提起棘爪转动180°，然后重新放回原来的棘轮齿槽中，同时将棘轮罩反向转动，使另一边露出棘爪拨动的齿。调整时，要注意连杆的位置也应调转180°，以便刨刀后退时进给。

9.1.3　刨刀及其安装

刨刀的结构与车刀基本类似，但刨刀工作时为断续切削，受冲击载荷。因此，在同样的切削截面下，刀杆断面尺寸比车刀大1.25～1.5倍，并采用较大的负刃倾角（-20°～-10°），以提高切削刃抗冲击载荷的性能。为避免刨刀刀杆在切削力作用下产生弯曲变形，从而使切削刃啃入工件，通常使用弯头刨刀。重型机器制造中常采用焊接-机械夹固式刨刀，即将刀片焊接在小刀头上，然后夹固在刀杆上，以利于刀具的焊接、刃磨和装卸。在刨削大平面时，可采用滚切刨刀，其切削部分为碗形刀头。圆形切削刃在切削力的作用下连续旋转，因此刀具磨损均匀，寿命很长。刨刀根据用途可分为纵切、横切、切槽、切断和成形刨刀等。

1. 刨刀的常用种类

刨刀的常用种类如图9-7所示。

（1）平面刨刀　平面刨刀用来刨削水平面。

（2）偏刀　偏刀用来加工垂直面、台阶面和斜面。

（3）切槽刀　切槽刀用来加工直角槽和切断。

（4）样板刀　样板刀用来加工成形面。

（5）弯切刀　弯切刀用来加工T形槽等。

（6）角度刀　角度刀用来加工成一定角度的表面，如燕尾槽等。

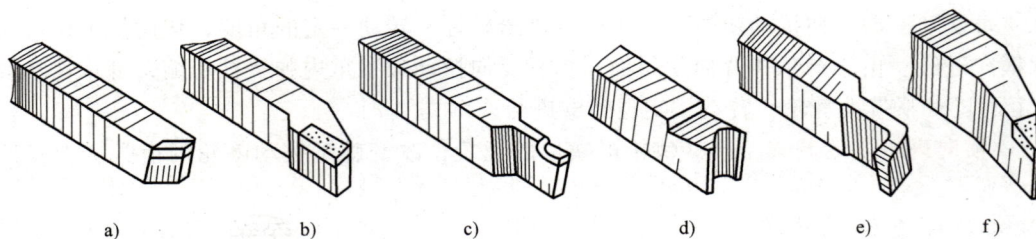

图9-7　刨刀的常用种类

a）平面刨刀　b）偏刀　c）切槽刀　d）样板刀　e）弯切刀　f）角度刀

2. 刨刀的安装与调整

刨刀一般安装在刀夹内，如图9-4所示。安装时应注意以下几点：

1）刨平面时，刀架和刀座都应在中间垂直位置。

2）刨刀在刀架上不能伸出太长，以免加工时发生碰撞和折断。直头刨刀的伸出长度不宜超过刀杆厚度的1.5～2倍；弯头刨刀可以伸出稍大一些，一般稍大于弯曲部分的长度。

3）装刀或卸刀时，一手扶住刨刀，另一只手由上而下或倾斜向下地用力扳转螺钉，将刀具压紧或松开。用力方向不得由下而上，以免抬刀板撬起而夹伤手指。

9.1.4　工件安装

刨床上工件的装夹方法有很多，主要有以下几种：

1. 平口虎钳装夹

在牛头刨床上，常采用平口虎钳装夹工件，如图9-8所示。平口虎钳既是机床的附件，又是一种通用夹具，一般用于装夹形状简单、规则的小型零件。使用时先将其固定在工作台上，再采用划线、直接找正等方法装夹工件。

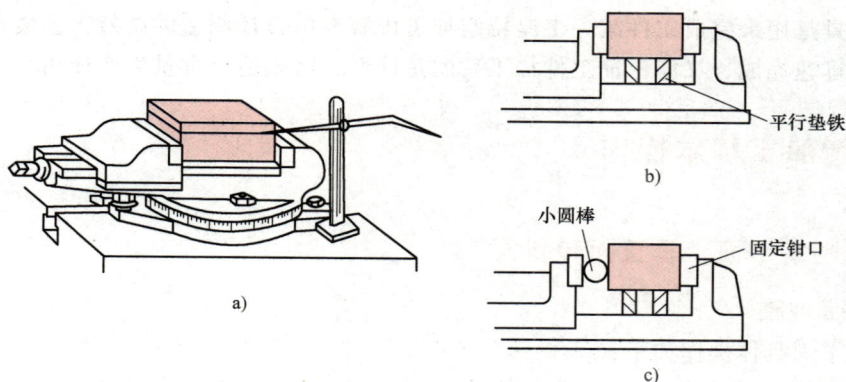

图 9-8　平口虎钳装夹工件
a）找正　b）底面定位　c）固定钳口定位

装夹工件时应注意以下几点：

1）工件的待加工面必须高于钳口。

2）为使工件贴实，可用铜锤或木槌敲击工件。

3）为保护工件和钳口，可在钳口处垫上铜皮等较软的垫片。

4）对于刚性较差的工件，可在薄弱方向使用支承或用垫铁垫实。

2. 压板、螺栓装夹

对于大型工件和形状不规则的工件，如果采用平口虎钳难以装夹，则可以根据工件的特点和外形尺寸，采用压板装夹工件如图9-9所示。

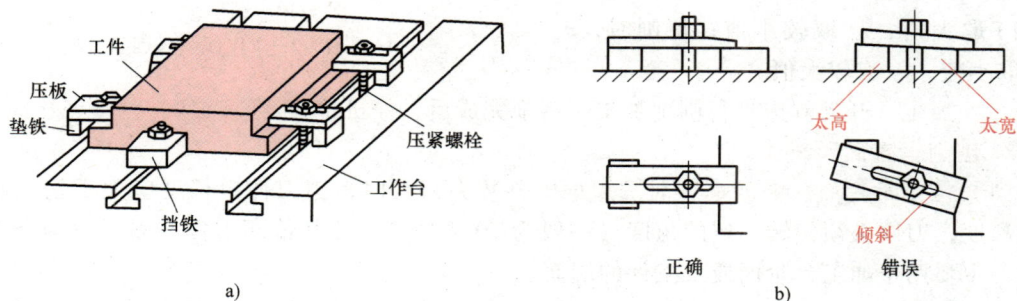

图 9-9　采用压板装夹工件
a）用压板装夹工件　b）压板使用

装夹时应注意以下几点：

1）合理布置压板，尽量使其靠近切削面；同时压紧力的大小要适当，以防止工件变形。

2）对薄壁等易变形工件，应在其悬空位置上增加辅助支承（如千斤顶等）或垫铁，以防止振动或变形。

3）工件装夹完毕，应进行校对，以防变形或移位。

4）压板必须安置在工件不易变形处（如垫铁处），以防工件因夹紧而变形。

3. 专用夹具装夹

专用夹具是用来完成工件某一工序特定加工内容专门设计制造的高效工艺装备，它既能使装夹过程迅速完成，又能保证工件加工后的正确性，特别适合批量生产使用。

9.2 刨削加工基本操作

9.2.1 刨削水平面、垂直面和斜面

1. 刨削水平面

刨削水平面具体操作如下：

（1）刀具的选择与装夹　根据工件的材料、加工表面的精度及表面粗糙度选择刨刀。粗刨时，选用普通直头或弯头平面刨刀；精刨时，选用较窄的圆头精刨刀（圆弧半径为 3～5mm），刀具选好后正确装夹。

（2）工件的装夹　工件采用平口虎钳装夹。

（3）机床的调整　调整刨刀的行程长度、起始位置、行程速度、工作台的高度，如图 9-10 所示。

（4）进给量的选择及调整　粗刨时，a_p 和 f 取大值，v_c 取较小值；精刨时，a_p 和 f 取小值，v_c 取较大值。

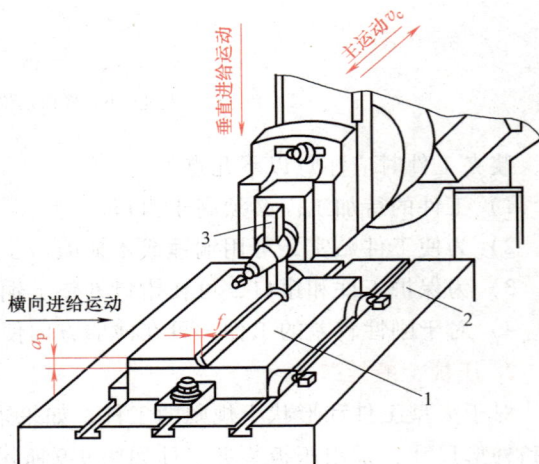

图 9-10　刨削加工
1—工件　2—工作台　3—刨刀

（5）加工　开动刨床进行刨削加工，刨削完成后，停机检验。

2. 刨削垂直面和斜面

（1）刨削垂直面　刨削垂直面选用偏刀，装夹刀具时，刨刀伸出长度应大于整个刨削面的高度，刀座必须偏转一定的角度（一般为 10°～15°），使其偏离工件。刨刀沿垂直方向进给，主要用于加工台阶面或长工件的端面。

（2）刨斜面　刨斜面与刨削垂直面大致相似。采用倾斜刀架法刨削时，将刀架偏转一定的角度（应等于工件的斜面与铅垂面之间的夹角），同时刀座也偏转，其角度和方向与刨削垂直面相同。刨削的斜面可分为内斜面和外斜面，如图 9-11 所示。

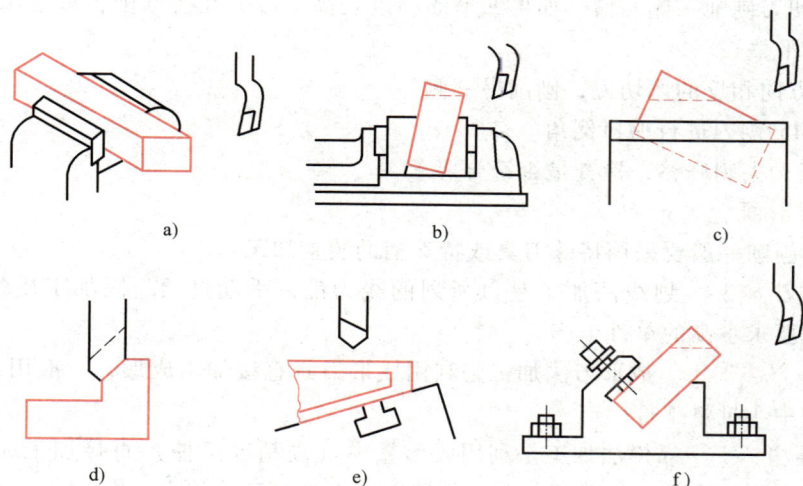

图 9-11　斜面刨削方法示例

a）钳身转角度垂直进给　b）斜装工件水平进给　c）划线找正水平进给
d）宽刀法刨斜面　e）工作台转角度水平过给　f）用专用夹具

9.2.2　刨削沟槽和成形面

1. 刨削沟槽

槽类零件刨削见表 9-1。

表 9-1　槽类零件刨削

槽的类型	刨削示例	槽的类型	刨削示例
T 形槽刨削		燕尾槽刨削	
V 形槽刨削			

以刨削 T 形槽为例，刨削的具体操作如下：

（1）预刨　先刨出各相关联的平面（如定位面、顶面等），并达到图样要求的精度和尺寸。

（2）划线　在工件的顶面和工作端面划出正确的加工线。

（3）工件的装夹　装夹时要正确地在 T 形槽中心线方向上进行找正或校对，然后夹紧。

（4）刨削

1）先用切槽刀刨出直角槽，槽宽等于 T 形槽槽口的宽度，槽深等于 T 形槽的深度。

2）用弯切刀刨削一侧凹槽。如果凹槽的高度较高，可分几次刨削，最后用垂直刀精刨垂直面，使其平整。

3）换上方向相反的弯切刀，刨削另一侧。

4）换上45°刨刀进行槽口倒角。

（5）**检查** 去刺修整，检查是否符合要求。

2. 刨削成形面

成形面的刨削一般要采用特殊刀具或特殊辅助装置加工。

（1）**划线法加工** 划线法加工是以所划的线为准，手动进给。因加工质量不易保证，一般用于质量要求不高的单件生产。

（2）**成形刀法加工** 成形刀法加工是利用成形刀具直接加工成形，一般用于形状简单、横截面较小的中小批量工件生产。

（3）**靠模法加工** 靠模法加工是利用成形靠模（高精度工件）直接加工成形。因加工质量易保证，且生产率高，一般用于形状较复杂、大批量工件的生产中。

9.3 刨削加工质量与检验

在刨削加工过程中，用到的量具有游标卡尺、游标深度卡尺以及直角尺。根据所用量具测量的数据，可将刨削时出现的废品及原因分为几类，见表9-2。

表9-2 刨削加工质量与检验

出现废品现象	形 成 原 因	预 防 方 法
毛坯面未全部刨出	毛坯加工余量不够或毛坯外形不正以及毛坯表面有凹陷、砂孔、夹砂等缺陷	刨削前，必须检查毛坯是否有足够的加工余量，并检查毛坯外形是否基本完好
	工件在刨第一面时，装夹不合理或装夹不牢固，在切削时工件"走动"，造成余量多刨而相对余量不够	工件装夹在平口虎钳上粗刨第一面时，应使毛坯粗基准与垫铁贴紧并注意工件夹持稳固
	两相对面的加工余量分配不合理，第一面刨得太多	应保持两相对面的加工余量基本相等，在无其他尺寸限制的情况下，一般加工第一面时，以少刨为宜
尺寸精度不合格	看错图样、工艺要求，或在调整背吃刀量时，刀架刻度盘使用不当	刨削前必须仔细看清图样、工艺要求，在摇刀架刻度盘修正背吃刀量时，应注意消除丝杠间隙并看清刻度
	刨削时盲目进刀，没有进行试刨削	根据加工余量仔细对刀及选定背吃刀量，并进行试刨削，然后再修正背吃刀量
	量具有误差或测量方法不正确	量具使用前必须仔细检查，正确掌握测量方法
两相对面平行度超差	装夹不正确，工件与垫铁之间有切屑和异物存在	装夹工件前，应修去工件锐边毛刺，并清除切屑。装夹时要使用合理的装夹方法，并检查垫铁松紧
	平口虎钳钳身导轨面与工作台面不平行	检查平口虎钳本身精度，检查钳身底面与工作台面之间是否存在切屑和异物

（续）

出现废品现象	形 成 原 因	预 防 方 法
两相对面平行度超差	工作台面与滑枕主运动方向不平行	应预先检查并调整工作台与滑枕运动方向平行
	刀具不锋利,刨刀未夹紧或刀架紧固螺钉未旋紧,使刨刀受切削力的作用而产生"让刀"或"扎刀"现象,致使加工平面倾斜和不平整	保持刨刀锋利,夹紧刨刀刀杆,切削前应将紧固螺钉旋紧
关联面垂直度误差超差	固定钳口与工件间有切屑与异物存在	装夹前应仔细清除平口虎钳与工件上的切屑与异物,并修去工件锐边的毛刺
	固定钳口与钳身导轨面不垂直	应预先测量平口虎钳固定虎钳口与钳身导轨的垂直度误差,根据测量数值修正固定钳口的垂直度误差。一般情况下,也可用垫纸法修正垂直度误差
	活动钳口与固定钳口不平行或工件有误差,直接夹紧后产生垂直度误差	应使用撑板或圆柱夹紧工件,调整好撑板或圆柱的高低位置,并检查垫铁是否与工件贴紧

9.4　刨工安全文明生产

1. 刨工伤害、安全隐患及操作规范（表9-3）

表9-3　刨工伤害、安全隐患及操作规范

序号	伤害	安全隐患	操作规范
1	撞伤	运动中的刨床头部	加工时不要站在刨床前方,应站在刨床两侧;注意不能多人操作机床;测量工件时须按机床停止按钮
2	砸伤	工具柜上放置的工件等物品掉落	物品正确摆放,工件应该装夹牢固
3	烫伤	加工时铁屑飞出	远离机床、正确站位
4	划伤	工件毛刺、刨刀刃易划伤	正确清理毛刺,用专用工具清理铁屑
5	触电	电气线路损坏,私自开启电控柜	电气故障必须由专职电工进行维修,操作人员不得拆接电气线路、元件,不得开启电控柜

2. 刨工安全操作规程

（1）起动前的准备

1）工件必须夹牢在夹具或工作台上，装夹工件的压板不得长出工作台，在机床最大行程内不准站人。刀具不得伸出过长，应装夹牢靠。

2）校正工件时，严禁用金属物猛敲或用刀架推顶工件。

3）调整行程使刀具不接触工件，用手柄进行全程试验，滑枕调整后应随时取下手柄，以免落下伤人。

4）刨床的床面或工件伸出过长时，应设置防护栏，在栏杆内禁止通过行人或堆放物品。

5）在刨削大工件前，应先检查工件与刀架间的预留空隙，并检查工件高度限位器是否安装正确牢固。

6）刨床的工作台面和床面刀架上禁止站人、存放工具和其他物品。操作人员不得跨越台面。

7）作用于牛头刨床手柄上的力，在工作台水平移动时不应超过 8kg，上下移动时不应超过 10kg。

8）工件装卸、翻身时应注意锐边、毛刺割手。

（2）运转中的注意事项

1）刨削行程范围内，前后不得站人，不准将头、手伸到牛头前观察切削部分和刀具，刨床未停稳之前不准测量工件。

2）背吃刀量和进给量要适当，进刀前应使刨刀缓慢靠近工件。

3）刨床必须运转后方可进刀或吃刀，在刨削中欲使刨床停止运转，应先将刨床退离工件。

4）运转速度稳定时，滑动轴承温升不应超过 60℃，滚动轴承温升不应超过 80℃。

5）经常检查刀具、工件的固定情况和机床各部件的运转是否正常。

思 考 题

1. 牛头刨床主要由哪几部分组成？各有何作用？
2. 刨削前，牛头刨床需做哪方面的调整？怎样调整？
3. 在牛头刨床上，刀具和工件如何运动？与车削相比，刨削的运动有什么特点？
4. 刨刀与车刀相比有何特点？
5. 简述刨削水平面的一般步骤。

磨 削 加 工

1. 学习磨削加工生产的工艺过程、特点及应用。
2. 学习磨床的种类、型号、组成和基本操作方法。
3. 学习磨削加工安全文明生产知识。
4. 学习磨削加工工件时常见的缺陷及其产生原因。

1. 掌握磨削加工安全文明生产知识。
2. 掌握磨削基本操作技能。

10.1 磨削加工基础知识

10.1.1 磨削加工概述

在磨床上以砂轮为切削刀具，并以较高的线速度，对工件表面进行微量切削的加工方法称为磨削加工。磨削加工是零件精加工的主要方法之一。

砂轮的高速转动是主运动，进给运动由工件和砂轮的直线运动来完成，磨削时需用大量的切削液。磨削是一种精度高、表面粗糙度值低的精加工方法，主要用于回转面、平面及成形面（花键、螺纹、齿轮等）的精加工，如图 10-1 所示，其公差等级可达 IT6～IT5，表面粗糙度值 Ra 为 $0.8～0.1\mu m$。若采用高精度磨削，其公差等级可超过 IT5，表面粗糙度值 $Ra<0.01\mu m$。

砂轮磨粒的硬度极高，因此磨削不仅能加工一般的金属材料，如碳素钢、铸铁及一些有色金属材料，而且还可以加工硬度很高的材料，如淬火钢、高硬度特殊金属材料及非金属材料。这些材料用金属刀具很难加工，有的材料甚至根本不能加工，这是磨削加工的另一个显著特点。

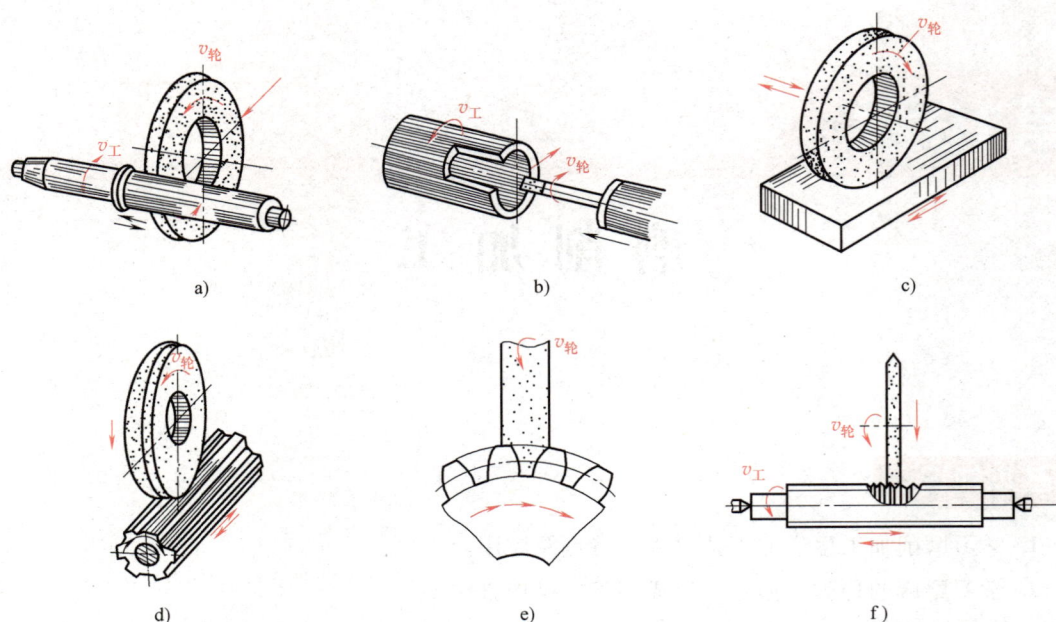

图 10-1 常见的磨削加工形式

a) 外圆磨床磨外圆 b) 内圆磨床磨内圆 c) 平面磨床磨平面 d) 花键磨床磨花键
e) 齿轮磨床磨齿面 f) 螺纹磨床磨螺纹

10.1.2 磨床

磨床的种类很多，按用途不同，可分为外圆磨床、内圆磨床、平面磨床、齿轮磨床、螺纹磨床、无心磨床、工具磨床等各种专用磨床。这里仅介绍平面磨床、内圆磨床和外圆磨床。

1. 平面磨床

平面磨床主要用于磨削各类工件的平面。其中，立轴式平面磨床是利用砂轮端面对工件进行磨削；卧轴式磨床是利用砂轮的圆周面来磨削工件的。

图 10-2 所示为 M7120A 型卧轴矩台平面磨床。

2. 内圆磨床

内圆磨床主要用于磨削内圆柱面、内圆锥面及端面等。以 M2120 型内圆磨床（图 10-3）为例，主要由床身、工作台、头架、砂轮架、砂轮修整器等组成。

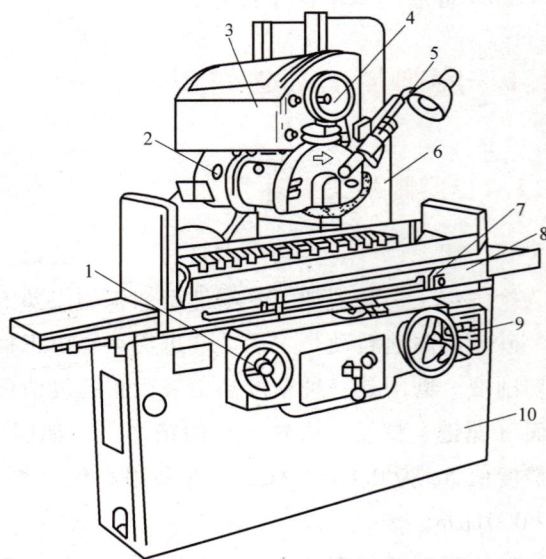

图 10-2 M7120A 型卧轴矩台平面磨床

1—驱动工作台手轮 2—磨头 3—拖板
4—横向进给手轮 5—砂轮修整器 6—立柱
7—行程挡块 8—工作台 9—垂直进给手轮 10—床身

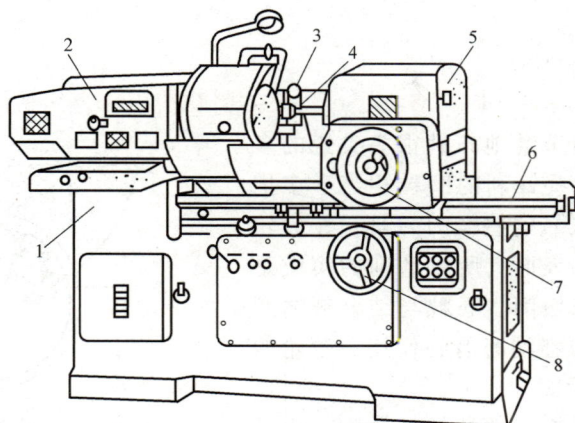

图 10-3   M2120 型内圆磨床

1—床身 2—头架 3—砂轮修整器 4—砂轮架 5—磨具架 6—工作台 7—磨具架手轮 8—工作台手轮

3. 外圆磨床

外圆磨床分为普通外圆磨床和万能外圆磨床。普通外圆磨床可以磨削零件的外圆柱面和外圆锥面。由于万能外圆磨床砂轮架、头架和工作台都装有转盘且增加了内圆磨头等附件，能回转一定的角度，所以万能外圆磨床除可以磨削零件的外圆柱面和外圆锥面外，还可以磨削内圆柱面、内圆锥面和端面。现以 M1432A 型万能外圆磨床为例（图 10-4）介绍其结构。

M1432A 型万能外圆磨床的主要组成有：①床身，用于安装、装夹磨床的各部件，上部有工作台和砂轮架，内部有液压传动系统；②工作台，装夹着工件沿床身纵向进给；③头架，其上的主轴端部可安装顶尖、拨盘或卡盘，可在水平面内偏转一定的角度，用以装夹工件；④砂轮架，用来装夹砂轮并做横向移动，移动方式有自动间歇进给、手动进给、快速进给、快速趋近工件和退出等；⑤内圆磨头，其上的主轴可安装砂轮，用以磨削内圆表面；⑥尾座套筒，其内装的顶尖用来支承工件的另一端。

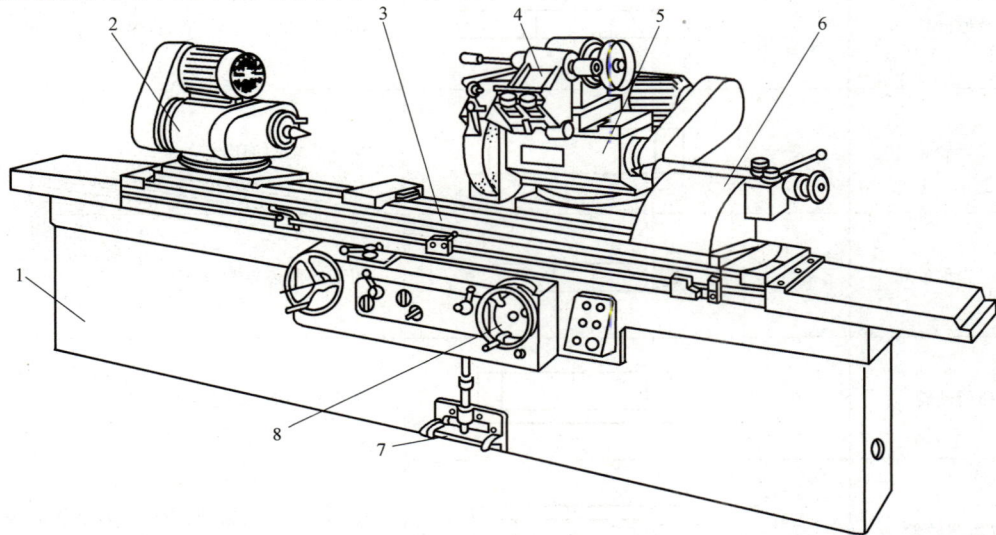

图 10-4   M1432A 型万能外圆磨床

1—床身 2—头架 3—工作台 4—内圆磨头 5—砂轮架 6—尾座套筒 7—脚踏操纵板 8—横向进给手轮

10.1.3　砂轮

砂轮是磨削的切削工具，由许多细小又极硬的磨粒使用结合剂黏结而成。若将砂轮表面放大，可以看到其表面杂乱地布满很多尖锐的多角形颗粒——磨粒。这些锋利的磨粒相当于多把微刃刀具，磨削就是依靠这些微刃刀具，在砂轮的高速旋转下切入工件表面，所以磨削的实质是一种多刀多刃的超高速切削。磨粒与结合剂之间有许多空隙，有散热和容纳磨屑的作用。砂轮的磨削原理如图 10-5 所示。

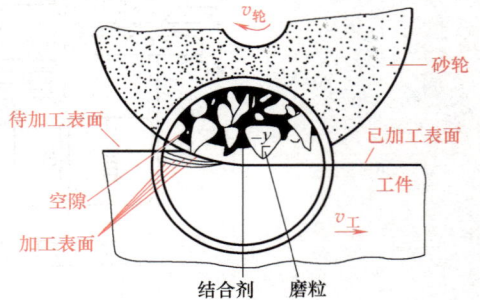

图 10-5　砂轮的磨削原理图

砂轮的特性直接影响工件的加工精度、表面粗糙度和生产率。其特性包括磨料、粒度、结合剂、硬度、组织、形状和尺寸等。

砂轮端面上印有砂轮的规格型号，表明它的特性，便于选用。砂轮的特性按其形状代号、尺寸、磨料、粒度、硬度、组织、结合剂、线速度顺序标记。其规格型号表示如下：

平形砂轮 GB/T 2484	1 —	400×50×203	— A	60	L	5	V	35m/s
砂轮形状		外径×厚度×孔径	磨料	粒度号	硬度	组织号	结合剂	最高工
（平形砂轮）		mm×mm×mm	（棕刚玉）		（中软）		（陶瓷）	作速度

根据机床类型和加工需要，设计制作了各种标准形状与尺寸的砂轮。常用砂轮的形状、代号、用途见表 10-1。选用砂轮时应综合考虑工件的形状、材料性质及磨床条件等因素来选择砂轮的粒度、硬度等。

表 10-1　常用砂轮的形状、代号、用途

砂轮名称	代号	形　状	主要用途
平形砂轮	1		用于磨外圆、内圆、平面、螺纹及无心磨等
筒形砂轮	2		用于立轴端面磨
双斜边形砂轮	4		用于磨削齿轮和螺纹
杯形砂轮	6		用于磨平面、内圆及刃磨刀具
双面凹砂轮	7		主要用于外圆磨削、刃磨刀具及无心磨砂轮和导轮

（续）

砂轮名称	代号	形　状	主要用途
碗形砂轮	11		用于导轨磨及刃磨刀具
碟形砂轮	12b		用于磨铣刀、铰刀、拉刀，大尺寸的用于磨齿轮端面
薄片砂轮	41		主要用于切断和开槽

注：表中砂轮代号摘自 GB/T 2484—2018。

10.2　磨削加工基本操作

10.2.1　平面磨削

磨削平面时，一般是以一个平面为基准磨削另一个平面。若两个平面都要磨削而且要求平行时，可以互为基准，反复磨削。

1. 工件的安装

平面磨床工作台通常采用电磁吸盘安装工件；对于钢、铸铁等导磁材料工件可直接安放在工作台上；对于铜、铝等非导磁材料工件，要通过精密平口虎钳装夹，精密平口虎钳的底平面直接放在电磁吸盘上吸牢。

电磁吸盘的工作原理如图10-6所示。在钢制吸盘体1的中部有凸起的芯体A，芯体A上绕有线圈2，钢制盖板3被绝磁层4隔成一些小块。当线圈2中通过直流电时，芯体A被磁化，磁场线经芯体A、钢制盖板、工件、钢制吸盘体、芯体A而闭合（图中用虚线表示），工件被吸住。绝磁层用铅、铜或巴氏合金等非磁性材料制成。它的作用是使绝大部分磁场线都能通过工件再回到吸盘体而不能通过盖板直接回去，从而保证工件被牢固地吸在工作台上。

磨削键、垫圈等尺寸小而壁又薄的零件时，因零件与工作台接触面积小、吸力小，容易被磨削力弹出而造成事故。安装这类工件时需在工件四周或两端用挡铁围住，以免工件移动，如图10-7所示。

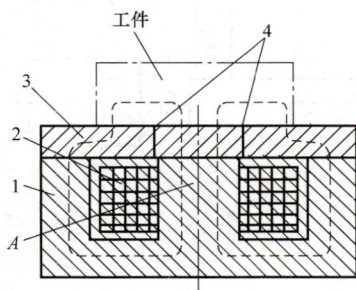

图 10-6　电磁吸盘的工作原理

1—钢制吸盘体　2—线圈　3—钢制盖板　4—绝磁层

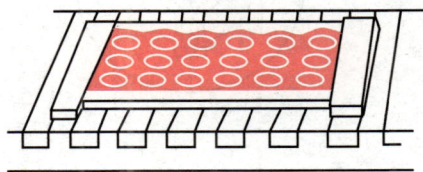

图 10-7　用挡铁围住工件

2. 磨削运动

在卧轴矩台平面磨床上磨削平面时，磨削工作由砂轮的旋转运动（主运动）、砂轮的垂直进给、砂轮的横向进给与工作台（工件）的纵向进给组合在一起完成。在立轴圆台平面磨床上磨削平面时，磨削工作由砂轮的旋转运动（主运动）、砂轮的垂直进给和工作台的旋转运动完成。

3. 磨削方法

平面磨削常用两种方法，一种是周磨法，指在卧轴矩台或卧轴圆台平面磨床上，用砂轮的外圆柱面进行磨削，如图 10-8a 所示；另一种是端磨法，指在立轴圆台或立轴矩台平面磨床上，用砂轮的端面进行磨削，如图 10-8b 所示。

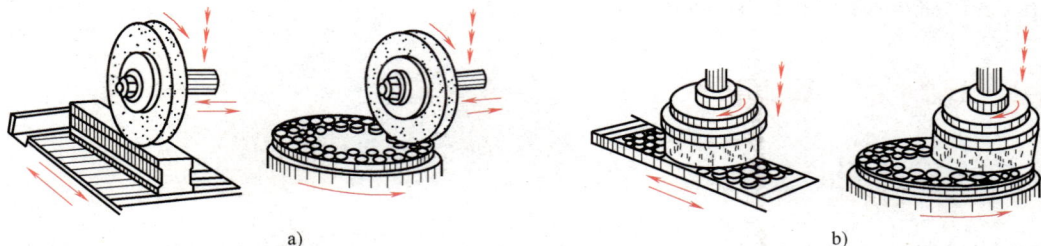

图 10-8　平面磨床的磨削方法

a）周磨法　b）端磨法

周磨时，砂轮与工件的接触面积小，排屑及冷却条件好，工件发热量小，因此常用于磨削易翘曲变形的薄片工件，加工质量较好，但磨削效率较低。

端磨时，由于砂轮伸出较短，而且主要受轴向力作用，因而刚性较好，能采用较大的磨削用量。此外砂轮与工件接触面积大，因而磨削效率高；但发热量大，且不易排屑及冷却，故加工质量比周磨低。

10.2.2　外圆磨削

1. 工件的安装

（1）顶尖装夹　轴类工件常用顶尖装夹。安装时，工件支承在两顶尖之间，如图 10-9 所示，与车削所用方法基本相同。

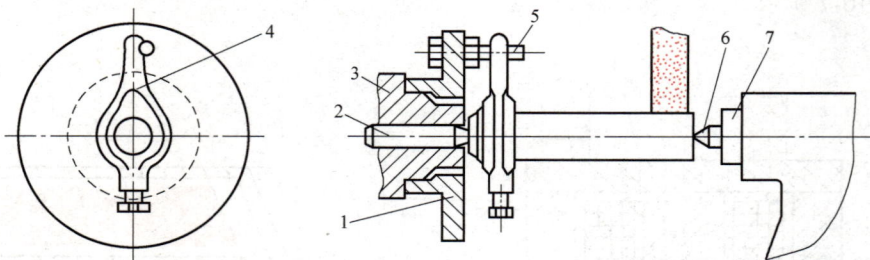

图 10-9　顶尖装夹

1—拨盘　2—前顶尖　3—头架主轴　4—夹头　5—拨杆　6—后顶尖　7—尾座套筒

（2）卡盘装夹　磨削短工件的外圆时可用自定心卡盘或单动卡盘装夹工件，如

图 10-10a、b 所示，其安装方法与车床基本相同。

（3）心轴装夹　盘套类空心工件常以内孔定心磨削外圆。此时，常用心轴安装工件。心轴在磨床上的安装方法与顶尖安装方法相同，如图 10-10c 所示。

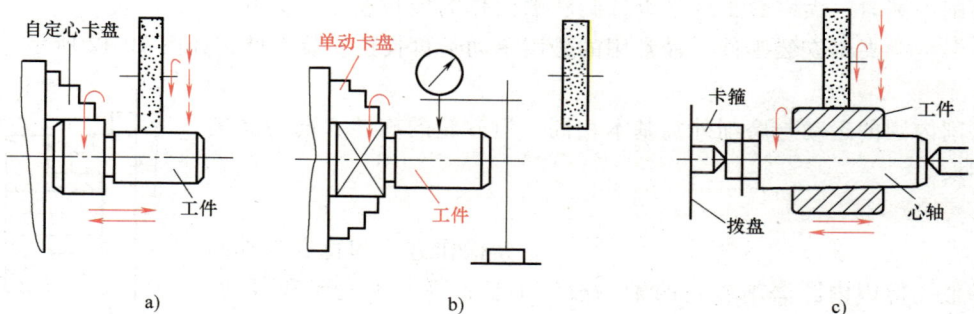

图 10-10　卡盘装夹与心轴装夹

a）自定心卡盘装夹　b）单动卡盘装夹及找正　c）锥度心轴装夹

2. 磨削运动

在外圆磨床上磨削外圆时，其所需运动如下所述：

（1）主运动　主运动为砂轮的高速旋转。

（2）圆周进给运动　圆周进给运动为工件绕自身轴线的旋转运动。

（3）纵向进给运动　纵向进给运动为工件沿自身轴线做往复运动。

（4）横向进给运动　横向进给运动为砂轮径向切入工件的运动。

3. 磨削方法

外圆磨削通常有纵磨法和横磨法两种，纵磨法用得较多。

（1）纵磨法　纵磨法如图 10-11a 所示。磨削时，工件转动（圆周进给）并与工作台一起做直线往复运动（纵向进给），当每一个纵向行程或往复行程终了时，砂轮按规定的磨削深度做横向进给运动，每次进给量很少。当工件加工到接近最终尺寸时（留下 0.005～0.01mm），无横向进给地走几次直至火花消失。

纵磨法的特点是磨削工件的精度及表面质量较高，通用性好，可用同一砂轮加工长度不同的工件，但生产率较低，故广泛用于单件、小批量生产及精磨加工中。

（2）横磨法　横磨法如图 10-11b 所示。磨削时工件无纵向进给运动，而砂轮在高速旋转的同时以很慢的速度连续或间断地向工件做横向进给运动，直到磨到所需要的尺寸。

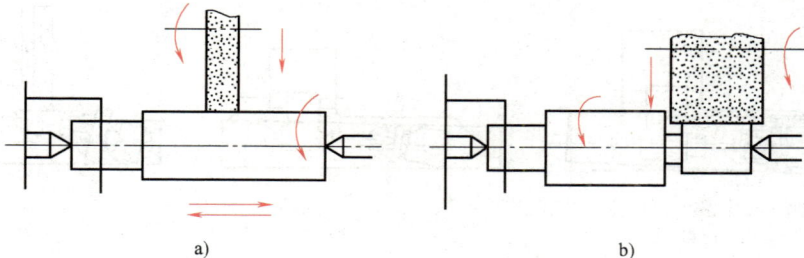

图 10-11　外圆磨削方法

a）纵磨法　b）横磨法

10.2.3 内圆磨削

1. 工件的安装

磨削内圆时，大多数工件是以外圆和端面作为定位基准，采用自定心卡盘、单动卡盘、花盘、弯板等夹具安装工件。最常用的是用单动卡盘找正安装工件，如图 10-12 所示。

2. 磨削运动

磨削内圆的运动与磨削外圆基本相同，但砂轮的旋转方向与磨削外圆相反。

3. 磨削方法

内圆磨削的方法也有纵磨法和横磨法，其操作方法和特点与外圆磨削相似。但因内圆磨削砂轮的轴一般较细长，易发生变形和振动，故纵磨法应用较广。

4. 内圆磨削与外圆磨削的比较

内圆磨削时砂轮受工件孔径的限制，其直径一般较小，而悬伸长度又较大，刚性差，磨削用量不能太大，所以生产率较低；又由于砂

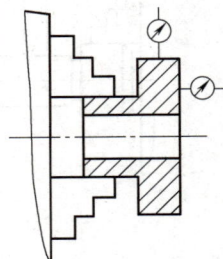

图 10-12 单动卡盘
安装找正

轮直径小，砂轮圆周速度较低，加上冷却排屑条件较差，所以表面粗糙度值不易降低。因此磨削内圆时，为提高生产率和加工精度，砂轮和砂轮轴应尽可能选择较大的直径，砂轮轴伸出长度应尽可能短。

10.2.4 圆锥面磨削

圆锥面的磨削方法有三种：转动工作台法、转动头架法和转动砂轮架法。

（1）转动工作台法　这种方法适用于磨削锥度较小、锥面较长的工件。磨削时将工作台逆时针转动 α 角（工件圆锥半角），使工件侧母线与纵向往复方向一致，如图 10-13a、d 所示。

（2）转动头架法　这种方法适用于磨削锥度较大、锥面较短的工件。磨削时将头架转动 α 角，使工件侧母线与纵向往复方向一致，如图 10-13b、c 所示。当 α 角转至 90°时，称为端面磨削。

（3）转动砂轮架法　这种方法适用于磨削较长工件上锥度较大、锥面较短的外锥面。磨削时将砂轮架转动 α 角，用砂轮的横向进给进行磨削，如图 10-13e 所示。

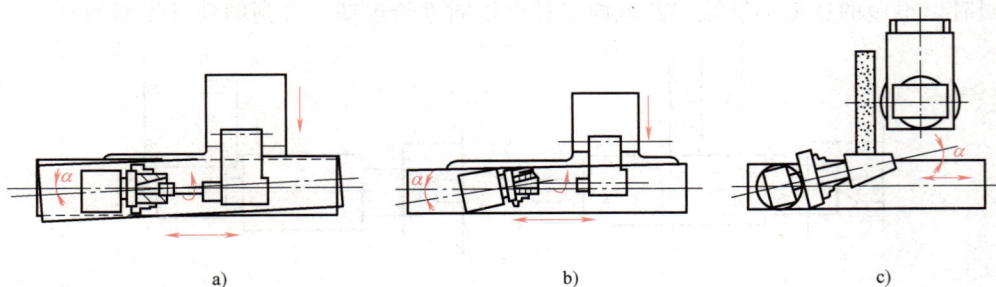

a)　　　　　　　　　b)　　　　　　　　　c)

图 10-13 圆锥面磨削方法

a）转动工作台磨锥孔　b）转动头架磨锥孔　c）转动头架磨外锥面

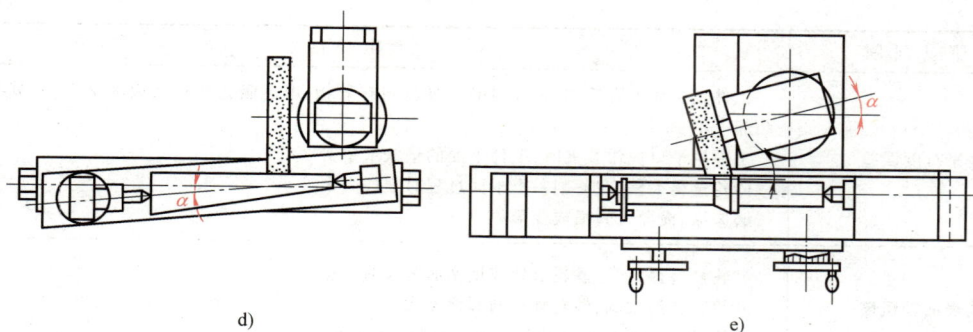

图 10-13　圆锥面磨削方法（续）

d）转动工作台磨外锥面　e）转动砂轮架磨外锥面

10.2.5　其他磨削方法

1. 无心外圆磨削

无心外圆磨床主要用于大批量生产中，可以磨削无中心孔的轴套、销等零件，特别是磨削细长轴时有很大的优势，也可磨削外圆锥面。

2. 精密磨削和超精密磨削

精密磨削是指加工精度为 $1 \sim 0.1\mu m$、表面粗糙度值 Ra 达到 $0.2 \sim 0.025\mu m$ 的磨削加工。精密磨削多用于加工主轴、导轨、轴承、丝杠、齿轮及液压元件等精密零件。

超精密磨削是指加工精度达到 $0.1\mu m$、表面粗糙度值 Ra 低于 $0.025\mu m$ 的磨削加工。超精密磨削可加工钢铁及其合金等金属材料以及非金属的硬脆材料，磨削外圆、平面、孔等。

3. 高效磨削

高效磨削包括高速磨削、强力磨削和砂带磨削等。

4. 数控坐标磨削

数控坐标磨削指在数控坐标磨床上进行的磨削加工，用于经淬硬的钢和硬质合金的各种复杂模具的型面、具有高精度坐标的孔系以及各种异形凹凸轮廓和任意曲线组成的平面图形等的磨削加工。

10.3　磨削加工质量与检验

磨削加工时，常出现各种质量问题，如形状误差、位置误差和表面缺陷等。具体分析见表 10-2 ~ 表 10-4。

表 10-2　平面磨削质量分析

质量问题	产生原因
工件翘曲变形	薄形工件刚性差，工件受磨削热变形且上层热、下层冷，使工件弓起，磨后工件翘曲变形 薄形工件两端被夹住不能伸展，工件也会翘曲变形 淬火后的工件和未充分时效处理的铸件存在内应力，磨削后内应力重新分布而发生变形
磨削面平面度误差	床身导轨、横拖板导轨磨损和变形，使工作台纵向运动、砂轮横向运动产生误差而引起

（续）

质 量 问 题	产 生 原 因
工件平行度误差	工件定位面上有毛刺,工件与电磁吸盘间有异物,电磁吸盘磨损或表面被划伤,划痕边上凸起 工件用平口虎钳装夹时,工件下面的垫铁未垫实 砂轮选得太软,在磨削一个平面过程时损耗太大 磨床纵、横导轨磨损或变形
内孔表面较粗糙	砂轮修整得不光,砂轮磨钝或堵塞后未及时修整 砂轮轴转速太低,砂轮轴径向圆跳动太大 砂轮切入深度太大或工作台纵向进给速度太快
表面比较粗糙、有波纹振痕、烧伤和裂纹	产生的原因基本上与磨外圆、磨内圆时相同,参阅表10-3、表10-4

表 10-3 外圆磨削质量分析

质 量 问 题		产 生 原 因
形状误差	圆度误差	中心孔不圆,孔内有异物,两中心孔同轴度误差大,顶尖与中心孔的锥角不一致,顶尖未顶紧等 用卡盘装夹工件时,头架主轴径向圆跳动太大 砂轮主轴与轴承之间的间隙过大 磨前工件断面不圆,且工件刚性较差 工件不平衡,离心力的作用使较重的一边磨得多 工件热处理后还存在部分内应力,磨削后内应力重新平衡而产生变形
	外圆柱面有锥度	工件轴线与工作台运动方向不平行 工作台未调整好,其纵向行程方向与外圆磨床主轴轴线不平行 磨削一段时间后,头架轴承发热,头架主轴中心向砂轮架方向偏移,而尾座发热少,其中心不发生偏移,以致磨出的工件带有锥度 工作台和导轨间润滑油压力过大,工作台产生飘浮,使磨出的工件带有锥度
	外圆柱面呈腰鼓形或马鞍形	工件刚性差,工件发生弹性弯曲,导致砂轮在工件两端磨去得多,在中间磨去得少,工件呈腰鼓形 磨细长轴时,未安装多个中心架,或中心架的支承块调整得过松,工件上也会产生腰鼓形误差 砂轮超出工件两端太多,机床、砂轮、工件的弹性回复,使工件两端磨去过多,工件呈腰鼓形 磨细长轴时,顶尖顶得过紧,工件因磨削热伸长变形受阻产生弯曲,形成工件中间磨去多,两端磨去少,工件呈马鞍形 磨薄壁套筒采用心轴安装,热胀后两端变形受阻,迫使工件中间鼓起,磨后工件呈马鞍形 使用中心架时,中心架的水平支承块顶得过紧,磨后使工件呈马鞍形
位置误差	阶梯轴各段轴径同轴度误差	顶尖与中心孔接触不好或过松、过紧 头架主轴径向圆跳动大,磨削用量太大,各段轴径磨削余量不均匀
	台阶端面与轴线垂直度误差	砂轮端面与工件端面接触面积太大 砂轮端面磨粒太钝,磨削力使砂轮架、工件产生弹性变形

（续）

质 量 问 题		产 生 原 因
表面缺陷	表面有波形纹	砂轮不平衡,砂轮电动机不平衡,砂轮硬度太大,砂轮磨钝后未及时修整 头架主轴轴承间隙过大,砂轮主轴轴承间隙过大 工件或夹具不平衡,工件上中心孔不圆,磨削用量又较大 磨床附近有振动源
	表面烧伤	砂轮太硬,粒度号太大,组织太紧 没有经常修整砂轮,砂轮太钝 磨削用量太大,特别是磨削深度太大 切削液供应不足
	表面拉毛	磨粒脱落在砂轮与工件之间,切削液过滤不干净

表 10-4　内圆磨削质量分析

质 量 问 题		产 生 原 因
形状误差	圆度误差	内圆磨床主轴箱主轴轴承间隙过大 磨薄壁套内孔时,卡盘夹紧力太大,使工件发生弹性变形,磨后从卡盘上取下工件,工件弹性回复,工件孔断面便成为弧边三角形
	内圆柱面有锥度	产生的原因基本上与磨外圆时分析相同,参阅表 10-3
	内孔两端成喇叭口	砂轮越程太大,砂轮位于两端时,砂轮轴弹性回复,磨去量过多
位置误差	端面与孔垂直度误差,工件外圆与孔同轴度误差	工件未找正或没夹牢,用塞规检查时,工件发生微量位移等
表面缺陷	内圆表面较粗糙	砂轮修整得不光,砂轮磨钝或堵塞后未及时修整 砂轮轴转速太低,砂轮轴径向圆跳动太大 砂轮切入深度太大或工作台纵向进给速度太快
	表面烧伤、表面拉毛	产生的原因基本上与磨外圆时分析相同,参阅表 10-3。另外,砂轮直径选得太大或砂轮两边太尖锐,孔壁易产生拉毛现象

10.4　磨工安全文明生产

1. 磨工伤害、安全隐患及操作规范（表 10-5）

表 10-5　磨工伤害、安全隐患及操作规范

序号	伤害	安 全 隐 患	操 作 规 范
1	绞伤	头发、衣物绞入旋转部件	正确穿戴工作服,不接近正在旋转的部件
2	砸伤	工具柜上放置的工件等物品掉落	物品正确摆放,工件应该装夹牢固
3	摔伤	工作台、脚踏板油污或杂乱的环境	及时清理油污,保持周围环境整洁。工作时注意留心脚下,防止滑倒或绊倒
4	划伤	工件毛刺	正确清理毛刺,用专用工具清理铁屑
5	触电	电气线路损坏,私自开启电控柜	电气故障必须由专职电工进行维修,操作人员不得拆接电气线路、元件,不得开启电控柜

2. 磨工安全操作规程

1）实习期间要穿工作服、袖口要扎紧，长发同学必须戴帽子，把长发纳入帽内；禁止穿高跟鞋、拖鞋、裙子、短裤。

2）开车前，检查砂轮有无裂痕、保护罩挡铁等是否完好和牢固，润滑系统是否通畅，并根据工件材料硬度、粗精磨等选用适当的砂轮；未经平衡的砂轮严禁使用。

3）开车后空转 3~5min，查看各部分是否正常，发现问题应立即停车。

4）进刀要均匀，严禁任意加大进给量。

5）人体各部位不得靠近机床，以免碰到操作手柄。

6）外圆磨床用顶尖装夹时，顶尖必须装在顶尖孔内。

7）平面磨床磨削高而窄或底部接触面较小的工件时，工件周围必须用挡铁。挡铁不高于工件的 2/3，待工件吸牢后方可加工。

8）严格遵守开车对刀的规定。将砂轮引向工件时，应非常均匀和小心，避免冲击。操作外圆磨床时，一定要注意砂轮架快速进给的行程距离。

9）磨削加工时，严禁触摸、测量、擦拭工件。

10）磨床各油路系统必须保持通畅，主轴和转动部分绝不允许在缺乏润滑油的情况下运转。

11）行程定位块的位置必须正确可靠，并经常检查是否松动。

12）工作结束后，应关闭总电源开关，将工具、夹具、量具擦净放好，擦净机床，做到工作场地清洁整齐。

思 考 题

1. 磨削加工的精度一般可达到几级？表面粗糙度值可达到多少？
2. 磨削加工有哪些特点？适用于加工哪些零件？
3. 平面磨削中工件的装夹有哪些特点？
4. 磨削外圆的常用方法有几种？如何应用？
5. 磨削外圆时磨削运动一般包含哪些运动？请指出主运动和进给运动。
6. 圆锥面的磨削方法有哪些？

第11章

钳　工

【基本知识】

1. 学习钳工在机械制造中的作用。
2. 学习钳工常用的设备、工具、刀具和量具等的结构和使用方法。
3. 学习钳工划线、锯削、锉削等基本操作方法。
4. 掌握钳工工具、刀具和量具的使用方法。
5. 学习钳工安全文明生产知识。
6. 学习钻床的组成、结构和操作方法。
7. 学习装配的工艺过程、拆卸等知识。

【基本技能】

1. 掌握钳工安全文明生产知识。
2. 掌握划线、锯削、锉削、钻孔和攻螺纹等基本操作。

11.1　钳工基础知识

11.1.1　钳工概述

钳工是通过手持工具完成零件的加工、制作，机器的装配、调试与维修的工作方法。因其基本操作常在台虎钳上进行，故称为钳工。钳工可分为普通钳工、模具钳工、装配钳工、机修钳工等，基本操作有划线、錾削、锯削、锉削、攻螺纹、套螺纹及刮削等。目前，钳工大部分操作仍由手工完成，在现今机械制造和修配工作中，钳工仍是不可缺少的重要工种，其工作范围如下：

1) 在单件或小批量生产中，毛坯在切削加工之前，按图样划线。

2) 零件在组装过程中，有时需要进行钻孔、铰孔、攻螺纹、套螺纹等工作，相互配合的零件有时要互配和修整。

3) 机器产品组装、试车、调试等工作都要由钳工完成。

4) 机械设备在使用过程中需要维修。

5）某些精密、大型或结构复杂的机械零部件，如精密量具、夹具、模具等的精加工多由钳工完成。

为减轻钳工的劳动强度，提高生产率和产品质量的稳定性，钳工操作正逐步走向半机械化和机械化。

11.1.2　钳工常用设备

1. 台虎钳

台虎钳用来夹持工件，其规格以钳口的宽度来表示，常用的有 100mm、125mm 和 150mm 几种。台虎钳的结构如图 11-1 所示。

使用台虎钳时应注意下列事项：

1）工件应夹在钳口中部，使工件受力均匀。

2）当转动夹紧手柄夹紧工件时，夹紧手柄上不准加套管扳紧或用锤子敲击，以免损坏台虎钳丝杠和螺母的螺纹部分。

3）夹持工件已加工表面时，应垫铜皮或铝皮加以保护。

2. 钳工工作台

钳工工作台如图 11-2 所示，用于安装台虎钳，以便于钳工操作。钳工工作台一般由硬质木材或钢材制成，有单人用和多人用两种。钳工工作台要求坚实、平稳，台面高度为 800～900mm。根据需要，台面前方装有防护网。

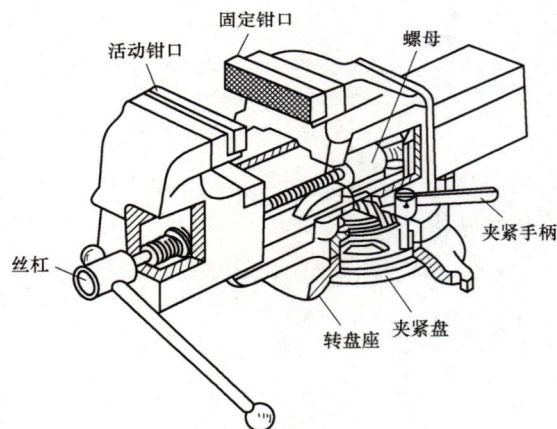

图 11-1　台虎钳的结构

图 11-2　钳工工作台

3. 砂轮机

砂轮机用来刃磨钻头、錾子、刃具等工件和工具，由电动机、砂轮片和机体组成，如图 11-3 所示。砂轮机又分为立式砂轮机和手用砂轮两种，前者用于刃磨刀具，后者用于打磨工件。

4. 钻床

钻床是用于孔加工的机械设备，常用的钻床有台式钻床、立式钻床和摇臂钻床。

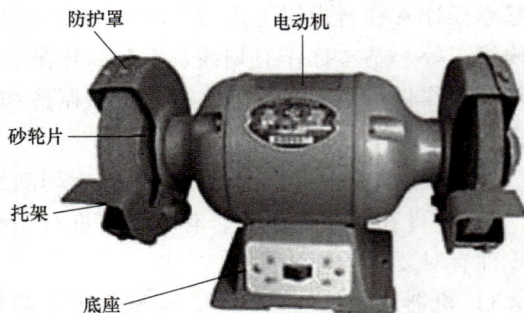

图 11-3　砂轮机

（1）台式钻床 台式钻床是放在钳工工作台上使用的，钻孔直径一般在 13mm 以下，最小可加工 1mm 的孔。由于加工的孔径较小，因此为了达到所需的切削速度，则台式钻床的主轴转速一般较高，最高转速需超过 1000r/min。台式钻床如图 11-4 所示。

底座 10 用以支承台式钻床的立柱 9、主轴 2 等部分，同时也是装夹工件的工作台。立柱 9 用以支承主轴架 3 及变速装置，同时也是主轴架上下移动和旋转的导柱。主轴架 3 前端装有主轴 2 和进给操纵手柄 4，后端装有电动机 7。主轴 2 与电动机 7 之间为带传动，主轴 2 的转速可通过改变带在塔式带轮上的位置来调节。台式钻床的进给运动由手动进给手柄完成，使主轴轴向移动实现；主轴下端带有锥孔，用来安装钻夹头。

（2）立式钻床 立式钻床的规格可用最大钻孔直径表示，常用的有 25mm、35mm、40mm 和 50mm 等。立式钻床如图 11-5 所示。

立式钻床主要由底座、立柱、主轴变速箱、主轴、工作台和电动机等组成。主轴变速箱固定在立柱顶部，内装有变速机构、操纵机构和电动机。进给箱内有主轴、进给变速机构及进给操纵机构。在电动机的驱动下，动力经主轴变速箱传递给主轴带动钻头旋转，同时也经过进给变速箱传递给主轴进给机构使主轴做轴向自动进给，也可用手柄做手动进给。工件安装在工作台上，工作台和进给箱都可以沿立柱导轨做上下移动，以适应不同高度的工件加工需要。在水平方向立式钻床的主轴位置相对于工作台是固定的，为了使钻头与工件上孔的中心重合，必须移动工件，因而操作不便，生产率不高。故立式钻床常用于小型工件的单件、小批量加工。

（3）摇臂钻床 摇臂钻床有一个能沿立柱上下移动，同时可以绕立柱旋转 360°的摇臂，摇臂上的主轴箱及主轴可以沿摇臂的水平导轨移动，如图 11-6 所示。因此，摇臂钻床可以方便地将刀具调整到需要的位置，适合加工大型工件及多孔工件。

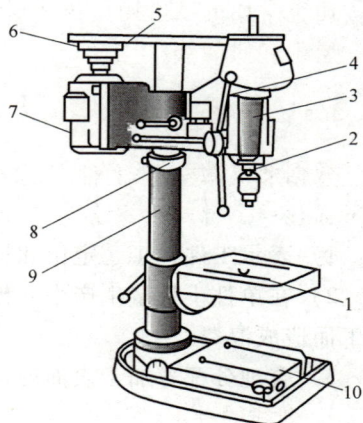

图 11-4 台式钻床

1—工作台 2—主轴 3—主轴架
4—进给操纵手柄 5—传动带
6—带轮 7—电动机 8—保险台
9—立柱 10—底座

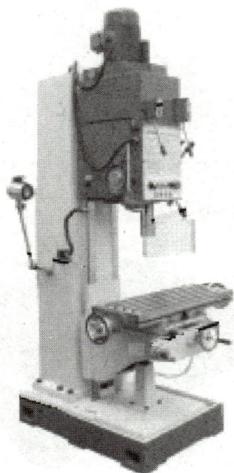

图 11-5 立式钻床

图 11-6 摇臂钻床

11.2　钳工基本操作

钳工常用的基本操作包括划线、锯削、锉削、钻孔、扩孔、铰孔、攻螺纹、套螺纹、刮削、錾削和研磨等。

11.2.1　划线

根据图样的要求，在零件毛坯或半成品上划出加工界线的操作称为划线。划线的作用如下：

1）表示工件找正、定位和加工的依据。

2）在单件小批量生产中，借划线来检验毛坯形状和尺寸，避免不合格的毛坯投入切削加工而造成浪费。

3）合理分配各加工表面的余量，尽量减少废品或不出现废品。

1. 划线的种类

划线可分为平面划线和立体划线两类。平面划线是在工件的一个平面上划线，如图 11-7a 所示；立体划线是在工件的几个表面上划线，即在长、宽、高三个方向上划线，如图 11-7b 所示。

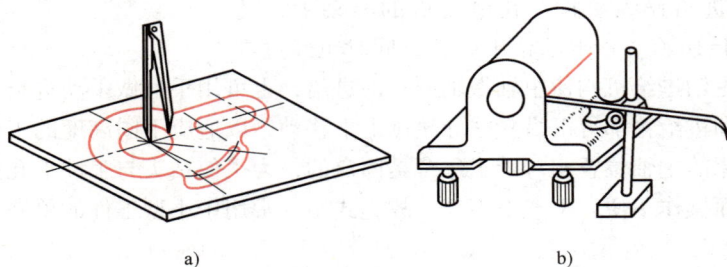

a)　　　　　　　　　　　　b)

图 11-7　划线的种类

a）平面划线　b）立体划线

2. 划线工具

划线工具分为基准工具、支承工具、绘划工具等。

（1）基准工具　划线基准工具为划线平板（又称划线平台），如图 11-8 所示。它的上平面是划线的基准平面，非常平直和光洁，平板在使用中应保持清洁，工具和工件应小心轻放，不准碰撞和敲击，避免伤及表面，用完后应防锈并使用木板护盖。

（2）支承工具　常用的支承工具有 V 形铁、千斤顶、方箱等。

1）V 形铁。V 形铁主要用于安放轴、套筒等圆柱形工件，使工件轴线与平板平行，也可方便地确定工件中心，并划出中心线。V 形槽的角度为 90°。图 11-9 所示为 V 形铁及其应用。

2）千斤顶。千斤顶是在平板上支承工件用的工

图 11-8　划线平板

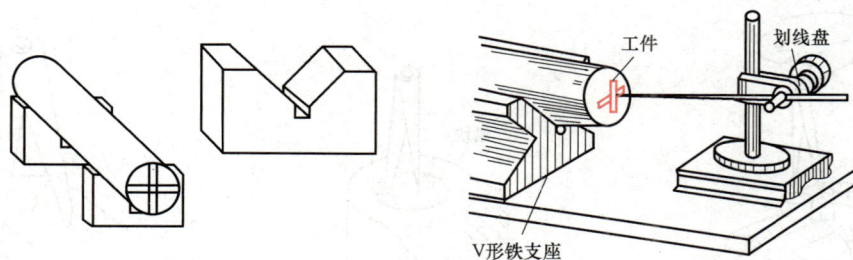

图 11-9 V 形铁及其应用

具，其高度可以调节，以便找正工件位置，通常用三个千斤顶支承工件，如图 11-10 所示。

3）方箱。方箱为空心长方体或立方体，由铸铁精密加工而成，其相对平面相互平行，相邻平面相互垂直，有 V 形铁和压紧装置，如图 11-11 所示。一般用于夹持尺寸较小的工件，通过翻转方箱可在工件表面划出相互垂直的线条。

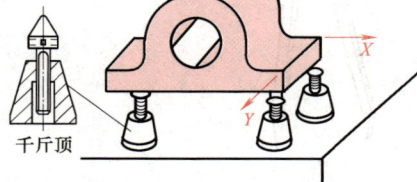

图 11-10 千斤顶及其应用

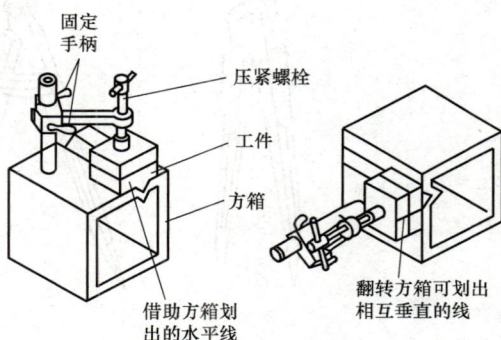

图 11-11 方箱及其应用

（3）绘划工具 常用的绘划工具有划针、划卡、划规、划线盘、直角尺、游标高度卡尺和样冲等。

1）划针。划针用来在工件表面划出线条，其用法如图 11-12 所示。

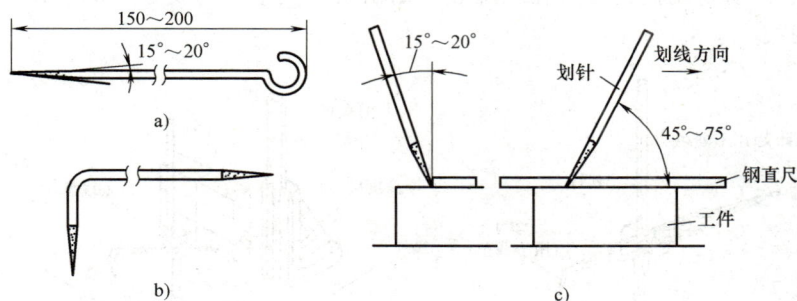

图 11-12 划针的种类及使用方法

a）直划针 b）弯头划针 c）用划针划线的方法

2）划卡。划卡又称单脚规，主要用于确定轴和孔的中心位置，也可用于划平行线，如图 11-13 所示。

3）划规。划规是在工件表面等分线段、作角度和划圆及圆弧等的主要工具，如

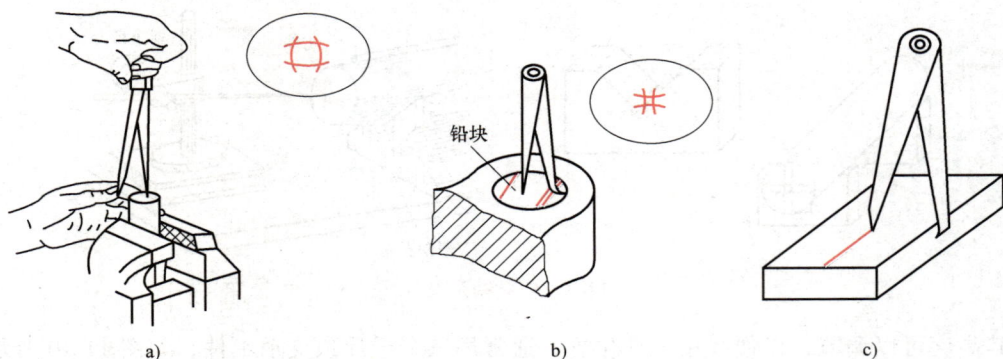

图 11-13 划卡及其应用

a）定轴心 b）定孔心 c）划直线

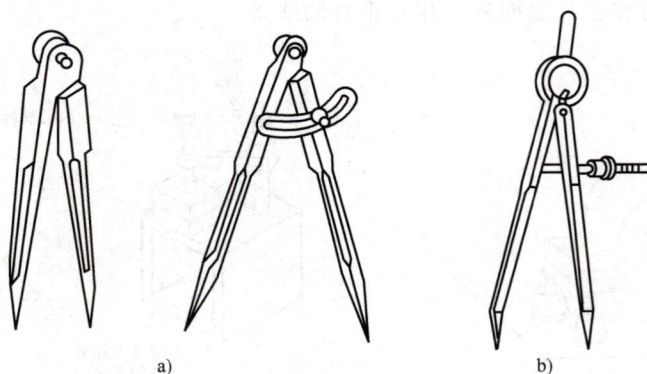

图 11-14 划规

a）普通划规 b）弹簧划规

图 11-14 所示。

4）**划线盘**。划线盘是立体划线的主要工具，如图 11-15 所示。将划针调节至一定高度并在划线平板上移动划线盘，便可在工件表面划出与平板平行的线条。此外，还可用划线盘对工件进行找平。

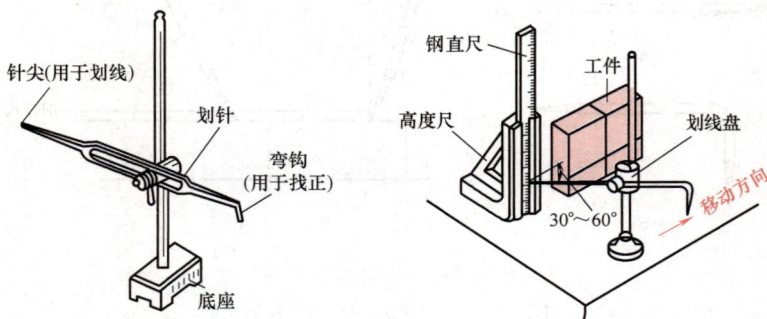

图 11-15 划线盘及其应用

5）**直角尺**。在划线时直角尺常用作划平行线或垂直线的导向工具，也可用来找正工件平面及在划线平面上的垂直位置或用来检验工件的垂直度，如图 11-16 所示。

6）游标高度卡尺。游标高度卡尺是量高尺与划线盘的组合，其划线脚前端镶有硬质合金。游标高度卡尺一般用于已加工表面的划线，如图 11-17 所示。

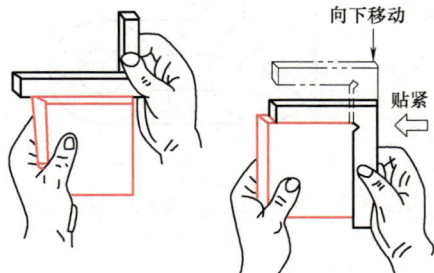

图 11-16　直角尺及其应用

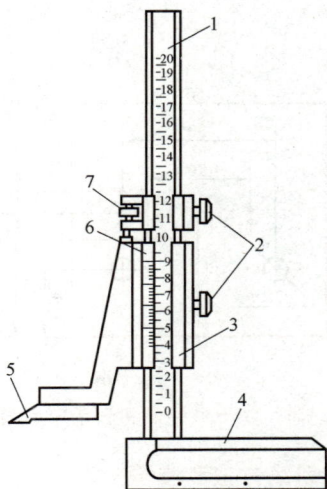

图 11-17　游标高度卡尺

1—尺身　2—紧固螺钉　3—尺框　4—基座
5—量爪　6—游标　7—微动装置

7）样冲。样冲是在已划好的线上按一定的距离打出样冲眼，预防所划的线模糊或消失。在圆的中心打样冲眼，钻孔时利于钻头定中心。打样冲眼时，样冲开始向外倾斜，使样冲尖头与线对准，然后摆正样冲，用小锤轻击样冲顶部，如图 11-18 所示。

样冲由工具钢制成，并经淬火处理，尖端磨成 45°~ 60°。

3. 划线基准

划线时，作为开始划线依据的点、线、面的位置，称为划线基准。例如，圆的划线，圆心就是划线基准。

划线基准的确定要以保证精度、合理分配余量、简化划线操作为原则。划线基准的一般选择思路是：毛坯工件应该选重要孔的中心线作为划线基准；若毛坯工件上无重要孔，则应选择较平整的大平面作为划线基准；如果工件上有已加工过的表面，则应以加工过的表面作为划线基准。常用的划线基准组合有以下几种：

1）以相互垂直的两平面为基准（图 11-19）。

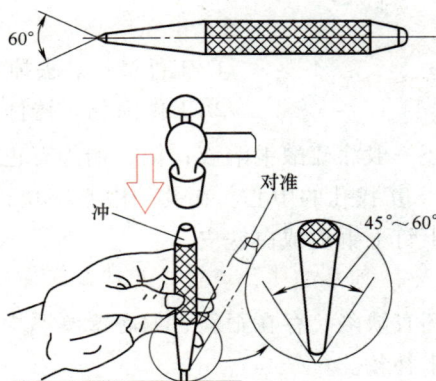

图 11-18　样冲及其应用

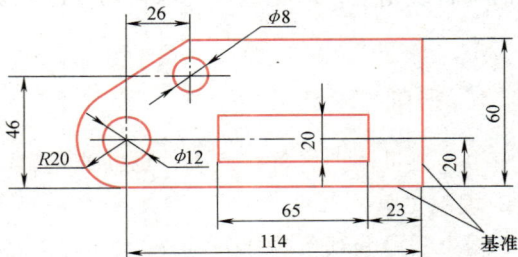

图 11-19　以相互垂直的两平面为基准

2) 以一个平面和一条中心线为基准（图11-20）。

3) 以两条相互垂直的中心线为基准（图11-21）。

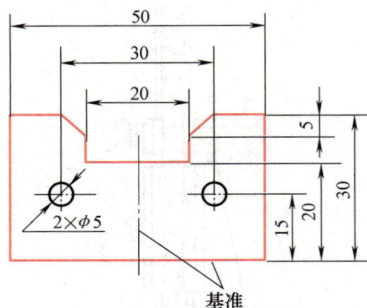

图11-20　以一个平面和一条中心线为基准

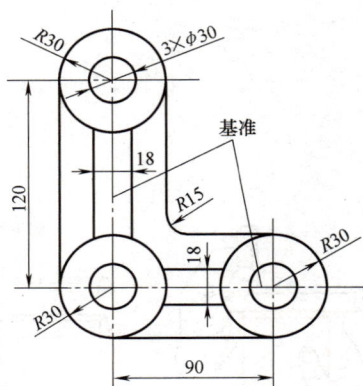

图11-21　以两条相互垂直的中心线为基准

4. 划线方法和步骤

对于形状不同的零件，要选择不同的划线方法，一般有平面划线和立体划线两种。平面划线类似几何作图；立体划线有直接翻转法和用角铁划线法两种。

手锤划线实操演示

划线的步骤一般分为：

1) 确定划线基准。

2) 准备毛坯。

① 工件清理。去掉毛坯表面的型砂、飞边、焊瘤、焊渣、毛刺和锈皮等。

② 工件涂色。铸件、锻件毛坯上涂石灰水，小件也可以涂粉笔；半成品光坯一般涂硫酸铜溶液；铝、铜等有色金属光坯一般涂蓝油。

③ 找孔的中心。在孔的中心塞块，以便于用圆规划圆。常用的塞块是木块或铅块，木块上钉上铜皮或白铁皮。

3) 划基准线，再划水平线、垂直线、斜线、圆弧和曲线，并检查毛坯是否适用。如果毛坯有缺陷，存在歪斜、偏心壁厚不均等现象，在许可偏差不大时，可采用找正和借料的方法来补救。

4) 检查划线是否正确，然后在线的两端及中部、圆弧切点、拐点等部位打上适中的样冲眼。

划线操作时应注意，工件支承要稳定，避免滑倒和移动。一次支承时，应考虑好把需要划出的平行线划全，以免重复支承补划，造成误差。划线时应正确使用划线工具，以免误差产生。

11.2.2　锯削

用手锯或机锯把原材料或工件锯断或锯出沟槽的操作，称为锯削。

1. 锯削工具

手锯由锯弓和锯条两部分组成。

（1）锯弓　锯弓用于安装和张紧锯条，可分为固定式和可调式两种，可调式锯弓最为常用，如图 11-22 所示。

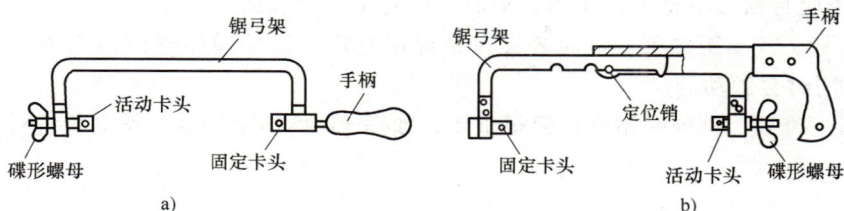

图 11-22 锯弓

a）固定式锯弓　b）可调式锯弓

（2）锯条　锯条由碳素工具钢制成，淬火后硬度较高、锯齿锋利，但易脆断。

锯条规格以两端安装孔的中心距表示。常用的锯条约长 300mm、宽 12mm、厚 0.8mm。

锯条的切削部分由众多的锯齿排列而成，每个锯齿相当于一把刀具，起切削作用。锯齿按尺距的大小可分为粗齿（$p=1.6$mm）、中齿（$p=1.2$mm）、细齿（$p=0.8$mm）三种。粗齿锯条适用于锯削铜、铝等软金属或厚大工件；细齿锯条适用于锯削硬度较大的金属、板料或薄壁管等；加工低碳钢、铸铁及中等厚度的工件多用中齿锯条，锯齿粗细对锯削的影响如图 11-23 所示。

锯齿排列有波形和交叉形，以减少锯口两侧与锯条间的摩擦，如图 11-24 所示。

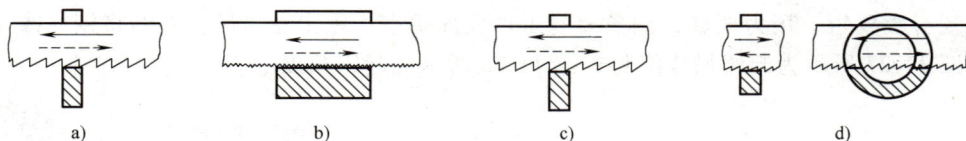

图 11-23 锯齿粗细对锯削的影响

a）锯齿粗，容屑空间大　b）锯齿细，齿间堵塞　c）锯齿太粗，同时锯削的齿数不到两个

d）锯齿细，同时锯削的齿数可以有 2~3 个

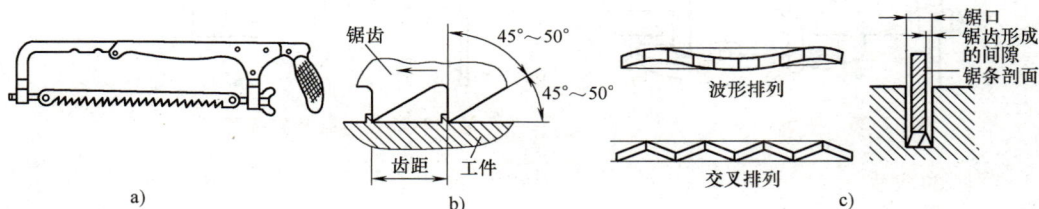

图 11-24 锯条与锯齿

a）安装在锯弓上的锯条　b）锯齿　c）锯齿的排列形状

2. 锯削操作步骤

（1）选择锯条　根据工件材料及厚度选择合适尺距的锯条。

（2）安装锯条　安装锯条时，应注意以下几点：

1）锯齿向前，使之前推时承受切削力，顺利切削。

2）松紧适当，过紧的锯条会失去弹性，容易折断；过松的锯条容易扭曲，也易折断，且锯缝易歪斜。一般松紧程度以用两手指旋紧螺母为宜。

3）锯条应与锯弓尽量保持在同一平面，以防止锯缝偏斜。

（3）**装夹工件** 工件应尽可能装夹在台虎钳左边，以免操作时碰伤左手。工件伸出要短，否则锯削时会颤动。

（4）**站立位置** 锯削时站立位置很重要，如图11-25所示，这种站立位置对錾削、锉削均适用。

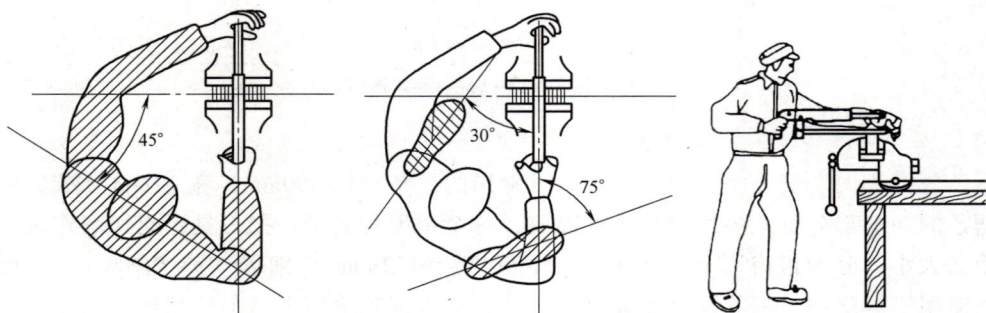

图 11-25 站立位置

（5）**手锯握法** 右手握手柄，左手轻扶锯弓前端，手锯握法如图11-26所示。

（6）**起锯** 起锯时以左手拇指靠住锯条，右手往复推动手柄，起锯角度 α 稍小于15°。锯弓往复行程要短，用力要轻，锯条要与工件表面垂直。锯出锯口后，逐渐将锯弓改至水平方向。图11-27所示为起锯操作姿势；图11-28所示为起锯角度。

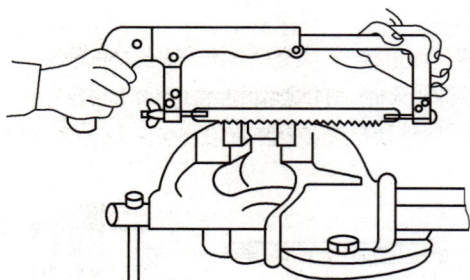

往返距离应短，用力要轻

锯条

锯削起锯
实操演示

图 11-26 手锯握法 **图 11-27 起锯操作姿势**

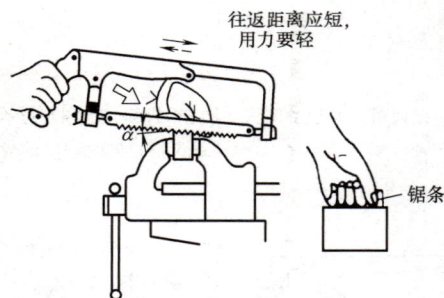

3. 锯削的应用

锯削时，运动方向保持水平，不可摆动，前推时加压，用力需均匀，返回时应从工件上轻轻滑过。锯削速度不宜过快，通常为20~40次/min。

锯削前，一般应在工件上划出锯削线，留出加工余量。针对不同的工件应采用不同的锯削方法。

（1）**棒料的锯削** 锯削棒料时，为了得到整齐的锯缝，应从起锯开始以一个方向锯到结束。

（2）**管材的锯削** 锯削管材时，不可从上到下一次锯断，应只锯到管子的内壁处，然后工件向推锯方向转一定角度，再继续锯削，如图11-29所示。

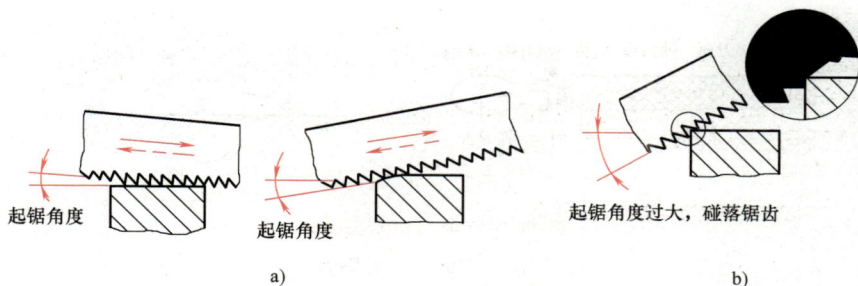

起锯角度　起锯角度　起锯角度过大，碰落锯齿

a)　　　　　　　　　b)

图 11-28　起锯角度

a）正确　b）错误

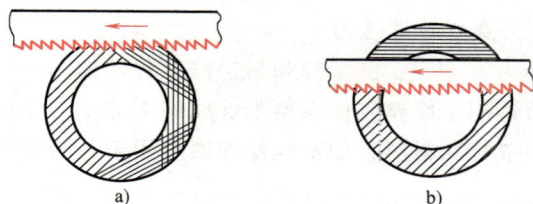

a)　　　　　　b)

图 11-29　管材的锯削

a）正确　b）错误

（3）深缝的锯削　锯深缝时，当锯缝深度超过锯弓高度时，应将锯条转 90°安装，平放锯刀做推锯，如图 11-30 所示。

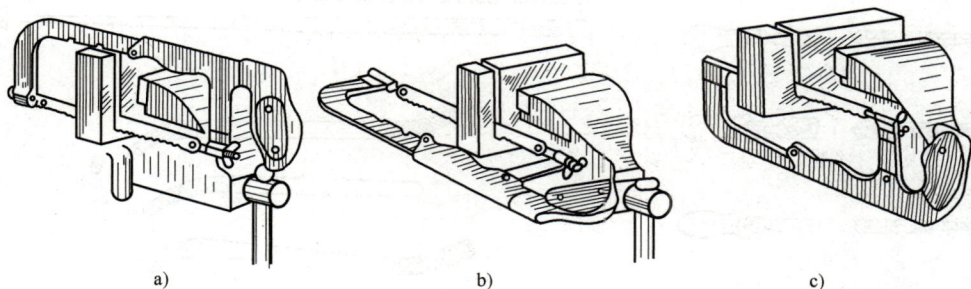

a)　　　　　　b)　　　　　　c)

图 11-30　深缝的锯削

a）锯缝深度超过锯弓高度　b）锯条旋转 90°　c）锯弓旋转 180°

11.2.3　锉削

锉削是用锉刀去除工件表面多余材料的加工方法。一般用于錾削和锯削之后或修配零件的加工。锉削加工的尺寸公差等级可达 IT8～IT7，表面粗糙度值 Ra 可达到 $1.6～0.8\mu m$。

1. 锉刀

锉刀是锉削的工具。它由碳素工具钢 T13 或 T12 制成，热处理后切削部分硬度可达 62～67HRC。

锉刀主要由锉边、锉面和锉柄组成，如图 11-31 所示。锉刀齿纹多制成交错排列的双纹，以便于断屑和排屑。

2. 锉刀的种类

锉刀按其断面形状可分为平锉、方锉、三角锉、圆锉和半圆锉，如图 11-32 所示。

185

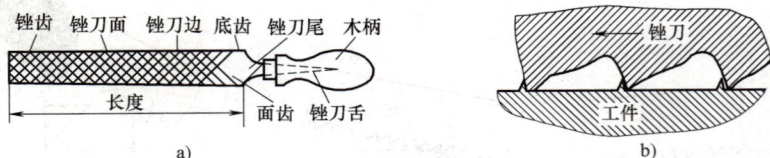

图 11-31 锉刀结构及齿形

a）锉刀结构 b）锉刀齿形

　　锉刀大小以工作部分的长度来表示，有 100mm、150mm、200mm、250mm 和 300mm 等多种规格。锉刀的粗细按锉刀齿纹的齿距大小来划分。粗锉齿距为 0.8~2.3mm，细锉齿距为 0.16~0.2mm，以上锉刀属于普通锉刀。

　　锉刀按用途不同可分为普通锉、整形锉和异形锉三种，如图 11-32 所示。普通锉用于一般的锉削加工。整形锉刀适用于修整制作小型工件或细小部位、样板、模具等。异形锉刀用于加工工件上的特殊表面或特殊材料，如木锉修锉胶皮用于补胎等。

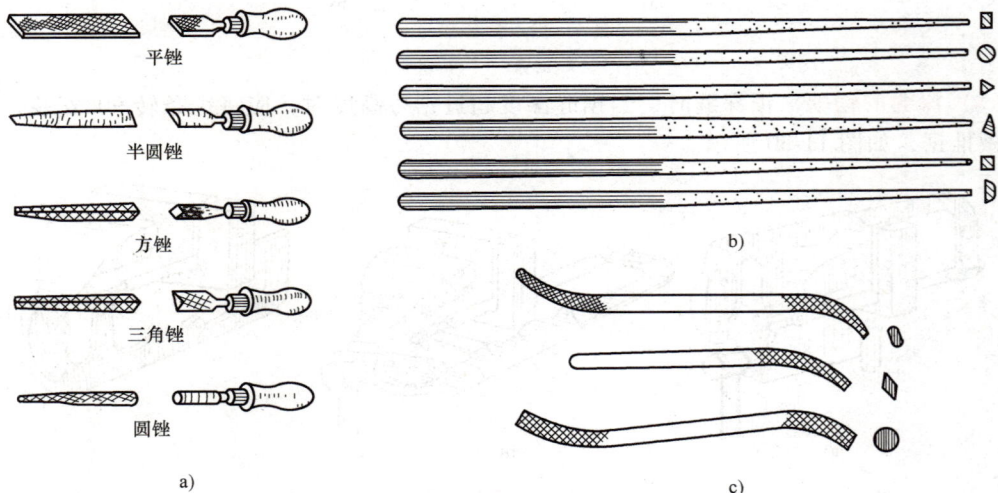

图 11-32 锉刀种类

a）普通锉 b）整形锉 c）异形锉

3. 锉刀的握法

　　大锉刀（300mm 以上）的握法如图 11-33a、图 11-33b 所示。右手心抵着锉刀柄的端头，大拇指放在锉刀柄的上面，其余四指放在下面，配合大拇指握住锉刀的柄。左手掌部压在锉刀另一端，拇指自然伸直，其余四指弯曲扣住锉刀前端。主要由右手用力，左手使锉刀保持水平，引导锉刀水平移动。

　　中、小锉刀的握法如图 11-33c、图 11-33d 所示。

4. 锉削方法

　　（1）平面锉削　常用的平面锉削方法有顺向锉法、交叉锉法和推挫法三种，如图 11-34 所示。

　　1）顺向锉法。顺向锉是最基本的锉削方法。锉刀沿工件表面横向或纵向移动，即锉刀

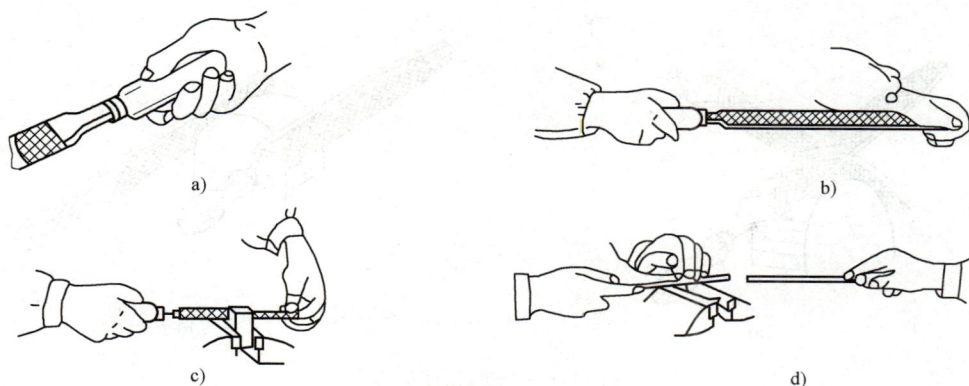

图 11-33　握锉方法

a）锉柄握法　b）大锉刀握法　c）中锉刀握法　d）小锉刀握法

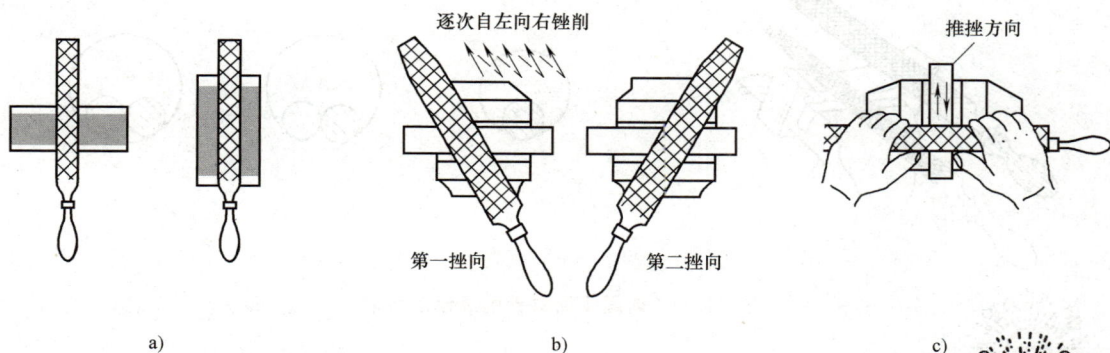

图 11-34　平面锉削

a）顺向锉法　b）交叉锉法　c）推锉法

平面锉削
实操演示

始终朝一个方向推进。该方法可得到平直的锉痕，比较美观。适用于小平面锉削和粗锉以及工件锉光、锉平或锉顺锉纹。

2）**交叉锉法**。交叉锉是锉刀以交叉的两个方向交替对工件进行锉削，锉刀运动方向与工件夹持方向成 30°~40°。锉削时锉刀与工件的接触面增大，锉刀容易掌握平稳，能及时从锉痕上判断出锉削面的高低情况，且锉削效率高，因此它具有锉削平面度好的特点。但是平面的表面质量稍差，且锉纹交叉，适用于平面的粗锉和半精锉。

3）**推锉法**。推锉法以两手对称横握锉刀，用两大拇指推锉刀进行锉削。锉纹特点同顺向锉锉削的效率较低。适用于狭长平面锉削和修整已锉平、加工余量较小的场合。

锉削平面时，工件尺寸可用钢直尺、卡钳或游标卡尺检验。工件的平面度和垂直度可用直角尺根据其是否能透过光线来检查，如图 11-16 所示。

（2）弧面的锉削

1）**外圆弧面的锉削**。锉削外圆弧面时，锉刀除顺着外圆弧面向前运动，还要沿工件加工面的圆弧中心摆动，如图 11-35 所示。

a)   b)

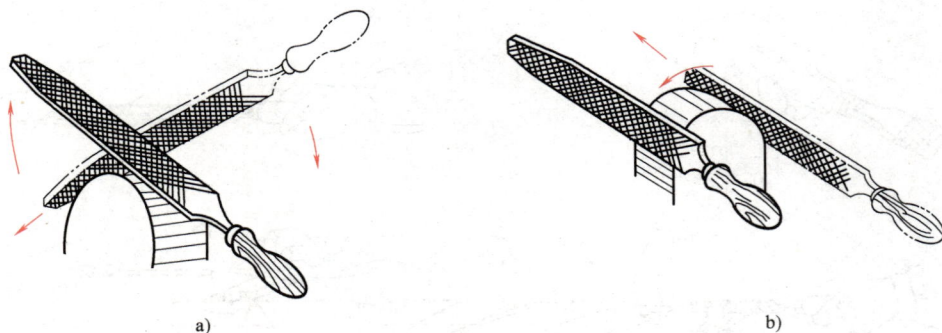

图 11-35　外圆弧面的锉削

2）内圆弧面的锉削。锉削内圆弧面时，用半圆锉或圆锉除顺着内圆弧面向前运动，还要本身做旋转运动、向左或向右移动，如图 11-36 所示。

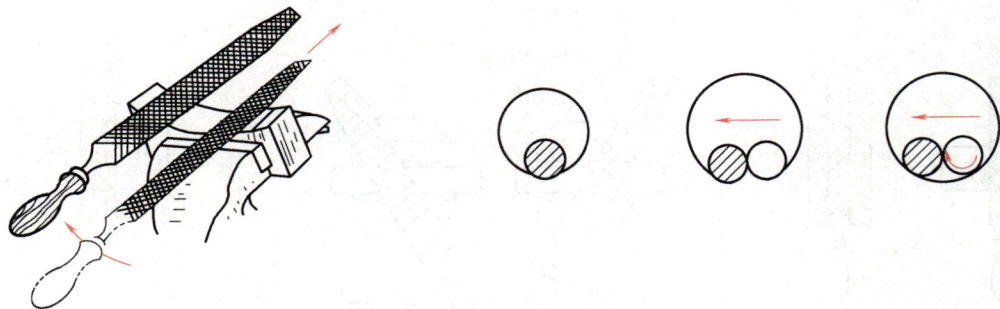

图 11-36　内圆弧面的锉削及锉削运动

球面锉削
实操演示

11.2.4　钻孔、扩孔和铰孔

　　工件上孔的加工，除去一部分由车削、铣削和磨削等加工方法完成之外，大部分由钳工利用各种钻床和钻孔工具来完成。钳工加工孔的方法一般指钻孔、扩孔和铰孔等，属于钻削加工。

1. 钻孔

用钻头在实心工件上加工出孔的操作称为钻孔。钻孔的尺寸公差等级低，一般为 IT12 左右，表面粗糙度值 Ra 为 $50\sim12.5\mu m$。

（1）麻花钻及装夹　麻花钻是最常用的钻头，因其工作部分的外形像"麻花"，所以这种钻头称为"麻花钻"。它是由工作部分和夹持部分组成的，如图 11-37 所示。夹持部分为钻头的柄部。柄部有两种形式，即直柄和锥柄。一般直径小于 12mm 的钻头为直柄，大于12mm 的钻头为锥柄。锥柄扁尾既可传递较大的扭矩，又可避免钻头在主轴锥孔或钻套中转动，并便于拆卸钻头。

直柄麻花钻一般用钻夹头装夹，如图 11-38 所示。钻夹头的锥柄安装在钻床主轴锥孔中，麻花钻的直柄装夹在钻夹头三个能自动定心的夹爪中。

锥柄麻花钻一般用过渡套筒安装，如图 11-39 所示。若用一个过渡套筒仍无法与主轴锥

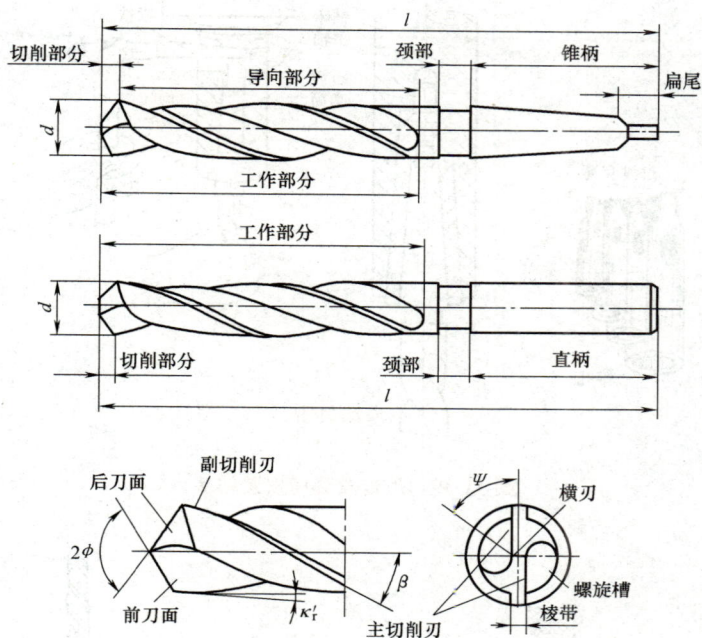

图 11-37 麻花钻的结构

孔配合，还可用两个或两个以上套筒做过渡连接。

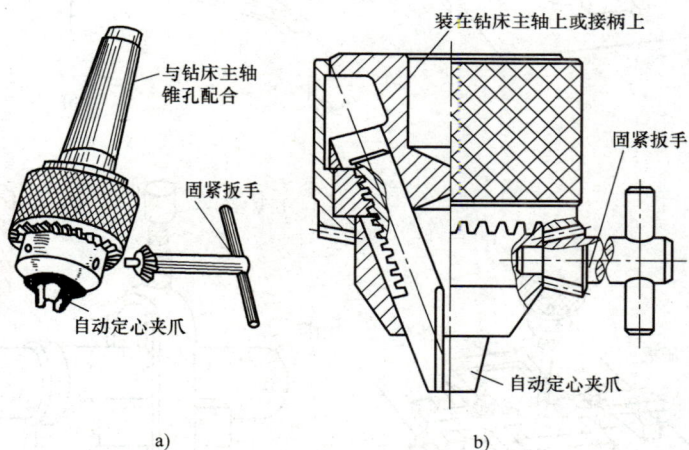

图 11-38 钻夹头

（2）工件的安装　在立钻或台钻上钻孔时，工件通常用平口虎钳安装。有时用压板螺栓把工件直接安装在工作台上，夹紧前要先按划线标志的孔位进行找正，如图 11-40 所示。

（3）钻削用量　钻孔的钻削用量包括钻头的转速和进给量。钻削用量应根据工件材料的硬度、孔径大小及精度要求选择，可以用查表法，也可以凭经验选定钻削用量。

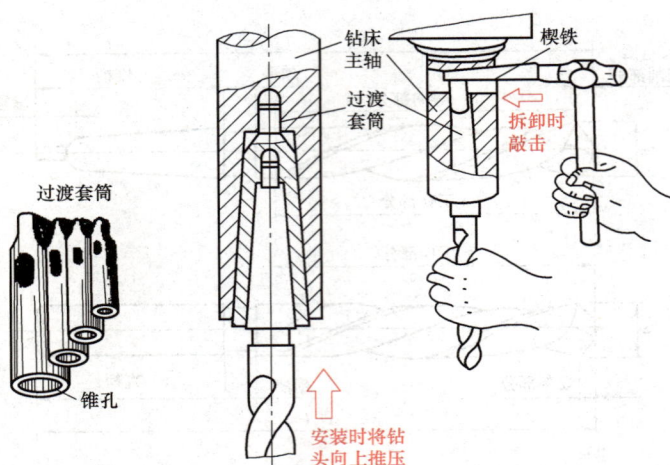

图 11-39　用过渡套筒安装钻头

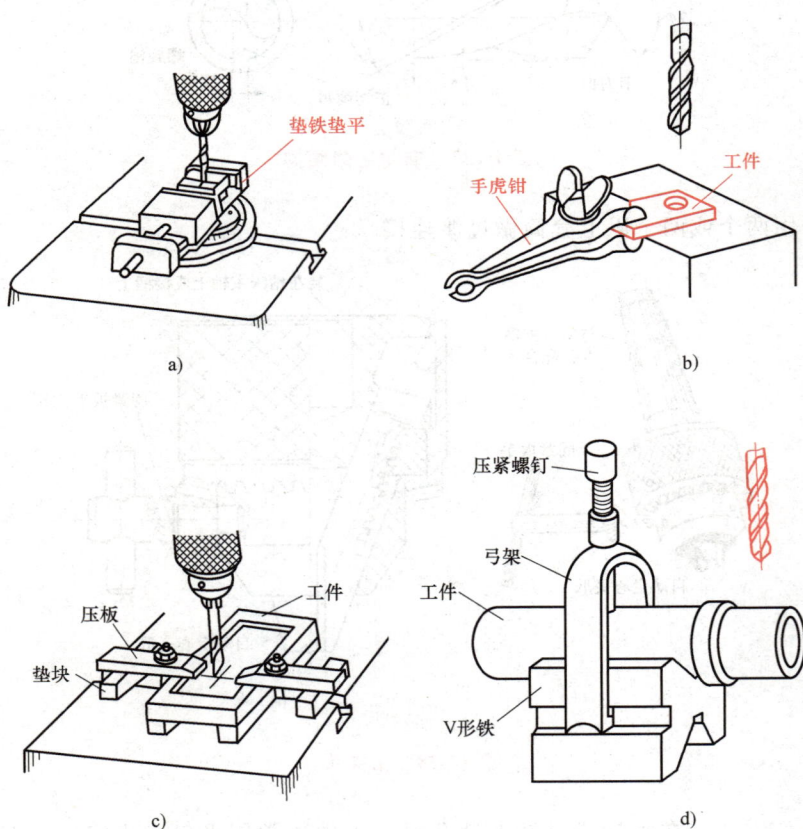

图 11-40　钻孔时工件的安装
a）平口虎钳　b）手虎钳　c）压板螺栓　d）V形铁

（4）钻孔方法　按划线钻孔时，钻孔前应在孔中心处打好样冲眼，划出检查圆，以便找正中心，便于引钻，然后钻一个浅坑，检查判断是否对中。若偏离较多，可用样冲在应钻掉的位置錾出几条槽，以便把钻偏的中心纠正过来。

用麻花钻钻较深的孔时，要经常退出钻头以排出切屑和进行冷却，否则切屑可能会堵塞在孔内致使钻头卡断或由于过热而加剧钻头磨损。孔即将钻穿时进给要慢，以防钻头折断。为降低切削温度、提高钻头的寿命，钻孔时一般要加切削液。

2. 扩孔

用扩孔钻或钻头扩大工件上已有孔的加工方法称为扩孔。扩孔常作为孔的半精加工，也普遍用作铰孔前的预加工。扩孔的质量比钻孔高，一般尺寸公差等级可达 IT10~IT9，表面粗糙度 Ra 值为 $6.3~3.2\mu m$。

扩孔钻的形状与麻花钻相似，所不同的是扩孔钻有 3~4 个齿，没有横刃，螺旋槽较浅，钻心粗大，刚性好，扩孔时自身导向性也比麻花钻好。扩孔钻的结构如图 11-41 所示。

用扩孔钻扩孔，多用于加工余量较小时（0.5~4mm）；当加工余量较大时，需用大麻花钻扩孔。

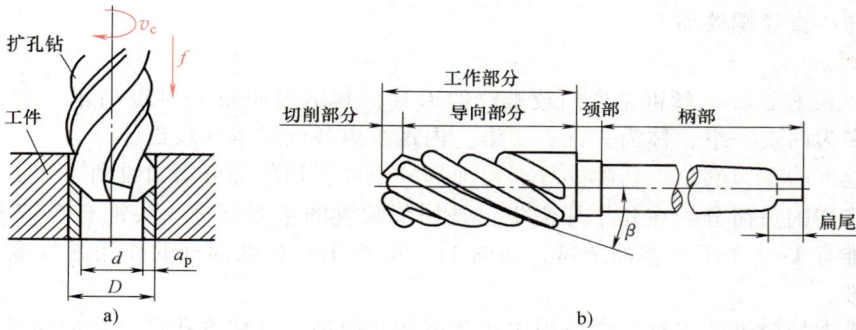

图 11-41　扩孔钻的结构

a）扩孔加工　b）扩孔钻

3. 铰孔

铰孔是用铰刀对孔进行最后精加工的方法。铰孔的尺寸公差等级可达 IT7~IT6，表面粗糙度值 Ra 可达 $1.6~0.8\mu m$。铰孔的加工余量很小，粗铰为 $0.15~0.25mm$，精铰为 $0.05~0.15mm$。

铰刀的结构如图 11-42 所示，分为手用铰刀和机用铰刀两种。手用铰刀为直柄，柄尾有方头，工作部分较长，刀齿数较多，用于手动铰孔。机用铰刀多为锥柄，装夹在钻床、镗床主轴上或车床尾座轴上进行铰孔。

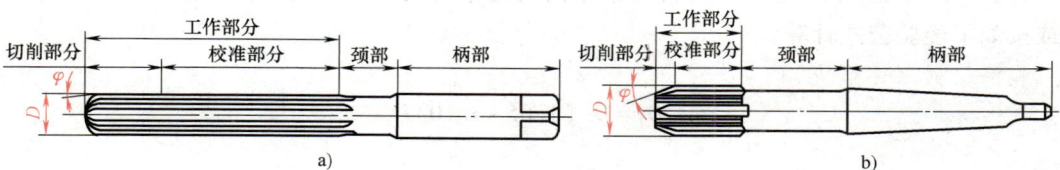

图 11-42　铰刀的结构

a）手用铰刀　b）机用铰刀

铰孔注意事项有：

1）合理选择铰孔余量。

2）铰孔时要选用合适的切削液进行润滑和冷却。铰削钢件时一般用乳化液，铰削铸铁时一般用煤油。

3）铰削时，要选择较低的切削速度、较大的进给量。

4）铰孔时，铰刀在孔中绝对不能倒转，否则铰刀和孔壁之间易挤住切屑，造成孔壁划伤；机铰时，要在铰刀退出孔后再停车，否则孔壁有拉毛痕迹；铰通孔时，铰刀修光部分不可全部露出孔外，否则出口处会被划伤。

11.2.5 攻螺纹和套螺纹

工件外圆柱表面上的螺纹称为外螺纹。工件圆柱孔壁上的螺纹称为内螺纹。攻螺纹是用丝锥加工工件内螺纹的操作。套螺纹是用板牙加工工件外螺纹的操作。攻螺纹和套螺纹一般用于加工普通螺纹，它们所用工具简单，操作方便，但生产率低，精度不高，主要用于单件或小批量的小直径螺纹加工。

1. 攻螺纹

（1）丝锥和铰杠　丝锥是专门攻螺纹的刀具，其结构如图 11-43a 所示。通常 M6～M24 手用丝锥多为两支一组，称为头锥、二锥。内螺纹由各丝锥依次攻出。

每个丝锥的工作部分由切削部分和校准部分组成。切削部分磨出锥角，牙齿不完整，以便导向和将切削负荷分配在几个牙齿上，是切削螺纹的主要部分。头锥有 5～7 个不完整的牙齿，二锥有 1～2 个不完整的牙齿，如图 11-43b 所示；校准部分的作用是校准、修光螺纹和引导丝锥。

铰杠是夹持丝锥的工具，它分固定式和可调式两种，铰杠方孔尺寸和柄的长度已经标准化，使用时按丝锥规格选用相应的铰杠，如图 11-43c 所示。

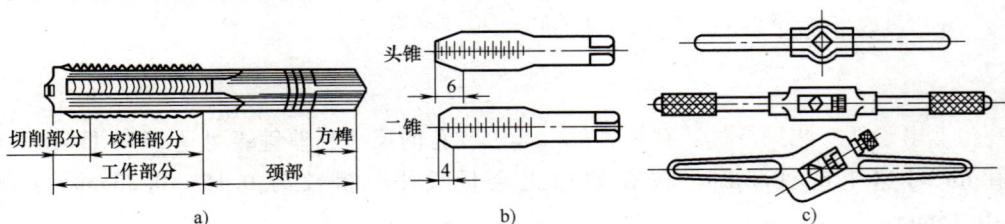

图 11-43　丝锥的结构

a）丝锥结构　b）头锥、二锥　c）铰杠

（2）攻螺纹的操作方法

1）确定底孔直径和深度。攻螺纹前钻出的孔称为底孔。底孔直径可查机械制造工艺手册或按如下经验公式计算。

脆性材料（铸铁等）：

$$D_1 = D - (1.05 \sim 1.10)P$$

塑性材料（钢料等）：

$$D_1 = D - P$$

式中，D_1 为底孔直径（mm）；D 为螺纹外径（mm）；P 为螺纹螺距（mm）。

钻孔深度取螺纹长度加上 $0.7D$。按经验公式计算出的钻孔直径，应圆整成标准的钻头直径。

2）钻底孔并倒角。钻底孔后要对孔口进行倒角。

3）攻螺纹。先将丝锥装入铰杠，再将丝锥垂直放入工件的螺纹底孔内，双手转动铰杠，并在轴向施加压力，使头锥轻压旋入1~2周，如图11-44a所示。用目测或直角尺在两个互相垂直的方向上检查，并及时纠正丝锥，使其与端面保持垂直，如图11-44b所示。当丝锥旋入3~4周后，可以只转动不加压，每转1~2周应反转1/4周，以使切屑断落。图11-44c所示的虚线，表示要反转。攻钢件螺纹时应加机油润滑，攻铸铁件螺纹时可加煤油。

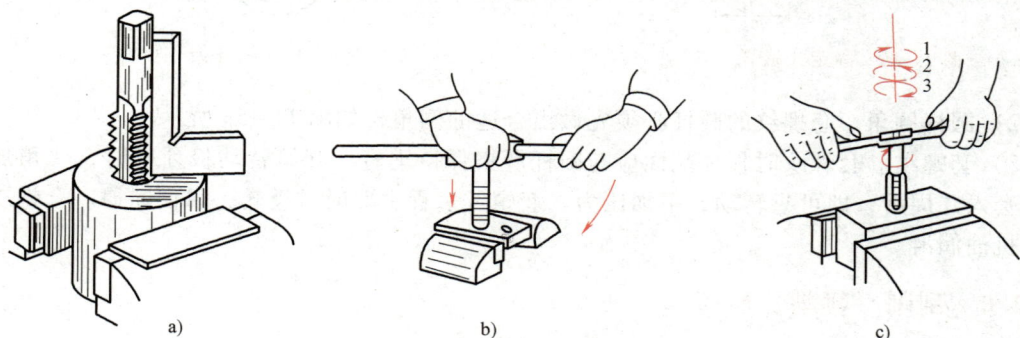

图 11-44 手攻螺纹方法
a）检查垂直度 b）起攻 c）攻螺纹

攻通孔螺纹时，只用头锥攻穿即可。攻不通孔螺纹时，应注意排屑，必要时，还应退出丝锥排屑，同时需依次使用头锥、二锥才能攻到所需的深度。

攻螺纹时，两手的用力力求相等，以保持力矩平衡，防止丝锥折断。

2. 套螺纹

用板牙加工外螺纹的方法称为套螺纹，如图11-45所示。

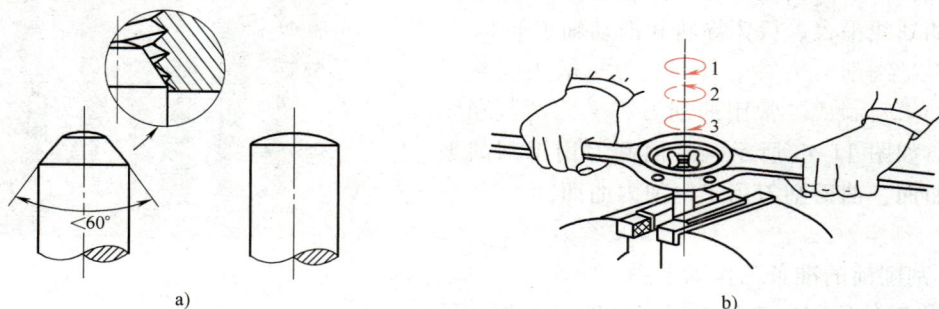

图 11-45 套螺纹
a）套螺纹前圆杆倒角（60°） b）套螺纹

（1）板牙和板牙架 板牙是加工外螺纹的标准刀具，有固定式和可调式两种。图11-46所示为常用的固定式板牙。板牙螺孔的两端有40°的锥度部分，为板牙的切削部分。套螺纹用的板牙架如图11-47所示，用来安装并带动板牙旋转。

（2）套螺纹操作 套螺纹包括确定圆杆直径、圆杆倒角和套螺纹等。

1）确定圆杆直径。套螺纹前应检查圆杆直径，其大小可查机械制造工艺手册或按如下经验公式计算：

$$d_0 = d - 0.13P$$

式中，d_0 为圆杆直径（mm）；d 为螺杆大径（mm）；P 为螺距（mm）。

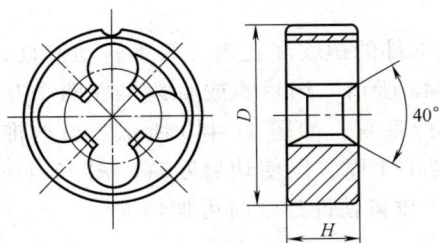

图 11-46　固定式板牙

图 11-47　板牙架

2）圆杆倒角。套螺纹的圆杆必须先做出合适的倒角，如图 11-45a 所示。

3）套螺纹。套螺纹时板牙端面应与圆杆严格保持垂直。开始转动板牙架时，要稍加压力。套入几周后，即可只转动，不加压力。套螺纹过程中要时常反转，以便断屑。套螺纹时应加机油润滑。

11.2.6　刮削、錾削、研磨

1. 刮削

（1）基本知识　刮削是利用刮刀在工件已加工表面刮去很薄的金属层的操作。刮削是钳工的精密加工，能刮去机械加工遗留下来的刀痕、表面细微不平、工件扭曲及中部凹凸。刮削后可以增加配合表面的接触面积，能提高配合精度，降低工件表面粗糙度值，减小摩擦阻力。刮削常用在工件形状精度要求高或相互配合的滑动表面，如划线平台、机床导轨和滑动轴承等。

刮刀是刮削的主要工具，刮刀一般用碳素工具钢或轴承钢制成。常用的刮刀有平面刮刀和曲面刮刀，如图 11-48 所示。平面刮刀用于刮削平面和外曲面，曲面刮刀用于刮削内曲面。

（2）基本操作

1）刮削前的准备工作如下：

① 将工件稳固地安放在适当高度（与腰部平齐），若工件较高，应配脚踏板以便于操作。

② 清理工件表面，去除油污、氧化皮等。

③ 准备好刮削工具和显示剂。

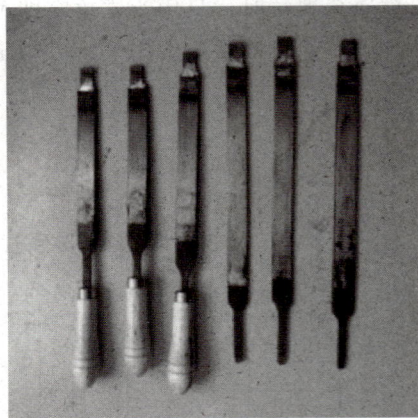

图 11-48　刮刀（实物图）

2）刮削方法。包括平面刮削方法和曲面刮削方法。

① 平面刮削方法。平面刮削方法有手刮法和挺刮法，如图 11-49 所示。

② 曲面刮削方法。曲面刮削都是用手持刮刀进行的，如图 11-50 所示。

（3）刮削质量的检验　刮削质量的检验方法是研点法，在工件刮削表面均匀地涂上一层很薄的显示剂（红丹油），然后与校准工具（平板、心轴等）相配研。工件表面上的高点经配研后会磨去显示剂而显出亮点（贴合点）。刮削质量是以（25×25）mm² 内贴合点的数目表示的。贴合点数目多且均匀表明刮削质量高，超级平面（0 级划线平台、精密工具的平

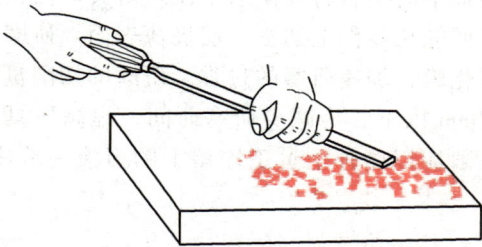

图 11-49 平面刮削方法

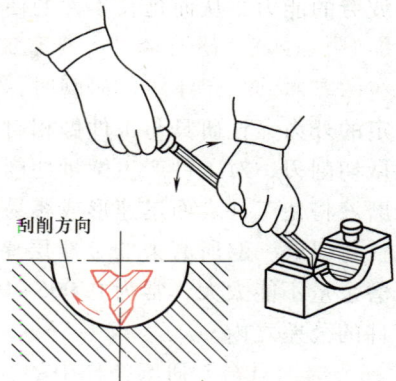

刮削方向

图 11-50 曲面刮削方法

面）要求（25×25）mm² 内贴合点高达 25 点以上。

2. 錾削

（1）**錾削的定义** 錾削是钳工常用的加工方法，用锤子打击錾子对金属进行切削加工的操作称为錾削。其作用主要是去除毛坯上的凸缘、毛刺、浇口冒、切割板料、条料、开槽以及对金属表面进行粗加工等。

（2）**錾子的种类**

1）**扁錾**（阔錾）。切削部分扁平，切削刃较宽并略带圆弧，其作用是在平面上錾去微小的凸起部分，切削刃两边的尖角不易损伤平面的其他部位。扁錾主要用来去除凸缘、毛边和分割材料等。

2）**狭錾**（尖錾）。尖錾的切削刃较短，主要用来錾槽和分割曲线形板料。尖錾切削部分的两个侧面，从切削刃起向柄部逐渐狭小，作用是避免錾沟槽时錾子的两侧面被卡住，增加錾削阻力和加剧錾子侧面的损坏。

3）**油槽錾**。油槽錾用来錾削润滑油槽，切削刃很短，呈圆弧形。为在对开式的滑动轴承孔壁錾削油槽，切削部分呈弯曲形状。

（3）**錾削的注意事项**

1）工件应夹持牢固，以防錾削时松动。

2）錾头上出现毛边时，应在砂轮机上将毛边磨掉，以防錾削时锤子击偏伤手或毛边碰伤人。

3）操作时握锤子的手不允许戴手套，以防锤子滑出伤人。

4）錾头、锤头不允许沾油，以防锤击时打滑伤人。

5）锤子锤头与锤柄若有松动，应使用楔铁楔紧。

6）錾削时要戴防护眼镜，以防碎屑崩伤眼睛。

3. 研磨

研磨是一种使用研磨工具和研磨剂研去工件表面上一层极薄金属的精加工方法。研磨的目的是使两结合工件的结合面更精密，有准确的形状和很低的表面粗糙度值。它可以获得高的加工精度（0.001～0.005mm）和低的表面粗糙度值（$Ra=1.6～0.1\mu m$）。一般用于精密零件的加工及量具、模具和夹具等的制造与修理。研磨后的零件表面，可提高耐磨性、耐蚀性和抗疲劳的能力，从而延长零件的使用寿命。

(1) 研磨原理与研磨余量　研磨加工是磨料通过研具对工件进行微量切削，它包含物理和化学两方面的综合作用。研磨时，一般在研具的研磨面上加入研磨剂，并对研具或工件作用一定的外力，让研具与工件做相对运动。研磨剂中的磨料将在研磨中压入研具表面，形成无数微切削刃，对工件产生微量切削和挤压，从而能从零件上切去一层极薄表面。研磨剂中的研磨液将使工件表面迅速形成容易被磨掉的氧化膜，加速研磨的过程。研磨的切削量极小，往往每研磨一遍所磨去的金属层厚度在 0.002mm 以下，为减少研磨时间，提高研具寿命，研磨余量不能太大，常为 0.005~0.03mm。一般应以磨掉上道工序留下的刀痕为原则，且在工件的公差之内。

(2) 研磨的材料　研磨操作中的三个要素是：研具、研磨剂和工件。

研具是研磨时决定工件被研磨表面几何形状的标准工具。研具一般选用比被研磨工件软的材料，通常有灰铸铁、球墨铸铁、低碳钢和铜等。

研磨剂是由磨料（刚玉类、碳化物类、金刚石类等）、研磨液（煤油、汽油、L-AN22 与 L-AN32 全损耗系统用油、工业用甘油、透平油等）及辅助材料调和而成的混合剂，一般用成品研磨膏，使用时加入机械油稀释。

(3) 研磨的方法　研磨分为手工研磨和机械研磨两种。手工研磨时，要使工件表面各处都受到均匀的切削，应选择合理的运动轨迹。

研磨要领：①研具材料的选择；②研磨剂的选择；③合理的运动轨迹；④适合的压力和速度；⑤重视在研磨中的清洁工作，研磨后应及时清洗，防锈；⑥研磨过程中要不断检查研磨质量并调换研磨剂。

1) 平面的研磨。研磨平面一般在平板上进行。研具是非常平整的研磨平板，粗研的平板上有槽，精研时用光滑平板。

研磨步骤：①将工件去除毛刺并清洗；②用煤油或汽油清洗平板表面并擦干；③在平板上涂上适当的研磨剂；④将零件待研表面贴合在平板上，用 8 字形或螺旋形的旋转和直线运动相结合的方式进行研磨，不断改变工件的运动方向，并使运动轨迹遍及平板全部表面，以保持研具的均匀磨损。

2) 圆柱面的研磨。圆柱表面的研磨可以在钻床、车床或专用研磨机上进行，也可用手工操作。不论机械研磨还是手工研磨，都是利用旋转运动与直线往复运动进行研磨加工的，不同的是研磨外圆或内孔所使用的研具不同。

外圆柱面用可调节内径的研套（研套的内径比被研磨的外圆直径大 0.025~0.05mm，其长度为孔径的 1~2 倍），工件装夹在机床（如车床或钻床）主轴上，用手握住研套沿轴线移动，工件由机床带动转动（一般工件直径小于 80mm 时，转速可选 50~100r/min；工件直径大于 100mm 时，转速应小于 50r/min 为宜），工件上涂有研磨剂。研磨时要注意控制研套往复运动的速度，使研磨出来的工件表面网纹与轴线成 45°夹角。若夹角小于 45°，说明速度太快；若夹角大于 45°，说明速度太慢。研套往复运动速度太快或太慢，都会影响工件的表面质量。

内圆柱面的研磨是将工件套在可调节外径的研磨棒（研磨棒的外径尺寸一般比被研孔的直径小 0.01~0.025mm，长度为工件孔长的 2/3~1，有时要加长一些。但孔径较大时，多取孔径的 2/3）上进行。

3) 圆锥面的研磨。圆锥面的研磨，常用与工件被研磨面锥度相同的研磨套（或环）或研磨棒作为研具，有时也用相配工件对研的方法。圆锥面的研磨方法与研磨圆柱面相似。典型的圆锥面的研磨是轴端的中心孔研磨，可以用灰铸铁车成60°锥面的研具，将研具固定在尾座或刀架上，在锥面上均匀地涂上研磨剂，工件由机床带动，将研具与中心孔接触，并适当施压，即可进行研磨。

（4）研磨质量检验

1）光隙判别法。将工件置于标准平尺或精密平板上，并使两者接触部位对着光线，然后缓慢地转动工件，观察接触处的光隙颜色和光线粗细，即可判别出平面度或母线直线度误差。

2）涂色显示法。在标准平尺或精密平板上涂一层薄而均匀的显示剂，然后将工件放在标准平尺和精密平板上轻轻地滚动，以工件上黏附的显示剂的均匀程度来判别工件平面度或母线直线度误差。

3）外圆同轴度误差的检验。检验时，将工件置于V形架上，V形架搁在精密平板上，使百分表的测头与工件外圆表面接触（百分表座底面与V形架底面置于精密平板的同一平面上），然后转动工件，即可测出同轴度误差。

（5）研磨注意事项

1）对研磨件施加的压力不要过大，防止过度发热。研磨数十次后，要用干布将对研面擦干净，重新涂上研磨剂再研。

2）研磨剂不要涂抹太多，否则将妨碍研磨表面的接触，降低工作效率。

3）研磨过程中应经常检查研具、工件、研磨剂等，防止混入污物，拉伤工件或研具。

4）圆柱面研磨时，要经常将工件或研磨环（棒）调头，且调整研磨环与工件之间的间隙，作校正性研磨，以防止工件产生锥度。

11.3　装配与拆卸

11.3.1　装配概述

按照规定的技术要求，将零件组装成机器，并经过调整、试验，使之成为合格产品的工艺过程称为装配。

装配类型一般可分为组件装配、部件装配和总装配。组件装配是将两个以上的零件连接组合成为组件的过程，例如曲轴、齿轮等零件组成的一根传动轴系的装配。部件装配是将组件、零件连接组合成独立机构（部件）的过程，例如车床主轴箱、进给箱、传动箱等的装配。总装配是将部件、组件和零件连接组合成为整台机器的过程。

装配是机器制造阶段最后一道工序，是保证机器达到各项技术要求的关键步骤，对产品质量起决定性作用。若装配不良，将会导致机器性能下降、消耗功率增加、使用寿命缩短。因此，装配前必须认真做好以下准备工作：

1）研究和熟悉产品图样，了解产品结构以及零件作用和相互连接关系，掌握其技术要求。

2）确定装配方法、程序和所需的工具。

3）备齐零件，进行清洗，涂防护润滑油等。装配过程通常是先下后上、先内后外、先难后易，先装配保证机器精度的部分，后装配一般部分。

组成机器零部件的连接形式很多，基本上可归纳成两类：固定连接和活动连接。每一类连接中，按照零件结合后能否拆卸又分为可拆连接和不可拆连接，见表11-1。

表 11-1　机器零部件连接形式

固定连接		活动连接	
可拆连接	不可拆连接	可拆连接	不可拆连接
螺纹、键、销等	铆接、焊接、压合、胶接等	轴与轴承、丝杠与螺母、柱塞与套筒等	活动连接的铆合头

11.3.2　典型连接件装配方法

零部件装配形式很多，下面着重介绍螺纹连接、滚动轴承、齿轮等几种典型连接件的装配方法。

1. 螺纹连接装配

螺纹连接是现代机械制造中应用最为广泛的一种连接形式。它具有紧固可靠、装拆简便、调整和更换方便、易于多次拆装等优点。螺纹连接常用的零件有螺钉、螺母、双头螺柱及各种专用螺纹零件等，如图11-51所示。

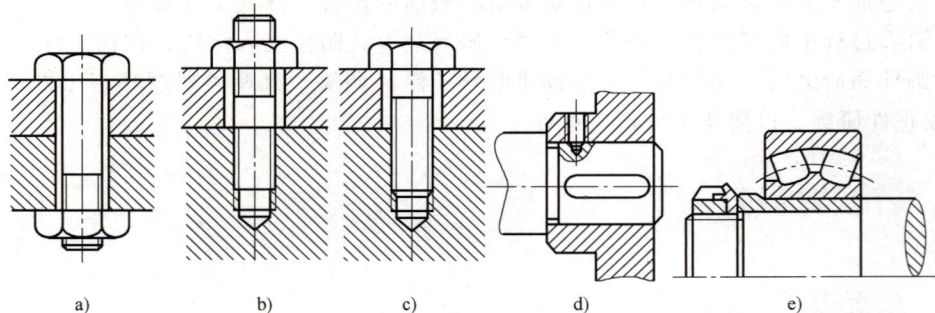

图 11-51　常见的螺纹连接类型
a）螺栓连接　b）双头螺柱连接　c）螺钉连接　d）螺钉固定　e）圆螺母固定

对于一般螺纹连接可用普通扳手拧紧，对于有规定预紧力要求的螺纹连接，常用测力扳手或其他限力扳手以控制扭矩，如图11-52所示。紧固成组螺钉、螺母时，为使紧固件的配合面受力均匀，应按一定顺序拧紧。图11-53所示为两种拧紧成组螺母顺序的实例。按图11-53中数字顺序拧紧，可避免被连接件偏斜、翘曲和受力不均。而且每个螺钉或螺母不能一次就完全拧紧，应按顺序分2~3次才全部拧紧。

零件与螺母的贴合面应平整光洁，否则螺纹容易松动。为提高贴合面质量，可加垫圈。在交变载荷和振动条件下工作的螺纹连接，有逐渐自动松开的可能，为防止螺纹连接的松动，可用弹簧垫圈、止退垫圈、开口销或止动螺钉等防松装置，如图11-54所示。

2. 滚动轴承装配

滚动轴承装配多采用较小的过盈配合，常用手锤或压力机进行压入式装配。为使轴承圈受力均匀，多采用垫套加压。轴承压到轴颈上时应施力于内圈端面，如图11-55a所示；轴承压到座孔中时，要施力于外圈端面上，如图 11-55b 所示；若同时压到轴颈和座孔中时，垫套应能同时对轴承内、外圈端面施力，如图 11-55c 所示。

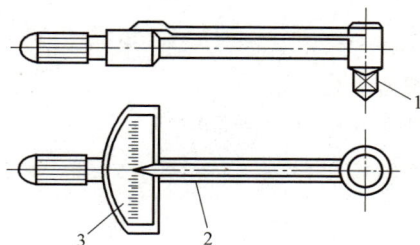

图 11-52　测力扳手

1—扳手头　2—指示针　3—读数板

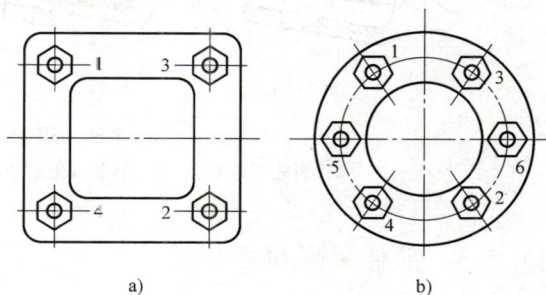

图 11-53　拧紧成组螺母顺序实例

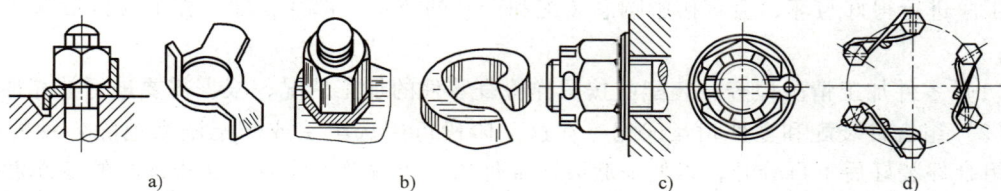

图 11-54　螺纹连接防松装置

a）弹簧垫圈　b）止退垫圈　c）开口销　d）止动螺钉

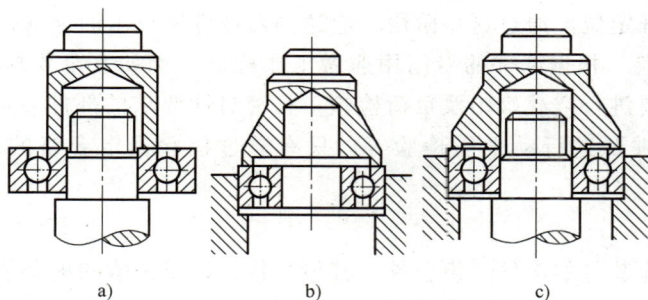

图 11-55　滚动轴承装配

a）施力于内圈端面　b）施力于外圈端面　c）施力于内、外圈端面

当轴承与轴之间采用较大的过盈配合时，应将轴承吊入 80~90℃ 的热油中加热，使轴承膨胀，然后趁热装入；注意轴承不能与油槽底接触，以防过热。如果装入孔中的是轴承，需将轴承冷却后装入。轴承安装后要检查滚珠是否被咬住、是否有合理的间隙。

3. 齿轮装配

齿轮装配时应保证齿轮传递运动的准确性、平稳性、轮齿表面接触斑点和齿侧间隙符合要求等。

齿轮表面接触斑点可用涂色法检验。主动轮的工作齿面上要涂上红色，使相啮合的齿轮在轻微制动下运转，然后根据从动轮啮合齿面上接触斑点的位置和大小判断齿面接触是否正常，如图 11-56 所示。

图 11-56　用涂色法检验啮合情况

a）齿轮正常啮合　b）齿轮间距较小　c）齿轮间距较大　d）齿轮偏磨严重

11.3.3　部件装配和总装配

1. 部件装配

部件装配通常在装配车间中的各个工段（或小组）进行。部件装配是总装配的基础，这一工序进行得好与坏，会直接影响总装配和产品的质量。部件装配过程主要包括以下四个阶段：

（1）零件加工情况检查　装配前按图样检查零件的加工情况，根据需要进行补充加工。

（2）组合件装配和零件相互试配　在这一阶段可用选配法或修配法来消除各种配合偏差。组合件装好后不再分开，以便一起装入部件内。当偏差消除后，互相试配的零件仍要加以分开（因为它们不属于同一个组合件），但分开后必须做好标记，以便重新装配时不会装错。

（3）部件装配及调整　按一定次序将所有组合件及零件互相连接起来，同时对某些零件通过调整加以正确定位。通过这一阶段，应达到对部件所提出的全部技术要求。

（4）部件的检验　根据部件的专门用途做工作检验。例如水泵要检验每分钟出水量及水头高度；齿轮箱要进行空载检验及负荷检验；有密封性要求的部件要进行水压（或气压）检验；高速转动部件要进行动平衡检验等。只有通过检验确定合格的部件，才可进入总装配。

2. 总装配

总装配是把预先装好的部件、组合件、其他零件，以及采购的配套装置或功能部件装配成机器的过程。总装配的过程及注意事项如下：

1）总装配前，应先认真分析产品的装配图，了解所装机器的用途、构造、工作原理以及相关技术要求；再确定装配程序和必须检查的项目；最后对总装配好的机器进行检查、调整、试验，直至机器合格。

2）总装配需严格按照装配工艺规程规定的操作步骤，采用工艺规程规定的装配工具进行装配。应按从里到外、从下到上，以不影响下道装配为原则的次序进行。操作中不能破坏零件的精度和表面粗糙度，对重要、复杂部分要反复检查，以免装错、多装或漏装。任何情况下，应保证污物不会进入机器的部件、组合件或零件内。机器总装配完成后，要在滑动和旋转部位加润滑油，以防运转时出现拉毛、咬住或烧损现象。最后严格按照技术要求，逐项检查。

3）装配好的机器必须加以调整和检验。调整的目的是提高机器各部件的相互作用及各个机构工作的协调性。检验的目的是验证机器工作的正确性和可靠性，发现由于零件制造的质量问题、装配或调整的质量问题所造成的缺陷。小缺陷可以在检验台上加以消除，大缺陷应将机器送到原装配处返修。修理后再进行第二次检验，直至检验合格。

4）检验结束后应对机器进行清洗，随后送至涂装车间进行表面处理。

11.3.4 机械拆卸方法

拆卸工作是设备维修中的一个重要环节。

1. 拆卸前的准备工作

1）工作场地要宽敞明亮、平整、清洁。

2）拆卸工具要准备齐全、规格合适。

3）按不同用途准备好放置零件的台架、分隔盆、油桶等。

2. 机械拆卸的基本原则

1）根据机型和相关资料，了解清楚其结构特点和装配关系，然后确定分解、拆卸的方法和步骤，应按先拆后装、后拆先装的顺序拆卸零部件。

2）正确选用工具和设备，当分解遇到困难时要先查明原因，采取适当方法解决，不得猛打乱敲，防止损坏零件和工具，更不能用量具、钳子代替锤子，以免损坏工具、量具。

3）在拆卸有规定方向、记号的零件或组合件时，应记清方向和记号，若失去标记应重新标记。

4）为避免拆下的零件损坏或丢失，应按零件大小和精度不同分别存放，按拆卸顺序摆放，精密重要零件须专门存放保管。

5）拆下的螺栓、螺母等在不影响修理的情况下应装回原位，以免丢失。

6）按需拆卸，对个别不拆卸即可判断其状况良好的零部件可不拆卸，一方面可节约时间和劳动力，另一方面可避免拆装过程中损坏和降低零件装配精度。但对需拆卸的零件一定要拆，不可图省事而致使修理质量得不到保证。

3. 机械拆卸的基本要求

1）对不易拆卸或拆卸后会降低连接质量，甚至损坏一部分连接零件的连接，应尽量避免拆卸，如密封连接、过盈连接、铆接和焊接连件等。

2）拆卸时用力要适当，特别要注意保护主要构件，不使其发生任何损坏。对于相配合的两个零件，在必须损坏一个零件的情况下，应保存价值较高、制造困难或质量较好的零件。

3）长径比较大的零件，如精密的细长轴、丝杠等零件，拆下后应立即清洗、涂油、垂直悬挂。重型零件可用多支点支承卧放，以免变形。

4）拆下的零件应尽快清洗，并涂上防锈油。对于精密零件，要用油纸包好，防止生锈腐蚀或碰伤表面。零件较多时，应按部件分门别类，做好标记后再放置。

5）拆下较细小、易丢失的零件，如紧定螺钉、螺母、垫圈及销子等，清理后尽可能再装在主要零件上。轴上的零件拆下后，应按原次序方向临时装回轴上或用钢丝串起来放置。

6）拆下的导管，润滑或冷却用油、水、气的通路，各种液压件等，在清理后均应将进出口封好，以免灰尘、杂质进入。

7）拆卸旋转部件时，应尽量不破坏原来的平衡状态。

8）容易产生位移而又无定位装置或有方向性的相配件，为在装配时容易辨认，应在拆卸后做好标记。

4. 常用拆卸方法

（1）击卸法　击卸法是利用锤子或其他重物在敲击或撞击零件时产生的冲击能量把零件卸下的一种方法。击卸法操作时，为防止损坏零件表面，必须垫好软衬垫，如图 11-57 所示，或使用软材料制作的锤子或冲棒（如铜棒、胶木棒等）进行打击。

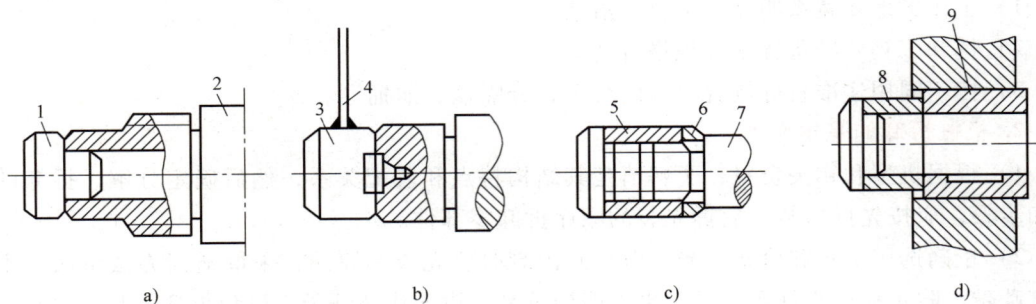

图 11-57　拆卸时常用的衬垫类型

a）保护主轴的垫铁　b）保护中心孔的垫铁　c）保护轴螺纹的垫套　d）保护轴套的垫套

1、3—垫铁　2—主轴　4—铁条　5—螺母　6、8—垫套　7—轴　9—轴套

（2）拉拔法　拉拔法是利用拔销器、拉拔器等专门工具或自制拉拔工具进行拆卸的方法，如图 11-58 所示。

（3）顶压法　顶压法是利用螺旋 C 型夹头、螺钉、机械式压力机、液压压力机或千斤顶等工具和设备进行拆卸的方法，如图 11-59 所示。

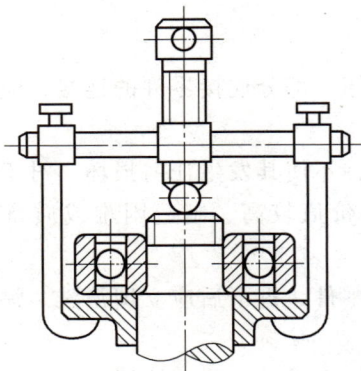

图 11-58　拉拔滚动轴承

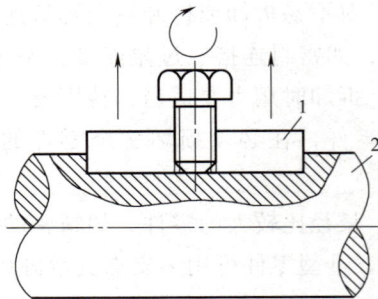

图 11-59　顶压法拆卸平键

1—平键　2—轴

（4）温差法　拆卸尺寸较大、配合过盈量较大或无法用击卸法、顶压法等方法拆卸的零件，可以用温差法拆卸。

（5）破坏法　若必须拆卸焊接、铆接等固定连接件，或轴与轴套互相咬死，或为保存主件而破坏副件时，可采用车削、锯削、錾削、钻削、切削等方法进行破坏性拆卸。

11.4　钳工质量与检验

1. 锯削的质量分析与检验（表 11-2）

表 11-2　锯削的质量分析与检验

锯条损坏形式	产生原因	工件质量问题	产生原因
折断	锯条安装得过紧或过松 工件抖动 锯缝产生歪斜,靠锯条强行纠正 推力过大 更换锯条后,新锯条在旧锯缝中锯削	工件尺寸不对	划线不正确 锯削时未留余量
		锯缝歪斜	锯条安装得过松或扭曲 工件未安装 锯削时,顾前未顾后
崩齿	锯条粗细选择不当 起锯角过大 铸件内有砂眼、杂物等	表面锯痕多	起锯角度过小 锯条未靠左手大拇指的指定位置
磨损过快	锯削速度过快 未加切削液		

2. 锉削的质量分析与检验（表 11-3）

表 11-3　锉削的质量分析与检验

锉削质量	检验工具	检验方法	产生原因
形状、尺寸不准确	游标卡尺	测量法	划线不准确或锉削时未及时检验尺寸
平面不平直	直角尺或刀口形直尺	透光法	锉刀选择不合理,锉削时施力不当
平面互相不垂直	直角尺	透光法	锉刀选择不合理,锉削时施力不当
表面粗糙	表面粗糙度样板	对照法	锉刀粗细选择不当或锉屑堵塞锉刀表面,锉屑未及时处理

3. 钻孔的质量分析（表 11-4）

表 11-4　钻孔的质量分析

质量问题	产生原因
孔径扩大	两主切削刃长度、角度不相等;钻头轴线与钻床主轴轴线不重合
孔壁粗糙	钻头已磨损或后角过大;进给量过大,断屑不良,排屑不畅;切削液选择不当
轴线歪斜	钻头轴线与加工面不垂直;钻头磨削不当,钻削时轴线歪斜;进给量过大,钻头弯曲
轴线偏移	工件划线不正确;钻头轴线未对准孔的轴线;工件未夹紧;钻头横刃太长,定心不准
钻头折断	孔将钻穿时,未及时减小进给量;切屑堵塞未及时排出;钻头磨损严重仍继续钻削;钻头轴线歪斜,钻头弯曲
钻头磨损加剧	切削用量过大;钻头刃磨不当,后角过大;工件有硬质点;未加切削液

4. 攻螺纹的质量分析（表 11-5）

表 11-5 攻螺纹的质量分析

质量问题	产生原因
螺孔攻歪	手动攻螺纹时,丝锥与工件不垂直;用机器攻螺纹时,丝锥未对准孔的中心
滑牙或烂牙	螺孔攻歪,用丝锥强行纠正;丝锥碰到较大的砂眼打滑
螺纹牙深不够	螺纹底孔太大
螺孔中径太大	用机器攻螺纹时,丝锥晃动

11.5 钳工安全文明生产

1. 钳工伤害、安全隐患及操作规范（表 11-6）

表 11-6 钳工伤害、安全隐患及操作规范

序号	伤害	安全隐患	操作规范
1	绞伤	头发、衣物卷入旋转的钻头	禁止穿宽松的衣服,长发必须用标准的安全帽保护起来,身体远离钻床的旋转部件,在起动钻床前,要脱下领带、手表和手镯,操作钻床时严禁戴手套
2	砸伤	工具、工件、錾削时的切屑、拆装的零部件等易掉落	对使用的工具应进行检查,工具按要求正确摆放,工件应该装夹牢固,注意控制切屑的飞溅方向
3	铁屑进入眼睛	细小铁屑易乱飞	铁屑用刷子清扫、不要用嘴吹,使用砂轮机时必须戴好防护眼镜
4	划伤	工件毛刺、钻头刃、长条铁屑易划伤	正确清理毛刺,用锉刀或去毛刺工具去除毛刺;长条铁屑用钩子钩断后,用毛刷清除,不要用手清除或拉断铁屑
5	触电	清洁钻床、加注润滑油时触电	清洁钻床或加注润滑油时,必须切断电源

2. 钳工安全操作规程

1）进入车间,须穿好工作服、工作鞋,扎好袖口。

2）实习学生必须在指定工位进行操作,未经指导教师同意,不得随意触摸、起动各种电源开关和设备。

3）工作台必须安装防护网。

4）工具、量具应分别放置整齐。

5）在车间内禁止大声喧哗,严禁打闹。

6）加工操作前应检查锤子或锉刀等工具的手柄安装是否牢固。

7）用手锯锯削材料时,用力要均匀,不能重压或强扭,接近锯断时用力要小而慢。

8）不能击打划线工具、台虎钳等,刻划、用后要清整,定期除油,工件及工具要轻拿

轻放，以防损坏平板。

9）钻削时必须戴工作帽，但不能戴手套，钻屑只能用毛刷去除。

10）钻削工件必须牢固地装夹在台虎钳中或用压板固定在工作台上，严禁用手握持工件进行钻削。

11）工作完毕后，清洁并收放好工具、量具，清理设备、工作台及工作场所，精密量具应仔细擦净后放在盒子里。

思　考　题

1. 简述钳工的基本操作及应用范围。
2. 划线的作用是什么？如何划出工件上的水平线和垂直线？
3. 方箱、V形铁、千斤顶各有何用途？
4. 怎样选择锯条？起锯和锯削时的操作要领是什么？
5. 简述锯削时锯齿崩落和锯条折断的原因。
6. 简述交叉锉法、顺向锉法和推锉法各适用于什么场合。
7. 锉削时产生凸面的原因是什么？怎样克服？
8. 平面锉削的方法有哪几种？各适用于何种场合？
9. 钻孔、扩孔、铰孔有什么区别？
10. 麻花钻和扩孔钻在结构上有何不同？
11. 如何正确使用丝锥和板牙？
12. 什么是装配？装配过程有哪几步？

第12章

数控加工技术

【基本知识】

1. 学习数控机床的组成、加工过程和特点。
2. 学习数控机床的常用编程代码及编程方法。
3. 学习数控车床、数控铣床、加工中心的加工特点和使用范围。
4. 学习数控车床的程序指令、编程方法和操作方法。
5. 学习加工中心的程序指令、编程方法和操作方法。
6. 学习数控加工安全文明生产知识。

【基本技能】

1. 掌握数控加工安全文明生产知识。
2. 掌握数控车床、数控铣床和加工中心的编程方法。
3. 掌握数控车床、数控铣床和加工中心的基本操作。

12.1 数控加工基础知识

12.1.1 数控机床概述

数控技术，简称数控（Numerical Control，NC），是利用数字化信息对机床的运动过程和加工过程实现控制的自动化技术。由于现代数控都采用了计算机进行控制，因此，也可以称为计算机数控（Computer Numerical Control，CNC）。用数字化信息对机床运动和加工过程进行控制的机床，称为数控机床。

数控加工就是根据零件图样及工艺要求等原始条件，编制零件数控加工程序，并输入到数控机床的数控系统中，以控制数控机床中刀具与工件的相对运动，从而完成零件的加工。

1. 数控机床的组成

数控机床主要由 CNC 系统、伺服系统和机械系统三大部分组成，如图 12-1 所示。

（1）CNC 系统　CNC 系统主要有输入输出设备、CNC 装置和 PLC 等。该系统的主要功能有：数控程序输入、数控程序编译、刀具半径补偿和长度补偿、刀具运动轨迹插补计算等。

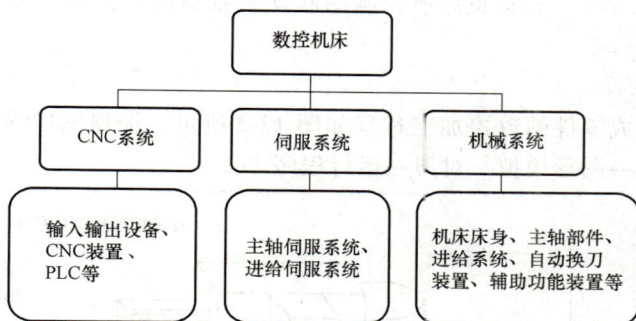

图 12-1　数控机床的组成

（2）伺服系统　伺服系统主要有主轴伺服系统、进给伺服系统、主轴驱动装置和进给驱动装置，分别控制主运动和进给运动的速度和位移，下面对主轴伺服系统和进给伺服系统加以介绍。

1）主轴伺服系统。主轴伺服系统控制机床主轴运动的速度，必要时还控制机床主轴的角位移。主轴伺服系统主要由主轴控制单元、主轴电动机和测量反馈元件等组成。

2）进给伺服系统。进给伺服系统由伺服电动机、驱动控制系统以及位置检测反馈装置等组成。数控系统发出的指令信号与位置检测反馈信号比较并生成位移指令，经驱动控制系统功率放大，控制伺服电动机的运转，通过机床的传动机构带动刀具运动。

（3）机械系统

1）机床床身。床身主要由斜床身结构和平床身结构组成。

2）主轴部件。主轴变速箱结构简单，有的甚至是无齿轮变速机构，采用异步电动机配合调频装置实现无级变速。

3）进给系统。由伺服电动机单独驱动，选用高精度滚珠丝杠和高分辨率的脉冲编码器，对进给传动实现闭环或半闭环控制。

4）自动换刀装置。用电动刀架或刀库配换刀机械手实现刀具自动更换。

5）辅助功能装置。辅助功能装置有程序控制润滑装置、冷却装置和自动排屑装置等。

2. 数控机床的分类

（1）按工艺用途分类

1）切削加工类。包括数控车床、数控铣床、数控磨床和加工中心等。

2）成形加工类。常用的有数控折弯机、数控弯管机和数控冲剪机等。

3）特种加工类。主要有数控线切割机、数控电火花加工机和数控激光加工机等。

4）其他类型。主要有三坐标测量仪、数控装配机、数控测量机、数控绘图仪和机器人等。

（2）按机床运动控制轨迹分类

1）点位控制数控机床。主要有数控钻床。

2）直线控制数控机床。主要有数控车床、数控铣床和数控磨床等。

3）轮廓控制数控机床。包括数控车床、数控铣床、数控线切割机床和加工中心等。

（3）按联动轴数分类 根据机床所控制的联动轴数不同，又可以分为 2 轴、2.5 轴、3 轴和多轴等。

3. 数控加工的过程

利用数控机床完成零件的数控加工过程如图 12-2 所示。根据图样确定加工工艺→编写加工程序→输入程序→图形模拟→对刀→运行程序。

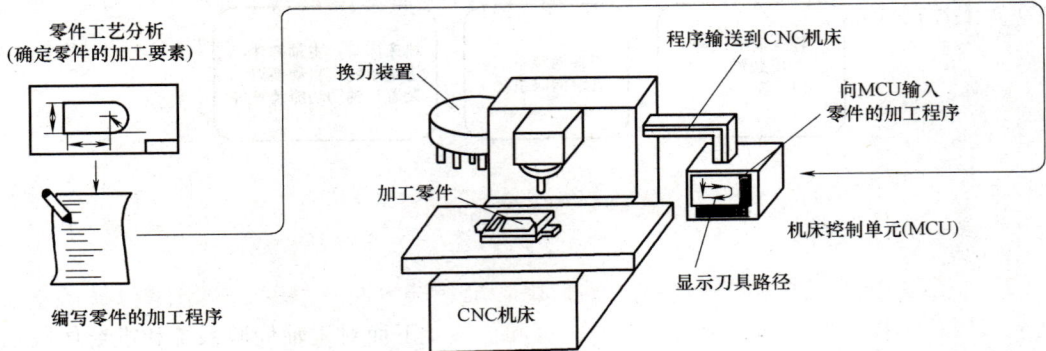

图 12-2　数控加工过程

4. 数控机床的特点

1）高精度。

2）高柔性。

3）适合单件小批量生产和复杂零件加工。

4）产品质量稳定。

5）劳动强度低。

6）生产率高。

7）利于生产管理现代化。

5. 数控加工的应用范围

1）形状复杂、加工精度要求高或可用数学方法定义的复杂曲线、曲面轮廓。

2）公差带小、互换性高、要求精确制造的零件。

3）用通用机床加工时，要求设计制造复杂的专用工装夹具或需很长调整时间的零件。

4）价值高的零件。

5）多品种、批量生产的零件。

6）钻、镗、铰、攻螺纹及铣削加工联合进行的零件。

目前的数控加工主要应用于以下两个方面：

1）常规零件加工，如二维车削、箱体类镗铣等，其目的在于提高加工效率，避免人为误差，保证产品质量。

2）复杂零件加工，如模具型腔、涡轮叶片等。

12.1.2　数控机床的坐标系

为了规范对数控机床坐标和运动方向的描述，国家颁布了《工业自动化系统与集成　机

床数值控制　坐标系和运动命名》（GB/T 19660—2005）标准，该标准规定：刀具相对于静止的工件而运动，即永远假定刀具相对于静止的工件而运动。为了确定机床的运动方向、移动距离，要在机床上建立一个坐标系，此坐标系即标准坐标系，也称为机床坐标系。机床坐标系是在机床上固有的基本坐标系。数控机床的坐标系采用右手笛卡儿直角坐标系，如图 12-3 所示，大拇指方向为 X 轴正方向，食指为 Y 轴正方向，中指为 Z 轴正方向。A、B、C 表示绕 X、Y、Z 轴回转的回转轴线，A、B、C 的正方向用右手法则确定。通常取 $+Z$ 轴平行于机床的主要主轴，$+X$ 轴水平且平行工件装夹面，$-Y$ 轴按右手坐标系判定；X、Y、Z 的正向是使工件尺寸增大的方向。

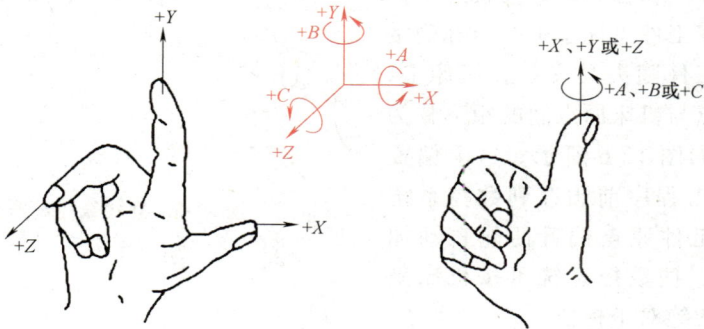

图 12-3　右手笛卡儿直角坐标系

1. 数控车床的坐标系

数控车床的坐标系以主轴中心线为 Z 轴方向，刀具远离主轴端面的方向是 Z 轴的正方向；主轴直径方向为 X 轴方向，以刀架远离主轴中心线方向为 X 轴正方向，如图 12-4 所示。

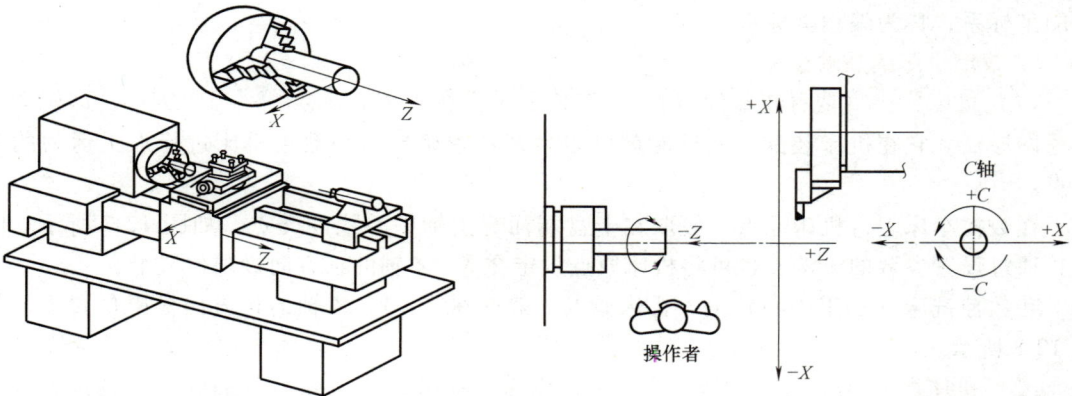

图 12-4　数控车床坐标系

2. 数控铣床（加工中心）的坐标系

数控铣床（加工中心）以主轴中心线为 Z 轴方向，刀具远离工件的方向为 Z 轴的正方向。平行于工件装夹平面的坐标轴为 X 轴，则由主轴向立柱方向看，X 轴正方向向右，如图 12-5 所示。Y 轴及其正方向则应根据已经确定的 X 轴和 Z 轴，按右手笛卡儿直角坐标系确定。通常以刀具移动时的正方向作为编程的正方向。

3. 工件坐标系

工件坐标系是编程人员在编程和加工时使用的坐标系，是程序的参考坐标系。工件坐标系的位置以机床坐标系为参考点，一般一个机床中可以设定6个工件坐标系。编程人员以工件图样上的某点为工件坐标系的原点，称为工件原点。编程时的刀具轨迹坐标点是按工件轮廓在工件坐标系中的坐标确定的。在加工时，工件随夹具安装在机床上，这时测量工件原点与机床原点间的距离称为工件原点偏置，如图12-6所示。这个偏置值必须在执行加工程序前预存到数控系统中。在加工时，工件原点偏置便能自动加到工件坐标系上，使数控系统可按机床坐标系确定加工时的绝对坐标值。

4. 编程坐标系

编程坐标系是人为设定的坐标系，该坐标系既要符合图样尺寸便于计算，又要便于编程。一般先找出图样上加工基准的要求，在满足工艺和精度要求的前提下，确定编程原点。编程人员选择工件图样上的某一已知点为原点（也称程序原点），建立一个新的坐标系，称为编程坐标系。

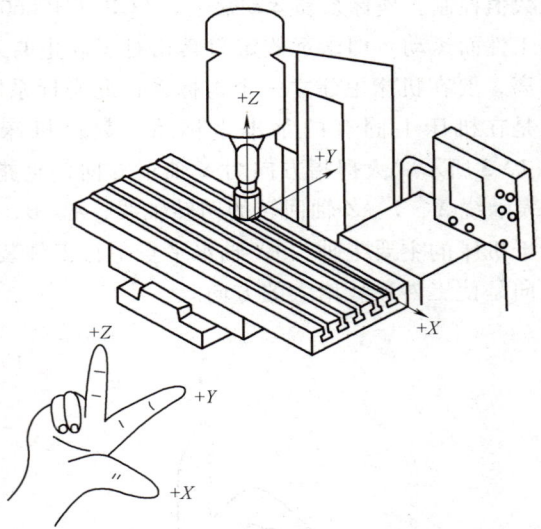

图 12-5 立式数控铣床坐标系

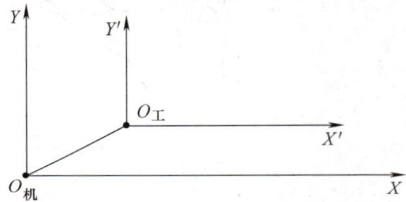

图 12-6 工件坐标系与机床坐标系

5. 数控机床的重要坐标点

（1）机床原点（或称机械原点） 机床原点是指在机床上设置的一个固定点，即机床坐标系的原点。它在机床装配、调试时就已由生产厂家确定，是数控机床进行加工运动的基准点。

在数控车床上，机床原点一般取在卡盘端面与主轴中心线的交点，如图12-7所示。同时，通过设置参数的方法，也可将机床原点设定在 X、Z 轴的正方向极限位置上。

在数控铣床（加工中心）上，机床原点一般取在 X、Y、Z 轴的正方向极限位置上，如图12-8所示。

（2）机床参考点 机床参考点是用于对机床运动进行检测和控制的固定位置点。机床参考点的位置是机床制造厂家在每个进给轴上用限位开关精确调整好的，坐标值已输入数控系统中。通常在数控车床上机床参考点是离机床原点最远的极限点（图12-7），在数控铣床（加工中心）上机床参考点和机床原点是重合的（图12-8）。

数控机床开机时，必须先确定机床原点，而确定机床原点的运动就是刀架返回机床参考点的操作，这样通过确认机床参考点，就确定了机床原点。只有机床参考点被确认后，刀具（或工作台）移动才有基准。

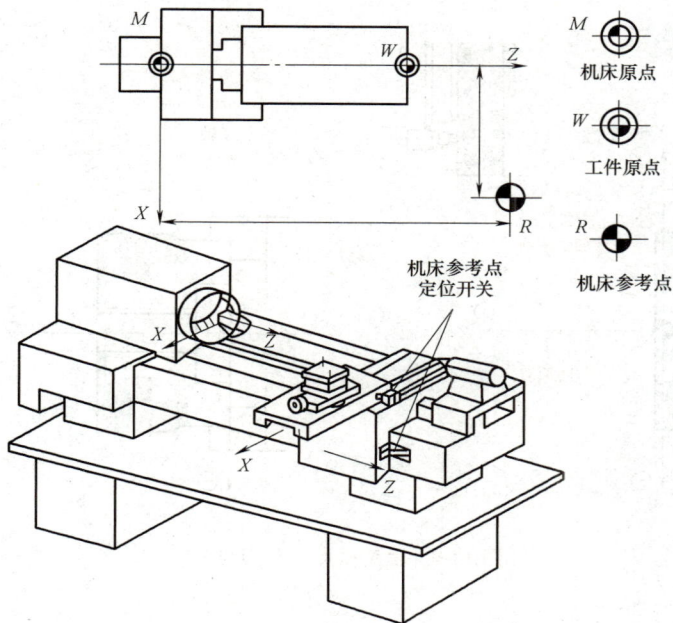

图 12-7 数控车床的机床原点

（3）程序原点 程序原点是指加工程序中的坐标原点。如图 12-9 所示，数控加工时，刀具相对工件运动的起点，称为加工原点，由于程序原点是通过"试切法"对刀来实现的，又称为"对刀点"。

对于数控机床，加工开始时，确定刀具与工件的相对位置非常重要，即确定加工原点，这一相对位置是通过确认对刀点来实现的。对刀点是指通过对刀确定刀具与工件相对位置的基准点。对刀点可以设置在被加工零件上，也可以设置在夹具上与零件定位基准有一定尺寸联系的某一位置，对刀点往往就选择在零件的加工原点。

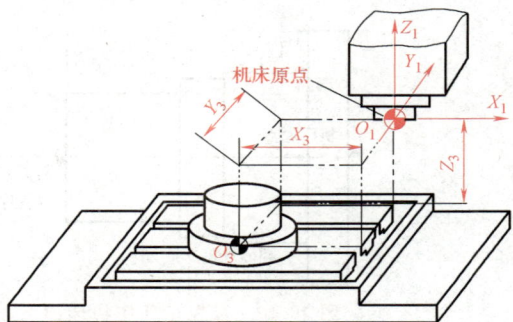

图 12-8 数控铣床（加工中心）机床原点

数控车床编程通常是以工件的右端面与主轴轴心线的交点作为编程的基准点即工件坐标系的原点。

数控车床对刀时，应使刀位点（刀尖）与对刀点（工件坐标系的原点）重合。对刀的目的是确定对刀点在机床坐标系中的绝对坐标值，测量刀具的刀位偏差值，如图 12-10 所示。

（4）换刀点 换刀点是为加工中心、数控车床等多刀加工的机床编程而设置的，因为这些机床在加工过程中需自动换刀。为防止换刀时碰伤零件或夹具，换刀点常设置在被加工零件的外面，并要有一定的安全量。

换刀点可以是某一个固定点（例如加工中心机床，其换刀机械手的位置是固定的，由生产厂家确定），也可以是任意一点（如车床）。

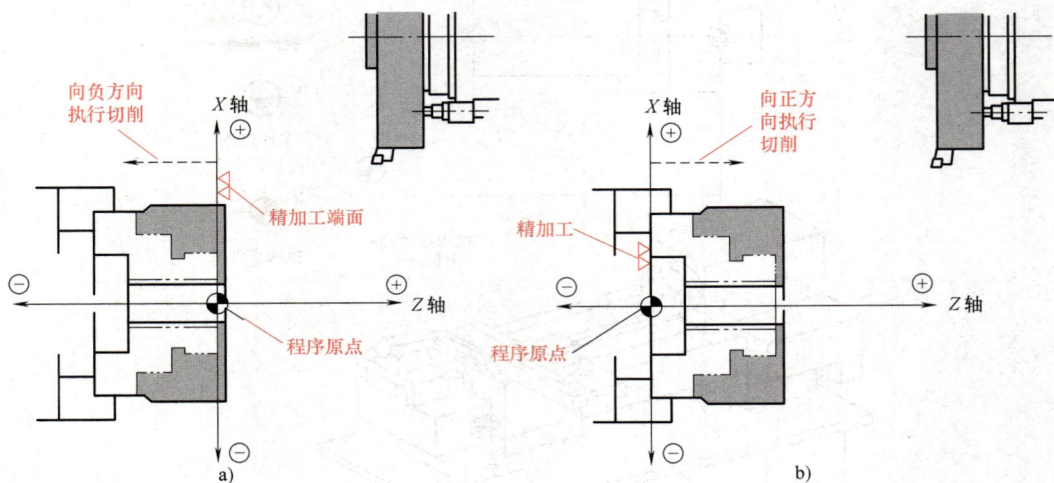

图 12-9 程序原点（对刀点）

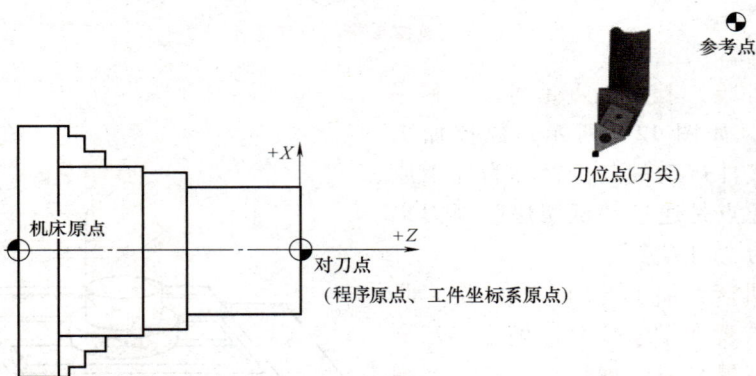

图 12-10 数控车床中机床原点、刀位点、对刀点、程序原点的关系

换刀点应该在工件或夹具的外部，以刀架转位时刀具不碰工件及其他部件为准，其设定值可用实际测量的方法或计算确定。

12.1.3 数控机床常用刀具

1. 数控刀片的材料

数控加工中，为了便于更换已磨损的刀具，都采用机夹式刀具，刀具磨损后只需更换刀片或刀尖即可继续加工。

数控刀片的材料见表 12-1。

表 12-1 数控刀具（刀片）的材料

刀片材料	主要特性	用 途	优 点
高速工具钢	比工具钢硬	低速或断续切削	刀具寿命较长，加工的表面较平滑

（续）

刀片材料	主要特性	用　途	优　点
高性能高速工具钢	强韧、抗边缘磨损性强	可粗切或精切几乎任何材料,包括铁、不锈钢、高温合金、非铁和非金属	切削速度可比高速工具钢快,强度和韧性比粉末冶金高速工具钢好
粉末冶金高速工具钢	良好的耐热性和抗碎片磨损	切削钢、高温合金、不锈钢、铝、碳钢及合金钢和其他不易加工材料	切削速度可比高性能高速工具钢高15%
硬质合金	耐磨损、耐热	可锻铸铁、碳素钢、合金钢、不锈钢、铝合金的精加工	寿命比一般的工具钢高10~20倍
陶瓷	高硬度、耐热冲击性好	高速粗加工,铸铁和钢的精加工,加工有色金属和非金属,不适合加工铝、镁、钛及其合金	可用于高速加工
立方氮化硼（CBN）	超强硬度、耐磨性好	硬度大于450HBW材料的高速切削	刀具寿命长,可实现超精加工
聚晶金刚石（PCD）	超强硬度、耐磨性好	粗切和精切铝等有色金属和非金属	刀具寿命长,可实现超精加工

硬质合金材料的刀片按国际标准分为三大类：P—钢类，M—不锈钢类，K—铸铁类。三类材料的刀片标签通常用三种不同的颜色区分：P—钢类，蓝色；M—不锈钢类，黄色；K—铸铁类，红色。

1）P适合加工钢、铸铁、长屑可锻铸铁。

2）M适合加工奥氏体不锈钢、铸铁、高锰钢、合金铸铁。

3）K适合加工铸铁、冷硬铸铁、短屑可锻铸铁、非钛合金。

随着产品的细化，又衍生出了三小类，分别用三种合成颜色区分。

1）M-S适合加工耐热合金和钛合金，可简写为S，用橘黄色标注。

2）K-N适合加工铜、铝、非铁合金，可简写为N，用黄绿色标注。

3）K-H适合加工淬硬材料，可简写为H，用青灰色标注。

2. 数控车削刀具

数控车床上使用的刀具有外圆车刀、内孔车刀、钻头、镗刀、切断刀、螺纹车刀等，如图12-11所示。根据数控车床回转刀架尺寸、工件材料、加工类型、加工要求、刀片类型和尺寸及加工条件，从刀具样本中查表选择合适的数控车刀。

（1）数控车刀刀杆的形式　根据刀架尺寸、刀片类型和尺寸选择刀杆，图12-12所示为刀具样本上

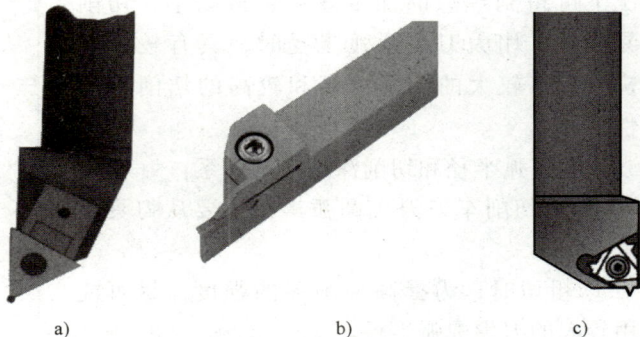

a)　　　　　　　　b)　　　　　　　　c)

图 12-11　数控车刀

a）外圆车刀　b）切断刀　c）螺纹车刀

有关刀杆和刀片参数的资料，表12-2列出了机床中心高与刀杆截面之间的关系。

刀杆

PCLN
κ_r 95°

PDJN
κ_r 93°

刀片		订货号	直径，mm						
i_c			h	h_1	b	l_1	l_3	f_1	r_ε
09		PCLN R/L 2020K09	20	20	20	125	27	25	0.8
		2525M09	25	25	25	150	27	32	0.8
12		2020K12	20	20	20	125	29.4	25	0.8
		2525M12	25	25	25	150	30	32	0.8
		3225P12	32	32	25	170	30	32	0.8
16		3225P16	32	32	25	170	32.6	32	1.2

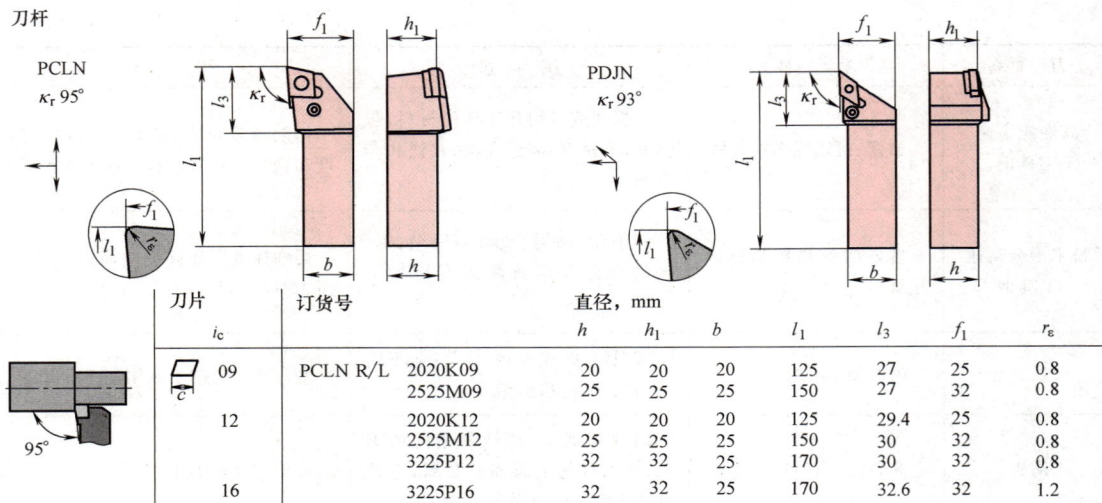

图 12-12　刀具样本的刀具参数

表 12-2　机床中心高与刀杆截面之间的关系

中心高/mm	150	180~200	260~300	350~400
矩形截面($h\times b$)/mm×mm	20×12	25×16	32×20	40×25
方形截面($h\times b$)/mm×mm	16×16	20×20	25×25	32×32

（2）车刀刀杆悬伸长度　车刀刀杆悬伸长度 l 等于刀杆高 h 的 1~1.5 倍为宜；垫片要平整；数量要尽量少，并与刀架对齐，以防车削时产生振动。

（3）数控车刀的左右偏刀　如图 12-13 所示，以后置刀架的车削方向定义，向右车削的为 R 型（右偏）刀，向左车削的为 L 型（左偏）刀，左右均可以车削的为 N 型（直柄）刀。

（4）刀尖圆弧半径　大、小刀尖圆弧半径的加工效果如下：

使用小刀尖圆弧半径时，在小切削深度的情况下可得到理想的加工效果，振动小，切削刃易损坏；用大刀尖圆弧半径时，具有较快的强进给率、较大的切削深度和较高的切削刃安全性。

刀尖圆弧半径和切削深度间的关系：

1）粗切削车刀刀尖圆弧半径主要从刀具因素考虑。

① 粗切时，为提高切削刃的强度，尽可能使用较大的刀尖圆弧半径。

② 在可能出现振动的切削中，选用较小的刀尖圆弧半径。

③ 进给量较大时，选用较大的刀尖圆弧半径。

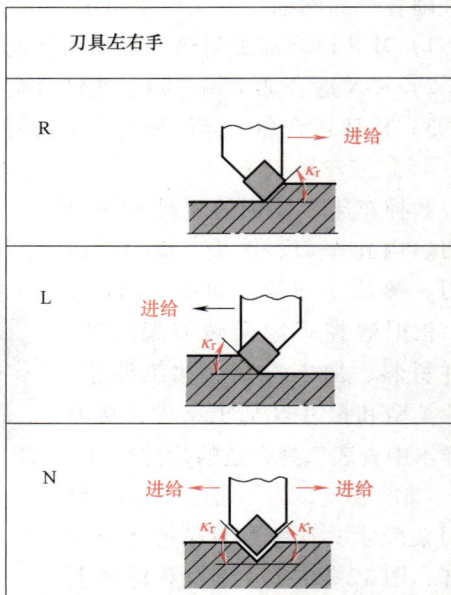

图 12-13　数控车刀的左右偏刀

粗切时，与刀尖圆弧半径相对应的最大推荐进给量关系见表12-3。一般情况下，选用 1.2~1.6mm 的刀尖圆弧半径。

表 12-3　刀尖圆弧半径与最大推荐进给量

刀尖圆弧半径 r/mm	0.4	0.8	1.2	1.6	2.4
最大推荐进给量 f/mm	0.25~0.35	0.4~0.7	0.5~1.0	0.7~1.3	1.0~1.8

2）精切削车刀刀尖圆弧半径主要从工件因素考虑。

通常，表面粗糙度值用 Ra 表示。由于 Ra 与 Rz 不存在数学关系，为了便于选用刀尖圆弧半径，表12-4中给出 Ra、Rz 与进给量 f 的对应关系，为了获得精加工所需的表面粗糙度，进给量应小些。

表 12-4　Ra、Rz 与进给量 f 和刀尖圆弧半径的对应关系

表面粗糙度		刀尖圆弧半径 r/mm				
		0.4	0.8	1.2	1.6	2.4
Ra/μm	Rz/μm	进给量 f/（mm/r）				
0.63	1.6	0.07	0.10	0.12	0.14	0.17
1.6	4	0.11	0.15	0.19	0.22	0.26
3.2	10	0.17	0.24	0.29	0.34	0.42
6.3	16	0.22	0.30	0.37	0.43	0.53
8	25	0.27	0.30	0.47	0.54	0.66
32	100	—	—	—	1.08	0.32

（5）数控车削刀具的切削参数　在切削参数中，切削速度 v_c、进给量 f、背吃刀量 a_p 是切削用量的三要素，切削用量可参阅金属切削手册，也可参阅刀具生产厂家的刀具样本和技术手册中有关切削用量的常用计算公式。

3. 数控铣削（加工中心）刀具

目前，铣削加工越来越多地采用高速切削、干切削（无切削液）、硬切削（淬火材质），因此对刀具材质、刀具结构、刀具和主轴的连接方式等提出了全新要求。铣削加工应该重点掌握旋转刀具和刀柄的应用，这样才能满足加工任务对效率和质量的要求。

（1）数控铣床（加工中心）的刀柄系统　数控铣床或加工中心使用的刀具通过刀柄与主轴相连，刀柄通过拉钉和主轴内的拉紧装置固定在主轴上，由刀柄夹持刀具传递转速和转矩，如图12-14所示。刀柄的强度、刚性、制造精度和夹紧力对加工性能都有直接的影响。我国常用的刀柄与主轴孔的配合锥面一般采用7:24的锥度，这种锥度不自锁，换刀方便，与直柄相比有较高的定心精度和刚度。为保证刀柄与主轴的配合与连接，刀柄与拉钉的结构

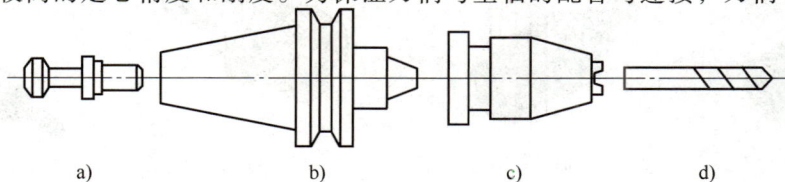

图 12-14　刀柄的结构
a）拉钉　b）刀柄　c）夹头　d）刀具

和尺寸均已标准化和系列化。

（2）数控铣削刀具的分类

1）按刀柄的结构可分为整体式刀柄和模块式刀柄。整体式刀柄直接夹紧刀具，刚性好，但针对不同的刀具都要求配有一个刀柄，这样的工具系统规格、品种繁多，给生产、管理带来了不便，使成本上升。模块式刀柄比整体式刀柄多出了中间连接部分，装配不同的刀具时，只需更换连接部分，但对连接精度、刚性、强度都有很高的要求。

2）按刀柄与主轴连接方式不同分为一面约束和二面约束。一面约束是指刀柄以锥面与主轴孔配合，端面有 2mm 左右的间隙，7：24 锥度的刀柄都属于一面约束。二面约束是指刀柄以锥面及端面分别与主轴孔及端面配合，二面限位能确保在高速、高精度加工时的可靠性要求，HSK 刀柄就是一种双面夹紧的结构。

HSK 短刀柄采用 1：10 的锥度，锥体比锥度为 7：24 的锥体要短，锥柄部分采用薄壁结构，锥度配合的过盈量较小，对刀柄和主轴端部关键尺寸的公差带要求非常严格。由于短锥柄严格的公差和具有弹性薄壁，在拉杆轴向拉力的作用下，短锥有一定的收缩，所以刀柄的短锥和端面很容易与主轴相应的接合面紧密接触，具有很高的连接精度和刚度。当主轴高速旋转时，尽管主轴端会产生扩张，但短锥的收缩得到部分伸张，仍能与主轴锥孔保持良好的接触，主轴转速对连接刚度的影响小，拉杆通过楔形结构对刀柄施加轴向力，如图 12-15 所示。

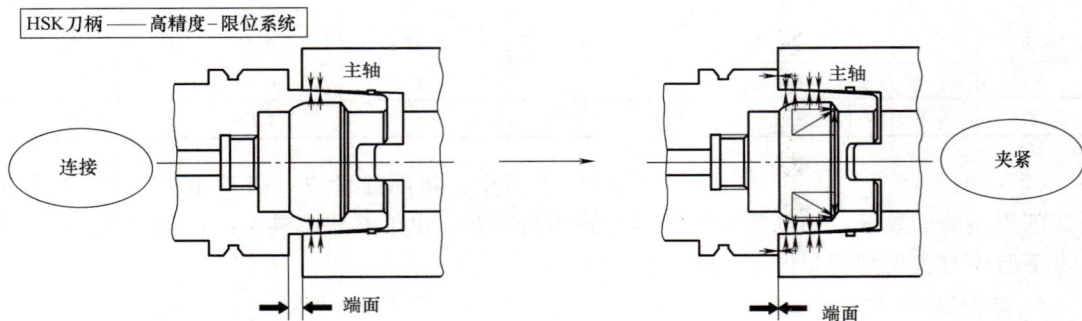

图 12-15　刀柄和主轴约束方式

HSK 刀柄对制造精度要求较高，结构复杂，成本较高（普通标准 7：24 刀柄的 1.5~2 倍），对刀柄材料热变形要求严格，与一面约束的普通刀柄结构不同，因此互不兼容。

3）按刀具夹紧方式，分为弹簧夹头式、侧向夹紧式、液压夹紧式和热装夹紧式，如图 12-16 所示。

① 弹簧夹头式。该刀具使用较多，使用 ER 型卡簧，适用于夹持直径在 16mm 以下的铣

a)　　　　　　　b)　　　　　　　c)　　　　　　　d)

图 12-16　刀具夹紧方式

a）弹簧夹头式　b）侧向夹紧式　c）液压夹紧式　d）热装夹紧式

刀；若采用 KM 型卡簧，则称为强力夹头刀柄，可提供较大的夹紧力，适用于直径在 16mm 以上的铣刀进行强力铣削。

② 侧向夹紧式。采用侧向夹紧，适用于切削力大的加工，但一种尺寸的刀具需要对应配备一种刀柄，规格较多。

③ 液压夹紧式。采用液压夹紧，可提供较大的夹紧力。

④ 热装夹紧式。装刀时加热刀柄孔，靠冷缩夹紧刀具，使刀具和刀柄合二为一，在不需要经常换刀和高速铣削加工的场合使用。

4）按允许的转速分类。用于主轴转速在 8000r/min 以下的刀柄，称为低速刀柄；用于主轴转速在 8000r/min 以上的刀柄（现在可以达到 8000～30000r/min），称为高速刀柄。高速刀柄上有平衡调整环，使用前必须经动平衡检测。

5）按所夹持的刀具（图 12-17）分为以下几类：

① 圆柱铣刀刀柄。用于夹持圆柱铣刀。

② 锥柄钻头刀柄。用于夹持莫氏锥度刀杆的钻头、铰刀等，刀柄带有扁尾槽及装卸槽。

③ 面铣刀刀柄。与面铣刀配套使用。

④ 直柄钻头刀柄。用于装夹直径在 13mm 以下的中心钻、直柄麻花钻等。

⑤ 镗刀刀柄。用于各种高精度孔的镗削加工，有单切削刃、双切削刃以及重切削等类型。

⑥ 丝锥刀柄。用于自动攻螺纹时装夹丝锥，一般具有切削力限制功能。

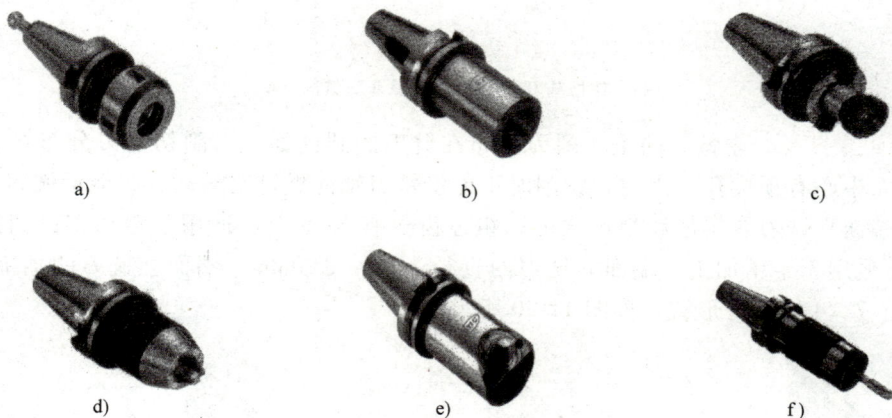

图 12-17　按夹持刀具分类的刀柄

a）圆柱铣刀刀柄　b）锥柄钻头刀柄　c）面铣刀刀柄　d）直柄钻头刀柄　e）镗刀刀柄　f）丝锥刀柄

（3）常用数控铣削刀具及刀柄安装

1）常用数控铣削刀具。数控铣削刀具主要包括面铣刀、立铣刀、球头铣刀、三面刃铣刀等，除此以外还有各种孔加工刀具，如钻头（锪钻、铰刀、镗刀等）、丝锥等。

① 立铣刀。立铣刀是数控机床上用得最多的一种铣刀，主要用于在立式铣床上加工平面、凹槽、台阶面等，其结构如图 12-18 所示。

立铣刀的圆柱表面和端面上都有切削刃，它们可同时切削，也可单独切削。立铣刀端面刃主要用来加工与侧面相垂直的底平面。图 12-18 所示的直柄立铣刀分别为两刃、三刃和四刃。

图 12-18　立铣刀的结构

　　针对不同的加工要求，立铣刀主要有键槽铣刀、端面立铣刀、球头立铣刀和环形铣刀。

　　a. 键槽铣刀。键槽铣刀主要用于立式铣床上加工圆头封闭键槽等。如图 12-19 所示，键槽铣刀有两个刀齿，圆柱面和端面都有切削刃，端面刀齿从外圆开至轴心，且螺旋角较小，增强了断面刀齿强度。键槽铣刀可以不经预钻工艺孔而轴向进给达到槽深，然后沿键槽方向铣出键槽全长，键槽铣刀的直径为 $\phi2 \sim \phi65mm$。

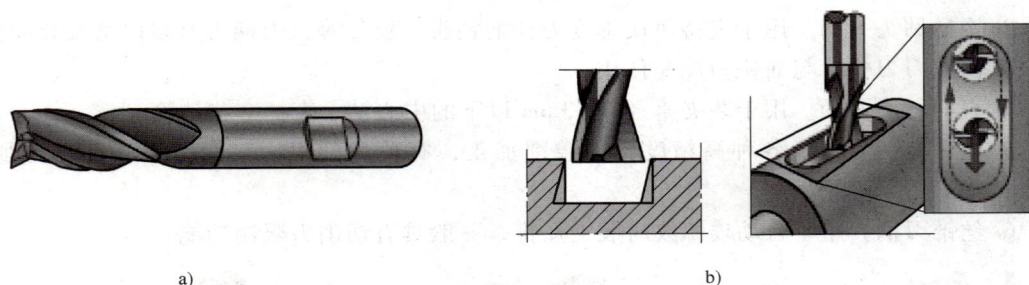

a)　　　　　　　　　　　　　　　　　　　　　b)

图 12-19　键槽铣刀

a) 键槽铣刀示意图　b) 两步法铣削键槽

　　b. 端面立铣刀。立铣刀的主切削刃分布在铣刀的圆柱面上，副切削刃分布在铣刀的端面，且端面中心有顶尖孔，因此，铣削时不能沿铣刀轴向做进给运动，只能沿铣刀径向做进给运动。端面立铣刀有粗齿和细齿之分，粗齿齿数有 3~6 个，适用于粗加工；细齿齿数有 5~10 个，适用于半精加工。端面立铣刀的直径为 $\phi2 \sim \phi80mm$。端面立铣刀的柄部有直柄、莫氏锥柄、7/24 锥柄等形式，如图 12-20 所示。

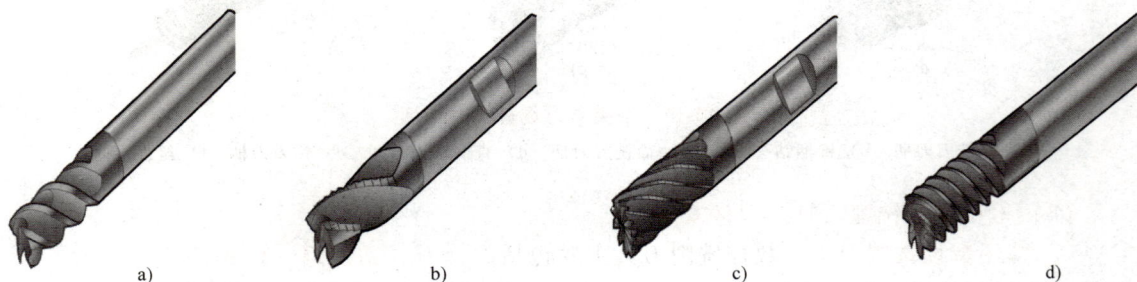

a)　　　　　　　　b)　　　　　　　　c)　　　　　　　　d)

图 12-20　整体式端面立铣刀

　　c. 球头立铣刀。铣刀端面是带切削刃的球面，如图 12-21 所示。

　　球头立铣刀主要用于模具产品的曲面加工，加工曲面时，一般采用三轴联动，铣削时不仅能沿铣刀轴向做进给运动，也能沿铣刀径向做进给运动，而且球头与工件接触往往为一点，这样，该铣刀在数控系统的控制下，就能加工出各种复杂的成形表面。

　　d. 环形铣刀。环形铣刀又称 R 角立铣刀或牛鼻刀。图 12-22 所示为可转位环形铣刀，形状类似于面铣刀，不同的是刀具的每个刀齿均有一个较大的圆角半径，从而使其具备了类似球头立铣刀的切削能力，同时又可加大刀具直径以提高生产率，并改善切削性能。

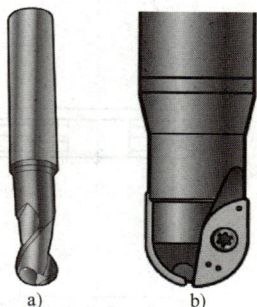

图 12-21　球头立铣刀

a）整体式球头立铣刀　　b）可转位球头立铣刀

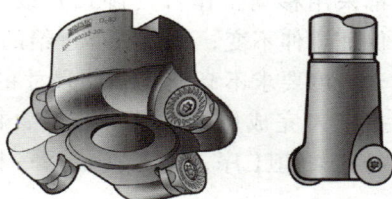

图 12-22　可转位环形铣刀

　　② 面铣刀。面铣刀主要用于立式铣床或立式加工中心上的加工平面、台阶面、沟槽等。面铣刀的主切削刃分布在铣刀的圆柱面或圆锥面上，副切削刃分布在铣刀端面上。面铣刀按结构可以分为整体式、整体焊接式、机夹焊接式、可转位式等形式。随着刀片品种的系列化和标准化，可转位面铣刀的应用越来越普及，如图 12-23 所示。

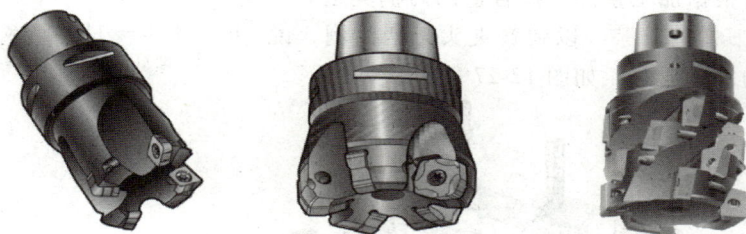

图 12-23　可转位面铣刀

　　③ 三面刃铣刀。三面刃铣刀主要在卧式铣床上加工槽、台阶面等。如图 12-24 所示，三面刃铣刀的主切削刃分布在铣刀的圆柱面上，副切削刃分布在两端面上。该铣刀按结构不同可分为直齿、错齿和镶齿三种形式。该铣刀的直径为 $\phi50 \sim \phi200mm$，宽度为 4～40mm。

图 12-24　三面刃铣刀

　　④ 圆柱铣刀。圆柱铣刀主要用于卧式铣床加工平面，一般为整体式，铣刀材料为高速工具钢，主切削刃分布在圆柱上，无副切削刃。铣刀有粗齿和细齿之分，粗齿适用于粗加工，细齿适用于精加工。圆柱铣刀的直径为 $\phi50 \sim \phi100mm$，长度为 50～160mm，齿数 6～14 个，螺旋角 30°～45°。

⑤ 镗刀。镗孔所用的刀具称为镗刀，镗刀切削部分的几何角度与车刀、铣刀的切削部分基本相同。加工中心常用的精镗孔刀具为如图 12-25 所示的精镗微调刀杆系统。

在加工中心上进行镗削加工通常是采用悬臂式加工，因此要求镗刀有足够的刚性和较好的精度。镗孔时一般都采用移动工作台（卧式）或立柱完成 Z 向进给，并保证悬伸不变，从而获得进给的刚性。

对于精度要求不高的几个同尺寸的孔，在加工时，可以用一把刀完成所有孔的加工后，再更换一把刀加工各孔的第二道工序，直至换最后一把刀加工最后一道工序。

精加工孔则须单独完成，每道工序换一次刀，尽量减少各个坐标的运动，以减少定位误差对加工精度的影响。

2）数控铣削刀具的选择。如图 12-26 所示，首先可根据加工表面的特点和尺寸选择合适的刀具类型，其次根据工件材料和加工要素及加工效率选择刀片材料及尺寸，然后根据加工条件选择合适的刀柄类型。

3）刀具与刀柄的安装。以弹簧夹头刀柄为例，说明刀具与刀柄的安装方法，如图 12-27 所示。

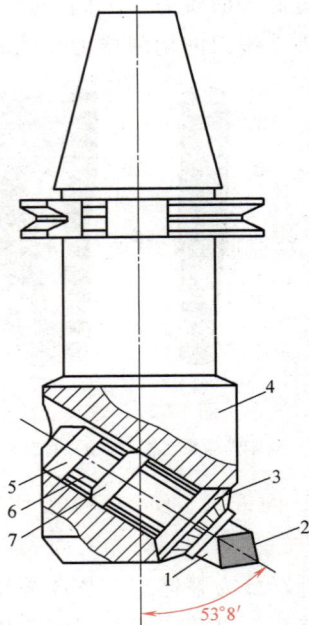

图 12-25　精镗微调镗刀

1—刀体　2—刀片　3—微调螺母　4—刀杆
5—螺母　6—拉紧螺钉　7—导向键

图 12-26　加工形状与铣刀的选择

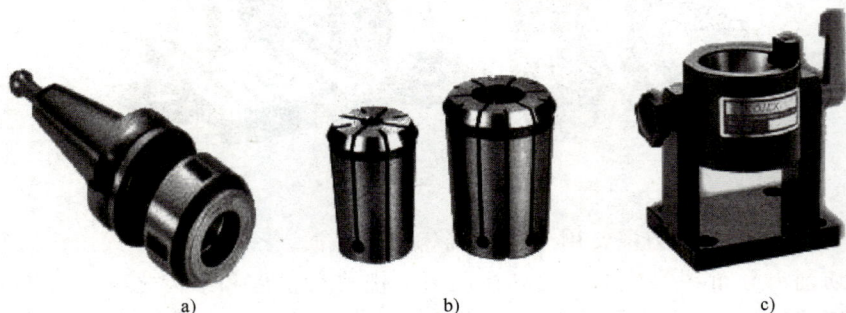

a)　　　　　　　　b)　　　　　　　　c)

图 12-27　数控铣削刀具与刀柄的安装

a）弹簧夹头刀柄　b）卡簧　c）卸刀座

① 将刀柄放入卸刀座并锁紧。

② 根据刀具直径尺寸选择相应的卡簧,清洁工作表面。

③ 将卡簧按入锁紧螺母。

④ 将铣刀装入卡簧孔中并根据加工深度控制刀具伸出长度。

⑤ 用扳手顺时针锁紧螺母。

⑥ 检查,将刀柄装上主轴。

4)选择切削参数。切削参数包括背吃刀量 a_p、主轴转速 n 或切削速度 v_c、进给速度 v_f。在数控加工中背吃刀量 a_p 和侧吃刀量 a_f 通常称为切削深度和切削宽度,如图 12-28 所示。

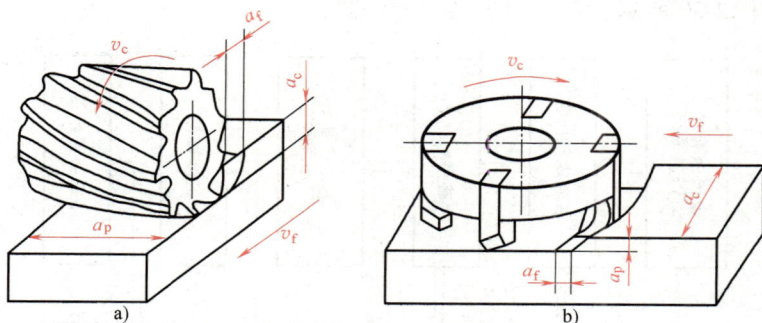

图 12-28　铣削切削用量

a)周铣　b)端铣

12.1.4　数控机床程序编制

1. 数控机床的编程方法

数控程序是控制机床自动加工零件的指令代码的集合。编制数控程序,首先要对零件进行工艺分析,制订工艺路线,确定加工顺序和装夹方式,选择刀具和切削用量,确定工件坐标系和机床坐标系的相对位置,计算刀具的运动轨迹,然后用规定的文字、数字和符号编写指令代码,按规定的程序格式编制数控程序。数控程序编制的方法有手工编程和自动编程。

(1)手工编程　手工编程是从工艺分析、工艺设计、数值处理、编写加工程序、输入程序到校验全部由人工完成。对于几何形状比较简单的零件,数值计算量小,程序段少,编程容易,采用手工编程比较经济、方便、快捷。手工编程的过程如图 12-29 所示。

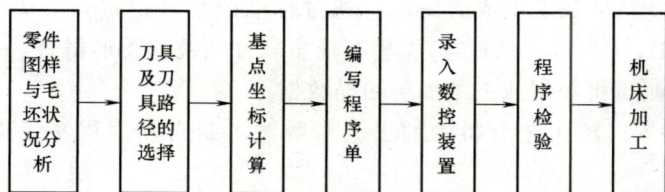

图 12-29　手工编程的过程

(2)自动编程　自动编程是指程序的大部分或全部程序编制工作是由计算机来完成的。典型的自动编程有人机对话式自动编程及图形交互自动编程。在人机对话式自动编程中,从工件的图形定义、刀具的选择、起刀点的确定、进给路线的安排，到各种工艺指令的插入，都是在 CNC 编程菜单的引导下进行的，最后由计算机处理，得到所需的数控加工程序。

图形交互自动编程是一种可以直接将零件的几何图形信息自动转化为数控加工程序的全新的计算机辅助编程技术。它通常以计算机辅助设计（CAD）为平台，利用 CAD 软件的绘图功能在计算机上绘制零件的几何图形，生成零件的图形文件，然后调用数控编程模块，采用人机交互的方式在计算机屏幕上指定被加工的部位，输入加工参数，计算机便可自动进行数学处理并编制出数控加工程序，同时在计算机屏幕上动态显示出刀具的加工轨迹。自动编程大大减轻了编程人员的劳动强度，提高了效率，同时解决了手工编程无法解决的许多复杂零件的编程难题。典型的自动编程软件有 UG、SolidWorks、CAXA、Pro/Engineer 等。自动编程的步骤如图 12-30 所示。

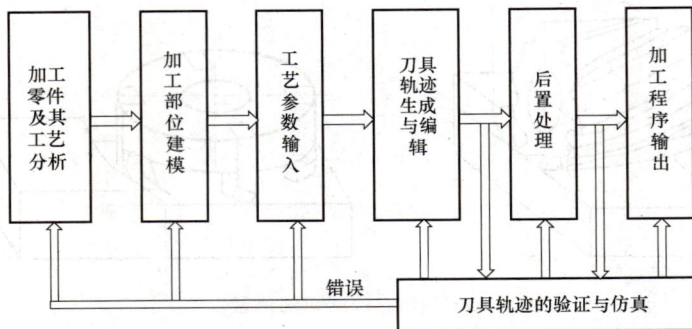

图 12-30　自动编程的步骤

1）加工零件及其工艺分析。与手工编程一样，加工零件及其工艺分析是数控编程的基础。目前这项工作主要还需人工，随着计算机辅助工艺设计（CAPP）技术的发展，将逐渐由 CAPP 或借助 CAPP 来完成。主要任务有：

① 零件几何尺寸、公差及精度要求的核准。

② 确定加工方法、工夹量具及刀具。

③ 确定程序原点及编程坐标系。

④ 确定进给路线及工艺参数。

2）加工部位建模。获取和建立零件几何模型有三种方法：

① 利用软件本身提供的 CAD 设计模块。

② 将其他 CAD/CAM 系统生成的图形，通过标准图形转换接口（如 STEP、DXFIGES、STL、DWGPARASLD、CADL、NFL 等），转换成本软件系统的图形格式。

③ 利用三坐标测量机数据或三维多层扫描数据。

3）工艺参数输入。将工艺分析中的工艺参数输入到自动编程系统中，常见的工艺参数有：

① 刀具类型、尺寸与材料。

② 切削用量，如主轴转速、进给速度、切削深度及加工余量等。

③ 毛坯信息，如尺寸、材料等。

④ 其他信息，如安全平面、线性逼近误差、刀具轨迹间的残留高度、进退刀方式、进

给方式和冷却方式等。

4）刀具轨迹生成与编辑。自动编程系统是将根据几何信息与工艺信息，自动完成基点和节点的计算，并对数据进行编排，形成刀位数据；刀位轨迹生成后，自动编程系统将刀具轨迹显示出来，如果有不合适的地方，可在人工交互方式下对刀具轨迹进行编辑与修改。

5）刀具轨迹的验证与仿真。自动编程系统提供验证与仿真模块，可以检查刀具轨迹的正确性与合理性。验证模块指通过模拟加工过程来检验加工中是否过切，刀具与约束面是否发生干涉与碰撞等；仿真模块是将加工过程中的零件模型、机床模型、夹具模型及刀具模型用图形动态显示出来，具有试切加工的效果。

6）后置处理。将刀位数据文件转换为数控装置能接受的数控加工程序称为后置处理。通常自动编程系统还会提供计算机与数控机床之间数控加工程序的通信传输。通过 RS232 通信接口，可以实现计算机与数控机床之间 NC 程序的双向传输（接受、发送和终端模拟），可以设置 NC 程序格式（ASCII、EIA、BIN）、通信连接口（COM1、COM2）、传输速度（波特率）、奇偶校验、数据位数、停止位数及发送延时参数等有关的通信参数。

2. 编程方式

（1）绝对坐标编程　绝对坐标编程是指刀具（或机床）的运动位置坐标值是由相对固定的坐标原点（工件坐标系原点）计算的，即绝对坐标系的原点是固定不变的。

（2）相对坐标编程　相对坐标编程（增量坐标编程）是指刀具（或机床）的运动位置坐标值是相对前一运动位置计算的，即相对坐标系的原点总是在平行移动的。

（3）混合坐标编程　混合坐标编程就是在一个程序中既可以用绝对坐标编程，也可以用相对坐标编程。

3. 程序结构

数控加工程序是根据数控系统规定的语言规则及程序格式来编制的。为便于数控机床的设计、制造、使用和维修，在程序输入代码、指令及格式等方面，国际上已形成了两种通用标准，即国际标准化组织的 ISO 标准和美国电子工业学会的 EIA 标准。中国根据 ISO 标准分别制定了 GB/T 12646—1990《数字控制机床的数控处理程序输入　基本零件源程序参考语言》等标准，这些标准是数控编程的基本准则。

数控程序由程序名、程序内容和程序结束三部分组成，具体程序举例如图 12-31 所示。

（1）程序名（程序号）　一个完整的程序必须有一个程序名，作为识别、检索和调用该程序的标志。程序名由地址符及 1～9999 范围内的任意整数组成。不同数控系统的程序名地址符是不同的，如 FANUC 系统用英文字母"O"，SINUMERIK 系统用"%"等。编程时应按照数控机床说明书的规定书写，否则数控系统报错。

```
O0001;                      程序名(程序号)
N001 G99 M03 T0101;
N002 G00 X20. Z1;
N003 G01 Z-10 F0.05;
N004 G00 X30;               程序内容
N005 Z50;
  ⋮
N100 M30;
%                           程序结束
```

图 12-31　数控程序结构

（2）程序内容　程序内容是整个加工程序的核心，它由若干程序段组成的，程序段又是由一个或多个程序字组成的。

程序段由若干个字代码组成（包括程序段号）。字代码由字地址符和数字组成，字的排列顺序要求不严格，不需要的字或与上一程序段相同的续效字可以省略不写。数据可正可

负，可以带小数点（单位为mm），也可以不带小数点（单位为最小设定单位）。字地址可变
程序段格式简单、直观，便于检查和修改，应用广泛。程序段的构成如下：

    N__ G__ X(U)__ Z(W)__ F__ M__ S__ T__;

其中，N为程序段号，位于程序段之首。数控加工中的程序段号实际上是程序段的名
称，与程序执行的先后次序无关。数控系统不是按程序段号的次序来执行程序，而是按照程
序段编写时的排列顺序逐段执行的。程序段号的作用是对程序的校对和检索修改或作为条件
转向的目标。以FANUC 0i系统为例，程序中常用字地址符英文字母的含义见表12-5。

表12-5 程序中常用字地址符英文字母的含义

功　能	地址字符	含　义
程序号	O、P	程序编号，子程序号的指定
程序段号	N	程序段顺序号
准备功能	G	指令动作的方式
坐标字	X、Y、Z	坐标轴的移动指令
	A、B、C；U、V、W	附加轴的移动指令
	I、J、K	圆弧圆心坐标
	R	圆弧半径
进给速度	F	进给速度指令
主轴功能	S	主轴转速指令
刀具功能	T	刀具编号指令
辅助功能	M、B	主轴起停、切削液的开关、工作台分度等
补偿功能	H、D	补偿号指令
暂停功能	P、X、U	暂停时间指定
循环次数	L	子程序及固定循环的重复次数
参数	P、Q、R	固定循环参数指令

（3）程序结束　程序结束部分由程序结束指令构成，它必须写在程序最后，代表零件
加工程序的结束。为了保证最后程序段的正常执行，通常要求单独占用一行。

4. 常用程序指令

一个程序指令字符由地址符（指令字符）和带符号或不带符号的数字组成。程序中的
指令字符及其后的数值确立了每个指令字符的含义。由于不同的数控系统完成相同功能所使
用的指令有所不同，编程时需要查看所用机床的说明书。按照功能指令字符可以分为五种，
分别是准备功能、主轴功能、刀具功能、进给功能和辅助功能。

（1）准备功能（G功能）　准备功能又称G功能或G指令，是由地址符G和后面的两
位数（00~99）表示，它用来规定刀具和工件的运动轨迹、坐标系及坐标平面、刀具补偿等
多种加工操作。

模态G功能是同一组可相互注销的G功能，这些功能一旦被执行，则一直有效，直到
被同一组的其他功能注销。

非模态 G 功能只在所规定的程序段有效，也称一次性代码，程序段结束时被注销。

注意：不同组的几个 G 代码可以在同一程序段中指定且与顺序无关；同一组的 G 代码在同一程序段中指定，则最后一个 G 代码有效。不同系统的 G 代码并不一致，即使同型号的数控系统，G 代码也未必完全相同，编程时应以系统说明书所规定的代码进行编程。

（2）主轴功能（S 功能）　主轴功能又称 S 功能，用于指定主轴的旋转速度，由地址符 S 和后面若干个数字组成。其表示方法为角速度，表示主轴的角速度，单位为 r/min；当与 G96 一起使用时，表示恒线速度，单位为 m/min。

S 为模态功能，且 S 功能只有在主轴速度可调节的机床上有效。

（3）刀具功能（T 功能）　刀具功能又称 T 功能，主要用来选择刀具。它也是由地址符 T 和后续数字组成的，有 T×× 和 T×××× 之分，具体对应关系由生产厂家确定，使用时应注意查阅厂家说明书。如 T0102 表示选择 1 号刀具并调用 2 号刀具补偿值，T0000 表示取消刀具选择及刀补。

（4）进给功能（F 功能）　进给功能又称 F 功能，表示坐标轴的进给速度，单位为 mm/min 或 mm/r。F 功能也为模态值。在 G01、G02 或 G03 等方式下，F 值一直有效，直至被新 F 值取代，G00 指令工作方式下的快速定速度是各轴的最高速度，由系统参数确定，与编程数值无关。

（5）辅助功能（M 功能）　辅助功能又称 M 功能或 M 指令，它是用来指令机床辅助动作及状态的功能。它由地址符 M 及后面的数字组成，其特点是靠继电器的通断来实现其控制过程。

12.2　数控加工基本操作

12.2.1　数控车床加工

1. 数控车床概述

在数控金属切削机床中，数控车床是使用最广泛的数控机床之一。数控车床的主运动和进给运动由不同的电动机驱动，而且这些电动机都可以在机床的控制系统下，实现无级调速，随时改变加工的速度和方向。数控车床主要用于加工轴类、盘套类等回转体零件，能通过程序控制自动完成内外圆柱面、锥面、圆弧、螺纹等工序的切削加工，并进行车槽、钻孔、扩孔、铰孔等工作。近年来出现的数控车削中心和数控车铣中心，在一次装夹中便可以完成更多的加工工序，提高了加工质量和生产率，因此特别适合用于复杂形状的回转类零件的加工。

2. 数控车床的结构

数控车床由数控系统和机床本体组成。数控系统包括控制电源、轴伺服电动机、主机、轴编码器（X 轴、Z 轴和主轴）及显示器等。机床本体包括床身、主轴箱、电动回转刀架、进给传动系统、电动机、冷却系统、润滑系统、安全保护系统等，如图 12-32 所示。

普通车床主轴的运动经过进给箱、溜板箱传到刀架实现纵向和横向的进给运动，数控车床则是去除了进给箱、溜板箱、小溜板和大、中溜板手柄，采用伺服电动机直接驱动滚珠丝杠，带动床鞍和刀架，实现纵向和横向的进给运动。

（1）**床身** 数控车床的床身一般倾斜布置，这种结构便于刀盘的安装，也便于加工时的排屑，提高了整个床身的刚性和动态特性。

（2）**主轴箱** 数控车床主轴箱结构简单，精度很高，主轴伺服电动机的旋转通过同步带传递给主轴箱的主轴。主轴的前后端都有主轴专用轴承支承和定位机构。

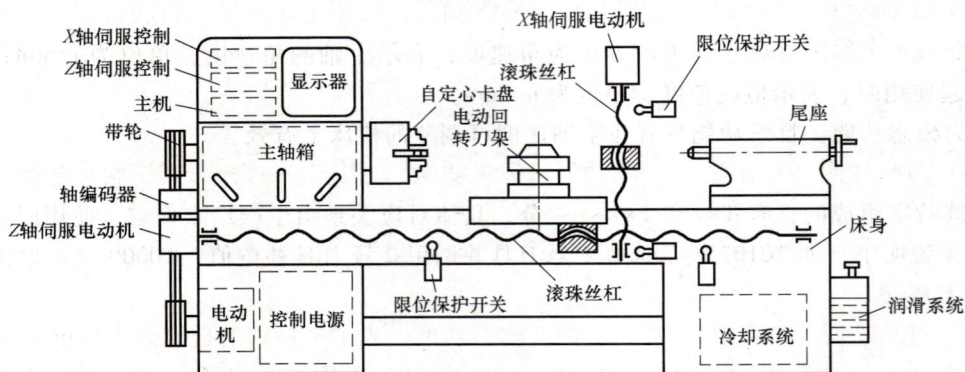

图 12-32 数控车床的结构

（3）**主轴伺服电动机** 主轴伺服电动机有交流和直流两种。直流伺服电动机可靠性高，容易在宽范围内控制转矩和速度，因此被广泛使用。近年来小型、高速度、更可靠的交流伺服电动机作为电机控制技术的发展成果越来越多地被人们利用起来。

（4）**夹紧装置（夹具）** 数控车床的夹具分为圆周定位和中心定位两种。用于圆周定位的夹具包括自定心卡盘、软爪卡盘、单动卡盘和花盘等。用于中心定位的夹具包括两顶尖拨盘、拨动顶尖等。

（5）**进给传动机构** 进给传动机构包括径向 X 轴和轴向 Z 轴两个坐标方向。刀架安装在进给传动机构的拖板上，可以通过拖板实现 X 轴和 Z 轴方向的定位和移动。进给系统的运动采用无级调速的伺服驱动方式，大大简化了驱动变速箱的结构。

（6）**刀架（刀盘）** 刀架（刀盘）装置可以固定刀具和索引刀具，使刀具在与主轴垂直的方向上定位。

（7）**尾座** 尾座一般由套筒、手柄、丝杠、底板和手轮组成。尾座的主要作用是支承工件或在尾座顶尖套筒中装上钻头、铰刀或圆板牙等刀具来加工工件。

（8）**控制面板** 控制面板包括显示器操作面板（执行数据的输入/输出）和机床操作面板（执行机床的手动操作），如图 12-33 所示。

3. 数控车床的分类

随着数控车床制造技术的不断发展，形成了产品繁多、规格不一的局面，因而也出现了几种不同的分类方法。

（1）**按数控系统的功能分类**

1）**经济型数控车床**。它一般采用步进电动机驱动形成开环伺服系统，其控制部分通过单板机或单片机来实现。此类车床结构简单、价格低廉，无刀尖圆弧半径自动补偿和恒线速切削等功能。

2）**全功能型数控车床**。它一般采用闭环或半闭环控制系统，具有高刚度、高精度和高效率等特点。

3）车削中心。它是以全功能型数控车床为主体，并配置刀库换刀装置、分度装置、铣削动力头和机械手等，实现多工序复合加工的机床。在工件一次装夹后，它可完成回转类零件的车、铣、钻、铰、攻螺纹等多种加工工序，功能全面，但价格较高。

4）FMC车床。它实际上是一个由数控车床、机器人等构成的柔性加工单元。它能实现工件搬运、装卸的自动化和加工调整准备的自动化。

图12-33　控制面板

（2）按加工零件的基本类型分类

1）卡盘式数控车床。这类车床未设置尾座，适宜车削盘类零件。其夹紧方式多为电动或液压控制，卡盘结构多数具有卡爪。

2）顶尖式数控车床。这类车床设置有普通尾座或数控尾座，适合车削较长的轴类零件及直径不太大的盘、套类零件。

（3）按车床主轴的位置分类　可以分为卧式数控车床和立式数控车床。

4. 数控车床的特点

（1）传动链短　数控车床刀架的两个运动方向分别由两台伺服电动机驱动，伺服电动机直接与丝杠连接带动刀架运动，伺服电动机与丝杠间也可以用同步带副连接。多功能数控车床一般采用直流或交流主轴控制单元来驱动主轴，主轴控制单元可以按控制指令无级变速，与主轴之间无须再用多级齿轮副来进行变速。随着电动机宽调速技术的发展，目标是取消变速齿轮副。因此，数控车床主轴箱内的结构已比普通车床简单得多。

（2）刚性高　与控制系统的高精度控制相匹配，以适应高精度的加工。

（3）轻拖动　刀架移动一般采用滚珠丝杠副，为了拖动轻便，数控车床的润滑都比较充分，大部分采用油雾自动润滑。

5. 数控车床编程指令

数控车床常用的功能指令有准备功能 G、辅助功能 M、刀具功能 T、主轴功能 S 和进给功能 F。表 12-6~表 12-9 给出了几种常用的典型数控车系统的 G、M 功能（代码）的含义。

表 12-6　FANUC 0i Mate 数控车系统常用 G 代码（本系统中车床采用直径编程）

代码	组别	功　能	格　式
G00	01	定位（快速）	G00　X＿＿　Z＿＿;
G01		直线插补（切削进给）	G01　X＿＿　Z＿＿;
G02		顺时针圆弧插补 CW	G02　X＿＿　Z＿＿　R＿＿(I＿＿　K＿＿);
G03		逆时针圆弧插补 CCW	G03　X＿＿　Z＿＿　R＿＿(I＿＿　K＿＿);
G04	00	暂停	G04 [X|U|P]; X、U 单位:s P 单位:ms（整数）
G20	06	英寸输入	G20
G21		毫米输入	G21
G28	00	返回参考位置	G28　X(U)＿＿　Z(W)＿＿;
G32	01	螺纹切削 （由参数指定绝对和增量）	G32　X(U)＿＿　Z(W)＿＿　F＿＿　(E)＿＿; F—米制螺纹的螺距,E—寸制螺纹的螺距
G40	07	刀具补偿取消	G40　G00(G01)X＿＿　Z＿＿;
G41		刀尖半径左补偿	G41　G00(G01)X＿＿　Z＿＿;
G42		刀尖半径右补偿	G42　G00(G01)X＿＿　Z＿＿;
G54	12	选择工作坐标系 1	G54
G55		选择工作坐标系 2	G55
G56		选择工作坐标系 3	G56
G57		选择工作坐标系 4	G57
G58		选择工作坐标系 5	G58
G59		选择工作坐标系 6	G59
G70	00	外圆精加工循环	G70　Pns　Qnf;
G71		外圆粗车循环	G71　U(Δd)　R(Δe); G71　P ns　Qnf　UΔu　WΔw　(F＿＿S＿＿T＿＿);
G72		端面粗切削循环	G72　WΔd　RΔe; G72　Pns　Qnf　UΔu　WΔw　(F＿＿S＿＿T＿＿); Δd—粗加工每次切深（半径值给定),无符号 Δe—退刀量,本指定是状态指定 ns—精加工形状的程序段组的第一个程序段的顺序号 nf—精加工形状的程序段组的最后一个程序段的顺序号 Δu—X 轴方向精加工留量（直径值给定） Δw—Z 轴方向精加工留量

（续）

代码	组别	功　能	格　式
G73	00	多重车削循环	G73　UΔi　WΔk　Rd; G73　Pns　Qnf　UΔu　WΔw　（F＿＿ S＿＿ T＿＿）; Δi—X轴方向的退出距离和方向，半径指定 Δk—Z轴方向的退出距离和方向 d—粗切次数 Δu—X轴方向精加工余量，半径指定 Δw—Z轴方向精加工余量 ns—精加工形状的程序段组的第一个程序段的顺序号 nf—精加工形状的程序段组的最后一个程序段的顺序号
G90	01	外径/内径切削固定循环	G90　X(U)＿＿ Z(W)＿＿ F＿＿;直线切削循环 G90　X(U)＿＿ Z(W)＿＿ R＿＿ F＿＿;锥形切削循环 R—切削起点与切削终点的直径值之差除以2
G92	01	螺纹切削循环	G92　X(U)＿＿ Z(W)＿＿ F＿＿;直螺纹切削循环 G92 X(U)＿＿ Z(W)＿＿ R＿＿ F＿＿;锥螺纹切削循环 X(U)、Z(W)—螺纹终点坐标值 F—螺纹导程（螺距L） R—螺纹部分半径差，即螺纹切削起点与终点的半径差
G94	01	端面车削循环	G94　X(U)＿＿ Z(W)＿＿ F＿＿;平端面格式 G94 X(U)＿＿ Z(W)＿＿ R＿＿ F＿＿;锥端面格式
G96	02	恒线速度控制	G96
G97	02	恒线速度控制取消	G97
G98	05	每分钟进给量	G98（F＿＿）;　　　F—1min进给量，mm/min
G99	05	每转进给量	G99（F＿＿）;　　　F—主轴每转进给量，mm/r

表 12-7　FANUC 0i Mate 数控车系统常用 M 代码

代码	功能	代码	功能
M00	程序停止	M98	子程序调用，格式: 　　　M98　P××nnnn 调用程序号为Onnnn的程序××次
M01	选择停止		
M02	程序结束		
M03	主轴正向转动开始	M99	子程序结束，格式: 　　　Onnnn 　　　… 　　　M99
M04	主轴反向转动开始		
M05	主轴停止转动		
M08	切削液开		
M09	切削液关		
M30	结束程序运行且返回程序开头		

表 12-8　SIEMENS 802D 数控车系统常用 G 代码

代码	功　　能	代码	功　　能
G0	快速移动	G53	按程序段方式取消可设定零点偏置
G1	直线插补	G54	第一可设零点偏置
G2	顺时针圆弧插补	G55~G57	第二、三、四可设零点偏置
G3	逆时针圆弧插补	G70	寸制尺寸
G4	暂停时间	G71	米制尺寸
G5	中间点圆弧插补	G74	回参考点
G9	准确定位,单程序段有效	G75	回固定点
G18	Z/X 平面	G90	绝对尺寸
G22	半径尺寸	G91	增量尺寸
G23	直径尺寸	G94	进给率 F,单位:mm/min
G25	主轴转速下限	G95	主轴进给率 F,单位:mm/r
G26	主轴转速上限	G96	恒线速切削,F:mm/r；　S:m/min
G33	恒螺纹的螺纹切削	G97	删除恒定切削速度
G40	刀尖半径补偿方式的取消	G158	可编程的偏置
G41	调用刀尖半径左补偿	G500	取消零点偏置
G42	调用刀尖半径右补偿		

表 12-9　SIEMENS 802D 数控车系统常用 M 代码

代码	功　　能	代码	功　　能
M0	程序暂停,按"启动"加工继续	M8	切削液开
M1	程序有条件停止	M9	切削液关
M2	程序结束	M17	子程序结束
M3	主轴顺时针转	M40	自动变换齿轮集
M4	主轴逆时针转	M41	低速
M5	主轴停	M42	高速
M6	更换刀具	M41~M45	齿轮级 1~5

各数控机床生产厂家不同，其数控系统操作也不尽相同，本章以 FANUC 0i Mate 数控车系统为例，对数控车削加工的编程代码、操作和仿真进行介绍。

（1）G 代码常用指令

1）快速点定位指令（G00）。该指令命令刀具以点位控制方式从刀具所在点快速移动到目标位置，无运动轨迹要求，无需特别规定进给速度。

指令格式：G00　X __ 　Z __ ；

G00 指令快速进刀如图 12-34 所示，指令格式为 G00　X50.0　Z6.0；

为了便于阅读和理解，以下示例做如下约定：

① 本章所有示例均采用米制单位输入。

② 在某一轴上相对位置不变时，可以省略该轴的移动指令。

③ 在同一程序段中，绝对坐标指令和增量坐标指令可以混用。

④ G00 刀具移动的轨迹不是标准的直线插补。

⑤ 图中符号●代表程序原点。

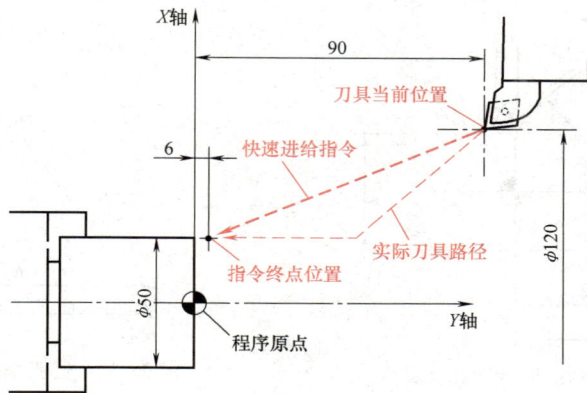

图 12-34 G00 指令快速进刀

2）直线插补指令（G01）。该指令用于直线或斜线运动。可使数控车床沿 *X* 轴、*Z* 轴方向执行单轴运动，也可以沿 *X*、*Z* 平面内任意斜率的直线运动。

指令格式：G01 X ___ Z ___ F ___；

G01 指令切外圆柱如图 12-35 所示，指令格式为 G01 X60.0 Z-80.0 F0.1；

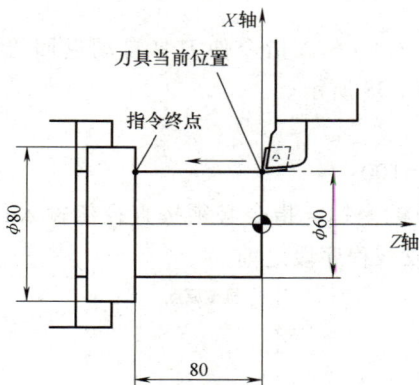

图 12-35 G01 指令切外圆柱

3）圆弧插补指令（G02、G03）。该指令使刀具沿圆弧运动，切出圆弧轮廓。G02 为顺时针圆弧插补指令，G03 为逆时针圆弧插补指令。

指令格式：

 G02 X（U）___ Z（W）___ I ___ K ___ F ___；

或 G02 X（U）___ Z（W）___ R ___ F ___；

 G03 X（U）___ Z（W）___ I ___ K ___ F ___；

或 G03 X（U）___ Z（W）___ R ___ F ___；

G03 指令逆时针圆弧插补如图 12-36 所示，指令格式为 G03 X50 Z-24 R35 F0.3；

指令中坐标可以用绝对坐标 X、Z，也可以用增量坐标 U、W，但 C 轴不能执行圆弧插补指令，如图 12-37 所示。

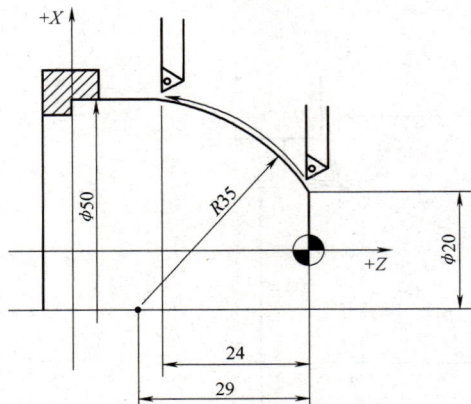

图 12-36　G03 指令逆时针圆弧插补

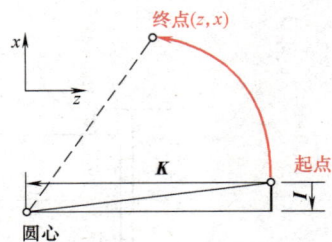

图 12-37　圆弧插补的 I、K 分量

4）暂停指令（G04）。该指令可以使刀具做短时间（几秒钟）无进给光整加工，主要用于车削环槽、不通孔以及自动加工螺纹等场合。

指令格式：

G04 X ＿；（s）

G04 U ＿；（s）

G04 P ＿；（ms）

5）自动原点复归指令（G28）。该指令使刀具自动返回机械原点或经过某一中间位置时，再回到机械原点，如图 12-38 所示。

指令格式：

G28　X(U)＿　Z(W)＿T00；

式中，X(U)、Z(W) 为中间点的坐标，指令必须按直径值输入；T00 为刀具复位指令，必须写在 G28 指令的同一程序段或该程序段之前。

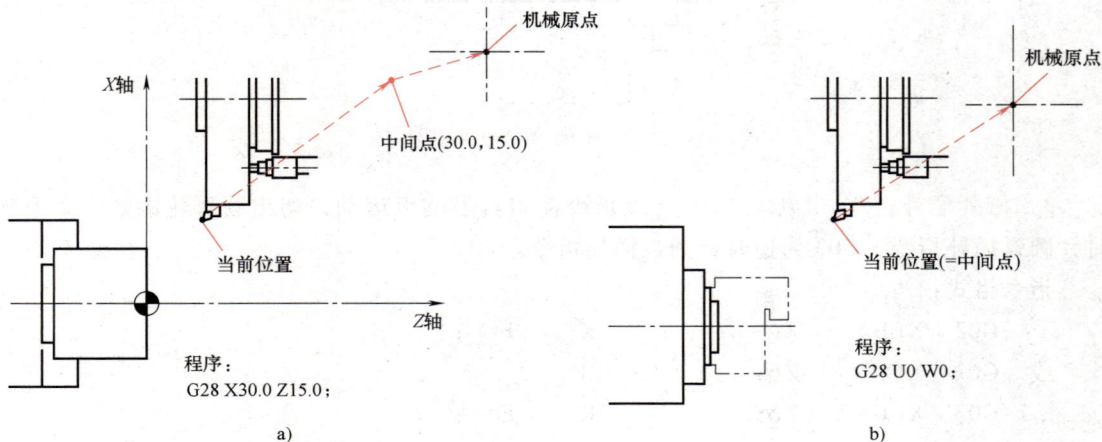

图 12-38　G28 指令

a）经过中间点返回机械原点　b）从当前位置返回机械原点

该指令由 G00 快速进给方式执行。

6）切削循环指令。外径、内径、端面切削等的粗加工，刀具常要反复执行相同的动作，才能切到工件要求的尺寸，这时在一个程序中常常要写入很多程序段，为了简化程序，数控系统可以用一个程序段指定刀具做反复切削，这就是固定循环功能。因此，对于非一刀加工即可完成的轮廓表面、加工余量大的表面，常采用固定循环编程，以缩短程序段的长度，减少程序所占内存。表 12-10 为单一固定循环和复合固定循环指令。

表 12-10　单一固定循环和复合固定循环指令

单一固定循环	01 组	G90	外径、内径切削循环，外径、内径轴段及锥面粗加工固定循环
		G92	螺纹切削循环，执行固定循环切削螺纹
		G94	端面切削循环，执行固定循环切削工件端面及锥面
复合固定循环	00 组	G70	精加工固定循环，完成 G71、G72、G73 切削循环之后的精加工，达到工件尺寸要求
		G71	外径、内径粗加工固定循环，执行粗加工固定循环，将工件切至精加工之前的尺寸
		G72	端面粗加工固定循环，同 G71 具有相同的功能，只是 G71 沿 Z 轴方向进行循环切削，而 G72 沿 X 轴方向进行循环切削
		G73	闭合切削循环，沿工件精加工相同的刀具路径进行粗加工固定循环
		G74	端面切削固定循环
		G75	外径、内径切削固定循环
		G76	复合螺纹切削固定循环

7）外径、内径粗车复合循环指令（G71）。G71 指令将工件切削至精加工之前的尺寸，精加工前的形状及粗加工的刀具路径由系统根据精加工尺寸自动设定。在 G71 指令程序段内要指定精加工工件程序段的顺序号，精加工余量，粗加工每次切深、F 功能、S 功能、T 功能等，刀具循环路径等。而定义精车轨迹的若干程序段，执行 G71 指令时，这些轨迹仅仅用于计算粗车的轨迹，实际上并未执行。G71 指令进给路线，如图 12-39 所示。

指令格式：

G71　U($\underline{\Delta d}$)　R($\underline{\Delta e}$)；

G71　P $\underline{ns}$　Q $\underline{nf}$　U$\underline{\Delta u}$　W$\underline{\Delta w}$（F＿＿ S＿＿ T＿＿）；

式中，Δd 为背吃刀量（半径值给定）；Δe 为退刀量；ns 为精加工程序第一个程序段的序号；nf 为精加工程序最后一个程序段的序号；Δw 为 Z 轴方向精加工余量；Δu 为 X 轴方向精加工余量（直径值）。

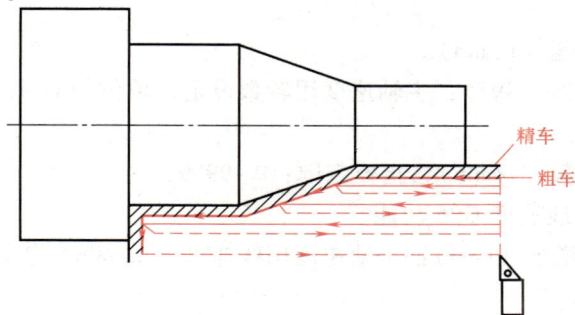

图 12-39　G71 指令进给路线

8）精加工复合循环指令（G70）。执行 G71、G72、G73 粗加工循环指令以后的精加工循环，在 G70 指令程序段内要给出精加工程序第一个程序段序号和精加工程序最后一个程序段序号。

指令格式：

G70　P _ns_　Q _nf_；

式中，_ns_ 为精加工程序第一个程序段的序号；_nf_ 为精加工程序最后一个程序段的序号。

9）每转进给量指令（G99）、每分钟进给量指令（G98）。指定进给功能的指令方法有两种：

① 每转进给量指令（G99），如图 12-40 所示。

指令格式：G99（F ＿）；

式中，F 为主轴每转进给量（mm/r）。

使用每转进给量（G99）设定进给速度后，地址符 F 后面的数值，都以主轴每转一周刀具进给量来计算，进给速度的单位为 mm/r。

②每分钟进给量指令（G98），如图 12-41 所示。

指令格式：G98（F ＿）；

式中，F 为 1min 进给量（mm/min）。

使用每分钟进给量指令（G98）设定进给速度后，地址符 F 后面的数值，都以 1min 刀具进给量来计算，进给速度的单位为 mm/min。

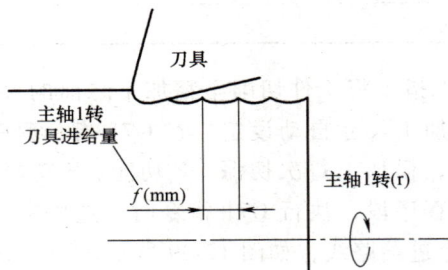

图 12-40　G99 指令每转进给量

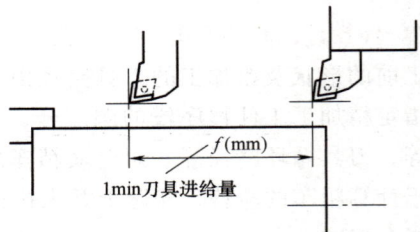

图 12-41　G98 指令每分钟进给量

（2）主轴功能（S 指令）和主轴转速控制指令（G96、G97、G50）

主轴功能（S 指令）是设定主轴转数的指令。

1）主轴最高转速的设定（G50），指令格式为

（G50）＿　S ＿；

式中，S 为主轴最高转速（r/min）。

2）主轴恒转数指令（G97）：主轴速度用转数设定，单位为 r/min。指令格式为

（G97）＿　S ＿；

式中，S 为设定主轴转数（r/min），指令范围：0～9999。

G97 将取消主轴恒线速度 G96 功能。

3）主轴恒线速度指令（G96）：主轴速度用线速度（m/min）值设定。指令格式为

（G96）＿　S ＿；

式中，S 为设定主轴线速度（即切削速度）（m/min）。

G96 将取消主轴恒转速 G97 功能。

（3）**刀具功能（T 指令）**　以 FANUC 0i Mate 数控车系统为例，刀具指令可指定刀具及刀具补偿。地址符号为"T"。

输入格式：T □□□□

　　　　　　　└──（后两位）刀具补偿号：0～32
　　　　　　└────（前两位）刀具序号：0～99

注意：

① 刀具的序号可以与刀盘上的刀位号相对应。

② 刀具补偿包括形状补偿和磨损补偿。

③ 刀具序号和刀具补偿号不必相同，但为了方便通常使它们一致。

④ 取消刀具补偿，T 指令格式为：T□□ 或 T□□00。

（4）**进给功能（F 指令）**　G99 模态时，F 是主轴每转进给量（mm/r）。

指令格式：G99 F ___；

式中，F 指定主轴每一转刀具进给量，指令范围：0.0001～500.0000mm/r。该指令是模态代码，直到 G98 被指定都不会改变。

（5）**辅助功能（M 指令）**　M 指令设定各种辅助动作及状态，表 12-7 给出了 FANUC 0i Mate 数控车系统的辅助功能（M 指令）说明。下面介绍几个常用 M 代码的使用方法。

M02：结束程序。

M03：主轴或旋转刀具顺时针旋转（CW）。

M04：主轴或旋转刀具逆时针旋转（CCW）。

M05：主轴或旋转刀具停止旋转。

M30：结束程序运行且返回程序开头。

6. 数控车床编程实例

（1）**数控车床程序的特点**

1）**坐标的选取及坐标指令**。数控车床有它特定的坐标系，编程时可以按绝对坐标系或增量坐标系编程，也常采用混合坐标系编程。

U、X 坐标值在数控车床编程中以直径值输入，即按绝对坐标系编程时，X 输入直径值；按增量坐标系编程时，U 输入的是径向实际位移值的两倍，并附上方向符号（正向省略）。

数控车床加工实操演示

2）**车削固定循环功能**。数控车床具备各种不同形式的固定切削循环功能，如内（外）圆柱面固定循环、内（外）锥面固定循环、端面固定循环、切槽循环、内（外）螺纹固定循环及组合面切削循环等，用这些固定循环指令可以简化编程。

3）**刀具位置补偿**。现代数控车床具有刀具位置补偿功能，可以完成刀具磨损和刀尖圆弧半径补偿以及安装刀具时产生的误差的补偿。

（2）**数控车床编程实例**　如图 12-42 所示的工件，毛坯是尺寸为 $\phi30\text{mm}\times70\text{mm}$ 的棒料。用 G71 和 G70 编制图 12-42 所示的加工程序，要求循环起点在 A（38，3），切削深度为 1.5mm（半径值），退刀量 1mm，X 方向精加工余量（直径值）为 0.2mm，Z 方向精加工余量为 0.1mm。

图 12-42 中双点画线部分为工件毛坯轮廓。

1）工艺分析。

① 采用自定心卡盘装夹，工件伸出卡盘 50mm。

② 粗加工 $\phi28$mm、$\phi20$mm、$\phi10$mm 外圆，按要求留精加工余量。

③ 精加工 $\phi28$mm、$\phi20$mm、$\phi10$mm 外圆至尺寸。

加工前先对刀，设置程序原点在装夹工件的右端面轴线上。

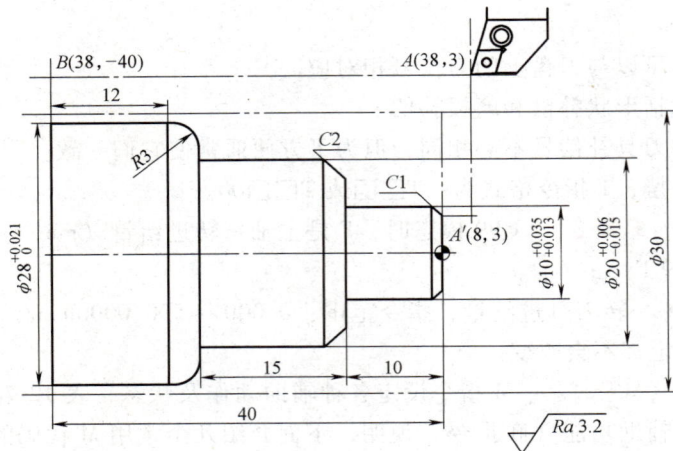

图 12-42　数控车削加工典型零件

2）数值计算。带有公差的尺寸有三个 $\phi28^{+0.021}_{0}$mm、$\phi20^{+0.006}_{-0.015}$mm，$\phi10^{+0.035}_{+0.013}$mm，编程时分别计算如下：

$\phi28$mm 外圆尺寸 = 28mm+（0.021+0）×0.5mm = 28.0105mm ≈ 28.011mm

$\phi20$mm 外圆尺寸 = 20mm+（0.006-0.015）×0.5mm = 19.9955mm ≈ 19.996mm

$\phi10$mm 外圆尺寸 = 10mm+（0.035+0.013）×0.5mm = 10.024mm

3）刀具的选择。T01 为 93°硬质合金偏刀，粗、精加工用同一把刀，刀尖圆弧半径为 0.8mm，刀尖方位 T = 3。

4）程序：

```
O0029;
G21  G99  G97;
T0101;
G00  X100.0  Z200.0;                           到换刀点换刀
S800  M03;
G00  X38.0  Z3.0;                              快速接近工件,到循环起点 A(38,3)
G71  U1.5  R1.0;                               外圆粗车,吃刀 1.5mm,退刀 1mm
G71  P20  Q38  U0.2  W0.1  F0.25;              X 向精加工余量 0.2mm,Z 向精加工余量 0.1mm
N20  G00  X8.0;                                从 A 到 A'点,精加工轮廓起始行,到 C1 倒角起点
G01  Z0.0;                                     到工件端面
X10.024  Z-1.0;                                倒 φ10mm 圆的 C1 倒角
Z-10.0;                                        精车 φ10mm 外圆
```

X16.0;	到 $C2$ 倒角起点
X19.996　Z-12.0;	倒 ϕ20mm 圆的 $C2$ 倒角
Z-25.0;	精车 ϕ20mm 外圆
X22.0;	到 R3mm 倒角起点
G03　X28.011　Z-28.0　R3.0;	精车 R3mm 圆弧
G01　Z-40.0;	精车 ϕ28mm 外圆
N38　X38.0;	退刀到 B 点
S1000　M3;	
G70　P20　Q38　F0.1;	外圆精车循环
G00　X100.0　Z200.0;	退出加工位置
M05;	
M30;	

7. 数控车床仿真

数控仿真软件可以全面、安全地对数控加工的过程进行仿真,包括机床坐标系设定、安装毛坯、安装刀具、输入程序、对刀、运行程序加工零件。从而提高机床操作熟练度,为下一步实际操作做好充分准备。数控系统包括:发那科系统、西门子系统和华中数控系统等。常用的数控车床仿真系统如图 12-43 所示。

数控车床加工
仿真演示

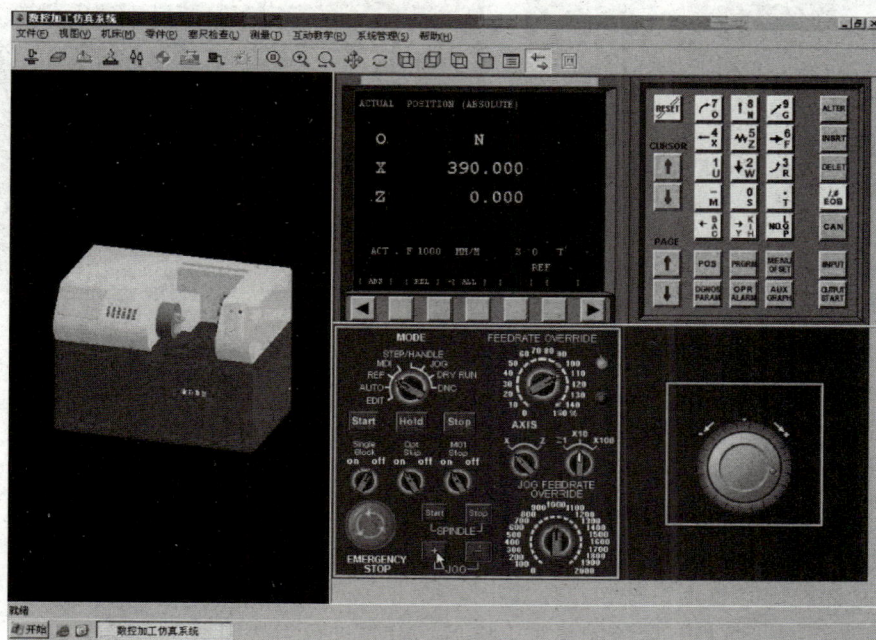

图 12-43　常用的数控车床仿真系统

FANUC 数控车床的仿真操作步骤如下:

（1）选择机床　打开数控仿真软件,进入主界面后,单击菜单栏“选择”图标,进入“选择机床”对话框,选择 FANUC 0i 系统后出现控制操作面板。

（2）开机回参考点

1）单击"系统电源"，单击并弹起紧急停止按钮，则系统开机上电。

2）单击"回零"按钮，再按"+Z"和"+X"按钮，各轴原点指示灯变亮，即回参考点。

（3）安装工件　首先在菜单栏中选择"定义毛坯"图标，出现对话框，在该对话框中设置毛坯参数，选择夹具后确定，单击"安装此毛坯/确定"按钮，出现"调整毛坯位置"对话框，调整好毛坯在夹具中的位置后关闭，此时观察视图区可以见到工件毛坯被安装到夹具上。

（4）安装刀具　在菜单栏中选择好刀位号，选择好所需刀片、刀柄，然后安装刀具。

（5）对刀——设置刀具参数　假设工件坐标系原点建在工件右端面中心。打开主轴正转，选工作方式为"手动"，分别移动 X 轴、Z 轴，用"试切法"对刀的方式车端面和外圆。将对刀参数输入到"工具补正"栏中。

（6）编辑或上传 NC 程序

（7）程序校验　工作方式选为"自动""机床锁住"，然后单击"循环启动"按钮，则主轴旋转，锁住，坐标值动态显示。根据坐标值的变化情况检查刀具运动轨迹是否正确，据此修改程序。校验结束后解除"机床锁住"，确认程序无误后进行下一步。

（8）自动加工　编辑或上传 NC 程序，检查"主轴转速"和"进给速度倍率"旋钮无误后，单击"循环启动"按钮，机床开始自动加工，如图 12-44 所示。

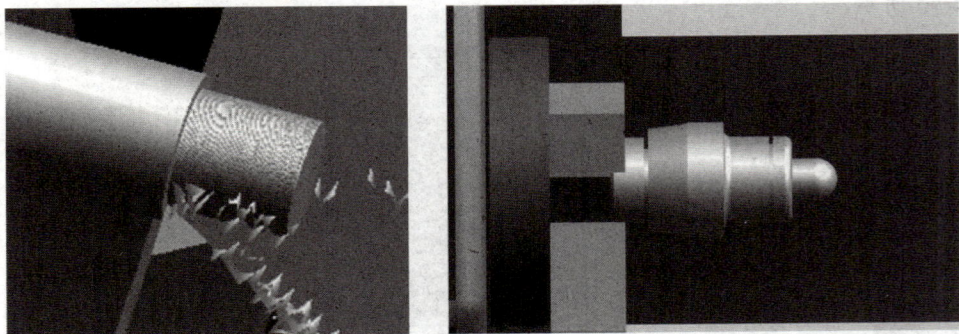

图 12-44　数控车床仿真加工

8. 数控车床的加工过程

（1）通电开机　接通数控系统电源的操作步骤是：

1）接通数控系统总电源开关。

2）按下控制面板上的"POWER ON"电源开关键，数控车床控制系统接通电源，显示屏由黑屏变为由文字显示的界面，电源指示灯亮。

3）顺时针旋转"急停"按钮，使其抬起。

（2）回参考点　数控车床控制系统上电后，首先进行刀架回参考点操作。

1）按下"回零"键。

2）按下"+X"键，X 轴返回参考点，此时，X 原点灯亮。

3）按下"+Z"键，Z 轴返回参考点，此时，Z 原点灯亮。

4）由于系统参数的设置，当2）、3）步骤无效时，可在 MDI 模式下，在"PROG"界面输入"G28 U0 W0;"，按"INSERT"键，再按"循环启动"按钮返回参考点。

（3）**安装工件** 将工件安装在主轴卡盘上。

（4）**安装刀具** 将所需刀具依次安装在刀架上。

（5）**对刀操作** 以1号外圆车刀的对刀操作过程为例进行介绍。

1）换刀、主轴旋转。MDI模式→PROG界面→输入"S600 M03;"→按"INSERT"键→按"循环启动"按钮，主轴转→输入"T0101;"→按"INSERT"键→按"循环启动"按钮，刀架换到1号刀位。

2）Z轴对刀。试切工件右端面，沿X向退刀，Z轴不得移动，依次按"OFSSET""补正""形状"键，进入"刀具补正/形状"界面，将光标移到番号01行Z列，输入"Z0;"，按"测量"键。

3）X轴对刀。试切工件外圆，沿Z向退刀，X轴不得移动，主轴停止，测量试切部分的外圆直径，依次按"OFSSET""补正""形状"键，进入"刀具补正/形状"界面，将光标移到番号01行X列，输入"X测量出的直径值"，按"测量"键。

其他刀位的刀具要依次进行对刀操作，X、Z轴数据依次通过"测量"键记录到"刀具补正/形状"界面数据组中，操作过程相同。

（6）**输入程序** 按"EDIT"键转入编辑模式，按"PROG"键进入程序界面，从键盘输入完整程序。

（7）**程序校验** 按"AUTO"键转入自动模式，按"机床锁MLK"键，依次按"CSTM/GRPH"、符号"图形"、符号"循环启动"按钮，程序模拟运行。如有错误，需重新编辑程序，再次校验，直到运行无误。

执行过"机床锁"功能后，启动加工程序前，必须重新回参考点。

（8）**加工工件** 在自动模式下按"循环启动"按钮，旋转"进给倍率"旋钮，从零旋转至合适的倍率，程序自动运行，加工工件。

（9）**关机**

1）先按下"急停"按钮，再按"POWER OFF"按钮，关闭机床总电源。

2）清理设备和工作场地，做好设备运转和使用记录。

12.2.2 数控铣削加工

数控铣削加工主要用于平面和曲面轮廓零件的加工，还可以加工复杂型面的零件，如凸轮、样板、模具、螺旋槽等，还可以进行钻、扩、铰、锪和镗孔加工。

1. 数控铣床的组成

数控铣床的基本组成如图12-45所示，它由床身、立柱、主轴箱、纵向工作台、床鞍、滚珠丝杠、伺服电动机、伺服装置和数控系统等组成。

1）床身、立柱用于支持和连接机床。

2）主轴箱包括主轴和主轴传动系统，用于装夹刀具并带动刀具旋转。

3）工作台用于安装工件或夹具，是铣床进给运动的执行部件，工作台的X、Y轴分别由电动机、变速传动机构和丝杠螺母机构驱动。

4）伺服装置用于驱动伺服电动机。

5）数控系统是数控机床的核心部件，包括程序输入、输出设备，数控装置，可编程逻辑控制器（PLC），主轴驱动单元和进给驱动单元等。

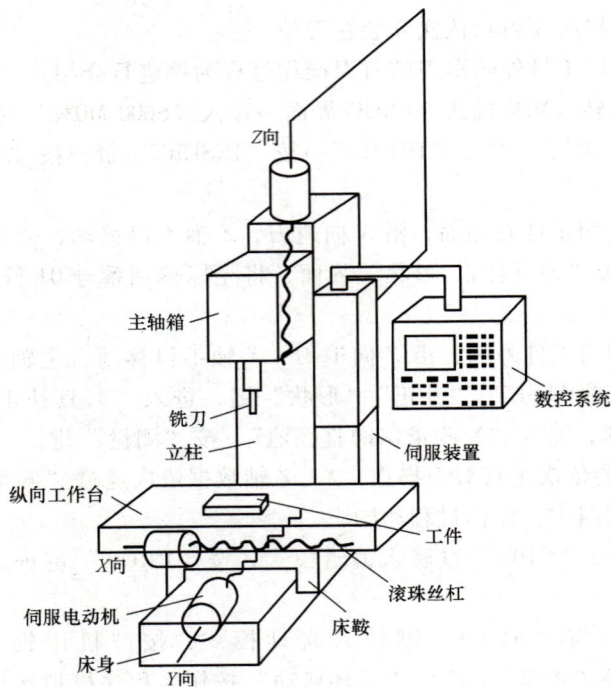

图 12-45　数控铣床的基本组成

6）控制器用于输入零件加工程序和控制机床工作状态。

7）控制电源用于向伺服装置和控制器供电。

2. 数控铣床的工作原理

根据零件形状、尺寸、精度和表面粗糙度值等技术要求制订加工工艺，选择加工参数。通过手工编程或利用 CAM 软件自动编程，将编好的加工程序输入控制器。控制器对加工程序处理后，向伺服装置传送指令，伺服装置向伺服电动机发出控制信号。主轴电动机使刀具旋转，X、Y 和 Z 向的伺服电动机控制刀具和工件按一定的轨迹做相对运动，从而实现工件的切削。

3. 数控铣床的分类

按照主轴和工作台的位置，数控铣床可分为：立式数控铣床、卧式数控铣床和立卧两用数控铣床。

4. 数控铣床加工的特点

1）能降低工人的劳动强度。

2）用数控铣床加工零件，精度好，具有较好的互换性。

3）数控铣床尤其适合加工形状比较复杂的零件，如模具等。

4）数控铣床自动化程度很高，生产率高，适合加工中、小批量的零件。

5. 数控铣削中工件的定位与安装

（1）数控铣削中工件的定位　铣削加工时，把工件放在机床上（或夹具中），使它在夹具上的位置按照一定的要求确定下来，并将必须限制的自由度逐一限制，这称为工件在夹具上的"定位"；工件定位以后，为了承受切削力、惯性力和工件重力，还应夹牢，这称为"夹紧"。从定位到夹紧的整个过程称为"安装"。工件的安装情况，将直接影响工件的加工精度。

工件相对夹具一般应完全定位，且工件的基准相对于机床坐标系原点应有严格的确定位置，以满足能在数控机床坐标系中实现工件与刀具相对运动的要求。同时，夹具在机床上也应完全定位，夹具上的每个定位面相对数控机床的坐标原点均应有精确的坐标尺寸，以满足数控加工中简化定位和安装的要求。

数控铣床和加工中心的工作台是夹具和工件定位与安装的基础，因机床结构形式和工作台的结构有所不同，常见的定位方式有五种，如图 12-46 所示。

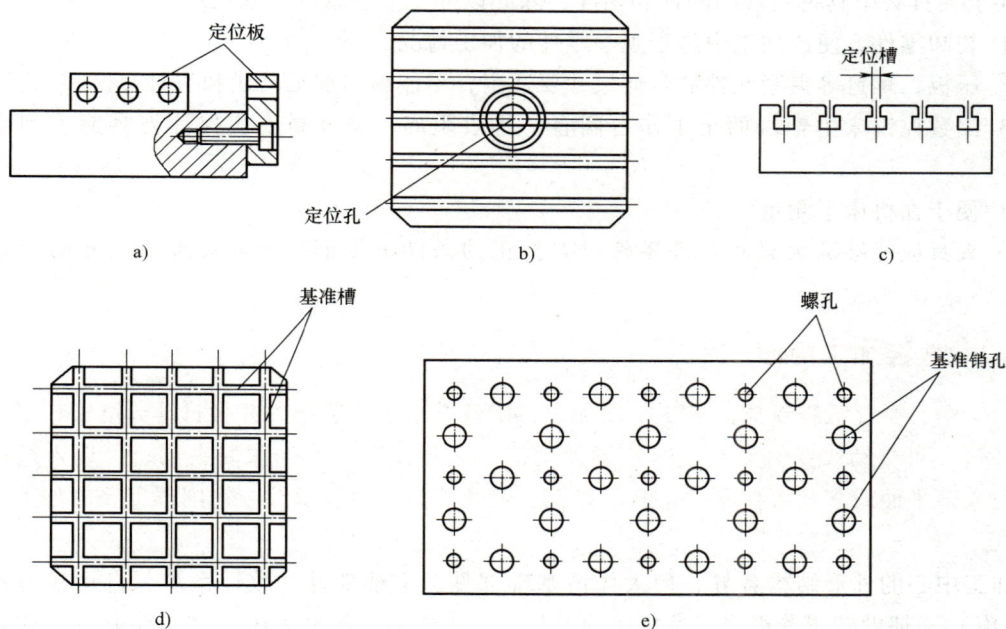

图 12-46　工件（夹具）的安装与定位

a）侧面定位板定位　b）中心孔定位　c）中央 T 形槽定位　d）基准槽定位　e）基准销孔定位

1）以侧面定位板定位。利用侧面定位板可直接计算出工件或夹具在工作台上的位置，并能保证与回转中心的相对位置，定位安装十分方便。

2）以中心孔定位。利用工件的外径或内径进行中心孔定位，能保证工件中心与工作台中心有较高的一致性。

3）以中央 T 形槽定位。通常把标准定位块插入 T 形槽，使安装的工件或夹具紧靠标准块，达到定位的目的，多用于立式数控铣床。

4）以基准槽定位。通常在工作台的基准槽中插入标准定位块或止动块，作为工件或夹具的定位标准。

5）以基准销孔定位。多在立式数控铣床辅助工作台上采用，适合多工件频繁装卸的场合。

选择定位方式时应注意以下五点：

① 选择的定位方式有较高的定位精度。

② 无超定位的干涉现象。

③ 零件的安装基准最好与设计基准重合。

④ 便于安装、找正和测量。

⑤ 利于刀具的运动和简化程序的编制。

（2）确定合适的夹紧方式　考虑夹紧方案时，夹紧力应力求通过和靠近中心点，或在支持点所组成的三角区之内，力求靠近切削部位，并在刚性较高的地方，尽量不要在被加工孔上方进行夹压。

（3）选择有足够的刚性和强度的夹具方案　夹具的主要任务是保证零件的加工精度，因此要求夹具必须具备足够的刚性和强度，除此以外还应注意以下五点：

① 装卸零件方便，加工中易于观察零件的加工情况。

② 压板、螺钉等夹紧元件的几何尺寸要适当，不能影响加工路线和刀具交换。

③ 因数控铣床主轴端面至工作台间有一小段距离，夹具高度应保证刀具能下到待加工面。

④ 便于在机床上测量。

⑤ 夹具应能够满足只对首件零件对刀找正的条件下保证一批零件加工尺寸的一致性要求。

12.2.3　数控加工中心

加工中心是在数控铣床的基础上增加了刀库及自动换刀装置，并带自动分度回转工作台或主轴箱（可自动改变角度）及其他辅助功能，从而使工件在一次装夹后，可以连续、自动地完成多平面或多角度位置的钻孔、扩孔、铰孔、镗孔、攻螺纹、铣削等工序的加工，工序高度集中。

加工中心的外形结构各异，但大体由基础部件、主轴部件、数控系统、自动换刀系统（含刀库）和辅助装置等组成。按机床的形状，加工中心一般分为卧式加工中心、立式加工中心和复合加工中心等。

1. 加工中心编程

加工中心除具有直线插补和圆弧插补功能，还具有各种加工固定循环、加工过程图形显示与编程、人机对话、故障自诊等功能。因此，加工中心配置的数控系统通常档次较高，功能强大。不同加工中心的数控系统，其代码指令差别很大，特别是一些扩展功能和选择功能，使用前要详细阅读相关数控系统的指令代码。本章以 FANUC 0i Mate 数控系统为例，介绍常用编程指令。

（1）FANUC 0i Mate 数控系统指令综述

1）可编程功能。通过编程并运行这些程序使数控机床能够实现的功能，称为可编程功能。一般可编程功能分为两类：

① 实现刀具轨迹控制，即各进给轴的运动，如直线/圆弧插补、进给控制、坐标系原点偏置及变换、尺寸单位设定和刀具偏置及补偿等，这一类功能被称为准备功能，以字母 G 以及两位数字组成，也称为 G 代码。

② 辅助功能，用来完成程序的执行控制、主轴控制、刀具控制和辅助设备控制等功能。在这些辅助功能中，T××用于选刀，S××××用于控制主轴转速。其他功能由字母 M 与两位数字组成的 M 代码来实现。

2）准备功能。准备功能指令见表 12-11。

3）辅助功能。机床用 S 代码对主轴转速进行编程，用 T 代码进行选刀编程，其他可编程辅助功能由 M 代码实现。一般，一个程序段中，M 代码最多可以有一个（0i 系统最多可有 3 个）。常用 M 代码见表 12-12。

表 12-11　FANUC 0i Mate-MC 的准备功能指令

G 代码	分组	功　能	G 代码	分组	功　能
▼ G00	01	定位（快速移动）	G58	14	选用 5 号工件坐标系
▼ G01		直线插补（进给速度）	G59		选用 6 号工件坐标系
G02		顺时针圆弧插补	G60	00	单一方向定位
G03		逆时针圆弧插补	G61	15	精确停止方式
G04	00	暂停，精确停止	▼ G64		切削方式
G09		精确停止	G65	00	宏程序调用
▼ G17	02	选择 XY 平面	G66	12	模态宏程序调用
G18		选择 ZX 平面	▼ G67		模态宏程序调用取消
G19		选择 YZ 平面	G73	09	深孔钻削固定循环
G20	06	英寸输入	G74		左螺纹攻螺纹固定循环
G21		毫米输入	G76		精镗固定循环
G27	00	返回并检查参考点	▼ G80		取消固定循环
G28		返回参考点	G81		钻削固定循环
G29		从参考点返回	G82		钻削固定循环
G30		返回第 2、3、4 参考点	G83		深孔钻削固定循环
▼ G40	07	取消刀具半径补偿	G84		攻螺纹固定循环
G41		左侧刀具半径补偿	G85		镗削固定循环
G42		右侧刀具半径补偿	G86		镗削固定循环
G43	08	正向刀具长度补偿	G87		反镗固定循环
G44		负向刀具长度补偿	G88		镗削固定循环
▼ G49		取消刀具长度补偿	G89		镗削固定循环
G52	00	设置局部坐标系	▼ G90	03	绝对值指令方式
G53		选择机床坐标系	▼ G91		增量值指令方式
▼ G54	14	选用 1 号工件坐标系	G92	00	工件零点设定或主轴最高转速
G55		选用 2 号工件坐标系	▼ G98	10	固定循环返回初始点
G56		选用 3 号工件坐标系	G99		固定循环返回 R 点
G57		选用 4 号工件坐标系			

注：标有 ▼ 的 G 代码是数控系统启动后默认的初始状态。对于 G00 和 G01、G90 和 G91 这两组指令，数控系统启动后默认的初始状态由系统参数决定。

表 12-12　常用 M 代码

M 代码	功　　能	M 代码	功　　能	M 代码	功　　能
M00	程序暂停	M05	主轴停止	M19	主轴定向
M01	条件程序暂停	M06	刀具交换	M29	刚性攻螺纹
M02	程序结束	M08	切削液开	M30	程序结束并返回程序开头
M03	主轴正转	M09	切削液关	M98	调用子程序
M04	主轴反转	M18	主轴定向解除	M99	子程序结束返回/主程序中可重复执行

注：即使指定了直线插补定位，在 G28 指令（从中间点到参考点之间的定位）和 G53 指令中仍然使用非直线插补定位，因此需小心，以确保刀具不会损坏工件。

（2）插补功能

1）快速定位（G00）。

指令格式：G00 IP ___；

式中，IP ___代表任意多个（最多 5 个）进给轴地址的组合，每个地址后面都会有一个数字作为赋给该地址的值，一般机床有 3 个进给轴（个别机床有 4~5 个进给轴），即 X、Y、Z，所以"IP ___"可以代表如 X12.0　Y119.0　Z-37.0 或 X287.3　Z73.5　A45.0 等内容。

G00 指令使刀具快速移动到"IP ___"指定的位置，被指定的各轴之间的运动互不相关，即刀具移动轨迹不一定是一条直线。G00 指令下，快速倍率为 100% 时，各轴运动的速度是机床的最快移动速度，该速度不受当前 F 值的控制。当各运动轴到达运动终点并发出位置到达信号后，CNC 认为该程序段已经结束，并转向执行下一程序段。

说明：可以用系统参数（例如 0i 系统 No.1401 的第 1 位 LRP）选择 G00 指令的移动轨迹。

① 非直线插补定位。刀具分别以每轴的快速移动速度定位，刀具轨迹一般不是直线。

② 直线插补定位。刀具轨迹与直线插补（G01）相同。刀具以不超过每轴的快速移动速度，在最短时间内定位。

这两种插补方式的区别如图 12-47 所示。

2）直线插补（G01）。

指令格式：G01 IP ___ F ___；

G01 指令使当前的插补模态成为直线插补模态，刀具从当前位置移动到 IP 指定的位置，其轨迹是一

图 12-47　G00 指令移动方式

条直线，F 指定了刀具沿直线运动的速度，单位为 mm/min（X、Y、Z 轴）。第一次出现 G01 指令时，必须指定 F 值，否则机床报警。

如图 12-48 所示，当前刀具所在点为 X-50.0 Y-75.0，下面程序段中刀具轨迹如图 12-48 所示。

N1 G01 X150.0 Y25.0 F100.0；

N2 X50.0 Y75.0；

可以看到，程序段 N2 并没有指令 G01，但由于 G01 指令为模态指令，所以 N1 程序段中所指令的 G01 在 N2 程序段中继续有效，同样，指令 F100.0 在 N2 程序段也继续有效，即刀具沿两段直线的运动速度都是 100mm/min。

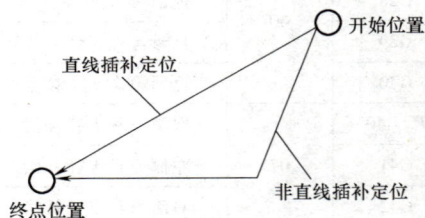

3）圆弧插补（G02/G03）。下面所列的指令格式可以使刀具沿圆弧轨迹运动：

在 X-Y 平面：

G17{G02/ G03 }X __ Y __{（I __ J __）/R __} F __；

在 X-Z 平面：

G18{G02/ G03 }X __ Z __{（I __ K __）/ R __} F __；

在 Y-Z 平面：

G19{G02/G03}Y __ Z __{（J __ K __）/R __}F __；

上述指令中字母的解释见表 12-13。

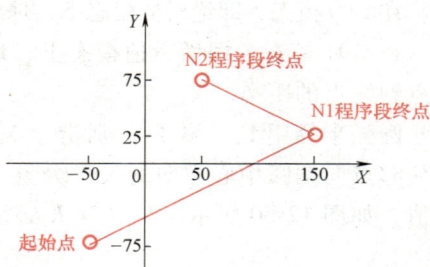

图 12-48　G01 指令移动轨迹

表 12-13　G02/G03 指令解释

序号	数据内容		指令	含　义
1	平面选择		G17	指定 X-Y 平面上的圆弧插补
			G18	指定 X-Z 平面上的圆弧插补
			G19	指定 Y-Z 平面上的圆弧插补
2	圆弧方向		G02	顺时针方向的圆弧插补
			G03	逆时针方向的圆弧插补
3	终点位置	G90 模态	X、Y、Z 中的两轴指令	当前工件坐标系中终点位置的坐标值
		G91 模态	X、Y、Z 中的两轴指令	从起点到终点的距离（有方向的）
4	起点到圆心的距离		I、J、K 中的两轴指令	从起点到圆心的距离（有方向的）
	圆弧半径		R	圆弧半径
5	进给率		F	沿圆弧运动的速度

G02 和 G03 圆弧的观测方向如图 12-49 所示。

对于 X-Y 平面，是由 Z 轴的正方向往 Z 轴的负方向看 X-Y 平面所看到的圆弧方向。

对于 X-Z 平面，是由 Y 轴的正方向往 Y 轴的负方向看 X-Z 平面所看到的圆弧方向。

对于 Y-Z 平面，是由 X 轴的正方向往 X 轴的负方向看 Y-Z 平面所看到的圆弧方向。

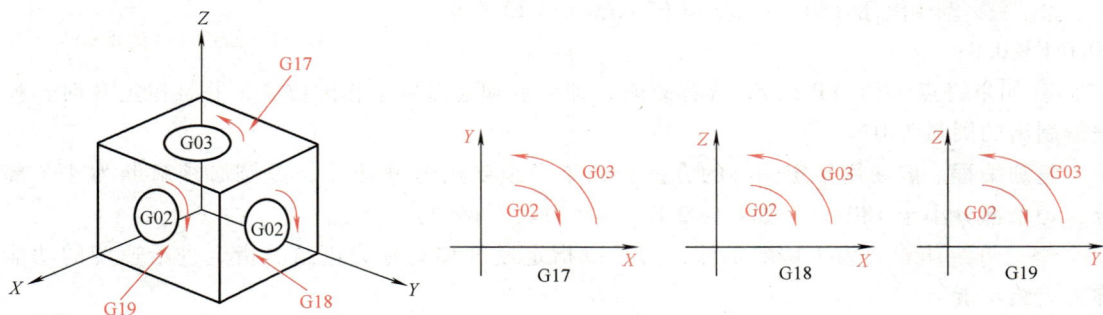

图 12-49　圆弧的观测方向

圆弧终点由地址 X、Y 和 Z 确定。

在 G90 模态，即绝对值模态下，地址 X、Y、Z 给出了圆弧终点在当前坐标系中的坐标值。

在 G91 模态，即增量值模态下，地址 X、Y、Z 给出的则是各坐标轴方向上当前刀具所在点到终点的距离。

圆弧半径用 I、J 和 K 分别指令 XP、YP 或 ZP 轴向的圆弧中心位置。I、J 或 K 的距离是从起点向圆弧中心方向的矢量分量，无论指定 G90 还是指定 G91，I、J 和 K 的值总是增量值，如图 12-50 所示。I、J 和 K 必须根据方向指定其符号（正或负）。

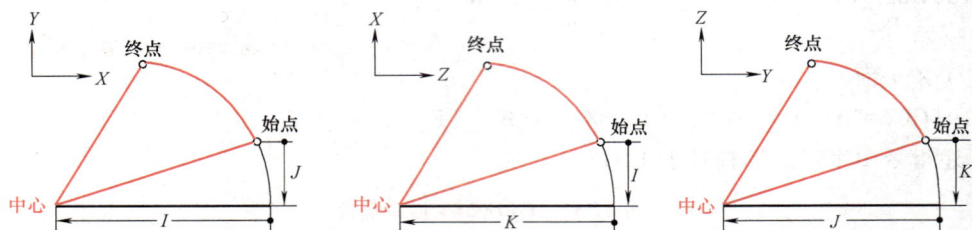

图 12-50 I、J、K 值的定义

I0、J0 和 K0 可以省略。当 XP、YP 或 ZP 省略（终点与起点相同），并且中心用 I、J 和 K 指定时，移动轨迹为 360° 的圆弧（整圆）。例如，G02 I __；指令一个整圆。

若在起点和终点之间的半径差在终点超过系统参数中的允许值，则机床报警。

对一段圆弧进行编程，除了用给定终点位置和圆心位置的方法，还可以用给定半径和终点位置的方法对一段圆弧进行编程，用地址符 R 来指定半径值，代替给定圆心位置的地址。

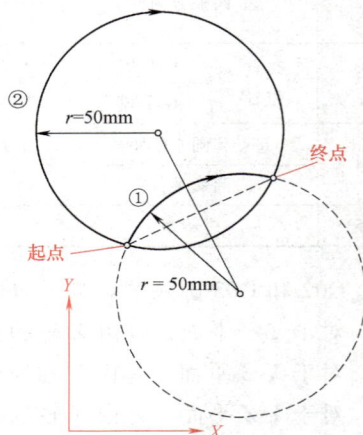

图 12-51 圆弧半径的正负

如图 12-51 所示，在这种情况下，顺时针加工圆弧时；如果圆弧小于 180°，半径 R 为正值；如果圆弧大于 180°，半径 R 用负值指定：

① 圆弧①（小于 180°）：G91 G02 X60.0 Y20.0 R50.0 F300.0；

② 圆弧②（大于 180°）：G91 G02 X60.0 Y20.0 R-50.0 F300.0；

③ 如果终点 XP、YP 或 ZP 全都省略，即终点和起点位于相同位置，并且指定 R 时，程序编制出的圆弧为 0°。

整圆编程一般使用给定圆心的方法，如果必须要用 R 来表示，整圆必须打断为 4 个部分，每个部分小于 180°。例如：G02 R __；（刀具不移动）

（3）进给功能 为了切削工件，刀具以指定速度移动称为进给。指定进给速度的功能称为进给功能。

1）进给速度。数控机床的进给一般分为两类：快速定位进给及切削进给。

2）暂停（G04）。

指令格式：G04 P __；或 G04 X __；

作用：在两个程序段之间产生一段时间的暂停。

地址 P 或 X 给定暂停的时间，以秒为单位，范围为 0.001~9999.999s。如果没有 P 或 X，G04 在程序中的作用与 G09 相同。

(4)　参考点　参考点是机床上的一个固定点，它的位置由各轴的参考点开关和撞块位置以及各轴伺服电动机的零点位置来确定。用参考点返回功能，刀具可以非常容易地移动到该位置，参考点可用作刀具自动交换的位置。用机床参数可在机床坐标系中设定 4 个参考点。

1）自动返回参考点 (G28)。

指令格式：G28 IP __ ;

该指令使主轴以快速定位进给速度经由 IP 指定的中间点返回机床参考点，中间点的指定既可以是绝对值方式的也可以是增量值方式的，这取决于当前的模态。一般地，该指令用于整个加工程序结束后使工件移出加工区，以便卸下加工完毕的零件和装夹待加工的零件。

注意：为了安全起见，执行该命令之前应该取消刀具半径补偿和长度补偿。

G28 指令中的坐标值将被 NC 作为中间点存储，另一方面，如果一个轴没有被包含在 G28 指令中，NC 存储的该轴的中间点坐标值将使用以前 G28 指令中所给定的值。

N1 X20.0 Y54.0;

N2 G28 X-40.0 Y-25.0;中间点坐标值(-40.0,-25.0)

N3 G28 Z31.0;中间点坐标值(-40.0,-25.0,31.0)

该中间点的坐标值主要由 G29 指令使用。

2）从参考点自动返回 (G29)。

指令格式：G29 IP __ ;

该命令使主轴以快速定位进给速度从参考点经由中间点运动到指令位置，中间点的位置由以前的 G28 或 G30 指令确定。一般来说，该指令用在 G28 或 G30 之后，该指令轴位于参考点或第二参考点时。

在增量值方式模态下，指令值为中间点到终点（指令位置）的距离。

(5)　坐标系　通常编程人员开始编程时，并不知道被加工零件在机床上的位置，所编制的零件程序通常是以工件上的某个点作为零件程序的坐标系原点来编写加工程序，当被加工零件夹压在机床工作台上以后，再将 NC 所使用的坐标系的原点偏移到与编程使用的原点重合的位置进行加工。所以对于数控机床坐标系原点偏移功能是非常重要的。

编程指令可以使用机床坐标系、工件坐标系、局部坐标系这三种坐标系。

1）使用机床坐标系 (G53)。

指令格式：(G90) G53 IP __ ;

该指令使刀具以快速进给速度运动到机床坐标系中 IP __ 指定的坐标值位置，一般该指令在 G90 模态下执行。G53 指令是一条非模态的指令，它只在当前程序段中起作用。机床坐标系零点与机床参考点之间的距离由参数设定，无特殊说明，各轴参考点与机床坐标系零点重合。

2）使用预置的工件坐标系 (G54~G59)。在机床中，可以预置六个工件坐标系，通过数控系统面板上的操作，设置每一个工件坐标系原点相对机床坐标系原点的偏移量，然后使用 G54~G59 指令来选用它们。G54~G59 都是模态指令，分别对应 1#~6#预置工件坐标系。

程序范例见表 12-14。

预置 1#工件坐标系 G54 原点偏移量：X-150 Y-210 Z-90。

预置 4#工件坐标系 G57 原点偏移量：X-430 Y-330 Z-120。

表 12-14　程序范例

程序段内容	终点在机床坐标系中的坐标值	注　释
N1 G90 G54 G00 X50.0 Y50.0;	X-100,Y-160	选择 1#坐标系,快速定位
N2 Z-70.0;	Z-160	
N3 G01 Z-72.5 F100.0;	Z-162.5	直线插补,F=100
N4 X37.4;	X-112.6	X 轴直线插补
N5 G00 Z0;	Z-90	Z 轴快速定位
N6 X0 Y0 A0;	X-150,Y-210	
N7 G53 X0 Y0 Z0;	X0,Y0,Z0	选择使用机床坐标系
N8 G57.0 X50.0 Y50.0;	X-380,Y-280	选择 4#坐标系
N9 Z-70.0;	Z-190	
N10 G01 Z-72.5;	Z-192.5	直线插补,F=100(模态值)
N11 X37.4;	X-392.6	
N12 G00 Z0;	Z-120	
N13 G00 X0 Y0 ;	X-430,Y-330	G57 坐标系原点

从程序范例可以看出，G54~G59 指令的作用是将 NC 所使用的坐标系原点偏移到机床坐标系中的预置点。

在机床的数控编程中，插补指令和其他与坐标值有关指令中的 IP __，除非有特指，都是指在当前坐标系中（指令被执行时所使用的坐标系）的坐标位置。绝大多数情况下，当前坐标系是 G54~G59 中的一个（G54 为上电时的初始模态），直接使用机床坐标系的情况很少。

3）使用局部坐标系（G52）。G52 可以建立一个局部坐标系，局部坐标系相当于 G54~G59 坐标系的子坐标系。

指令格式：G52 IP __;

该指令中，IP __ 给出了一个相对当前 G54~G59 坐标系的偏移量，即 IP __ 给定了局部坐标系原点在当前 G54~G59 坐标系中的位置坐标，即 G52 指令执行前已经由一个 G52 指令建立了一个局部坐标系。取消局部坐标系的方法也非常简单，使用"G52 IP0;"即可。

（6）平面选择　一组指令用于选择进行圆弧插补以及刀具半径补偿所在的平面。G17 选择 X-Y 平面；G18 选择 X-Z 平面；G19 选择 Y-Z 平面。关于平面选择的相关指令可以参考圆弧插补及刀具补偿等指令的相关内容。

（7）绝对值和增量值指令（G90 和 G91）　有两种指令刀具运动的方法：绝对值指令和增量值指令。

1）绝对值指令 G90。绝对值指令是刀具移动到"距坐标系零点某一距离"的点，即刀具移动到坐标值的位置。

2）增量值指令 G91。指令刀具从当前位置移动到下一个位置的位移量。

在绝对值指令模态下，指定的是运动终点在当前坐标系中的坐标值；而在增量值指令模态下，指定的则是各轴运动的距离。G90 和 G91 这对指令被用来选择使用绝对值或增量值模态。

（8）辅助功能

1）M 代码。在机床中，M 代码分为两类：一类由 CNC 直接执行，用来控制程序的执行；另一类由 PMC 执行，用来控制主轴、ATC 装置和冷却系统。

① 程序控制用 M 代码。用于程序控制的 M 代码有 M00、M01、M02、M30、M98 和 M99。

② 其他 M 代码。M03 为主轴正转，M04 为主轴反转，M05 为主轴停止。

机床厂家往往将自行开发的机床功能设置为 M 代码（如机床开/关门），这些 M 代码请参阅机床自带的使用说明书。

2）T 代码。机床刀具库使用任意选刀方式，即由两位的 T 代码 T×× 指定刀具号，地址符 T 的取值范围可以是 1~99 之间的任意整数，在 M06 之前必须有一个 T 代码，如果 T 指令和 M06 出现在同一程序段，则 T 代码也要写在 M06 之前。需要注意的是，刀具表一定要设定正确，如果与实际不符，将严重损坏机床，并造成不可预计的后果。

3）主轴转速指令（S 代码）。一般机床主轴转速为 20~6000r/min。主轴的转速指令由 S 代码给出，S 代码是模态的，直到另一个 S 代码改变模态值。主轴的旋转方向指令则由 M03 或 M04 实现。

（9）刀具补偿功能

1）**刀具长度补偿**（G43，G44，G49）。使用"G43（G44）H __;"指令可以将 Z 轴运动的终点向正向偏移一段距离，这段距离等于 H 指令的补偿号中存储的补偿值。G43 或 G44 是模态指令，H __ 指定的补偿号也是模态的。使用这条指令，编程人员在编写加工程序时就可以不必考虑刀具的长度而只需考虑刀尖的位置。刀具磨损或损坏后更换新的刀具时也不需要更改加工程序，直接修改刀具补偿值即可。

如图 12-52 所示，G43 指令为刀具长度补偿+，即 Z 轴到达的实际位置为指令值与补偿值相加的位置。G44 指令为刀具长度补偿−，即 Z 轴到达的实际位置为指令值减去补偿值的位置。H 的取值范围为 00~200。H00 意味着取消刀具长度补偿值。取消刀具长度补偿的另一种方法是使用指令 G49。CNC 执行到 G49 指令或 H00 时，立即取消刀具长度补偿，并使 Z 轴运动到不加补偿值的指令位置。

执行刀具长度补偿指令格式：

$$\begin{Bmatrix} G43 \\ G44 \end{Bmatrix} \begin{Bmatrix} G00 \\ G01 \end{Bmatrix} \begin{Bmatrix} X\_\_ Y\_\_ \\ X\_\_ Z\_\_ \\ Y\_\_ Z\_\_ \end{Bmatrix} Z\_\_ H\_\_;$$

取消刀具长度补偿指令格式：

$$G49 \begin{Bmatrix} G00 \\ G01 \end{Bmatrix} Z\_\_;$$

2）**刀具半径补偿**（G41，G42，G40）。进行数控轮廓铣削时，由于刀具半径的存在，

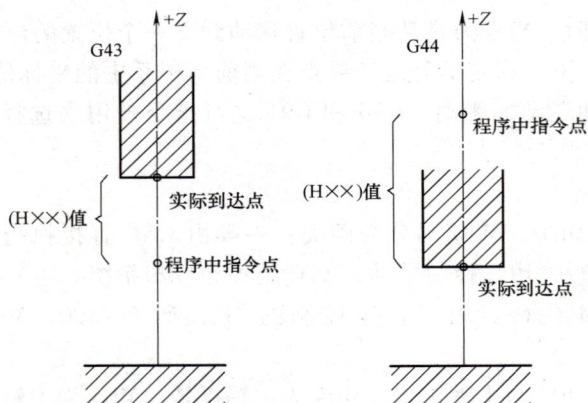

图 12-52 刀具长度补偿指令

刀具中心轨迹与工件轮廓不重合。人工计算刀具中心轨迹编程则相当复杂，且刀具直径变化时必须重新计算，修改程序。

当数控系统具备刀具半径补偿功能时，数控编程只需按工件轮廓进行，数控系统自动计算刀具中心轨迹，使刀具偏离工件轮廓一个半径值，即进刀具半径补偿。在机床上，这样的功能可以由 G41（左补偿）或 G42（右补偿）指令来实现。

执行刀具半径补偿指令：

$$\begin{Bmatrix} G17 \\ G18 \\ G19 \end{Bmatrix} \begin{Bmatrix} G41 \\ G42 \end{Bmatrix} \begin{Bmatrix} G00 \\ G01 \end{Bmatrix} \begin{Bmatrix} X \underline{\quad} Y \underline{\quad} \\ X \underline{\quad} Z \underline{\quad} \\ Y \underline{\quad} Z \underline{\quad} \end{Bmatrix} D \underline{\quad} ;$$

取消刀具半径补偿指令：

$$G40 \begin{Bmatrix} G00 \\ G01 \end{Bmatrix} \begin{Bmatrix} X \underline{\quad} Y \underline{\quad} \\ X \underline{\quad} Z \underline{\quad} \\ Y \underline{\quad} Z \underline{\quad} \end{Bmatrix} ;$$

X、Y、Z 值是建立补偿直线段的终点坐标值。

① 刀具半径补偿过程分为三步，如图 12-53 所示。

刀补建立：刀具从起点接近工件时，刀心轨迹从与编程轨迹重合过渡到与编程轨迹偏离一个偏置量。

刀补进行：刀具中心始终与编程轨迹相距一个偏置量，直到刀补取消。

刀补取消：刀具离开工件，刀心轨迹要过渡到与编程轨迹重合。

② 补偿向量。补偿向量为二维向量，由它来确定刀具半径补偿时，实际位置和编程位

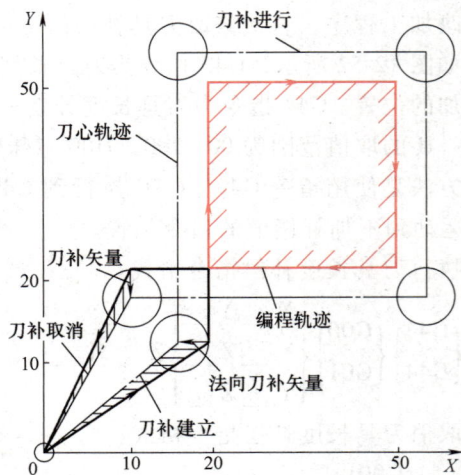

图 12-53 刀具半径补偿

置之间的偏移距离和方向。补偿向量的模即实际位置和补偿位置之间的距离，其始终等于指定补偿号中存储的补偿值，补偿向量的方向始终为编程轨迹的法线方向，如图 12-54 所示。该补偿向量由 CNC 系统根据编程轨迹和补偿值计算得出，并由此控制刀具（X 轴、Y 轴）的运动完成补偿过程。

③ 补偿值。在 G41 或 G42 指令中，地址 D 指定了一个补偿号，每个补偿号对应一个补偿值。补偿号的取值范围为 0~200，这些补偿号由长度补偿和半径补偿共用。和长度补偿一样，D00 意味着取消半径补偿。

补偿值的取值范围和长度补偿相同。

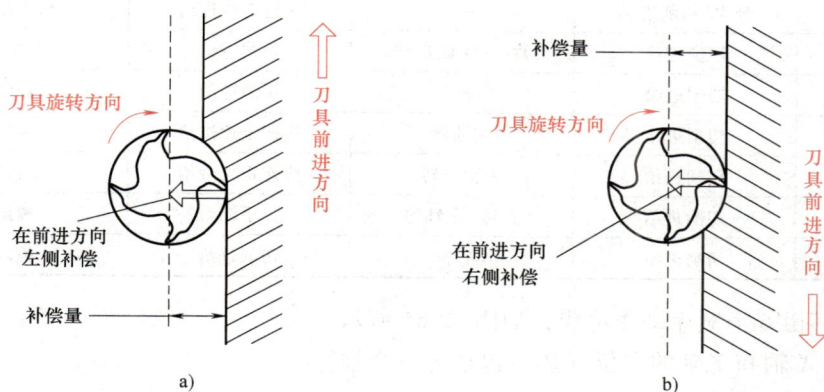

图 12-54　刀具补偿方向
a）G41 左刀补　b）G42 右刀补

④ 平面选择，刀具半径补偿只能在被 G17、G18 或 G19 选择的平面上进行，在刀具半径补偿的模态下，不能改变平面的选择，否则会出现 P/S 报警。注意：

a. 指令刀具半径补偿模态及非零的补偿值后，第一个在补偿平面中产生运动的程序段为刀具半径补偿开始的程序段，在该程序段中，不允许出现圆弧插补指令，否则 CNC 会给出 P/S 报警。

b. 在刀具半径补偿开始的程序段中，补偿值从零均匀变化到给定的值，同样的情况出现在刀具半径补偿被取消的程序段中，即补偿值从给定值均匀变化到零，所以在这两个程序段中，刀具不应接触到工件，否则就会出现过切。

（10）固定循环指令　数控加工中，某些加工工序有着固定的规律，例如，钻孔、镗孔的工序都具有孔位平面定位、快速进给、工作进给、快速退回等一系列典型的加工动作，这样就可以预先编好程序，存储在内存中，并用一个 G 代码程序段调用，称为固定循环。固定循环可以有效地缩短程序代码，节省存储空间，简化编程。

孔加工固定循环指令为模态指令，一旦某个孔加工固定循环指令有效，后续所有（X，Y）位置均采用该孔加工固定循环指令进行空加工，直到使用 G80 取消孔加工固定循环。在孔加工固定循环指令有效时，（X，Y）平面内的运动即孔位之间的刀具移动为快速运动（G00）。

表 12-15 列出了所有的孔加工固定循环指令。

表 12-15　孔加工固定循环指令

G 代码	加工运动(Z 轴负向)	孔底动作	返回运动(Z 轴正向)	应用
G73	分次,切削进给	—	快速定位进给	高速深孔钻削
G74	切削进给	暂停–主轴正转	切削进给	左螺纹攻丝
G76	切削进给	主轴定向,让刀	快速定位进给	精镗循环
G80	—	—	—	取消固定循环
G81	切削进给	—	快速定位进给	普通钻削循环
G82	切削进给	暂停	快速定位进给	钻削或粗镗削
G83	分次,切削进给	—	快速定位进给	深孔钻削循环
G84	切削进给	暂停–主轴反转	切削进给	右螺纹攻丝
G85	切削进给	—	切削进给	镗削循环
G86	切削进给	主轴停	快速定位进给	镗削循环
G87	切削进给	主轴正转	快速定位进给	反镗削循环
G88	切削进给	暂停–主轴停	手动	镗削循环
G89	切削进给	暂停	切削进给	镗削循环

固定循环由 6 个顺序动作组成,如图 12-55 所示。

动作 1:X 轴和 Y 轴的定位(还可包括另一个轴)。

动作 2:快速移动到 R 点。

动作 3:孔加工。

动作 4:在孔底的动作。

动作 5:返回到 R 点。

动作 6:快速移动到初始点。

固定循环中的三个平面是:

① 初始平面是为了安全下刀而规定的一个平面。初始平面到零件表面的距离可以任意设置在一个安全的高度上。

② R 平面又称 R 参考平面,这个平面是刀具下刀时从快进转为工进的高度平面,距工件表面的距离主要考虑工件表面尺寸的变化,一般可取 2~5mm。

③ 孔底平面。加工不通孔时的孔底平面就是孔底的 Z 轴高度;加工通孔时,一般刀具还要伸出工件底平面一段距离,主要是要保证全部孔深都加工到尺寸;钻削加工时还应考虑钻头对孔深的影响。

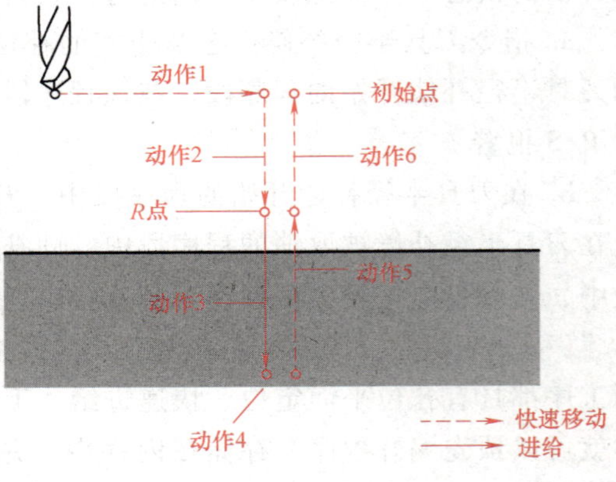

图 12-55　固定循环的 6 个动作

对孔加工固定循环指令的执行有影响的指令主要有 G90/G91 及 G98/G99 指令。

图 12-56 所示为 G90/G91 对孔加工固定循环指令的影响。

① 在 G90 模式下:X、Y 是孔位坐标,Z 是孔底坐标,R 是 R 点的坐标。

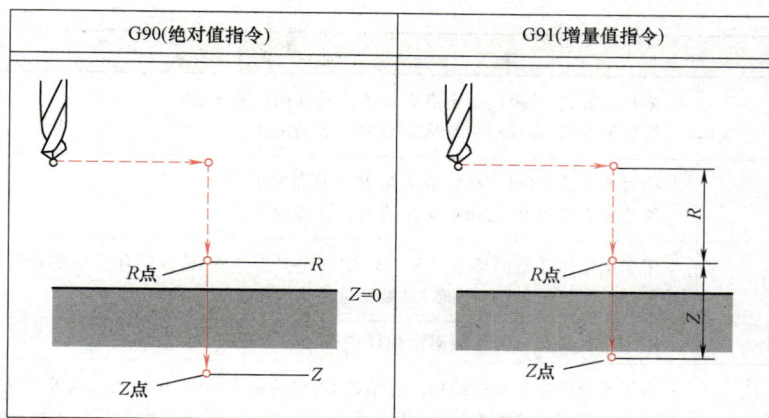

图 12-56　G90/G91 对孔加工固定循环指令的影响

② 在 G91 模式下：X、Y 是加工起点到孔位的距离，Z 是 R 点到孔底的距离，R 是初始点到 R 点的距离。

图 12-57 所示为 G98/G99 对孔加工固定循环指令的影响。在 G98 模态下，孔加工完成后 Z 轴返回起始点；在 G99 模态下，则返回 R 点。

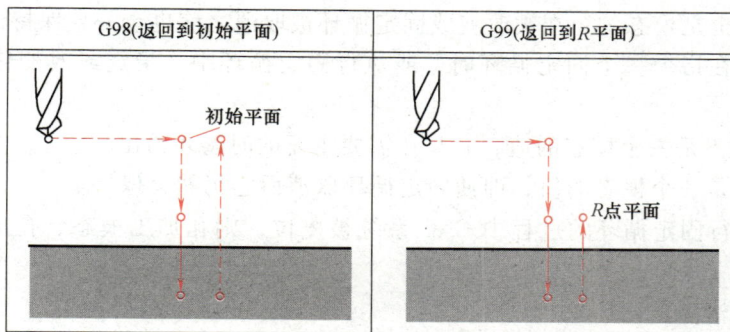

图 12-57　G98/G99 对孔加工固定循环指令的影响

一般如果被加工的孔在一个平整的平面上，可以使用 G99 指令，因为 G99 模态下返回 R 点进行下一个孔的定位，而一般编程中，R 点非常靠近工件表面，这样可以缩短零件的加工时间，但如果工件表面有高于被加工孔的凸台或肋时，使用 G99 指令时非常有可能使刀具和工件发生碰撞，这时，就应使用 G98 指令，使 Z 轴返回初始点后再进行下一个孔的定位，这样就比较安全。

G73/G74/G76/G81~G89 指令格式：

G×× X＿＿ Y＿＿ Z＿＿ R＿＿ Q＿＿ P＿＿ F＿＿ K＿＿；

表 12-16 说明了各地址指定的加工参数的含义。

表 12-16　各地址指定的加工参数的含义

孔加工方式 G	加工参数的含义
被加工孔位置参数 X、Y	绝对值方式（G90）:孔位坐标 增量值方式（G91）:加工起点到孔位的距离

（续）

孔加工方式 G	加工参数的含义
孔加工参数 Z	绝对值方式（G90）：指定沿 Z 轴方向孔底的位置坐标 增量值方式（G91）：指定从 R 点到孔底的距离
孔加工参数 R	绝对值方式（G90）：指定沿 Z 轴方向 R 点的坐标 增量值方式（G91）：指定从初始点到 R 点的距离
孔加工参数 Q	用于指定深孔钻循环 G73 和 G83 中的每次进刀量，精镗循环 G76 和反镗循环 G87 中的偏移量（无论 G90 或 G91 模态，总是增量值指令）
孔加工参数 P	用于孔底动作有暂停的固定循环中指定暂停时间，单位：ms
孔加工参数 F	用于指定固定循环中的切削进给速率，在固定循环中，从初始点到 R 点及从 R 点到初始点的运动以快速进给速率进行，从 R 点到 Z 点的运动以 F 指定的切削进给速率进行，而从 Z 点返回 R 点的运动则根据固定循环的不同，以 F 指定的速率或快速进给速率进行
重复次数 K	指定固定循环在当前定位点的重复次数，如果不指令 K，CNC 认为 K=1，如果指令 K=0，则固定循环在当前点不执行

G×× 指定的孔加工方式是模态的，如果不改变当前的孔加工方式模态或取消固定循环，孔加工模态会一直保持。使用 G80 或 01 组的 G 指令均可以取消固定循环。

孔加工参数也是模态的，在被改变或固定循环被取消之前也会一直保持，即使孔加工模态被改变。可以在指令一个固定循环时，或执行固定循环中，指定或改变任何一个孔加工参数。

重复次数 K 不是一个模态的值，它只在需要重复的时候才给出。

进给速率 F 是一个模态的值，即使固定循环取消后它仍然会保持。

如果正在执行固定循环的过程中 CNC 系统被复位，则孔加工模态、孔加工参数及重复次数 K 均被取消。

① G80（取消固定循环）。

指令格式：G80；

指令执行后，将取消所有固定循环，R 点平面和 Z 点也被取消。

另外 01 组的 G 代码（G00、G01、G02、G03）也会起同样的作用。

② G81（钻削循环）（图 12-58）。

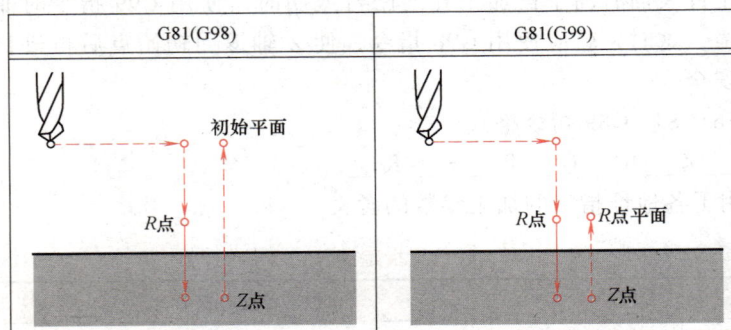

图 12-58　G81 指令

指令格式：G98（G99）G81 X ＿＿ Y ＿＿ Z ＿＿ R ＿＿ F ＿＿ K ＿＿；

G81 是最简单的固定循环，它的执行过程为：X、Y 轴定位，Z 轴快进到 R 点，以 F 速度进给到 Z 点，快速返回初始点（G98）或 R 点（G99），没有孔底动作。

③ G82（钻削固定循环）。G82 固定循环在孔底有一个暂停的动作，除此之外和 G81 完全相同。孔底的暂停可以提高孔深的精度。

④ G83（深孔钻削固定循环）（图 12-59）。

指令格式：G98（G99）G83 X ＿＿ Y ＿＿ Z ＿＿ R ＿＿ Q ＿＿ F ＿＿ K ＿＿；

和 G73 指令相似，在 G83 指令下，从 R 点到 Z 点的进给也分段完成，和 G73 指令不同的是，每段进给完成后，Z 轴返回的是 R 点，然后以快速进给速率运动到距离下一段进给起点上方 d 的位置，开始下一段进给运动。

每段进给的距离由孔加工参数 Q 给定，Q 始终为正值，d 的值由机床参数（No.5115）给定。

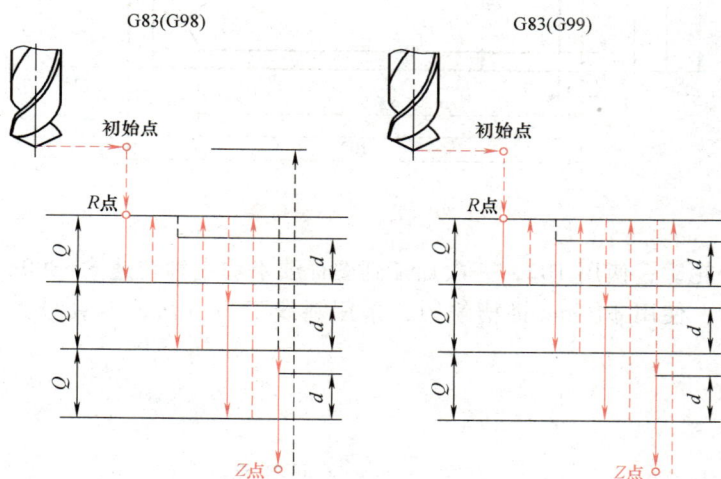

图 12-59 G83 指令

2. 加工中心编程实例

加工如图 12-60 所示的零件，材料为 45 钢，毛坯尺寸为 100mm×70mm×22mm，且底面和四周轮廓均已加工。

（1）零件图分析与装夹方案确定 该零件的设计基准在工件表面的左下角，根据基准重合的原则将工件坐标系建立在如图 12-60 所示位置。根据零件的特点，选取机用虎钳装夹。

（2）制订加工工艺方案

1）加工上表面：表面毛坯余量为 2mm，采用 φ80mm 的面铣刀，分两次走刀，一次粗加工，背吃刀量为 $a_p = 1.5mm$，一次精加工，背吃刀量为 $a_p = 0.5mm$，刀具号为 T01。主轴转速 $S = 300r/min$。

2）粗加工工件外轮廓：精加工余量为 0.5mm，使用 φ14mm 立铣刀，刀具号为 T02。主轴转速 $S = 400r/min$。

加工路线为：$A \rightarrow B \rightarrow C \rightarrow D \rightarrow E \rightarrow F \rightarrow G \rightarrow A$

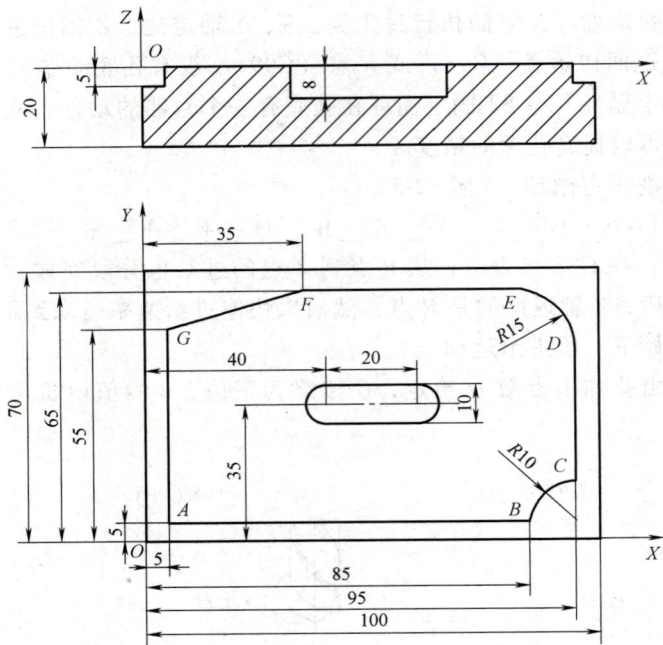

图 12-60 加工中心零件图样

3）精加工外轮廓：使用 T02，一次加工到图样要求。主轴转速 $S = 800$ r/min。

4）加工键槽：使用 $\phi 10$ mm 键槽铣刀，采用斜线下刀方法，刀具号为 T03，主轴转速 $S = 800$ r/min。

（3）加工程序

O1102；

程序	说明
N10 G28 Z0.0；	// 回参考点
N20 T01 M06；	// 换1号刀($\phi 80$mm 面铣刀)
N30 G90 G00 G54 X−50.0 Y35.0；	
N40 G43 H01 Z20.0；	// 1号刀，开长度补偿，到起刀位置上方
N50 S300 M03；	
M08；	
N60 G00 Z5.0；	
N70 G01 Z0.5 F50.0；	// 粗铣进刀到 $Z = 0.5$mm，背吃刀量 $a_p = 1.5$mm（毛坯厚 2mm）
N80 X150.0 F100.0；	// X 正向铣削平面
N90 Z0.0 F50.0；	// 为精铣进刀到 $Z = 0$mm，背吃刀量 $a_p = 0.5$mm
N100 X−50.0 F100.0；	// X 负向精铣平面
N110 Z5.0；	// 退刀
N120 M09；	
M05；	

N130 G28；

N140 T02 M06；　　　　　　　　　　// 换 2 号刀（φ14mm 立铣刀）

N150 G00 X-20.0 Y0.0；　　　　　　//到轮廓铣削起点

N160 G43 G00 Z50.0 H02；　　　　　// 2 号刀开长度补偿,到起刀位置上方

N170 S400 M03；　　　　　　　　　　//粗铣轮廓,主轴转速 400r/min

N180 M08；

N190 G00 Z5.0；

N200 G01 Z-5.0 F50.0；

N210 G01 G42 X-10.0 D02 F100.0；　//开 2 号刀半径补偿,D02＝7.5mm,留 0.5mm
　　　　　　　　　　　　　　　　　　　　精铣余量

N220 G01 X85.0；　　　　　　　　　//到 B 点

N230 G02 X95.0 Y15.0 R10.0　　　　//圆弧插补到 C 点

N240 G01 Y50.0　　　　　　　　　　//直线插补到 D 点

N250 G03 X80.0 Y65.0 R15.0；　　　//圆弧插补到 E 点

N260 G01 X35.0；　　　　　　　　　//直线插补到 F 点

N270 G01 X5.0 Y55.0；　　　　　　　//直线插补到 G 点

N280 G01Y-10.0；　　　　　　　　　//直线插补过 A 点之外

N290 G40 G01 X-20.0；　　　　　　　//关 2 号刀半径补偿

N300 G01 Y0.0；

N310 S800；　　　　　　　　　　　　//精铣轮廓,主轴转速 800 r/min

N320 G01 G42 X-10.0 D99 F100.0；　//开半径补偿,半径补偿值改为 D99＝7.0mm

N330 G01 X85.0；　　　　　　　　　//到 B 点

N340 G02 X95.0 Y15.0 R10.0；　　　//圆弧插补到 C 点

N350 G01 Y50.0；　　　　　　　　　//直线插补到 D 点

N360 G03 X80.0 Y65.0 R15.0；　　　//圆弧插补到 E 点

N370 G01 X35.0；　　　　　　　　　//直线插补到 F 点

N380 G01 X5.0 Y55.0；　　　　　　　//直线插补到 G 点

N390 G01Y-10.0；　　　　　　　　　//直线插补过 A 点之外

N400 G40 G01 X-20.0；　　　　　　　//关 2 号刀半径补偿

N410 G01 Z5.0；　　　　　　　　　　//退刀

N420 M05 M09；

N430 G28；

N440 T03 M06；　　　　　　　　　　// 换 3 号刀（φ10 键槽铣刀）

N450 G43 G00 Z50.0 H03；　　　　　// 3 号刀开长度补偿,到起刀位置

N460 S800 M03；

N470 G00 Z5.0；　　　　　　　　　　//Z 向进刀

N480 G00 X40.0 Y35.0；　　　　　　//到键槽起刀点

N490 G01 Z0 F50.0；　　　　　　　　//到 Z0 上表面（$X40,Y35,Z0$）

N500 G01X60.0 Z-2.0;   //斜线下刀 2mm 到（X60，Y35，Z-2）

N510 X40.0 Z-4.0;   //斜线下刀 2mm 到（X40，Y35，Z-4）

N520 X60.0 Z-6.0;   //斜线下刀 2mm 到（X60，Y35，Z-6）

N530 X40.0 Z-8.0;   //斜线下刀 2mm 到（X40，Y35，Z-8）

N540 X60.0;   //铣削键槽底部到（X60，Y35，Z-8）

N550 Z5.0;   //退刀

N560 M05;   //停主轴

N570 G28;

N580 T01 M06;   //换回 1 号刀

N590 M30;

3. 数控加工中心的加工过程

（1）开机 开机前，打开气泵开关，达到一定压力，再打开外部电源开关，接通机床电源，将操作面板上的"紧急停止"按钮右旋弹起，按下操作面板上的电源开关，若开机成功，则显示屏显示正常，无报警。

（2）机床回原点（参考点） 机床只有在回原点之后，自动方式和 MDI 方式才有效，未回原点之前只能手动操作。回原点的操作过程如下。

1）选择"JOG"手动回原点模式。

2）调整进给速度倍率开关于适当位置。

3）Z 轴回原点。按下机床操作面板上 Z 轴的正方向键"+Z"，主轴向远离工作台的正方向移动，当到达原点后移动停止，Z 轴原点灯亮，机械坐标系 Z 坐标值回"0"。

4）X 轴回原点。按下机床操作面板上 X 轴正方向键"+X"，工作台沿 X 轴正方向移动，当到达原点后移动停止，X 轴原点灯亮，机械坐标系 X 坐标值回"0"。

5）Y 轴回原点。按下机床操作面板上 Y 轴的正方向键"+Y"，工作台沿 Y 轴的正方向移动，到达原点后移动停止，Y 轴原点灯亮，机械坐标系 Y 坐标值回"0"。

6）旋转轴（A）回原点。如果机床有旋转坐标轴 A，按"+A"键，旋转坐标轴回零度点，A 轴原点灯亮，机械坐标系 A 坐标值回"0"，机床回原点完毕。

注意：如果坐标轴已经在原点位置，则上述操作无效，可以先移动该轴一段距离（20mm 以上），再进行上述回原点操作。

（3）安装刀具 安装刀具前，应根据机床主轴端要求的刀柄及拉钉型号选择刀柄、拉钉，再根据加工件的工艺要求选择合适的刀具，将它们装配成一体，然后手工装夹在机床的主轴上。手工装卸刀柄的方法如下：

1）确认刀具和刀柄的质量不超过机床规定的最大许用质量。

2）清洁刀柄锥面和主轴锥孔。

3）左手握住刀柄，将刀柄键槽对准主轴端面键，垂直伸入到主轴，不可倾斜。

4）右手按下"换刀"按钮，压缩空气从主轴内吹出，以清洁主轴和刀柄，按住此按钮，直到刀柄锥面与主轴锥孔完全贴合，松开按钮，刀柄即被自动夹紧，确认夹紧后方可松手。

5）用手转动主轴，检查刀柄是否正确装夹。

6）输入指令"T01 M06"，按"循环启动"按钮，主轴上的刀柄就被转入刀库的 1 号位置。

7）卸下主轴上的刀柄时，先用左手握住刀柄，再用右手按"换刀"按钮（否则刀具从主轴内掉下，可能会损坏刀具、工件和夹具等），取下刀柄。

（4）**安装工件** 将工件通过夹具安装在工作台上，装夹时，工件的四个侧面都应留出对刀的位置。

（5）**对刀操作** 加工中心的对刀过程就是建立工件坐标系原点的过程，以刀库中的1号位刀具建立 G54 坐标系为例进行介绍，步骤如下。

1）主轴装刀。MDI 模式→PROG 界面→输入"T0 M06；"→单击"INSERT"键→按"循环启动"按钮。

2）主轴转。MDI 模式→PROG 界面→输入"S400 M03；"→单击"INSERT"键→按"循环启动"按钮。

3）X 向对刀。用手轮 0.1mm 档操作，刀具快速移动到靠近工件左侧附近；用手轮 0.01mm 档操作，刀具向工件左侧慢慢靠近，刀具刚好接触到工件左侧表面时（观察出屑瞬间，听到切削声音），在相对坐标里 X 值清零；用同样的方法接触工件右侧，记住 X 值，抬刀。将刀具移动到 X 值一半的位置；在机床坐标界面找到工件坐标 G54，输入"X0"，按"测量"键。

4）Y 向对刀。用手轮 0.1mm 档操作，刀具快速移动到靠近工件后侧附近；用手轮 0.01mm 档操作，刀具向工件后侧慢慢靠近，刀具刚好接触到工件后侧表面时（观察出屑瞬间，听到切削声音），在相对坐标里 Y 值清零；用同样的方法接触工件前侧，记住 Y 值，抬刀。将刀具移动到 Y 值一半的位置；在机床坐标界面找到工件坐标 G54，输入"Y0"，按"测量"键。

5）Z 向对刀。将刀具快速移至工件上方；用手轮 0.1mm 档操作，刀具快速移动到靠近工件上方附近，用手轮 0.01mm 档操作，让刀具端面轻轻接触工件上表面。在机床坐标界面找到工件坐标 G54，输入"Z0"，按"测量"键，也可记住机床坐标系下的 Z 值，将数值输入刀工具补正界面下的 H1 中，但 G54 中的 Z 值必须清零。

（6）**输入程序** 按"EDIT"键转入编辑模式，按"PROG"键进入程序界面，从键盘输入完整程序。

（7）**程序校验** 自动模式→按"机床锁"按钮→按"CSTM/GRPH"按钮→按"图形"按钮→按"循环启动"按钮。如有错误，需重新编辑程序，再次校验，直到运行无误。

执行完"机床锁"功能后，在启动加工程序前，必须重新回参考点。

（8）**程序自动运行** 调出要运行的程序，将光标移动到程序名上启动"自动运行"模式，按下循环启动按钮，旋转"进给倍率"旋钮，从零旋转至合适的倍率，程序自动运行，加工工件。

（9）**关机**

1）检查 CNC 机床的所有可移动部件是否都处于停止状态。

2）检查刀具是否在远离工件的位置。

3）关闭与数控系统相连的外部输入、输出设备。

4）按"急停"键→按"POWER OFF"键，关闭数控系统电源→切断机床总电源。

5）清理设备和工作场地，做好设备运转和使用记录。

12.3　数控加工质量与检验

数控机床加工过程中会受到多种因素的影响，产品质量会产生一定的波动，造成质量隐患。影响因素如下：

1. 机床的因素

加工精度和表面质量主要由两个方面决定，一个是数控机床的精度，另一个是 CNC 软件的性能。影响加工精度的重要因素是主轴精度、定位精度和重复定位精度等。

2. 原始误差因素

数控机床工艺系统由四个部分组成：机床、夹具、工件和刀具。工艺系统结构和运行状态使得操作和加工过程中产生刀具或工件的相对位移，即原始误差。它主要是对原始的工件进行放大和缩小处理，使得一些误差对加工精度产生不利的影响。

3. 加工方法因素

加工方法对机床加工制造的影响主要体现在设计、工艺检验方法及编程等方面。

4. 现场因素

数控加工质量控制在现场管理中是一个十分重要的组成部分，按照相关标准要求，应对各项影响加工质量的因素加以有效控制，保证产品能够完全符合设计要求和质量规范。在数控加工过程中，加工质量会受加工场所的环境、材料环境等因素的影响。对于首件检验，更具有十分积极的意义。

5. 操作者素质因素

数控机床加工过程中，要求操作者在操作时必须具备良好的编程能力，熟练操作相关设备，在机械制图、公差和加工工艺以及刀具方面都要有一定的知识储备，能根据实际情况完成软件建模工作，生成符合实际要求的数控代码。

12.4　数控加工安全文明生产

1. 数控加工伤害、安全隐患及操作规范（表 12-17）

表 12-17　数控加工伤害、安全隐患及操作规范

序号	伤害	安全隐患	操作规范
1	机床损坏	机床撞刀，主轴精度下降，机床损坏，甚至造成人身伤害	编写程序必须经过指导老师审阅，输入机床后必须经过两人以上校对，经指导老师批准后才能运行
2	机床硬件、软件损坏	误操作或随意修改机床参数，损坏软件系统和硬件系统	操作机床前必须熟知每个按钮的作用以及操作注意事项，必须征得指导老师同意，并在指导老师指导下方可操作机床
3	刺伤	高压空气使切屑刺破皮肤，甚至使空气进入到人体的动脉或静脉血管，造成人体器官破裂；高压冲击还会造成切屑破坏机床的密封功能和机床高精度的光滑表面	绝不要将高压气流对准人或机床的密封件。当压缩空气用手工操作机床时，最好设置挡板，以免伤害周围的人

（续）

序号	伤害	安全隐患	操作规范
4	烫伤	高温切屑飞出，伤及身体和眼睛	切削加工时务必关好机床安全防护门，并穿工作服和戴工作帽
5	划伤	锋利的刀具或切屑会划伤手臂	不要用手减速或制动正在旋转的工件，要用切屑钩清除切屑，不能用手拉切屑

2. 数控加工安全操作规程

（1）安全操作基本注意事项

1）工作时请穿好工作服、安全鞋，戴好工作帽及防护镜，不允许戴手套操作机床。

2）不要移动或损坏安装在机床上的警告标牌。

3）注意不要在机床周围放置障碍物，工作空间应足够大。

4）加工时，如需多人共同完成，应注意相互间的协调一致。

5）不允许采用压缩空气清洗电气柜及 NC 单元。

（2）工作前的准备工作

1）机床开始工作前必须首先进行回机床参考点的操作，并要预热，认真检查润滑系统工作是否正常，如机床长时间未开动，可先手动向各部分供油润滑。

2）工作前必须先熟悉机床操作面板上各功能键的位置及功能。

3）使用的刀具应与机床允许的规格相符，严重损坏的刀具要及时更换。

4）正确装夹工件，以防与刀具发生干涉或工件发生松动。

5）调整好刀具及工件后，所用的工具不要遗忘在机床上。

6）仔细核对输入的内容，如数控程序、刀具补偿值等。

（3）工作过程中的安全操作规程

1）工件加工之前，运行程序前要先对刀，确定工件坐标系原点。对刀后立即修改机床零点偏置参数，以防程序不正确运行。为保证加工的正确性，机床应进行试运行。

2）手动方式下操作数控机床时，要防止主轴和刀具与工件、机床或夹具发生碰撞。操作机床面板时，只允许单人操作，其他人不得触摸按键。

3）禁止用手触摸刀尖、清理切屑，切屑必须要用铁钩子或毛刷来清理。

4）禁止用手或其他任何方式接触正在旋转的主轴、工件或其他运动部位。

5）禁止加工过程中测量、变速，更不能用棉丝擦拭工件，也不能清扫机床。

6）铣床运转中，操作者不得离开岗位，认真审查切削及冷却情况，确保机床、刀具的正常运行及工件质量，发现机床异常现象立即按下复位或急停按钮。

7）在机床变速、换刀或需要测量工件时，必须保证机床完全停止，开关处于"OFF"状态，以防安全事故发生。

8）在机床加工过程中，不允许操作者打开机床防护门。

9）严格遵守岗位责任制，机床由专人使用，他人使用须经本人同意。

（4）工作完成后的注意事项

1）清理切屑、擦拭机床，使机床内部与工作环境保持清洁状态。

2）关机前应先使机床各坐标轴停在中间位置，然后再按照正常的关机顺序关机。

3）检查润滑油、切削液的状态，及时添加或更换。

4）关机顺序依次为"急停"开关、操作面板电源、机床总电源。

思　考　题

1. 数控机床由哪几部分组成？各部分有什么功能？

2. 数控机床完成零件的数控加工过程是怎样的？

3. 工件坐标系是如何建立的？机床坐标系是如何建立的？

4. G、F、S、T功能指令各自有什么含义？

5. 数控机床的刀具材料主要有哪些？各自的性能和特点是什么？

6. 数控车削编程时，固定循环指令的作用是什么？

7. 数控铣削刀具都包括哪些？

8. 什么是加工中心？加工中心有哪些特点？数控车床的编程步骤是什么？

9. 加工中心的主要加工对象是什么？

10. 加工中心可分为哪几类？其主要特点有哪些？

第13章

特种加工技术

【基本知识】

1. 学习电火花线切割加工的基本原理、特点、应用、设备组成和编程等基本知识。
2. 学习激光加工技术的基本原理、特点、应用和设备组成等基本知识。
3. 学习 3D 打印技术的基本原理、特点、应用和设备组成等基本知识。
4. 学习超声波加工、超高压水射流加工的基本原理、特点和应用等基本知识。
5. 学习线切割、激光加工、3D 打印技术等的安全文明生产知识。

【基本技能】

1. 掌握特种加工技术相关的安全文明生产知识。
2. 掌握电火花线切割加工机床的基本操作。
3. 掌握常用激光加工设备的基本操作。
4. 掌握常用 FDM 3D 打印设备的基本操作。

13.1 电火花线切割加工

13.1.1 电火花线切割加工概述

电火花线切割加工（Wire Cut Electrical Discharge Machining，WEDM）是在电火花加工的基础上发展起来的一种新工艺，是用线状电极（钼丝或铜丝）靠火花放电对工件进行切割，故称电火花线切割，简称线切割。它主要用于各种形状复杂和精密细小工件的加工，具有加工余量小、加工精度高、生产周期短、制造成本低等突出优点，已广泛应用于国防、民用生产和科研工作中。

1. 电火花线切割加工的原理

电火花线切割加工的原理是：利用移动的细金属丝（钼丝或铜丝）作电极，并在金属丝和工件间通以脉冲电流，利用脉冲放电的腐蚀作用对工件进行切割加工，获得所需的各种尺寸和形状。

如图 13-1 所示，电火花线切割机床工作时，利用电极丝 3（钼丝或铜丝）进行切割，储丝

263

筒 7 带动电极丝 3 做正反交替移动，加工能量由脉冲电源 4 供给。在工具电极丝 3 和工件 5 之间浇有工作液介质，工件 5 由工作台 6 带动，在水平面两个坐标方向各自按预定的控制程序移动，根据火花放电间隙状态做伺服进给运动，从而完成各种所需廓形轨迹，将工件切割成形。

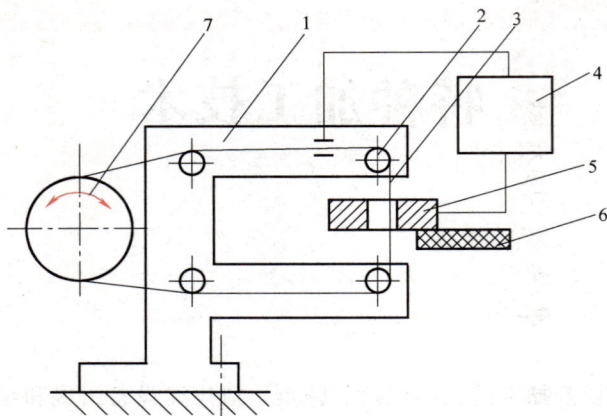

图 13-1 电火花线切割加工机床的加工原理示意图
1—支架 2—导向轮 3—电极丝 4—脉冲电源 5—工件 6—工作台 7—储丝筒

2. 电火花线切割加工的主要特点

1）加工以金属丝为工具电极，不需要制造复杂的成形电极，从而降低了成形工具的设计和制造费用，缩短了生产准备时间，加工周期短，成本低。

2）除了金属丝直径决定的内侧角部的最小半径 R（金属丝半径+放电间隙）受限制，任何微细、异形孔，窄缝和复杂形状的零件，只要能编制出加工程序就可以进行加工，其加工周期短、应用灵活，因而很适合小批量零件和试制品的加工。

3）采用去离子水或水基工作液，不会引燃起火，容易实现其安全无人运转。

4）无论被加工工件的硬度如何，只要是导电体或半导电体的材料都能加工；由于加工时工具电极和工件不直接接触，没有像机械加工那样的切削力，因此，也适宜加工低刚度工件及细小零件。

5）由于电极丝比较细，切缝很窄，只对工件材料进行"套料"加工，实际金属去除量很少，轮廓加工时所需余量也少，故材料的利用率很高，能有效地节约贵重材料。

6）依靠数控系统的线径偏移补偿功能，使冲模加工的凹凸模间隙可以任意调节。

7）由于采用移动的长电极丝进行加工，单位长度电极丝的损耗较少，从而对加工精度的影响比较小，特别在低速走丝线切割加工时，电极丝一次使用，电极损耗对加工精度的影响更小。

8）四轴联动控制时，可加工上、下面异形体，形状扭曲的曲面体，变锥度和球形体等零件，自动化程度高，操作方便，劳动强度低。

13.1.2 电火花线切割加工机床

1. 电火花线切割机床的分类、型号与主要技术参数

（1）电火花线切割机床的分类和型号

1）按照加工尺寸范围不同，可分为大型机床、中型机床、小型和微型机床。

2）按照加工特点不同，可分为平面加工型、锥度加工型（或回转坐标型）和二次切割加工型等。

① 平面加工型。电极丝在加工过程中始终严格垂直，电极丝只在 X、Y 方向移动，进行二维平面形状的加工。

② 锥度加工型。加工过程中，通过对 X、Y、U、V 轴的控制，实现上下异形的立体加工。锥度加工时需指定变量的值。

③ 二次切割加工型。预先留出精加工余量进行第一次切割加工，然后针对留下的精加工余量，把加工条件改为精加工条件，分段缩小偏置量，再进行切割加工。一般可分为 1~5 次切割，称为二次切割加工法。

二次切割加工型有如下目的：

a. 可以去掉第一次切割时在起始接头处留下的凸起部分。

b. 可以改善表面质量。逐渐改变每次切割时的电条件，降低单个脉冲能量，改善加工表面质量。

c. 提高尺寸精度。经过热处理的材料，内部会产生应力，这种应力在内部是处于稳定状态的，但经过线切割加工后，会破坏这种稳定状态，使内部应力释放，产生变形。

对粗加工后的工件，再进行 1~4 次的精加工，可改善表面质量，还能修正尺寸精度。

3）按照脉冲电源形式不同，可分为 RC 电源、晶体管电源、分组脉冲电源、高低压复合脉冲电源、自适应控制电源等。

4）按照走丝速度分为低速走丝方式（慢走丝电火花线切割）和高速走丝方式（快走丝电火花线切割）两类。电极丝走丝速度大于 7m/s 的是高速走丝，低于 0.2m/s 的是低速走丝。以前我国生产和使用的主要是高速走丝线切割，近年来，我国也开始生产和使用低速走丝线切割。

数控电火花线切割机床型号的编制是根据 GB/T 15375—2008《金属切削机床　型号编制方法》的规定进行的，以数控电火花线切割加工机床 DK7725 为例，含义如下：

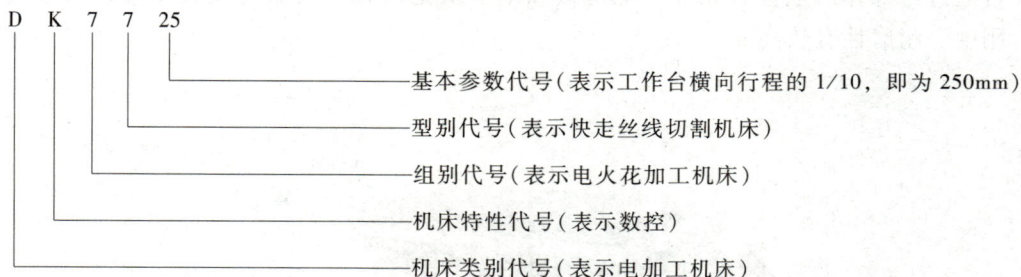

```
D  K  7  7  25
               └──── 基本参数代号（表示工作台横向行程的 1/10，即为 250mm）
            └─────── 型别代号（表示快走丝线切割机床）
         └────────── 组别代号（表示电火花加工机床）
      └───────────── 机床特性代号（表示数控）
   └──────────────── 机床类别代号（表示电加工机床）
```

（2）电火花线切割机床的主要技术参数　电火花线切割机床的主要技术参数包括工作台行程（横向行程×纵向行程）、最大切割厚度、加工表面表面粗糙度值、加工精度、切割速度以及数控系统控制功能等。

2. 电火花线切割加工设备

电火花线切割加工设备主要由机床本体、脉冲电源、控制系统、工作液循环系统和数控系统等部分组成。图 13-2 所示为高速走丝线切割加工设备组成图。

（1）机床本体　机床本体由床身、走丝机构、坐标工作台和丝架等组成。

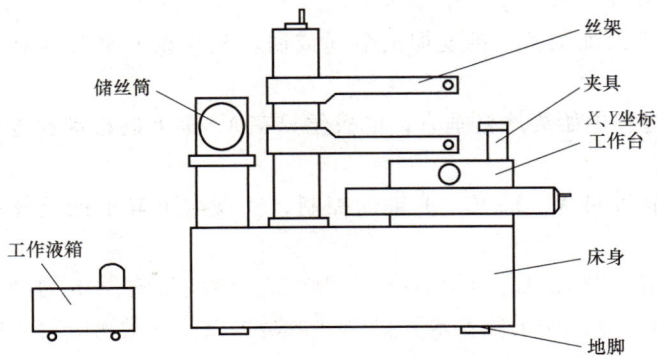

图 13-2 高速走丝线切割加工设备组成图

1）床身。床身用于支承和连接工作台、走丝机构等部件。床身的结构形式一般分为三种，即矩形结构、T形结构和分体式结构。

① 中小型电火花线切割机床一般采用矩形床身，坐标工作台为串联式，即 X、Y 工作台上下叠在一起，工作台可以伸出床身，这种形式的特点是结构简单、体积小、承重轻和精度高。

② 中型电火花线切割机床一般采用 T 形结构，坐标工作台也为串联式，但工作台不能伸出床身，这种形式的特点是承重大、精度高。

③ 大型电火花线切割机床采用分体式结构，X、Y 工作台为并联式，分别安装在两个相互垂直的床身上，其特点是承重大，制造简单，安装运输方便。

2）走丝机构。走丝机构的作用是使电极丝以一定的张力和稳定的速度运动。电动机通过弹性联轴器带动储丝筒交替做正、反向运动，使钼丝整齐地排列在储丝筒上，并经过丝架做往复高速移动。

3）坐标工作台。坐标工作台如图 13-3 所示。通常下滑板与床身固定连接；中滑板置于下滑板之上，运动方向为坐标 Y 方向；上滑板置于中拖板之上，运动方向为坐标 X 方向；工作台通过绝缘体与上拖板相连。上滑板和下滑板是沿着导轨做往复移动的，对导轨的精度、刚度、耐磨性有较高的要求。

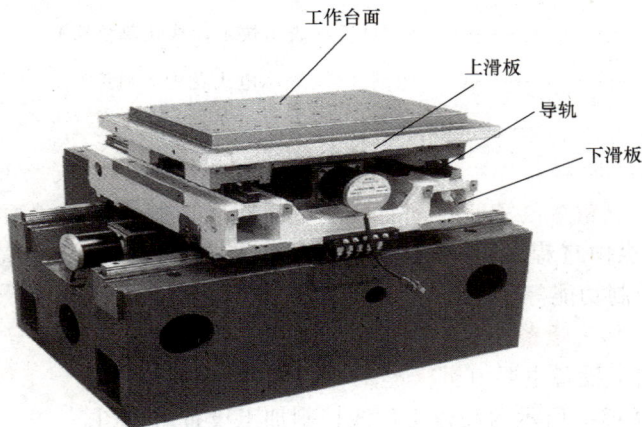

图 13-3 坐标工作台

4）丝架。丝架对电极丝起支承作用，它与走丝机构组成了线切割机床的走丝系统。

（2）脉冲电源　脉冲电源又称高频电源，把普通的50Hz交流电转换成高频率的单向脉冲电压，加工时供给火花放电的能量。电极丝接脉冲电源负极，工件接正极。脉冲电源的形式和品种很多，主要有晶体管矩形波脉冲电源、高频分组脉冲电源、阶梯波脉冲电源和并联电容型脉冲电源等，快、慢走丝线切割机床的脉冲电源也有所不同。

（3）控制系统　控制系统是电火花线切割加工的重要组成环节，是机床工作的指挥中心，控制系统的技术水平、稳定性、可靠性、控制精度及自动化程度等将直接影响工件的加工工艺指标和工人的劳动强度。电火花线切割加工机床控制系统主要功能包括轨迹控制和加工控制。轨迹控制指精确控制电极丝相对工件的运动轨迹，加工出需要的工件形状和尺寸；加工控制主要包括对伺服进给速度、脉冲电源、走丝机构、工作液循环系统以及其他的机床操作的控制，此外，还包括失效安全和自诊断功能。

（4）工作液循环系统　一般线切割机床的工作液循环系统由工作液泵、工作液箱、流量控制阀、上流道、下流道及过滤网罩组成，如图13-4所示。工作液循环系统的作用是充分、连续地向加工区供给干净的工作液，及时排出电腐蚀产物并对工件和电极丝进行冷却，使脉冲放电过程稳定进行。工作液起绝缘、排屑、冷却作用。低速走丝线切割机床大多采用去离子水作为工作液，高速走丝线切割机床的工作液一般选用乳化液。

（5）数控系统　数控系统可精确控制电极丝相对工件的运动轨迹、进给速度、走丝速度及机床的辅助动作，使零件获得所需的形状和尺寸。

3. 电火花线切割加工工艺

数控电火花线切割加工，一般是工件尤其是模具加工中最后的一道工序。要达到加工零件的精度及表面粗糙度值要求，应合理控制线切割加工时的各种工艺参数（电参数、切割速度、工件装夹等），同时应安排好零件的工艺路线及线切割加工前的准备工作。电火花线切割加工中应注意以下工艺问题：

（1）工件内部残余应力对加工的影响　对热处理后的坯件进行电火花线切割

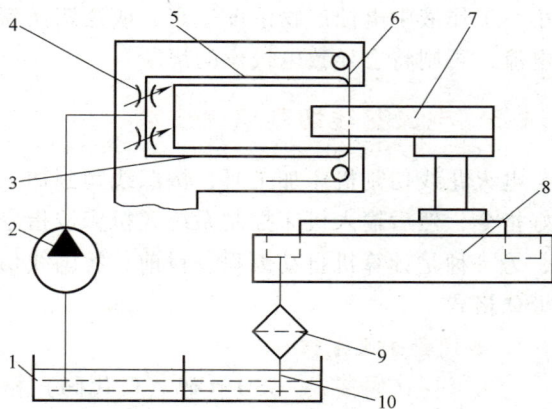

图 13-4　电火花线切割工作液循环系统的组成

1—工作液箱　2—工作液泵　3—下流道　4—流量控制阀
5—上流道　6—电极丝　7—工件　8—工作台
9—过滤器　10—管道

加工时，由于大面积去除金属和切断加工，会使材料内部残余应力的相对平衡状态受到破坏从而产生很大的变形，零件的加工精度变差，甚至在切割过程中，材料会突然开裂。为了减少这些情况发生，一方面应选择锻造性能好、淬透性好、热处理变形小的材料，如以线切割为主要工艺的冷冲模具，尽量选用CrWMn、Cr12Mo、GCr15等合金工具钢，并要正确选择热加工方法并严格执行热处理规范。另一方面，在电火花线切割加工工艺上也要做合理安排，选择合理的切割路线。一般情况下，最好将工件与夹持部分分割的线段安排在切割总程序的末端，如图13-5所示。针对不同的零件，应选用合适的加工路线甚至多次加工的方法来消除残余应力。

（2）**电极丝初始位置的确定** 线切割加工时需要确定电极丝相对工件的基准面、基准线或基准孔的坐标位置。对加工要求较低的工件，可直接目测来确定电极丝和工件的相对位置，也可借助 2～8 倍的放大镜进行观测，还可以采用火花法，即利用电极丝与工件在一定间隙下发生放电的火花，来确定电极丝的坐标位置。对于加工要求较高的工件，可采用电阻法，利用电极丝与工件基面由绝缘到短路接触的瞬间，两者间电阻突变的特点来确定电极丝相对工件基准的坐标位置。

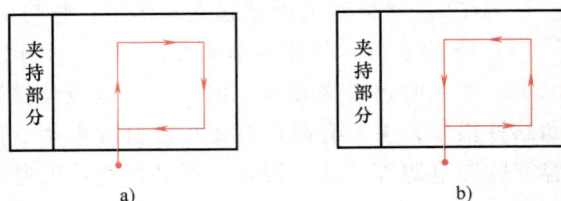

图 13-5 切割路线的确定
a) 合理 b) 不合理

（3）**电规范的选择** 由于电火花线切割加工一般都选用晶体管高频脉冲电源，用单脉冲能量小、脉宽窄、频率高的电参数进行正极性加工。要求获得较低的表面粗糙度值时，所选的电规范要小；若要求获得较高的切割速度，脉冲参数要选大一些，但加工电流的增大会受到电极丝截面积的限制，过大的电流将引起断丝。

加工厚工件时，为了改善排屑条件，宜选用较高的脉冲电压、较大的脉宽和峰值电流，以增大放电间隙，帮助排屑和工作液进入加工区。在容易断丝的场合（如切割初期加工面积小、工作液中电蚀产物浓度过高，或是调换新钼丝时），都应增大脉冲间隙时间，减小加工电流，否则将会导致电极丝的烧断。

13.1.3 电火花线切割编程技术

电火花线切割机床加工时，按照线切割加工的图形，用线切割控制系统所能接受的代码编好指令，然后输入机床控制系统，机床按指令顺序加工。编程方法有两种：一种是手工编程，另一种是计算机自动编程。目前，我国线切割机床的程序格式是国标 3B 格式和国际标准 ISO 格式。

1. 线切割手工编程

（1）**ISO 代码格式** ISO 代码（G 代码）格式是国际标准化机构制定的 G 指令和 M 指令代码，代码中有准备功能代码 G 指令和辅助功能代码 M 指令。该代码是从切削加工机床的数控系统中套用过来的，不同企业的代码，在含义上可能稍有差别，因此在使用时应遵照所使用的加工机床说明书中的说明要求。

（2）**3B 格式** 3B 格式是一种无间隙补偿的程序格式，其指令格式见表 13-1。

表 13-1 3B 程序指令格式

B	X	B	Y	B	J	G	Z
分隔符号	X 坐标值	分隔符号	Y 坐标值	分隔符号	计数长度	计数方向	加工指令

表 13-1 中各符号含义如下：

分隔符号 B 用来区分、隔离 X、Y、J 等数值，B 后面的数字如为 0 时，可以不写但必须保留分隔符 B。

坐标值 X、Y 表示直线的终点对其起点的坐标值或圆弧起点对其圆心的坐标值，编程时取绝对值，单位为 μm，最多为 6 位数。

计数长度 J 为保证所要加工的圆弧或直线段能按要求的长度加工，一般为起点到终点某个滑板进给的总长度值，单位为 μm，最多为 6 位数。

计数方向 G，分为 GX 和 GY，即可按 X 或 Y 向计数。加工时，滑板每进一步，J 计数器就减 1，当 J 计数器减到零时，即表示该线段或圆弧已完成加工。在 X 和 Y 两个坐标中选用哪个坐标作为计数长度 J 的计数方向，则要依图形的特点来确定。

加工指令 Z 用来传送关于被加工图形的形状、所在象限和加工方向等信息。加工指令共有 12 种，其中直线按走向和终点所在象限分为 L_1、L_2、L_3、L_4 四种，圆弧按第一步进入的象限及顺、逆圆而分别用 SR_1、SR_2、SR_3、SR_4 及 NR_1、NR_2、NR_3、NR_4 表示，如图 13-6 所示。

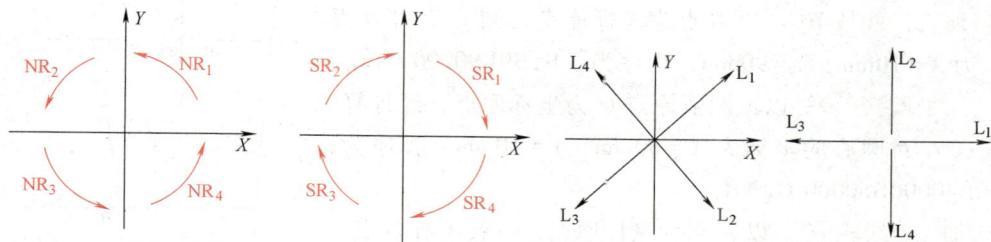

图 13-6　加工指令

1）**直线编程方法**。编程步骤如下：

① 以直线的起点为原点，建立正常的直角坐标系。X、Y 表示直线终点的坐标绝对值，单位为 μm，最多为 6 位数。

② 在直线 3B 代码中，X、Y 值主要是确定该直线的斜率，所以可将直线终点坐标的绝对值除以它们的最大公约数作为 X、Y 的值，以简化数值。

③ 若直线与 X 轴或 Y 轴重合，为区别一般直线，X、Y 均可以写作 0，也可以不写。

④ 计数方向 G 的选取原则是：取此程序最后一步的轴向为计数方向。不能预知时，一般选取与终点处的走向较平行的轴向作为计数方向，这样可减小编程误差与加工误差。对于直线，取 X 或 Y 中较大的绝对值和轴向作为计数长度 J 和计数方向 G。

⑤ 计数长度 J 的取值方法为：由计数方向 G 确定投影方向，若 $G=G_X$，则直线向 X 轴投影得到的长度的绝对值即为 J 的值；若 $G=G_Y$，则直线向 Y 轴投影得到的长度的绝对值即为 J 的值。决定计数长度时，要和选取计数方向一并考虑。

⑥ 加工指令 Z，按照直线走向和终点所在的坐标象限不同可分为 L_1、L_2、L_3、L_4，其中与 $+X$ 轴重合的直线算作 L_1，与 $-X$ 轴重合的直线算作 L_3，与 $+Y$ 轴重合的直线算作 L_2，与 $-Y$ 轴重合的直线算作 L_4，具体可参考图 13-6 所示的加工指令。

2）**圆弧编程方法**。编程步骤如下：

① 以圆弧的圆心为坐标原点，建立正常的直角坐标系。

② 用 X、Y 表示圆弧起点坐标的绝对值，单位为 μm，最多为 6 位。

③ 为减少编程和加工误差，取与该圆弧终点处的走向较平行的轴向作为计数方向，即取终点坐标绝对值小的轴向为计数方向（与直线编程相反）。

④ 按计数方向 G 取圆弧在 X 轴或 Y 轴上的投影值作为计数长度。如果圆弧较长，跨越

两个以上象限，则分别将计数方向 X 轴（或 Y 轴）上各个象限投影值的绝对值相加，作为该方向总的计数长度。

⑤ 加工指令 Z，按照第一步进入的象限可分为 R_1、R_2、R_3、R_4；按切割的走向可分为顺圆 S 和逆圆 N，具体可参考图 13-6 所示的加工指令。

3）加工编程实例。加工图 13-7 所示的零件，试编写出其线切割加工的 3B 程序。

该图形由三条直线段和一条圆弧组成，需要分成四段来编写程序。具体如下：

① 加工直线段 AB。以起点 A 为坐标原点，AB 与 X 轴重合，程序为：B40000BB40000 $G_X L_1$。

② 加工斜线段 BC。以 B 点为坐标原点，则 C 点对 B 点的坐标为 $X=10\text{mm}$，$Y=90\text{mm}$，程序为：B1B9B90000 $G_Y L_1$。

③ 加工圆弧 CD。以该圆弧原点 O 为坐标原点，经计算，圆弧起点 C 对圆心的坐标为 $X=30\text{mm}$，$Y=40\text{mm}$，程序为：B30000B40000B60000 $G_Y NR_1$。

④ 加工斜线段 DA。以 D 点为坐标原点，终点 A 对 D 点的坐标为 $X=10\text{mm}$，$Y=-90\text{mm}$，程序为：B1B9B90000 $G_Y L_4$。

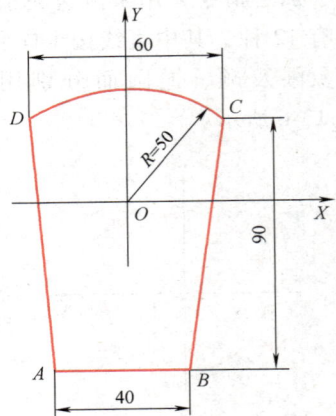

图 13-7　加工工件图形

因此，整个图形的加工程序为：

B40000BB40000 $G_X L_1$

B1B9B90000 $G_Y L_1$

B30000B40000B60000 $G_Y NR_1$

B1B9B90000 $G_Y L_4$

程序编写完成后，必须进行校验，以确保其正确性。校验程序正确与否，可以采用模拟加工和试割法进行，可在控制柜显示屏（或计算机）上进行模拟加工，也可以用薄板进行切割，然后通过检测薄板试件正确与否来确定程序的正确性。如试件不合格，应根据检测结果来修改程序，并继续进行校验试割，直到校验通过。

2. 线切割自动编程

手工编程通常是根据图样把图形分解成直线段和圆弧段，并把每段的起点、终点和中心线的交点、切点的坐标一一定出，按这些直线的起点、终点，圆弧的中心、半径、起点、终点坐标进行编程。当零件的形状比较复杂或具有非圆曲线时，手工编程的工作量大，容易出错，甚至无法实现。为简化编程工作，提高工作效率，可利用计算机进行自动编程。

计算机自动编程的工作过程是根据加工工件图样输入工件图样及尺寸，通过计算机自动编程软件处理转换成线切割控制系统所需要的加工代码（如 3B 或 ISO 代码等），工作图形可在 CRT 屏幕上显示，也可以打印出程序清单和图形，或将加工代码复制到磁盘，或将程序通过编程计算机采用通信方式传输到线切割控制系统。自动编程使用专用的数控语言及各种应用软件。由于计算机技术的发展和普及，现在很多线切割加工机床都配有微型计算机编程系统。微型计算机编程系统的类型比较多，按输入方式的不同，大致可以分为：采用语言输入、菜单及语言输入、Auto CAD 方式输入、用鼠标器按图形标注尺寸输入、数字化仪输入、扫描仪输入等。从输出方式看，大部分系统都能输出 3B 或 4B 程序、显示图形、打印程序、打印图形等，有的还能输出 ISO 代码，同时把编出的程序直接传输到线切割控制器中。

自动编程中的应用软件是针对数控编程语言开发的。目前使用的线切割自动编程系统有 YH 绘图式线切割自动编程系统、CAXA 线切割自动编程软件、WAP 线切割自动编程系统等。这些编程系统均采用计算机绘图技术，融绘图、编程于一体，采用全绘图式编程。只要按照所要求加工的工件的形状图形在计算机上作图输入，即可生成加工轨迹，完成自动编程，输出 3B 或 G 指令代码。对于不规则图形，可以通过扫描仪输入，矢量化处理后使用。

13.1.4　电火花线切割零件加工过程

1. 准备工作

（1）分析图样　分析图样对保证工件加工质量和综合技术指标是有决定意义的第一步。注意，以下几种零件不宜线切割加工（或不适合现有设备加工条件）：

1）表面粗糙度和尺寸精度要求很高，线切割后无法进行研磨的工件。

2）窄缝小于电极丝直径加放电间隙的工件，或图形内拐角处不允许带有电极丝半径加放电间隙所形成的圆角工件。

3）非导电材料。

4）厚度超过丝架跨距的零件。

5）加工长度超过 X、Y 拖板的有效行程长度，且精度要求较高的工件。

（2）准备材料　根据图样要求，选择适宜的加工材料。

（3）装夹和调整工件　最常用的是桥式支承装夹方式，用压板夹具固定。装夹时两块垫铁各自斜放，使工件和垫铁之间留有间隙，方便电极丝位置的确定。用百分表找正调整工件，使工件的底平面和工作台平行，工件的直角侧面与工作台的 X、Y 向互相平行。

（4）上丝、紧丝和调垂直度　将电极丝调到适宜的松紧度，用火花法调整电极丝的垂直度，使电极丝与工件的底平面（装夹面）垂直。

（5）调整电极丝的位置　为保证工件内形相对于外形的位置精度和下型腔的装配精度，必须使电极丝的起始切割点位于下型腔的中心位置。电极丝位置的调整采用火花法四面找正。

2. 编程

可采用手工编程或自动编程，根据零件图样进行程序编制。

3. 加工

（1）选择加工电参数　根据工件的厚度和表面粗糙度值 Ra，选择电参数。

（2）切割　准备工作结束后，按下"回车"键进行切割。切割有两种方向，即正向和反向，正向切割和编程的切割方向一致，反向切割和编程的切割方向相反。切割过程中，调节工作液的流量大小，使工作液始终包住电极丝，这样切割比较稳定；也可随时调整电参数，在保证尺寸精度和表面质量的前提下，提高加工效率。

（3）加工的注意事项

1）加工过程中发生短路时，控制系统会自动发出回退指令，开始做原切割路线回退运动，直到脱离短路状态，重新进入正常切割加工状态。

2）加工过程中若发生断丝，控制系统会立即停止运丝和输送工作液，并发出两种执行方法的指令：一是回到切割起始点，重新穿丝，这时可选择反向切割；二是在断丝位置穿丝，继续切割。

3）跳步切割过程中，穿丝时一定要注意电极丝是否在导向轮的中间，否则会发生断路，而引起不必要的麻烦。

13.1.5　电火花线切割安全文明生产

1）进入实习区，要正确着装。

2）开动机床前，检查机床状态是否正常，确认无故障后，才可使用。

3）程序调试完成后，必须经指导老师同意方可按步骤操作，不允许跳步骤执行。

4）装卸电极丝时，注意防止电极丝扎手，废丝要放在规定的容器里，防止混入系统中引起短路、触电等事故。不准用手或电动工具接触电源的两极，以免触电。

5）加工零件前，应进行无切削轨迹仿真运行，并安装好防护罩。

6）加工过程中，操作者不得擅自离开机床。若发生不正常现象或事故，应立即终止程序，切断电源并及时报告指导老师，不得进行其他操作。

7）机床附近不得放置易燃、易爆物品，防止因电火花引起火灾等事故。

8）操作人员不得随意更改机床内部参数。

9）数控线切割机床除工作台上安放工艺装备和工件外，严禁堆放任何工、夹、刃、量具和其他杂物。

10）实训结束后，应切断电源，清扫切屑，擦净机床。

13.2　激光加工技术

13.2.1　激光加工技术概述

激光可解释成将电能、化学能、热能、光能或核能等原始能源转换成某些特定光频（紫外光、可见光或红外光）的电磁辐射束。激光加工是激光应用最有发展前景的领域，特别是激光切割、激光雕刻、激光焊接和激光熔覆等技术，更是发展迅速，产生了巨大的经济和社会效益。激光加工作为先进制造技术已广泛应用于汽车、电子、电器、航空、冶金、机械制造等工业领域，对提高产品质量和劳动生产率，减少材料消耗等起到越来越重要的作用。

1. 激光加工的基本原理

激光是一种强度高、方向性好、单色性好的相干光。由于激光的发散角小和单色性好，理论上可以聚焦到尺寸与光的波长相近的（微米甚至亚微米）小斑点上，加上它本身强度高，其焦点处的功率密度达到 $10^7 \sim 10^{11} \mathrm{W/cm^2}$，温度可超过 $10000\,℃$。在这样的高温下，任何材料都将瞬时急剧熔化和汽化，并通过所产生的强烈的冲击波被喷发出去。因此，可以利用激光进行各种材料（金属、非金属）的打孔、切割等加工。

激光加工技术是利用激光束与物质相互作用的特性对材料（包括金属与非金属）进行切割、焊接、表面处理、打孔、微加工等的一种技术。激光加工的实质是激光与非透明物质相互作用的过程，在微观上表现为一个量子过程，宏观上则表现为反射、吸收、加热、熔化和汽化等现象。

　　固体激光器的加工原理如图 13-8 所示。当激光工作物质受到光泵的激发后，吸收特定波长的光，在一定条件下形成工作物质中亚稳态粒子数大于低能级粒子数的状态。这种现象称为粒子数反转。此时一旦有少量激发粒子产生受激辐射跃迁，就会造成光放大，并通过谐振腔中的全反射镜和部分反射镜的反馈作用产生振荡，由谐振腔一端输出激光。通过透镜将激光聚焦到工件表面上，即可对工件进行加工。

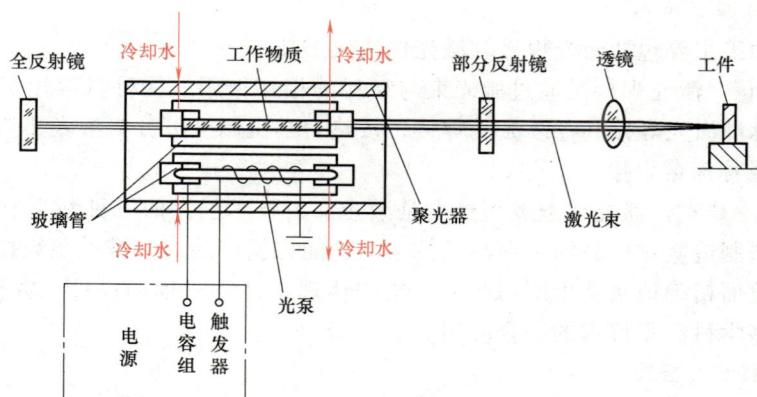

图 13-8　固体激光器的加工原理

2. 激光加工的主要特点

　　1）无接触加工，切割不用刀具，无机械加工变形。

　　2）加工范围广，几乎可对任何材料进行加工，特别是可以加工高硬度、高脆性及高熔点的材料。

　　3）加工灵活，易与传统生产工艺组合，形成生产线，是一种极为灵活的加工技术。

　　4）激光束易于导向、聚焦，实现方向变换，极易与数控系统配合对复杂工件进行加工。

　　5）激光加工过程中，激光束能量密度高，加工速度快，并且是局部加工，对非激光照射部位没有影响或影响极小。因此，其热影响区小，工件变形小，后续加工量小。

　　6）能源消耗少，无加工污染，在节能、环保等方面有较大的优势。

　　7）生产率高，质量可靠，经济效益好。

13.2.2　常用的激光加工技术

　　激光加工是激光束与材料相互作用而引起材料在形状或组织性能方面的改变过程，从这一角度可将常用激光加工技术分为以下几种类型。

1. 激光去除加工技术

　　生产中常用的激光去除加工有激光打孔、激光切割、激光雕刻和激光打标。

　　1）激光打孔。激光打孔指激光聚焦后作为高强度热源对材料进行加热，使激光作用区内材料熔化或汽化继而蒸发，形成孔洞的激光加工过程。

　　2）激光切割。激光切割加工是利用经聚焦的高功率密度激光束照射工件，使被照射的材料迅速熔化、汽化、烧蚀或达到燃点，同时借助与光束同轴的高速气流吹除熔融物质，从而将工件割开。激光切割属于热切割方法之一。

3) 激光雕刻。激光雕刻加工是利用数控技术将高能量的激光束投射到材料表面，利用激光产生的热效应，在材料表面产生清晰图案的激光加工过程。

4) 激光打标。激光打标是利用高能量密度的激光对工件进行局部照射，使表层材料汽化或发生颜色变化的化学反应，从而留下永久性标记的一种打标方法。激光打标可以打出各种文字、符号和图案等，字符大小可以从毫米到微米量级，对产品的防伪有特殊的意义。

2. 激光增材加工技术

激光增材加工主要包括激光焊接、激光快速成形技术。

1) 激光焊接。激光焊接是通过激光束与材料的相互作用，使材料熔化实现焊接的。激光焊接可分为脉冲激光焊接和连续激光焊接，按热力学机制又可分为激光热传导焊接和激光深穿透焊接（或称深熔焊接）。

2) 激光快速成形。激光快速成形技术是激光加工技术引发的一种新型制造技术，它是利用材料堆积法制造实物产品的一项高新技术。它能根据产品的三维模型数据，不借助其他工具设备，迅速而精确地制造出所需产品，集中体现了计算机辅助设计、数控、激光加工、新材料开发等多学科、多技术的综合应用。

3. 激光表面改性技术

激光表面改性技术是利用激光束极快地加热工件表面，改变材料表面的结构从而使材料表层的物理、化学、力学性能发生变化的加工方法。激光表面改性技术主要有激光热处理、激光强化、激光涂覆、激光合金化和激光非晶化、微晶化等。

4. 激光微细加工技术

激光微细加工起源于半导体制造工艺，是指加工尺寸约在微米级范围内的加工方式。纳米级微细加工方式也称为超精细加工。目前激光微细加工已成为研究热点和发展方向。

5. 其他激光加工技术

除上述激光加工技术外，激光加工技术还包括激光清洗、激光复合加工、激光抛光等。

13.2.3　激光加工技术的应用领域

激光加工作为先进制造技术已广泛应用于汽车、电子、电器、航空、冶金、机械制造等工业领域，对提高产品质量和劳动生产率，减少材料消耗等起到越来越重要的作用。激光几乎可以对所有的金属和非金属材料（如硬质合金、不锈钢、耐热合金、金刚石、宝石、陶瓷等）进行打孔和切割，还可对某些材料进行焊接。尤其在硬脆材料上加工微小孔，更具有优越性。激光打孔的深径比可达 $50\sim100$，其打孔速度极快，激光打孔目前多用于加工金刚石拉丝模、钟表宝石轴承、化纤喷丝头等零件的微小孔。

13.2.4　激光加工设备

1. 激光加工设备的主要组成

激光加工设备的主要组成包括激光器、电源、光学系统及机械系统四大部分。其中，激光器是激光加工设备的核心，可将电能转化成光能，产生激光束；电源为激光器提供电能，实现激光器和机械系统自动控制；光学系统主要包括聚焦系统和观察瞄准系统；机械系统包括床身、数控工作台和数控系统等。常用二氧化碳激光器结构如图 13-9 所示。

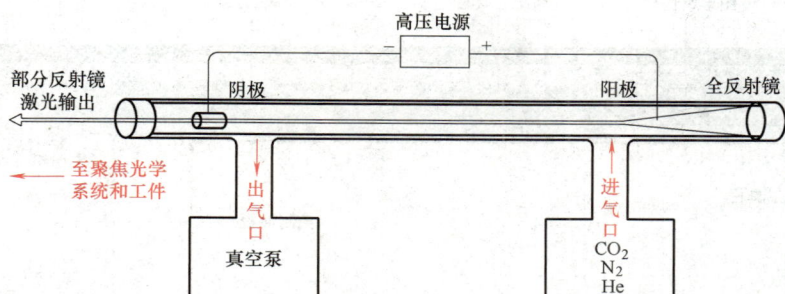

图 13-9　常用二氧化碳激光器结构

2. 典型非金属激光切割/雕刻机床

　　非金属激光切割/雕刻机床主要组成包括激光整机、除尘系统、冷却系统、空压系统和软件控制系统。在加工过程中工作台固定不动，利用高能量密度的激光作为"切割刀具"，通过光束沿 X 和 Y 方向移动，实现对非金属板材、复合材料的加工。非金属激光切割/雕刻的原理如图 13-10 所示。

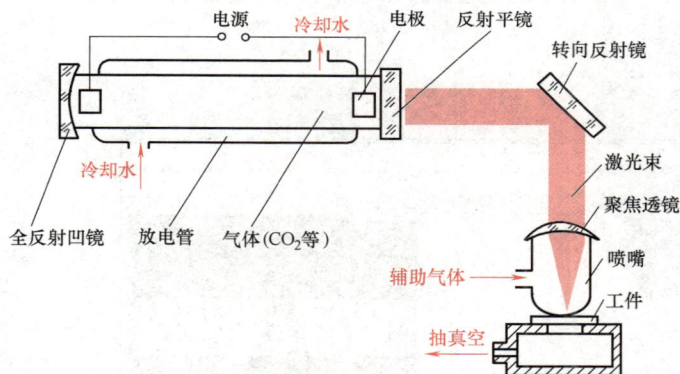

图 13-10　非金属激光切割/雕刻的原理

　　该设备采用一体化紧凑结构设计，软件功能强大，具有速度快、精度高、应用广泛等特点，为有效降低环境污染，净化空气，保障使用者的健康，配备了高效除尘、除味设备。该设备几乎适合所有非金属材料的精密切割与雕刻，广泛应用于各个领域。

13.2.5　激光加工实例

　　以木板画（七律·长征）加工制作为例，使用非金属激光切割/雕刻机床加工，主要操作过程如下：

　　（1）启动设备及软件　打开设备上的急停开关、电源开关、冷却系统开关，检查水冷系统工作状态，然后启动计算机上的非金属激光切割/雕刻仿真软件，显示如图 13-11 所示的操作界面。

　　（2）导入文件　单击"文件"→"导入"命令，选择要加工的文件并单击"打开"按钮，如图 13-12 所示。

菜单栏　图形属性栏　系统工具栏　排版工具栏

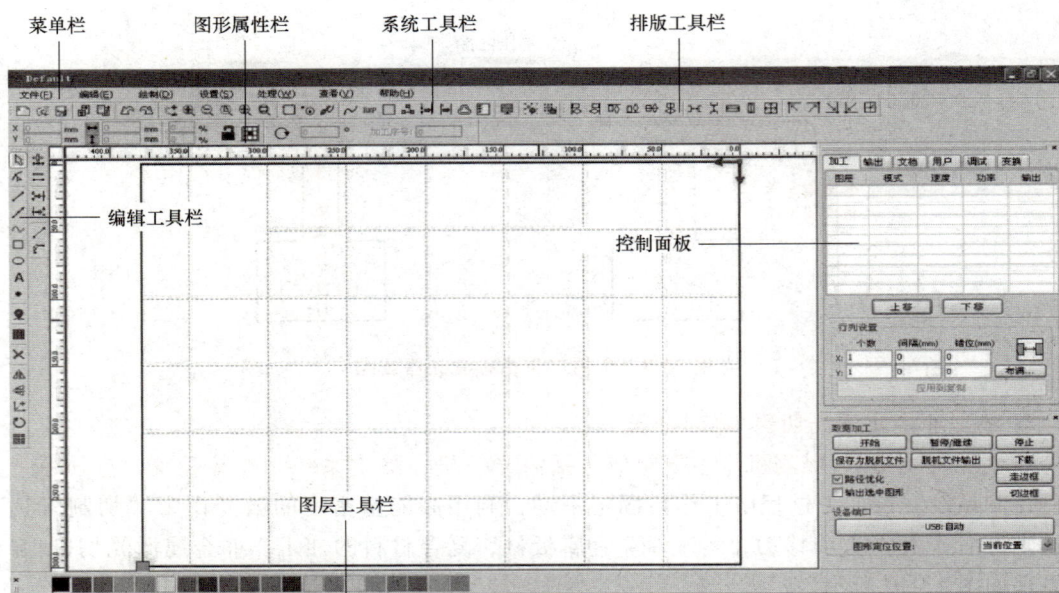

编辑工具栏

控制面板

图层工具栏

图 13-11　非金属激光切割/雕刻仿真软件操作界面

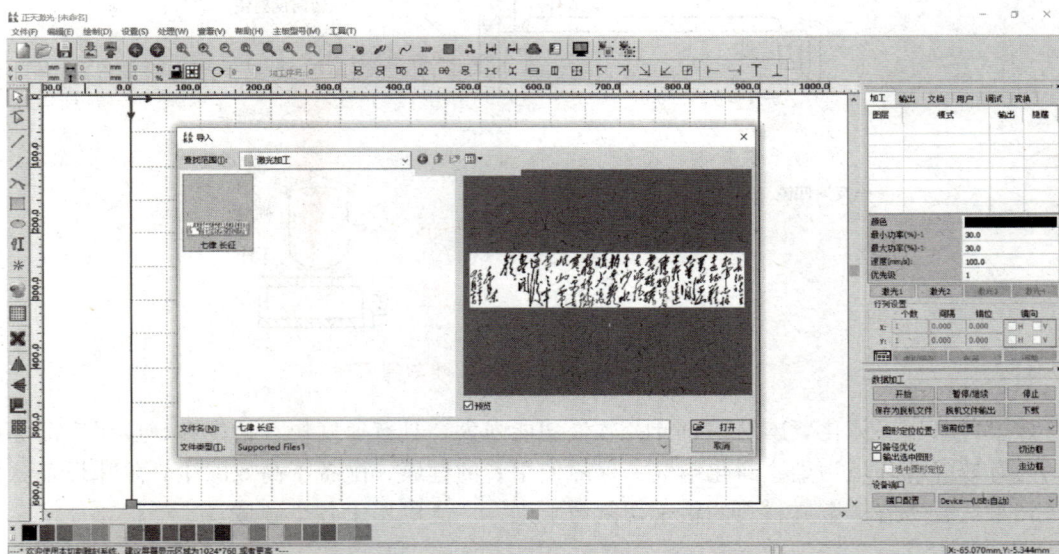

图 13-12　非金属激光切割/雕刻仿真软件打开文件界面

（3）设置图层　将扫描雕刻或者切割的图形选中，单击左下角颜色图框，可设置不同的图层，如图 13-13 所示。

（4）设置图层参数　选择需要扫描雕刻或切割的区域，并双击"图层设置"命令，弹出"图层参数"对话框，通过更改速度、加工方式、最大最小功率等进行图层参数设置，如图 13-14a 和图 13-14b 所示。

（5）加工预览　单击软件菜单栏中的"加工预览"按钮，可实现图形的加工仿真，如图 13-15 所示。

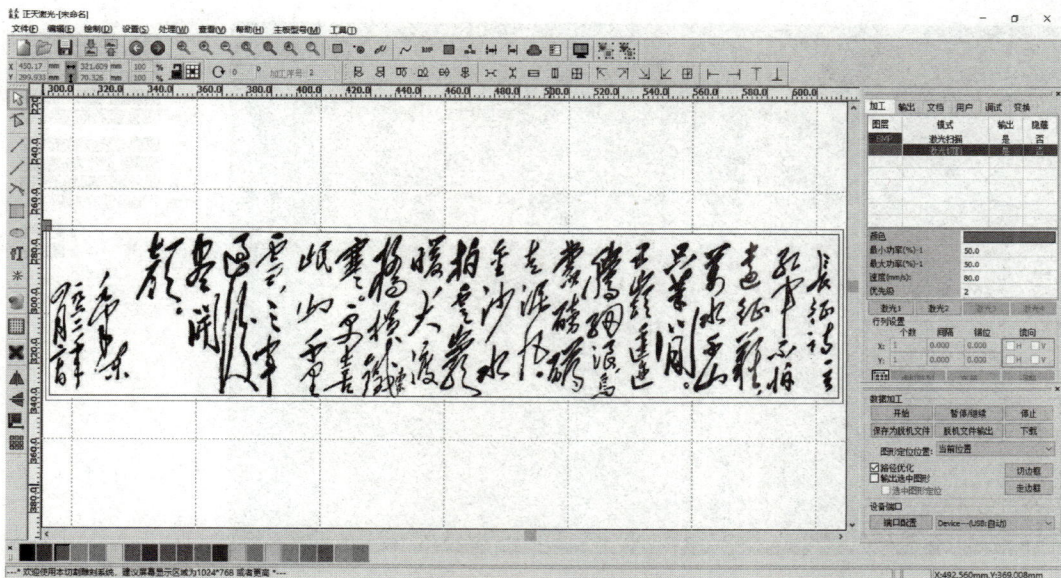

图 13-13 设置图层

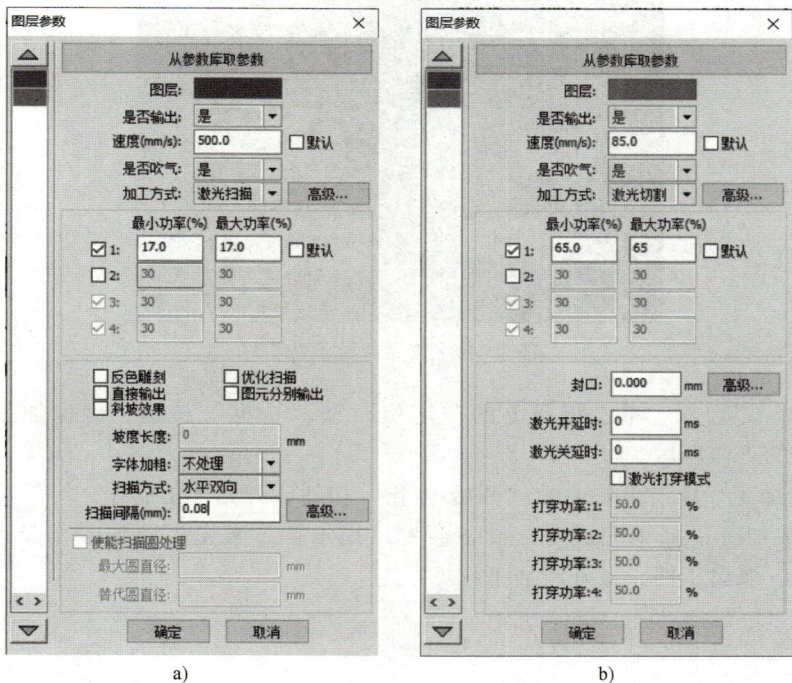

a)   b)

图 13-14 设置图层参数

a）扫描雕刻参数设置 b）切割参数设置

（6）下载文件 单击"下载"按钮，并在弹出的对话框中输入文件名。

（7）焦距调整 将待加工材料（木板）放在工作台面上的适当位置，通过定位键将激光头定位到材料上方，并用焦距调整工具进行手动调焦，如图 13-16 所示。

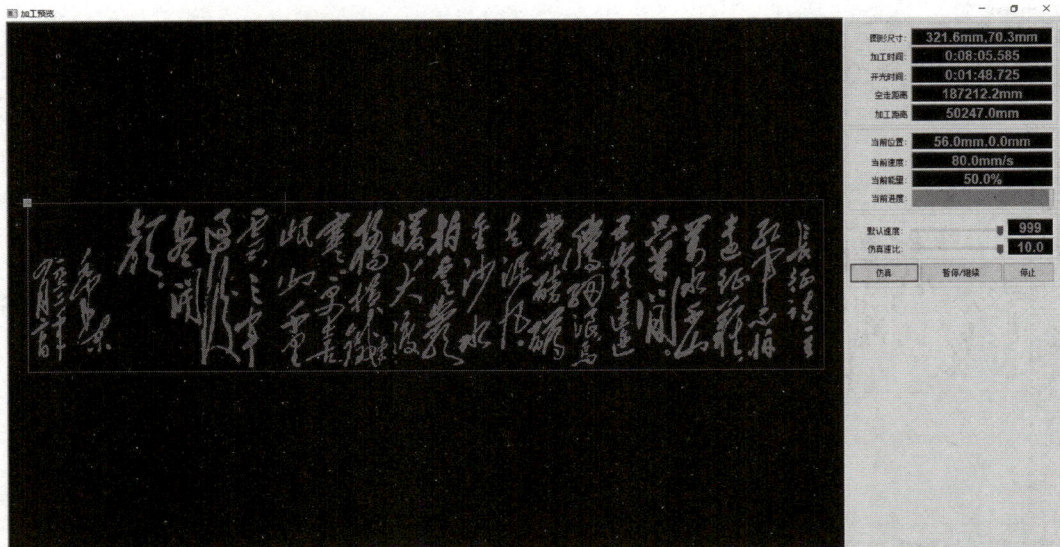

图 13-15　加工仿真界面

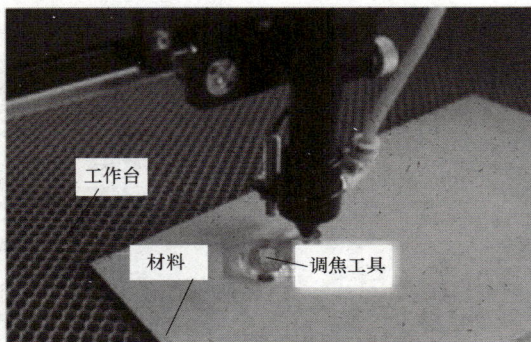

图 13-16　焦距调整示意图

（8）定位、走边框　单击设备上的"定位"和"边框"按钮，确保加工材料位置正确，并有足够的工作区域。

（9）开始加工　单击设备上的"开始-停止"按钮，开始加工制作。

（10）完成加工　加工完成时，设备会发出提示音，激光头回到工作起点，警示灯变绿。关闭设备，取出工件，做好清洁工作。

13.2.6　激光加工安全文明生产

1. 激光加工设备安全标识

激光加工设备上一般会出现如图 13-17 所示的安全标识，提醒操作者做好相应防护措施。

2. 激光加工安全操作规程

1）遵守一般切割机安全操作规程，严格按照激光器起动程序启动激光器。

2）操作者须经过培训，熟悉设备结构、性能，掌握操作系统有关知识。

图 13-17 激光加工设备常见安全标识

3）按规定穿戴好劳动防护用品，在激光束附近必须配戴符合规定的防护眼镜。

4）在未清楚某一材料是否能用激光照射或加热前，不要对其加工，以免产生烟雾和蒸气等对切割头或光纤等造成损坏。

5）设备开动时，操作人员不得擅自离开岗位，如确需离开应先关闭设备。

6）要将灭火器放在触手可及的地方；不加工时要关掉激光器或光闸；不要在未加防护的激光束附近放置纸张、布或其他易燃物。

7）在加工过程中发现异常时，应立即停机，及时排除故障。

8）保持激光器、床身及周围场地的整洁、有序、无油污，工件、板材、废料按规定堆放。

9）使用气瓶时，应避免压坏焊接电线，以免漏电事故发生。气瓶的使用、运输应遵守气瓶监察规程。禁止气瓶在阳光下暴晒或靠近热源。开启瓶阀时，操作者必须站在瓶嘴侧面。

10）设备应定期按照规程进行维护。如需维修还必须遵守高压安全操作规程。

11）设备开机后，应先手动、低速开动机床，检查确认有无异常情况。

12）对新的工件程序输入后，应先空走边框再试加工，并检查其运行情况。

13.3 3D 打印技术

13.3.1 3D 打印技术概述

制造技术可分为三种方式。一是材料去除方式，又称为减材制造技术，一般是指利用刀具或电化学方法，去除毛坯中不需要的材料，剩下部分即为所需加工的零件或产品。二是材料成形方式，又称为等材制造技术，主要是指利用模具控形，将液体或固体材料变为所需结构的零件，铸造、锻压、冲压等均属于此种方法。三是 3D 打印技术，又称为增材制造技术，是以计算机三维设计模型为蓝本，通过软件分层离散和数控成形系统，利用热熔喷嘴、激光束、电子束等方式将塑料、金属粉末、陶瓷粉末、细胞组织等材料进行逐层堆积黏结，最终叠加成形，以制造出实体产品。

3D 打印技术是机械工程、计算机、数控、材料科学等多学科技术的集成，是近年来世界制造技术领域的一次重大突破。

1. 3D 打印技术的基本原理

3D 打印技术是由 CAD 模型直接驱动的快速制造任意复杂形状三维物理实体的技术总称，它从零件的 CAD 几何模型出发，通过分层离散软件和成形设备，用特殊的工艺方法（熔融、烧结、黏结等）将材料堆积而形成实体零件。3D 打印的工艺过程如图 13-18 所示。

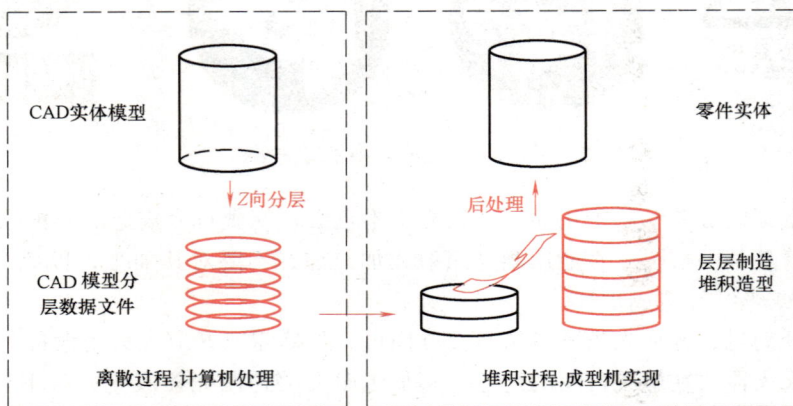

图 13-18　3D 打印的工艺过程

2. 3D 打印技术的主要特点

（1）由 CAD 模型直接驱动　3D 打印工艺中，计算机的 CAD 模型数据通过接口软件转化为可以直接驱动 3D 打印机的数控指令，3D 打印机根据数控指令完成原型或零件加工。由于 3D 打印以分层制造为基础，可以较方便地进行路径规划，将 CAD 和 CAM 结合在一起，实现成形过程中信息过程和材料过程的一体化，尤其适合成形材料为非均质并具有功能梯度或有孔隙要求的原型。

（2）能制造任意复杂形状的三维实体　由于采用分层堆积成形的原理，将复杂的三维模型简化为二维模型的叠加，且加工过程中不存在刀具干涉，可以制造任意复杂形状的原形和零件。

（3）具有高柔性　3D 打印在成形过程中不需要模具、刀具和特殊工艺装备，成形过程具有极高的柔性。对于不同的零件，只需要建立 CAD 模型，调整和设置工艺参数，即可打印出不同形状的原型和零件。

（4）材料适用性好　3D 打印技术具有极为广泛的材料可选性，其选材从高分子材料到金属材料，从有机材料到无机材料，这为 3D 打印技术的广泛应用提供了重要基础。

（5）成形速度快　从产品 CAD 设计到原型件的加工完成只需几小时至几十小时，比传统的成形方法速度要快得多。

（6）良好的经济效益　3D打印技术使得产品的制造成本与产品的复杂程度、生产批量基本无关。该技术尤其适合新产品的开发与管理，缩短了产品设计、开发周期，加快了产品更新换代的速度，在很大程度上降低了新产品的开发成本，提高了经济效益。

（7）技术高度集成化　3D打印技术是集计算机、CAD/CAM、数控、激光、材料和机械等一体化的先进制造技术，整个生产过程实现了数字化与自动化，并与三维模型直接关联，零件可随时制造与修改，实现了设计制造一体化。

13.3.2　常用3D打印技术及应用

根据采用的材料形式和工艺实现方法不同，典型的3D打印技术主要包括光固化成形、激光选区烧结、熔融沉积成形、分层实体制造和立体喷印等。

1. 光固化成形

光固化成形（Stereo Lithography Apparatus，SLA）是用特定波长与强度的激光源聚焦到光固化材料（光敏树脂）表面，使材料发生固化反应予以成形。光固化成形工艺过程如图13-19所示。树脂槽中盛满液态光敏树脂，在计算机的控制下经过聚焦的激光束按照零件各分层的截面信息，对液态光敏树脂表面进行逐点逐线扫描，被扫描区域的树脂产生光聚合反应瞬间固化，形成零件的一个薄层；当一层固化后，工作台下移一个层厚，以便固化好的树脂表面再敷上一层新的液态树脂；接着再进行下一层扫描固化，新的固化层与前面已固化层黏合为一体；如此反复直至整个零件制作完成。

工艺特点：制件精度高、表面质量好，能制造特别精细的零件（如戒指模型、需配合的上下手机盖等）；原材料利用率接近100%，且不产生环境污染。最大的不足是设备和材料成本较昂贵，复杂制件往往需要添加辅助支承，加工完成后需要去除。

应用范围：主要应用于航空航天、工业制造、生物医学、大众消费、艺术等领域的精密复杂结构零件的快速制作。零件精度可达±0.05mm，比机械加工精度略低，但接近传统模具的工艺水平。

2. 激光选区烧结

激光选区烧结（Selective Laser Sintering，SLS）是用高能激光束的热效应使粉末材料软化或熔化，黏结成一系列薄层，逐层叠加获得三维实体零件。激光选区烧结工艺过程如图13-20所示。首先，在工作台上铺一薄层粉末材料，在计算机的控制下高能激光束根据制件各层截面的CAD数据，有选择地对粉末层进行扫描，被扫描区域的粉末材料由于烧结或熔化黏结在一起，而未被扫描的区域粉末仍呈松散状（可重复利用）。加工完一层后，工作台下降一个层厚的高度，再进行下一层的铺粉和扫描，新加工层与前一层黏结为一体，重复上述过程直到整个零件加工完成。最后，将初始成形件从工作缸中取出，进行清粉和打磨等后处理。

工艺特点：成形材料广泛，包括高分子、金属、陶瓷、砂等多种粉末材料；应用范围广，涉及航空航天、汽车、生物医疗等领域；材料利用率高，粉末可重复利用；成形过程中

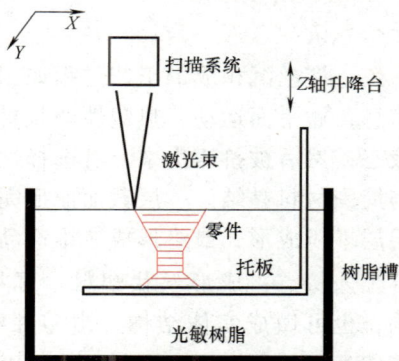

图13-19　光固化成形工艺过程

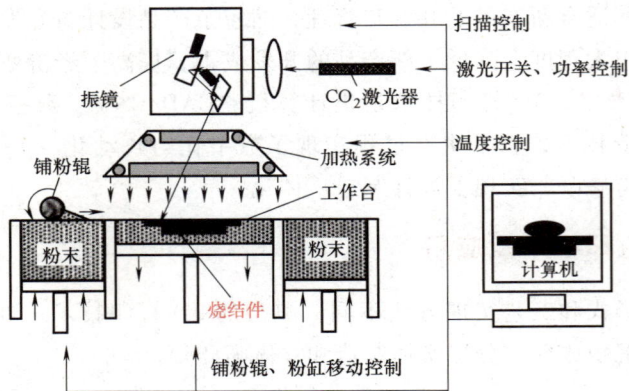

图 13-20 激光选区烧结工艺过程

无需特意添加辅助支承。最大的不足是无法直接成形高性能的金属和陶瓷零件，成形大尺寸零件时容易变形，精度较难控制。

应用范围：可成形不同特性、满足不同用途的多类型零件。例如，成形塑料手机外壳，可用于结构验证和功能测试，也可直接作为零件使用；制作复杂铸件用的熔模或砂型，辅助复杂铸件的快速制造；制造复杂结构的金属和陶瓷零件，作为功能零件使用。零件精度可达 ±0.2mm，比机械加工和模具精度低，与精密铸造工艺相当。

3. 熔丝沉积成形

熔丝沉积成形（Fused Deposition Modeling，FDM）是将丝状材料熔化，逐层堆积形成三维实体。熔丝沉积成形工艺过程如图 13-21 所示。喷头在计算机的控制下，根据零件截面轮廓信息，做平面运动，热塑性丝状材料由供丝机构送至热熔喷头，并在喷头中加热并熔化成半液态，然后被挤压出来，有选择性地涂覆在制作面板上，快速冷却后形成一层薄片轮廓，并与周围材料黏结。一层截面成形完成后，工作台下降一定的高度，再进行下一层熔覆，通过层层堆积成形，最终形成三维产品零件。

工艺特点：成形丝状塑料，可将零件壁内做成网格结构，也可做成实体结构，当零件壁内是网格结构时可以节省大量材料；由于原材料为 ABS 等塑料，其密度小，1kg 材料可以制作较大体积的模型；熔融成形的零件强度好，可作为功能零件使用；无需激光器等贵重元器件，系统成本低。最大的不足是成形材料种类少，且精度较低。

应用范围：广泛应用于产品设计、测试与评估等方面，涉及汽车、工艺品、仿古、建筑、医学、动漫、教学等领域。零件精度可达 ±0.2mm。

4. 分层实体制造

分层实体制造（Laminated Object Manufacturing，LOM）是利用激光或刀具切割薄层纸、塑料薄膜、金属

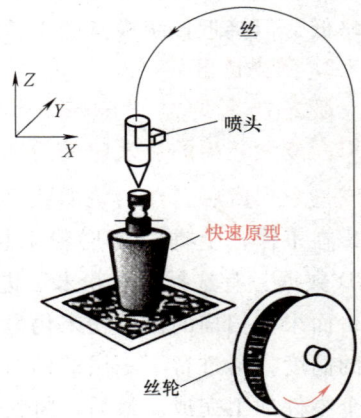

图 13-21 熔丝沉积成形工艺过程

薄板或陶瓷薄片等片层材料，通过热压或其他形式层层黏结，叠加获得三维零件实体。分层实体制造工艺过程如图 13-22 所示。根据三维 CAD 模型截面轮廓线，在计算机的控制下，发出控制激光或刀具切割系统的指令，使其做 X 和 Y 方向的移动。供料机构将片材分段送至工作台上方，激光或刀具对片材沿轮廓线进行切割，并将无轮廓区切割成小碎片。然后，由热压机构将一层层片材压紧并黏合在一起。可升降工作台支承正在成形的工件，每层成形之后，降低一个层厚，依次循环，最后形成由许多小废料块包围的三维原型零件。将完成的零件取下，去除非零件区域的材料，通过打磨或者喷涂等后处理工序得到成品零件。

工艺特点：仅切割内外轮廓，内部无需加工，成形速率高；使用小功率激光或低成本刀具，价格低且使用寿命长；造型材料一般用涂有热熔胶及添加剂的纸张，成本低；成形过程中，不存在收缩和翘曲变形，无需支承等辅助工艺。最大的不足是材料种类少，纸等材料的应用受限，制件性能不高。

应用范围：主要成形纸材，少数使用塑料薄膜、金属和陶瓷片。制作复杂结构用于新产品外形验证，或结合涂层等工艺制作快速模具。利用该工艺制作的纸质模具，性能接近木

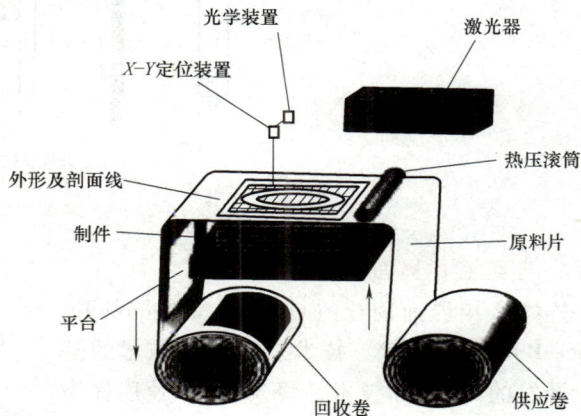

图 13-22　分层实体制造工艺过程

模，表面处理后可直接用于砂型铸造。零件精度可达 ±0.1mm，低于一般机械加工和模具工艺，接近精密铸造水平。

5. 立体喷印

立体喷印（3DP）是一种利用微滴喷射技术的 3D 打印方法，过程类似打印机，工艺过程如图 13-23 所示。喷头在计算机的控制下，按照当前分层截面的信息，在事先铺好的一层粉末材料上，有选择性地喷射黏结剂，使部分粉末黏结，形成一层截面薄层；一层成形完后，工作台下降一个层厚，进行下层铺粉，继而选区喷射黏结剂，成形薄层并与已成形零件黏为一体，不断循环，直至零件加工完成。另外一种工艺是利用喷头喷印成形材料，主要是光敏树脂，利用紫外灯照射实现固化。

工艺特点：较为成熟的喷印技术，可成形彩色零件；喷印黏结剂时可成形多种类型材料，直接喷印光敏树脂可成形高性能塑料零件。系统无需激光器等高成本元器件，成形环境无需真空等严格条件，系统成本较低。不足之处是喷印黏结剂时零件致密度不高，需要后烧结、液相渗透等后处理工艺，喷印光敏树脂时成形材料种类少。另外喷头容易发生堵塞，需要定期维护。

应用范围：广泛应用于制造业、医学、建筑业等领域的产品设计原型验证和工艺模型的快速制造，彩色模型相较其他 3D 打印产品更为丰富和直观。另外，由于系统成本低，3DP 技术被大量应用于教学。零件精度可达 ±0.2mm，与喷头喷印精度直接相关。

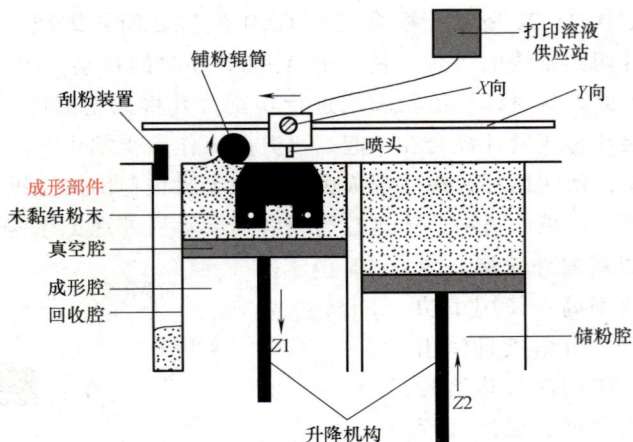

图 13-23　立体喷印工艺过程

6. 连续液相界面固化

连续液相界面固化（Continuous Liquid Interface Pulling，CLIP）技术是在 SLA 技术的基础上开发的 3D 打印技术，将 3D 打印速度提高了 100 倍，整个 3D 打印过程连续无停顿，其工艺过程如图 13-24 所示。CLIP 技术从底部投影，使光敏树脂固化，不需要固化的部分通过控制氧气形成死区，抑制光固化反应而保持稳定的液态区域，进而保证固化连续性。CLIP 技术令打印速度不再受切片层数影响，制作出来的物品可以和注塑零件媲美。

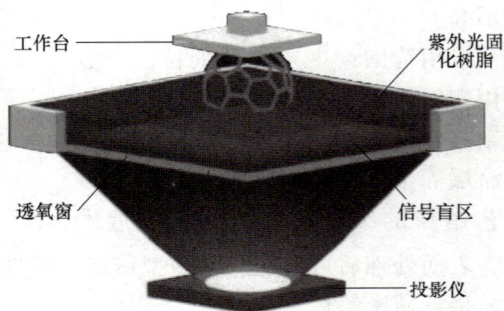

图 13-24　连续液相界面固化技术工艺过程

工艺特点：不仅能加快固化速度，还能让打印作品表面更光滑细腻，且具有优良的强度、刚度和长期热稳定性。

应用范围：可打印 $50\mu m$ 至 25cm 的物体，可使用弹性材料及某些生物材料，适用于大批量和高分辨率制造，如生物医学装置。

7. 数字光投影技术

数字光投影技术（Digital Light Projection，DLP）是一种用"光"作为动力的 3D 打印技术，其工艺过程如图 13-25 所示。通过使用高分辨率的数字光处理器投影仪，把有轮廓的光，投影到光敏树脂表面，使表面特定区域内的一层树脂固化，当一层加工结束后，生成工件的一个截面；然后平台移动一层，固化层上覆盖另一层液态树脂，再进行第二层投影，第二固化层牢固地黏结在前一固化层上，进而层层叠加形成三维工件原型。DLP 与 SLA 技术相似，都是利用感光聚合材料在紫外光照射下会快速凝固

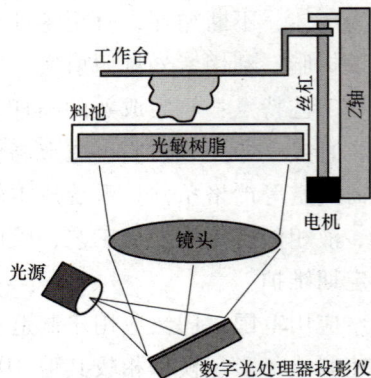

图 13-25　数字光投影技术工艺过程

的特性。不同之处是 DLP 技术使用高分辨率的数字光处理器投影仪来投射紫外光，每次投射可成形一个截面。

工艺特点：成形速度快，从 CAD 设计到完成原型打印，一般只需几小时到十几小时。成形精度高，DLP 技术通过光学技术使来自数字微镜器件（Digital Micromirror Device，DMD）的各个像素成像，而不是让光源直接在光敏树脂上成像，大幅优化了分辨率和特征尺寸。最小层厚可达 0.05mm，能打印出精密的特征，包括各种薄壁结构。

应用范围：广泛应用于珠宝首饰行业、牙科医疗、新产品初始样板快速成形、精细零件样板等领域，同时，随着光敏树脂复合材料的不断丰富，如类 ABS、耐热树脂、陶瓷树脂等新材料的开发，DLP 3D 打印技术的应用会越来越广泛。

13.3.3　FDM 3D 打印设备

FDM 3D 打印设备的结构主要包括支承机构、机械传动机构、执行机构、料架机构、操作机构等，如图 13-26 所示。其中，支承机构是 3D 打印设备的整体框架，起支承整个 3D 打印设备的作用；机械传动机构主要实现动力源的传递；执行机构包含打印头（含加热元件）和打印平台，可完成送丝、熔融、喷丝、走轨迹、打印工件等动作指令；料架机构解决了 FDM 3D 打印设备成形材料放置难题，方便了料盘的快速安装及卸载；操作机构是 3D 打印设备人机交互的主要枢纽。

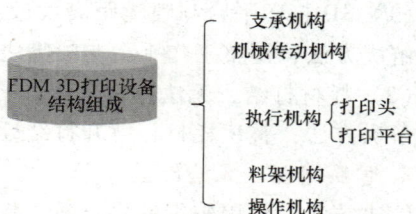

图 13-26　FDM 3D 打印设备主要结构组成

13.3.4　FDM 3D 打印基本操作流程

1. 获取三维 CAD 模型

三维 CAD 模型可以利用 creo、SolidWorks、CATIA、UG 等三维造型设计软件进行设计，也可以采用逆向造型的方法，利用三维扫描设备扫描实体轮廓获得三维模型文件。三维 CAD 模型的主要获取方式如图 13-27 所示。

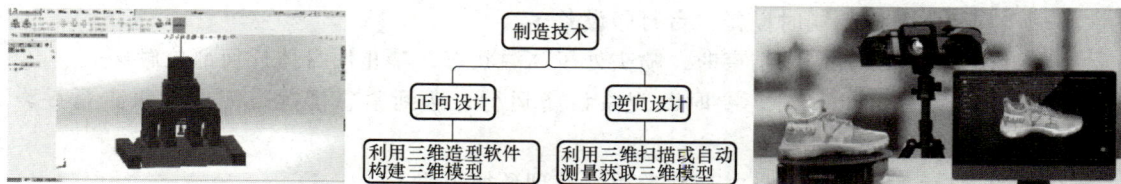

图 13-27　三维 CAD 模型的主要获取方式

2. CAD 模型的近似处理方法

对于有不规则曲面的模型，加工前必须对其进行近似处理，主要是生成 STL 格式的数据文件。

3. 确定导入位置

将 STL 文件导入 3D 打印设备的数据处理系统后，确定原型的摆放位置。一般情况下将表面质量要求高的部分置于上表面或水平面。

4. 切片分层

对放置好的原型进行分层，自动生成辅助支承和原型堆积基准面。

5. 材料准备

选择合适的成形材料，如 PLA、PVC、ABS 和树脂。

6. 支承结构设计

支承结构必须保持稳定，不发生塌陷；支承结构设计应尽可能少地使用材料，节约打印成本；支承接触面的形状应使支承更容易被剥离。

7. 实体制造

在支承的基础上进行实体制造，自下而上，层层叠加形成三维实体。

13.3.5　FDM 3D 打印过程常见问题与解决办法

1. 在打印模型时，喷嘴未挤出材料

（1）3D 打印平台与喷嘴距离太近，材料无法正常挤出

解决方法：调整工作平台与喷嘴之间的高度。

（2）耗材打结，无法正常送丝。

解决方法：整理耗材，解开打结处。

2. 喷头堵塞，无法出丝

解决方法：利用较细针尖疏通；将堵塞喷头浸泡于丙酮溶液中。

3. 模型无法成形

常见原因：待打印模型尺寸过小或壁厚太薄。

解决方法：使模型三维方向上的尺寸不要过小，壁厚不要太薄。

13.3.6　3D 打印安全文明生产

1）打印模型的大小必须满足成形尺寸要求。

2）严禁在未熟悉使用步骤的情况下，触摸各按钮开关。

3）打印设备上不能放置其他物品，以免损伤打印设备，发生事故。

4）开机前要保证打印设备放置平稳，电源接通可靠。

5）严禁两人及以上同时操作一台打印设备。

6）打印过程中或打印刚结束时，喷头处于高温状态，禁止用身体任何部位触碰。

7）打印过程中不得离开，要时刻观察设备运行，遇到紧急情况，应立即报告指导教师，禁止自行处理。

8）实训结束后，关闭设备并切断电源，整理环境卫生。·

13.4　其他特种加工技术

13.4.1　超声波加工

1. 超声波加工基本原理

超声波加工是利用工具端面做超声频振荡，再将这种超声频振荡，通过磨料悬浮液传递

到一定形状的工具头上，以加工脆硬材料。超声波加工原理如图 13-28 所示。加工时，工具 1 的超声频振荡将通过磨料悬浮液 6 的作用，剧烈冲击位于工具 1 下方工件 5 的被加工表面，使部分材料被击碎成细小颗粒，由磨料悬浮液 6 带走。加工中的振动强迫磨料悬浮液 6 在加工区工件 5 和工具 1 的间隙中流动，及时更新变钝的磨粒。成形加工时，随着工具 1 沿加工方向以一定速度移动，实现有控制的加工，逐渐将工具形状"复印"在工件上。

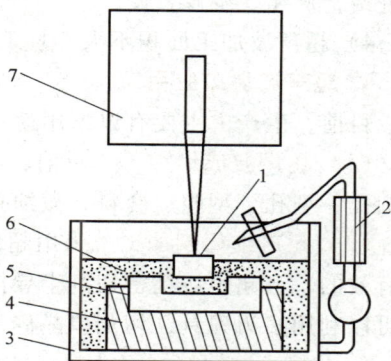

图 13-28　超声波加工原理

1—工具　2—冷却器　3—加工槽　4—夹具
5—工件　6—磨料悬浮液　7—振动头

工作时，工具头的振动还使磨料悬浮液产生空腔，空腔不断扩大直至破裂，或不断被压缩至闭合。这一过程时间极短，空腔闭合压力可达几百兆帕，爆炸时可产生水压冲击，引起加工表面破碎，形成粉末。同时磨料悬浮液在超声振动下，形成的冲击波还使钝化的磨料崩碎，产生新的刃口，可以进一步提高加工效率。

由此可见，超声波加工是磨粒在超声振动作用下的机械撞击和抛磨作用以及超声空化作用的综合结果，主要是磨粒的撞击作用。

超声波加工是基于局部撞击作用，越是脆硬的材料，受撞击作用遭受的破坏越大，越易超声加工。相反，脆性和硬度不大的韧性材料，由于它的缓冲作用而难以加工。根据这个原理，可以合理选择工具材料，使之既能撞击磨粒，又不致使自身受到很大破坏，如使用 45 钢即满足以上要求。

2. 超声波加工设备

超声波加工设备又称超声波加工装置，它们的功率大小和结构形状虽有不同，但组成部分基本相同，一般由超声波发生器、超声振动系统、磨料工作液及循环系统和机床本体四部分组成，如图 13-29 所示。

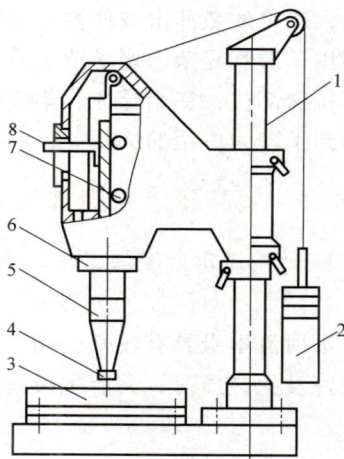

图 13-29　CSJ-2 型超声波
加工机床简图

1—支架　2—平衡重锤　3—工作台
4—工具　5—变幅杆　6—换能器
7—导轨　8—标尺

3. 超声波加工特点

1）适合加工各种不导电的硬脆材料，如玻璃、陶瓷（氧化铝、氮化硅等）、石英、锗、硅、玛瑙、宝石和金刚石等。对于导电的硬质金属材料，如淬火钢、硬质合金等，也能进行加工，但加工生产率较低。对于橡胶则不可进行加工。

2）加工精度较高。由于去除加工材料是靠磨料对工件表面的撞击作用，因此工件表面的宏观切削力小，切削应力、切削热很小，不会引起变形及烧伤，表面粗糙度值也较低，公差可小于 0.008mm，表面粗糙度值一般为 0.4~0.1μm。

3）由于工具和工件不做复杂的相对运动，工具与工件不用旋转，因此易于加工出各种与工具形状相一致的复杂形状内表面和成形表面。而且机床结构比较简单，只需一个方向轻压进给，操作、维修方便。

4）超声波加工面积不大，且工具头磨损较大，故生产率较低。

4. 超声波加工应用

目前，生产上主要有以下用途：

（1）超声波成形加工　目前，超声波成形加工在各工业领域中主要用于对脆硬材料加工圆孔、型孔、型腔、套料、微细孔、弯曲孔、刻槽、落料、复杂沟槽等。

（2）超声波切割加工　采用超声波切割普通机械加工难以切割的脆硬半导体材料是较为有效的，且超声波精密切割半导体、氧化铁、石英等，精度高、生产率高、经济性好，并且可以利用多刃刀具，切割单晶硅片，一次可以切割加工10~20片。

（3）超声波焊接加工　超声波焊接是利用超声频振动作用，使被焊接工件的两个表面在高速振动撞击下，去除工件表面的氧化膜，使该表面摩擦发热黏结在一起。因此，它不仅可以加工金属，而且可以加工尼龙、塑料等制品。该方法可焊接直径或厚度很小的材料（可达0.015~0.03mm），目前已广泛应用于大规模的集成电路制造中。

（4）超声波清洗　超声波清洗主要是清洗液在超声波的振动作用下，使液体分子产生往复高频振动，引起空化效应的结果。空化效应使液体中急剧生长微小空化气泡并瞬时强烈闭合，产生的微冲击波使被清洗物表面的污物遭到破坏，并从被清洗表面脱落。超声波清洗主要用于形状复杂、要求清洗质量高的中、小精密零件，特别是深孔、弯曲孔、不通孔、沟槽等特殊部位，在半导体、集成电路元件、光学元件、精密机械零件、放射性污染等的清洗中得到了较为广泛的应用。

13.4.2　超高压水射流加工

1. 超高压水射流加工基本原理

超高压水射流加工是利用高速水流对工件的冲击作用来去除材料，如图13-30所示。超高压水射流本身具有较好的刚性，流束的能量密度可达10^{10}W/mm^2，流量为7.5L/min，在与工件发生碰撞时，会产生极高的冲击动压和涡流，具有固体的加工作用。

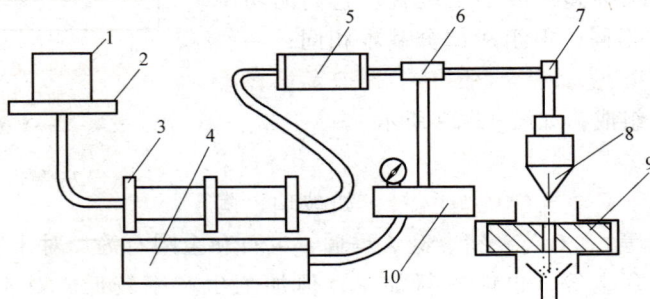

图13-30　超高压水射流加工原理

1—水箱　2—过滤器　3—水泵　4—液压机构　5—蓄能器
6—控制器　7—阀门　8—喷嘴　9—工件　10—增压器

2. 超高压水射流加工设备

超高压水射流加工设备主要由增压系统、切割系统、控制系统、过滤设备和机床床身五部分组成。

3. 超高压水射流加工特点

超高压水射流使用价格低廉的水作为工作介质，是一种冷态切割新工艺，属于"绿色"加工范畴，是目前世界上先进的加工工艺方法之一。它可以加工各种金属、非金属材料，各种硬、脆、韧性材料，在石材加工等领域，具有其他工艺方法无法比拟的技术优势。

1）切割时工件材料不会受热变形，切边质量较好，切口平整，无毛刺，切缝窄，宽度为 0.075~0.40mm。材料利用率高，由于液体可以循环利用，使用水量也不多，成本较低。

2）加工过程中，作为"刀具"的高速水流不会变"钝"，各个方向都有切削作用，因而切割过程稳定。

3）切割加工过程中，温度较低，无热变形、烟尘、渣土等，加工产物随液体排除，可以用来切割加工木材、纸张等易燃材料及制品。

4）由于切割加工温度低，不会造成火灾。"切屑"混在水中一起流出，加工过程中不会产生粉尘污染，有利于满足安全和环保的要求。

5）加工材料范围广，既可以用来加工非金属材料，也可以加工金属材料，而且更适宜切割薄的和软的材料。

6）加工开始时无需退刀槽，孔工件上的任何位置都可以作为加工开始和结束的位置，与数控加工系统相结合，可以进行复杂形状的自动加工。

7）液力加工过程中，"切屑"混入液体中，故不存在灰尘，不会有爆炸或火灾的危险。对某些材料，夹裹在射流束中的空气将增大噪声，噪声随压射距离的增加而增大。在液体中加入添加剂或调整到合适的正前角，可以降低噪声，噪声分贝值一般低于标准规定值。

8）喷嘴的成本较高，使用寿命、切割速度和精度仍有待进一步提高。

4. 超高压水射流加工的应用

超高压水射流加工的流束直径为 0.05~0.38mm，可以加工很薄、很软的金属和非金属材料，也可以加工较厚的材料，最大厚度达 125mm。该技术在国内外许多工业领域得到广泛应用。

在建筑装潢领域，用于切割大理石、花岗岩，雕刻出精美的花鸟鱼虫、生肖艺术拼花图案，呈现五彩缤纷的图案；在汽车制造领域，用于切割仪表盘、内外饰件、门板、窗玻璃；在航空航天领域，用于切割纤维、碳纤维等复合材料；在食品制作领域，用于切割松碎零食、菜、肉等，可以减少细胞组织的破坏；在纺织工业领域，用于切割多层布条。

总之，超高压水射流技术的应用范围在日益扩展，潜力巨大。随着设备成本的不断降低，其应用的普遍程度将进一步提高。

思 考 题

1. 简述电火花线切割加工的原理与特点。
2. 简述线切割机床的分类。
3. 简述线切割的定义、组成和编程方法。
4. 简述激光加工的组成、原理及主要特点。
5. 常用 3D 打印技术有哪些？
6. 简述 FDM 3D 打印设备的主要结构组成及其基本操作流程。

第14章

智能制造技术

1. 学习智能制造技术的概念、内涵与特征。
2. 学习智能制造与传统制造的异同。
3. 学习数字孪生的概念、数字孪生与智能制造的关联。
4. 学习工业机器人的概念、工业机器人与智能制造的关联。

了解智能制造生产线的布局及典型产品的智能制造加工流程。

14.1　智能制造技术基础知识

14.1.1　智能制造技术概述

智能制造技术是以现代传感器技术、网络技术、自动化技术、拟人智能技术为基础，通过智能感知、人机交互、决策和执行技术，实现设计过程、制造过程和制造装备的智能化，是信息技术、智能技术与装备制造技术的深度融合与集成。不同国家对智能制造的定义、内涵和特征的表述不尽相同。

在我国，工业和信息化部公布的 2015 年智能制造试点示范专项行动中，将智能制造定义为基于新一代信息技术，贯穿设计、生产、管理、服务等制造活动各个环节，具有信息深度自感知、智慧优化自决策、精准控制自执行等功能的先进制造过程、系统与模式的总称。智能制造具有以智能工厂为载体，以关键制造环节智能化为核心，以端到端数据流为基础，以网络互联为支撑等特征，可有效缩短产品研制周期、降低运营成本、提高生产率、提升产品质量、降低资源能源消耗。

我国要实施智能制造，必须坚持创新驱动、智能转型、强化基础、绿色发展。以此作为发展方针，推行数字化、网络化和智能化制造，提升产品的设计能力，完善制造业技术创新体系，强化制造基础，提升产品质量，推行绿色制造，培养具有全球竞争力的企业群体和优势，发展现代制造服务。

我国提出的智能制造包括以下四个特征：重视工业基础，拓宽知识口径；结合数字网络，提升智能效率；节约产业资源，保护生态环境；培养优势产业，高端装备创新。

智能制造系统最终要从以人为主要决策核心的人机和谐系统向以机器为主体的自主运行系统转变，这就要求智能制造系统最终必须能够像人一样具备做出符合人文伦理和生态环境伦理行为的能力。

14.1.2　智能制造与传统制造的异同

智能制造是一种由智能机器和人类专家共同组成的人机一体化智能系统，通过人与智能机器的协同合作，扩大、延伸和部分取代人类专家在制造过程中的脑力劳动。它更新了制造自动化的概念，使其扩展到柔性化、智能化和高度集成化。智能制造与传统制造的不同点主要体现在产品设计、产品加工、制造管理、产品服务等几个方面，具体见表14-1。

表 14-1　智能制造与传统制造的不同点

分类	传统制造	智能制造	智能制造的影响
设计	常规产品 面向功能需求设计 新产品周期长	虚实结合的个性化设计、个性化产品 面向客户需求设计 数值化设计，新产品周期短，可实时动态改变	设计理念与使用价值观的改变 设计方式的改变 设计手段的改变 产品功能的改变
加工	加工过程按计划进行 半智能化加工与人工检测 生产组织高度集中 人机分离 减材加工成形方式	加工过程柔性化，可实时调整 全过程智能化加工与在线实时监测 生产组织方式个性化 网络化过程实时跟踪 网络化人机交互与智能控制 减材、增材多种加工成形方式	劳动对象变化 生产方式的改变 生产组织方式的改变 生产质量监控方式的改变 加工方法多样化 新材料、新工艺不断出现
管理	人工管理为主 企业内管理	计算机信息管理技术 机器与人交互指令管理 延伸到上下游企业	管理对象变化 管理方式变化 管理手段变化 管理范围扩大
服务	产品本身	产品全生命周期	服务对象范围扩大 服务方式变化 服务责任扩大

14.2　数字孪生与智能制造

14.2.1　数字孪生概述

数字孪生是充分利用物理模型和传感器更新、运行历史等数据，集成多学科、多物理量、多尺度、多概率的仿真过程，在虚拟空间内完成映射，从而反映相对应物理实体的全生命周期的过程。

数字孪生系统是一种超越现实的概念，可以被视为一个或多个重要的、彼此依赖的装备系统的数字映射系统。数字孪生应用于制造，有时候也用来指代将一个工厂的厂房及生产线在建造之前，就完成数字化建模。从而在虚拟的信息物理系统（CPS）中对工厂进行仿真和模拟，并将真实参数传给工厂。而厂房和生产线建成之后，在日常运维中二者继续进行信息交互。

通过建立数字孪生的全生命周期过程模型，这些模型与实际的数字化、智能化的制造系统和数字化测量检测系统与嵌入式信息物理系统进行无缝集成和同步，从而使我们能够在数字世界和物理世界同时看到实际物理产品运行时发生的情况。目前，数字孪生已广泛应用于智能制造、城市建设、医疗健康、文化遗产、教育教学、日常生活等诸多领域。

14.2.2　智能制造中的数字孪生

数字孪生的理论和技术是智能制造系统的基础。智能制造系统首先要对制造装备、制造单元、制造系统进行感知建模，然后才进行分析推理。如果没有数字孪生模型对现实生产体系的准确模型化描述，所谓的智能制造系统就是无源之水，无法落实。数字孪生技术不仅能根据复杂环境的变化，通过动态仿真与假设分析，预测制造物理装备的状态和行为，而且能在感知数据的驱动及历史数据与知识的支持下不断学习、共生演进，使其镜像仿真过程能更准确地预测制造物理装备的状态和行为。这种"以虚控实"和"以实驱虚"的孪生互动共生，使智能制造上升到一个崭新的高度。

智能制造系统中的智能制造装备关键技术主要包括虚实交互的统一语义建模技术、面向几何模型实例的轻量级快速数字建模与可视化技术、物理对象与所处环境的智能感知技术、基于感知数据的多物理场多尺度高保真仿真与集成技术和面向工业大数据的智能分析与决策技术，这些技术都是数字孪生技术的核心内容。数字孪生的关键是构建虚实一体、以虚控实、共生演进的新型智能装备，用于支撑制造物理装备全生命周期运作的分析与决策，这是装备智能化发展的一大趋势。

14.3　工业机器人与智能制造

14.3.1　工业机器人概述

1. 工业机器人的概念

工业机器人是面向工业领域的多关节机械手或多自由度的机器装置，具有柔性好、自动化程度高、可编程性好、通用性强等特点。在工业领域，工业机器人的应用能够代替人进行单调重复的生产作业，或在危险恶劣环境中的加工操作。

国际上，工业机器人的定义主要有两种：

（1）国际标准化组织（ISO）的定义　工业机器人是一种具有自动控制的操作和移动功能，能完成各种作业的可编程操作机。

（2）美国机器人协会（RIA）的定义　工业机器人是一种可以反复编程和多功能的，用来搬运材料、零件、工具的操作机；或者为了执行不同的任务而具有可改变的和可编程动作的专门系统。

2. 工业机器人的结构与功能

工业机器人一般由三个部分和六个子系统组成，如图14-1所示。三个部分分别是控制部分、机械部分和传感部分；六个子系统分别是人-机交互系统、控制系统、驱动系统、机械结构系统、机器人-环境交互系统和感受系统。

（1）控制部分　控制部分包括工业机器人的人-机交互系统和控制系统，是工业机器人的核心，决定了生产过程的加工质量和效率，便于操作人员及时准确地获取作业信息，按照加工需求对驱动系统和执行机构发出指令信号并进行控制。

（2）机械部分　机械部分包括工业机器人的驱动系统和机械结构系统，是工业机器人的基础，其结构决定了工业机器人的用途、性能和控制特性。

（3）传感部分　传感部分包括工业机器人的感受系统和机器人-环境交互系统，是工业机器人的信息来源，能够获取有效的外部和内部信息来指导机器人的操作。

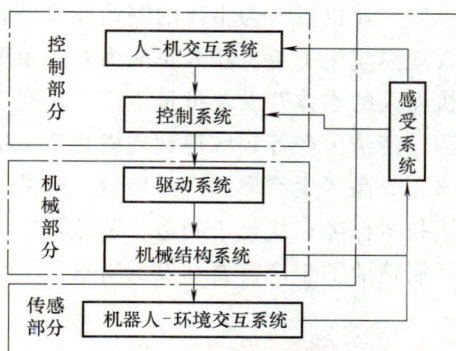

图 14-1　工业机器人结构

在 JB/T 8430—2014《机器人　分类及型号编制方法》中，工业机器人按应用领域不同可以分为搬运作业/上下料机器人、焊接机器人、涂装机器人、加工机器人、装配机器人、洁净机器人等。

3. 工业机器人的关键技术

工业机器人的关键技术是推动机器人系统不断发展和进步的重要支撑，其技术研发和突破能够提高工业机器人系统的控制性能、人机交互性能和安全可靠性，提升工业机器人任务重构、偏差自适应调整能力，实现工业机器人系列化设计和批量化制造。工业机器人主要有三类关键技术：整机技术、部件技术和集成应用技术。

（1）整机技术　整机技术是指以提高工业机器人产品的可靠性和控制性能，提升工业机器人的负载/自重比，实现工业机器人的系列化设计和批量化制造为目标的机器人技术，主要包括本体优化设计技术、机器人系列化标准化设计技术、机器人批量化生产制造技术、快速标定和误差修正技术、机器人系统软件平台等。本体优化设计技术是其中的代表性技术。

（2）部件技术　部件技术是指以研发高性能机器人零部件，满足工业机器人关键部件需求为目标的机器人技术，主要包括高性能伺服电机设计制造技术、高性能/高精度机器人专用减速器设计制造技术、开放式/跨平台机器人专用控制（软件）技术、变负载高性能伺服控制技术等。高性能伺服电机设计制造技术和高性能/高精度机器人专用减速器设计制造技术是其中的代表性技术。

（3）集成应用技术　集成应用技术是指以提升工业机器人任务重构、偏差自适应调整能力，提高机器人人机交互性能为目标的机器人技术，主要包括基于智能传感器的智能控制技术、远程故障诊断及维护技术、基于末端力检测的力控制及应用技术、快速编程和智能示教技术、生产线快速标定技术、视觉识别和定位技术等。视觉识别和定位技术是代表性技术。

14.3.2　智能制造中的工业机器人

在智能制造领域，工业机器人作为集多种先进技术于一体的自动化装备，体现了现代工业技术的高效益、软硬件结合的特点，成为柔性制造系统、自动化工厂、智能工厂等现代化制造系统的重要组成部分。

以工业机器人为主体的制造业符合智能化、数字化和网络化的发展要求，现代工业生产中大规模应用工业机器人正成为企业重要的发展策略。多关节工业机器人、并联机器人、移动机器人的本体开发及批量生产，使得工业机器人技术在焊接、搬运、喷涂、加工、装配、检测、清洁生产等领域得到规模化集成应用。工业机器人技术的应用转变了传统的机械制造模式，提高了生产率和产品质量，降低了生产和劳动力成本，为机械制造业的智能化发展提供了技术保障；优化了制造工艺流程，为制造模块化作业生产提供了良好的环境条件，满足现代制造业的生产需要和发展需求。

14.4 智能制造生产线

14.4.1 智能制造生产线布局

智能制造生产线集成了工业机器人技术、数控加工技术、在线检测技术、传感器检测技术、运动控制技术、PLC 编程技术、无线射频识别技术、气动技术、网络通信等技术，包括智能立体仓储，AGV 智能运输，智能车削加工，智能铣削加工，智能打标、检测与装配，RFID 追溯，视频监控与目视化看板，数字化信息总控，数字化设计与仿真等软硬件单元，如图 14-2 所示。涉及制造数据管理、计划排程管理、生产调度管理、库存管理、质量管理、工作中心/设备管理、生产过程控制等制造协同管理功能。

14.4.2 智能制造生产线生产流程

智能制造生产线可进行笔筒、生肖、陀螺等多种产品的智能加工，主要生产流程包括总控下单、原料出库、AGV 运输、数控加工、检测装配、成品入库等环节，图 14-3 所示为智能制造生产线——陀螺（单件）生产流程。

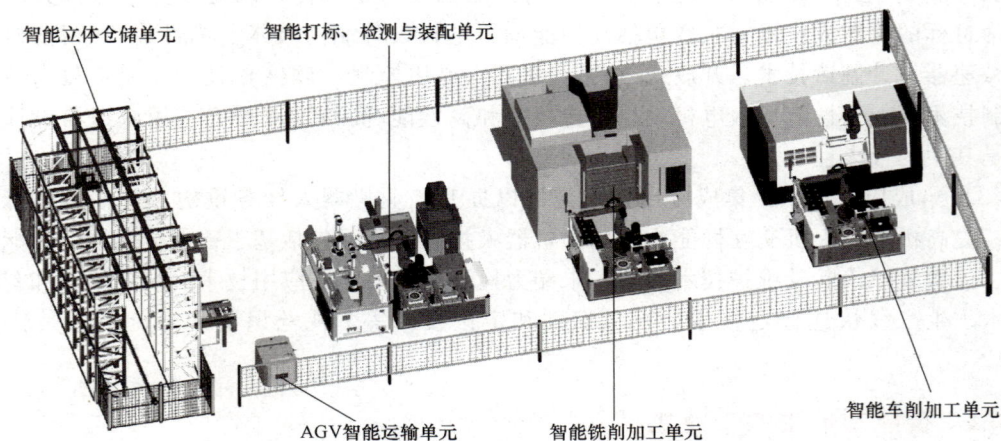

图 14-2 智能制造生产线布局

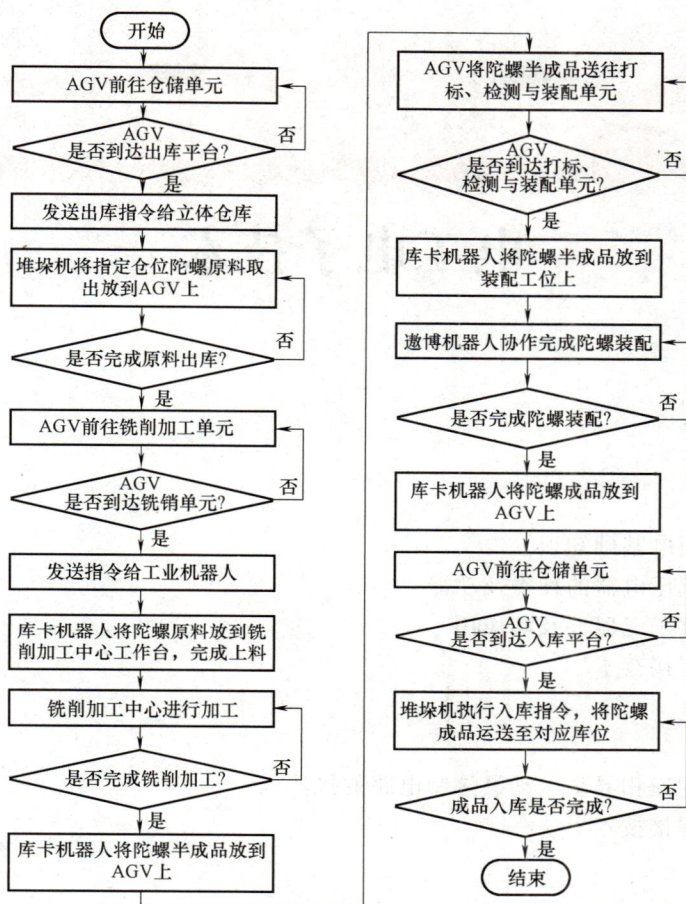

图 14-3　智能制造生产线——陀螺（单件）生产流程

思 考 题

1. 简述智能制造技术的概念、内涵与特征。
2. 简述工业机器人的概念。
3. 简述数字孪生的含义、数字孪生与智能制造的关联。

第15章

电工电子技术

【基本知识】

1. 学习安全用电基础知识
2. 了解常见低压电器的种类及功能
3. 了解常用电子元器件及其作用
4. 学习电路焊接技术

【基本技能】

1. 掌握常见的三相异步电动机控制电路的接法
2. 掌握电路焊接技术

15.1 电工技术基础

15.1.1 供电系统及安全用电基础知识

随着电能应用的不断拓展，以电能为介质的各种电气设备广泛进入企业、社会和家庭生活中，同时，不安全事故也在不断发生。因此，学习安全用电基本知识，掌握常规触电防护技术至关重要。

安全用电包括人身安全和设备安全两部分。人身安全是指防止人身接触带电物体受到电击或电弧灼伤而导致生命危险；设备安全是指防止用电事故所引起的设备损坏、起火或爆炸等危险。

1. 电力系统基本知识

（1）电力系统 电力系统由电能的生产、传输、分配和使用四个部分组成，即发电、输电、变电和配电。首先发电机将一次能源转化为电能，电能通过变压器和电力线路输送、分配给用户，最终经用电设备转化为用户所需的其他形式的能量。电力系统的组成如图 15-1 所示。

（2）电能的生产 电能的生产即发电，由各种形式的发电厂实现。发电厂的种类很多，一般根据利用的能源不同分为火力发电厂、水力发电厂和原子能发电厂。此外，还有风力发

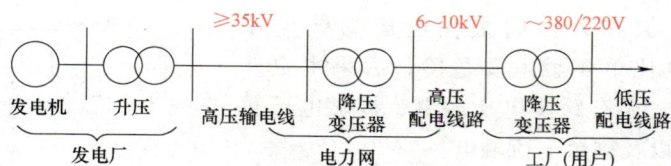

图 15-1　电力系统的组成

电厂、潮汐发电厂、太阳能发电厂、地热发电厂和等离子发电厂等。目前，我国的电能生产以火力发电、水力发电和原子能发电为主。世界上由发电厂提供的电力，大多是交流电。我国交流电频率为 50Hz，称为工频。

（3）电能的输送　电能的输送又称输电。输电网是由若干输电线路组成的将许多电源点与许多供电点连接起来的网络系统。输电的距离越长，输送容量越大，则要求输电电压越高。我国标准输电电压有 35kV、110kV、220kV、330kV 和 500kV 等。

（4）电能的分配　电能的分配是高压输电到用电点（如住宅、工厂）后，必须经区域变电所将交流电的高压降为低压，再供给各用电点。电能提供给民用住宅的照明电压为交流 220V，提供给工厂车间的电压为交流 380/220V。

2. 触电及其对人体的危害

（1）触电　人体本身是导体，当人体接触带电部位而构成电流回路时，就会有电流通过人体，对人体造成不同程度的伤害，这就是触电。其伤害程度与触电的种类、方式及条件有关。

1）触电种类。触电种类一般分为两种，电击或电伤。

电击就是通常所说的触电，绝大部分触电死亡由电击造成，它是电流通过人体所造成的内伤。

电伤是电流的热效应、化学效应、机械效应以及电流本身作用造成的伤害，如电烧伤、电弧烧伤、电烙印、皮肤金属化、机械损伤和电光眼等。电伤一般是在电流较大和电压较高的情况下发生的。

2）触电方式。按照人体触及带电体的方式，触电一般分为单相触电和两相触电。

单相触电是指人体接触带电设备或线路中的某一相导体时，一相电流通过人体经大地回到中性点，这种触电形式称为单相触电，如图 15-2 所示。

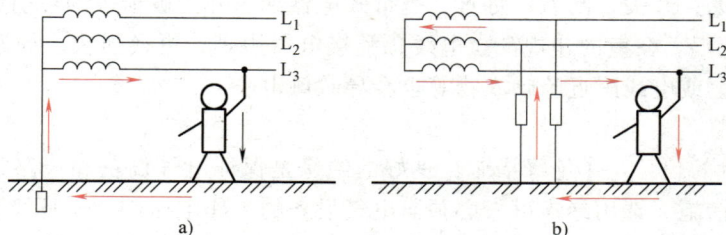

图 15-2　单相触电

a）中性点直接接地　b）中性点不直接接地

两相触电是指人体同时触及电源的两相带电体，电流由一相经人体流入另一相，如图 15-3 所示。

两相触电时，加在人体的最大电压为线电压（380V）。两相触电比单相触电要危险，后果也更严重。此外，触电方式还有跨步电压触电、接触电压触电、感应电压触电以及剩余电荷触电。

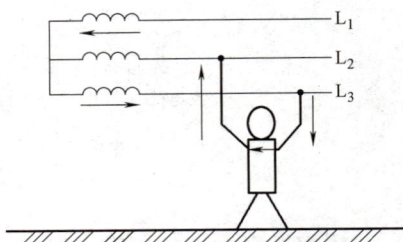

图 15-3 两相触电

（2）触电的危害　触电对人体的伤害程度与通过人体电流的大小、电流的类型、电流通过人体时间的长短、通过人体的部位、电流的频率及触电者的身体状况有关。

电流大小对人体的影响，通过人体的电流越大，人体反应越明显，感觉越强烈，引起心室颤动所需的时间越短，致命的危险性就越大。以工频交流电对人体的影响为例，按照通过人体的电流大小和生理反应不同，可划分为三种：

1）感知电流。感知电流是指引起人体感知的最小电流。实验表明，成年人感知电流有效值为 0.7~1mA，感知电流一般不会对人体造成伤害。

2）摆脱电流。人触电后能自行摆脱的最大电流称为摆脱电流。一般成年人摆脱电流在 15mA 以下，摆脱电流被认为是人体只在较短时间内可以忍受而一般不会造成危险的电流。

3）致命电流。致命电流是指在较短时间内危及生命的最小电流。电流达到 50mA 以上就会引起心室颤动，有生命危险。

电流流过人体的时间越长，对人体伤害程度越重。除此之外，人体触电伤害还跟流过人体电流的频率、电压大小有关。

3. 触电的原因与救护

触电分为直接触电和间接触电两种情况。为了最大限度地减少事故的发生，应了解触电的原因与形式，从而提出预防触电的措施及触电后应采取的救护方法。

（1）触电原因　不同场合引起触电的原因也不一样，常见的触电原因有以下几种情况：

1）线路架设不合规格。线路发生短路或接地不良时，均会引起触电；线路绝缘破坏也会引起触电。

2）电气操作制度不严格。未采取可靠的保护措施，带电操作；不熟悉电路和电器，盲目修理；救护已触电的人，自身不采用安全保护措施等都会引起触电。

3）用电设备不合要求。电器设备内部绝缘的性能差或已损坏，金属外壳无保护接地措施或接地电阻太大；开关、闸刀、灯具、携带式电器绝缘外壳破损等均可引起触电。

4）用电不规范。在室内违规乱拉电线，乱接电器用具；更换插头、插座的导线有毛刺或外露；在电线上或电线附近晾晒衣物等也会导致触电。

（2）触电预防

1）直接触电的预防。①绝缘措施，良好的绝缘是保证电气设备和线路正常运行、防止触电事故的重要措施。选用绝缘材料必须与电气设备的工作电压、工作环境和运行条件相适应。②采用屏护装置，如电器的绝缘外壳、金属网罩、金属外壳、变压器的遮拦、栅栏等，将带电体与外界隔绝。③间距措施，在带电体与地面之间、带电体与其他设备之间，应保持一定的安全间距，安全间距的大小取决于电压的高低、设备类型、安全方式等因素。

2）间接触电的预防。①加强绝缘，对电气设备或线路采取双重绝缘。加强绝缘措施，使设备或线路绝缘牢固，不易损坏，不致发生金属导体裸露而造成间接触电。②电气隔离，采用隔离变压器或具有同等隔离作用的发电机，使电气线路和设备的带电部分处于悬浮状态。③自动断电保护，在带电线路或设备上安装漏电保护、过流保护、过压或欠压保护、短路保护、接零保护等自动保护器，在触电事故发生时，能自动切断电源，起到保护作用。

（3）**触电救护和现场抢救**　触电救护是减少触电伤亡的有效措施，对于电气工作人员和用电人员，掌握触电救护知识非常重要。

当发现有人触电时，不可惊慌失措，首先应设法使触电者迅速而安全地脱离电源。根据触电现场的情况，通常采用以下几种急救方法：

1）**口对口人工呼吸法**。人工呼吸方法有很多，其中以口对口吹气的人工呼吸法效果最好，也最容易掌握。

2）**胸外心脏按压法**。胸外心脏按压法是帮助触电者恢复心跳的有效方法，用人工胸外按压代替心脏的收缩作用，具体操作如图 15-4 所示。

注意：压点正确、下压均衡、放松迅速、用力和速度适宜，要坚持做到心跳完全恢复。如果触电者心跳和呼吸都已停止，则应同时进行胸外心脏按压和人工呼吸。

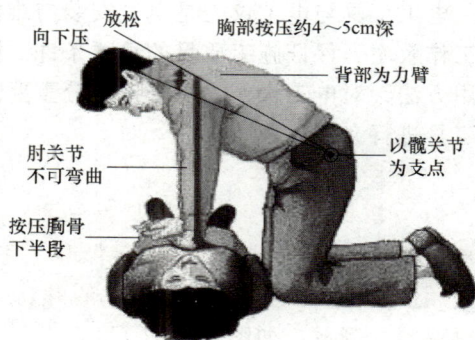

图 15-4　胸外心脏按压法

4. 电气防火、防爆及防雷

（1）**防火**　电气火灾来势凶猛，蔓延迅速，既可能造成人身伤亡，设备、线路和建筑物的重大破坏，还可能造成大规模长时间停电，给国家财产造成重大损失。

电气火灾的成因有很多，几乎所有的电气故障都可能导致火灾发生。

电气火灾的预防和处理：

1）电气火灾的预防。首先应按场所的危险等级正确选择、安装、使用和维护电气设备及电气线路。对于易引起火灾的场所，应加强防火，配置相应的消防器材。

2）电气火灾的处理。当电气设备发生火灾时，首先应切断电源，防止火势蔓延。同时，拨打电话报警。发生电气火灾，不能用水或普通灭火器灭火，应使用干粉灭火器或黄沙灭火。

（2）**防爆**

1）电气引爆。由电引发爆炸的原因很多，主要发生在含有易燃、易爆的气体、粉尘的场所。这种情况如果遇到电火花或高温、高热就会引起爆炸。

2）防爆措施。为了防止电气引爆的发生，在有易燃、易爆气体、粉尘的场所，应合理选用防爆电气设备，正确敷设电气线路，保持场所良好的通风。

（3）**防雷**　雷电是一种自然现象，它产生的强电流、高电压、高温热具有很大的破坏力和多方面的破坏作用，给电力系统和人类造成严重伤害。因此，对雷电也必须采取有效的防护措施。

1）雷电的形成。雷鸣与闪电是大气层中的放电现象。强大的放电电流伴随高温、高热，发出耀眼的闪光和震耳的轰鸣。

2）雷电的活动规律。一般来说，空旷地区的孤立物体、高于 20m 的建筑物等地区容易受到雷击，雷雨时应特别注意。

3）雷电的种类。一般分为四类，直击雷、感应雷、球形雷及雷电侵入波。

4）雷电的危害。雷电的危害主要有以下四个方面，一是电磁性质的破坏；二是机械性质的破坏；三是热性质的破坏；四是跨步电压破坏。

5）常用防雷装置。防雷的基本思想是疏导，即设法将雷电流引入大地，从而避免雷击的破坏。常用的避雷装置有避雷针、避雷线、避雷网、避雷带和避雷器等。

15.1.2　电工常用工具及仪表

电工工具与电工仪表是电气安装与维修工作的"武器"，正确使用这些工具、仪表是提高工作效率、保证施工质量的重要条件。因此，了解电工工具、仪表的结构及性能，掌握其使用方法，对电工操作人员来说十分重要。电工工具及仪表种类很多，下面主要对常用的几种工具进行介绍。

1. 常用电工工具

（1）螺钉旋具　螺钉旋具是一种手用工具，常用螺钉旋具的头部形状有一字形和十字形两种，主要用来旋动头部带一字或十字的螺钉，柄部由木材或塑料制成，如图15-5所示。

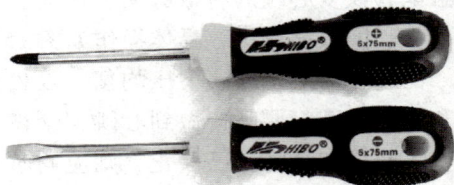

图15-5　螺钉旋具

1）十字形螺钉旋具，有时也称梅花起，一般分为四种规格。

2）一字形螺钉旋具，其规格用柄部以外的长度表示。

3）多用螺钉旋具，多用螺钉旋具是一种组合式工具，既可做螺钉旋具使用，又可做低压验电笔使用。

用途：用来拧转螺钉以迫使其松动或者就位的工具。

操作方法：将螺钉旋具拥有特定形状的端头对准螺钉的顶部凹坑，固定，然后开始旋转手柄。根据规格标准，顺时针方向旋转为嵌紧；逆时针方向旋转则为松出。

（2）电工刀　电工刀是电工常用的一种切削工具，如图15-6所示，主要用来剖切导线、电缆的绝缘层，刮掉元器件引线上的绝缘层或氧化物以及切割木桩和绳索等。

图15-6　电工刀

使用电工刀应注意：首先电工刀的手柄一般不绝缘，严禁用电工刀带电作业，以免触电；其次应将刀口朝外切削，避免伤及手指；切削导线绝缘层时，应使刀面与导线成较小的锐角，以免割伤导线。使用完毕，随即将刀身收进刀柄。

（3）剥线钳　剥线钳适用于剥削截面积$6mm^2$以下塑料或橡胶绝缘导线的绝缘层，由钳口和手柄两部分组成。外形如图15-7所示。

用途：供电工剥除电线头部的表面绝缘层。

操作方法：根据缆线的粗细型号，选择相应的剥线刀口。将准备好的电缆放在剥线工具的切削刀中间，选择要剥线的长度。握住剥线工具手柄，将电缆夹住，缓缓用力使电缆外表皮慢慢剥落。松开工具手柄，取出电缆线，这时电缆金属整齐露在外面，其余绝缘塑料完好无损。

（4）尖嘴钳　尖嘴钳头部尖细，如图15-8所示。

图 15-7 剥线钳

图 15-8 尖嘴钳

用途：适合狭小的工作空间，主要用来剪切线径较细的单股与多股线，以及给单股导线接头弯圈、剥塑料绝缘层等，也可用作电气仪表制作、维修等。

操作方法：使用时握住尖嘴钳的两个手柄，开始夹持或剪切工件。

（5）斜口钳 斜口钳又称断线钳，其头部扁斜，如图 15-9 所示。

用途：斜口钳主要用于剪切导线、多余引线，还常用来代替一般剪刀剪切绝缘套管、尼龙扎线卡等。

操作方法：将钳口朝内侧，便于控制钳切部位，用小指伸在两钳柄中间来抵住钳柄，张开钳头，这样分开钳柄灵活。

（6）验电笔 验电笔也称测电笔，简称电笔，有低压和高压之分。常用的低压验电笔是检测导线、电器和电器设备的金属外壳是否带电的一种电工工具。其测量范围为 60 ~ 500V。注：实验所用电笔的测量范围为 100 ~ 500V，如图 15-10 所示。

图 15-9 斜口钳

图 15-10 验电笔

（7）钢丝钳 钢丝钳又称克丝钳，一般有 150mm、175mm、200mm 三种规格，其用途是夹持或折断金属导线。电工用钢丝钳的手柄必须绝缘，一般钢丝钳手柄绝缘耐压为 500V，只适用于在低压带电设备上使用，如图 15-11 所示。

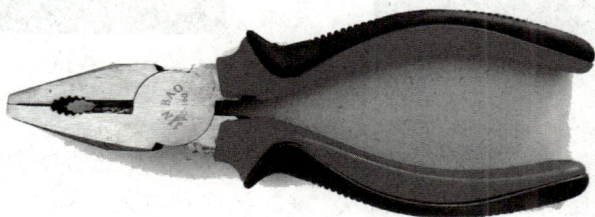

图 15-11 钢丝钳

使用钢丝钳应注意以下几点：

1）使用钢丝钳时，切勿将绝缘手柄损坏、烧伤，并注意防潮。

2）钢丝钳钳轴部分要经常加油，防止生锈，保持操作灵活。

3）带电操作时，手与钢丝钳金属导电部分要保持 2cm 以上的距离。

2. 常用电工仪表

电工仪表在电气线路、用电设备的安装、使用与维修中起重要作用，常用的有电流表、电压表和万用表等。正确掌握电工仪表的使用方法对相关专业人员来说非常必要。

（1）常用电工仪表的分类　常用电工仪表分为以下几类：指示仪表、比较仪表、数字仪表、记录仪和示波器、扩大量程装置和变换器。下面介绍几种常用的电工仪表。

（2）电流表　电流表表盘上标有字母"A"，如图 15-12 所示，用来测量电路中的电流值。电流表按所测电流性质可分为直流电流表、交流电流表和交直流两用电流表；按测量范围又分为安培表、毫安表和微安表；按动作原理又分为磁电式、电磁式和电动式等。

电流表使用步骤：首先要校零，然后选择量程，最后读取数值。

电流表使用注意事项：

1）电流表要与用电器串联在电路中，否则会短路，烧毁电流表。

2）电流要从"+"接线柱入，"−"接线柱出，否则指针反转，损坏电流表。

3）被测电流不要超过电流表量程，可以采用试触的方法查验是否超过量程。

4）不允许不经过用电器把电流表直接接到电源的两极上，那样会损坏电流表。

（3）电压表　电压表表盘上标有字母"V"，如图 15-13 所示，用来测量电路中的电压值。电压表按所测电压性质可分为直流电压表、交流电压表和交直流两用电压表；按测量范围又分为伏特表、毫伏表；按动作原理分为磁电式、电磁式和电动式等。

电压表的使用步骤跟电流表差不多，也是先校零，再选择合适量程，把电压表的正、负接线柱并联接入电路后读数。

图 15-12　电流表

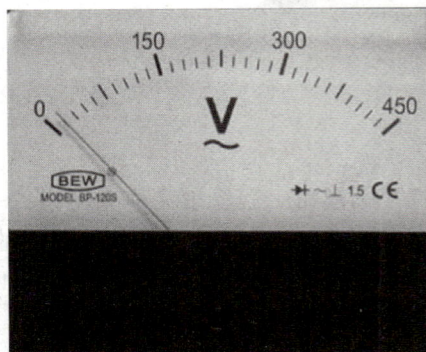

图 15-13　电压表

电压表的使用注意事项：

1）电压表要与被测电路并联，测哪部分电路的电压，电压表就和哪部分电路并联。

2）电压表接入电路时，必须使电流从"+"接线柱流入，从"−"接线柱流出，否则指针反转，损坏电压表。

3）被测电压不要超过电压表的量程，否则会损坏电压表。

（4）指针式万用表　指针式万用表MF47可供测量直流电流、交直流电压，直流电阻等。除交直流2500V和直流10A分别有单独插座之外，其余各档只需转动一个选择开关。根据测量原理和测量结果显示方式的不同，常用的万用表一般可以分为指针式和数字式两种。指针式万用表的优点是可以显示连续变化的电量，而数字式万用表的优点是读数迅速、直观。

MF47指针式万用表的基本结构为：面板、表头、表盘、测量电路及转换开关四个部分，如图15-14所示。

工作原理：利用一只灵敏的磁电式直流电流表作为表头，当微小电流通过表头，就会有电流指示。但表头不能通过大电流，所以，必须在表头上并联或串联一些电阻进行分流或降压，从而测出电路中的电流、电压和电阻。

图15-14　MF47指针式万用表外形

1）用指针式万用表测量交流电压的步骤和注意事项。测量前，必须将转换开关拨到对应的交流电压量程档，如不清楚被测电压大小，量程宜放在最高档，以免损坏表头；测量时，将两表笔并联在被测电路或元件两端；严禁测量时拨动转换开关选择量程；测电压时养成单手操作的习惯。

2）用指针式万用表测量直流电压的步骤和注意事项。测量前，必须将转换开关拨到对应的直流电压量程档，如不清楚被测电压大小，量程宜放在最高档，以免损坏表头；测量时，将两表笔并联在被测电路或元件两端，且红表笔接高电位端，黑表笔接低电位端。如不清楚被测点电位高低，可将表笔轻轻试触一下被测点。若指针反偏，说明表笔极性反了，交换表笔即可。严禁在测量中拨动转换开关选择量程。

3）用指针式万用表测量直流电流的步骤和注意事项。万用表串联接入被测电路中；必须注意红、黑表笔的极性，红表笔接高电位端，黑表笔接低电位端；严禁在测量中拨动转换开关选择量程。

4）用指针式万用表测量电阻的步骤和注意事项。断开被测电路的电源；两表笔直接跨接在被测电阻或电路两端；测量前或转换倍率档时，都应重新调整欧姆零点；选择倍率档时，使指针尽可能接近标度尺的几何中心；测量中不允许用手同时触及被测电阻两端。

15.1.3　常用低压电器及电动机控制

1. 常用低压电器

电器是根据外界信号和要求，手动或自动地接通、断开电路，以实现对电路或非电对象的切换、控制、保护、检测、变换和调节的元件或设备。低压电器通常是指额定工作电压为交流1200V及以下或直流1500V及以下电路中的电气设备。

电气控制系统常用低压电器概括如图15-15所示。

（1）接触器　接触器是一种通过电磁机构动作控制触点闭合或者断开，适用于在主回路频繁接通和分断负载的一种远距离操作、自动切换电器。接触器具有大容量的主触头和多组辅助触头，它的控制容量大，具有欠压保护功能，在电力拖动系统中应用十分广泛。按主触头通过电流种类的不同，分为交流接触器和直流接触器两类。

接触器的图形与文字符号如图 15-16 所示。图 15-16a 表示线圈，图 15-16b 表示常开（动合）主触头，图 15-16c 表示辅助常开（动合）触头，图 15-16d 表示辅助常闭（动断）触头。主触头用于接通或分断较大的电流，辅助触头用于接通或分断较小的电流，主要用于控制回路。常用接触器如图 15-17 和图 15-18 所示。

接触器的型号及含义如下：

CJ（Z）1-2/3

其中，C 为接触器；J 为交流；Z 为直流；1 为设计序号；2 为主触头额定电流；3 为主触头数。

选择接触器时主要考虑以下因素：

1）交流负载选择交流接触器，直流负载选择直流接触器。

2）主触头的额定电压和额定电流应不小于负载的额定电压和额定电流。

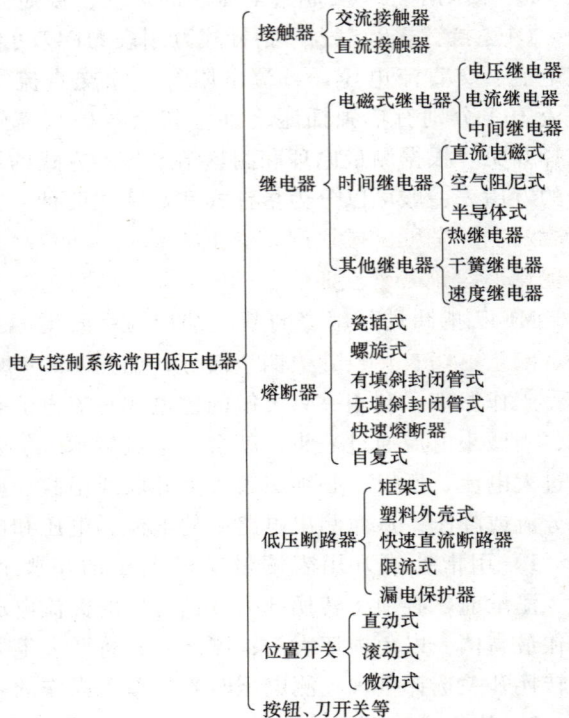

图 15-15 低压电器概括图

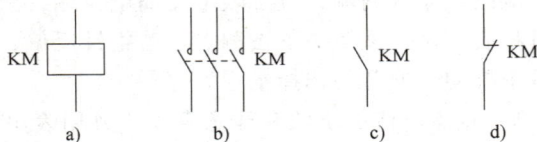

a)   b)   c)   d)

图 15-16 接触器的图形与文字符号

图 15-17 交流接触器

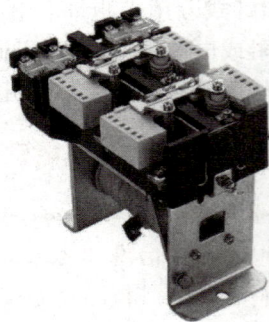

图 15-18 直流接触器

3）辅助触头的种类、数量、触头额定电流、线圈应满足控制电路的要求。

（2）继电器 继电器是一种根据电气量（电压、电流等）或非电气量（热、时间、转速、压力等）的变化而动作的自动控制电器。继电器常用于各种控制电路中进行信号的传递、放大、转换、连锁，使器件或设备按预定的动作程序进行工作，实现自动控制和保护。继电器的种类很多，分类方式也有很多，这里主要介绍电器控制系统中常用的电压继电器、电流继电器、中间继电器、时间继电器和热继电器等。

1）电压继电器。电压继电器反映电压信号，根据线圈两端的电压大小而接通或断开电路的继电器。常用的电压继电器有过电压继电器和欠电压继电器两种。过电压继电器在电压为 1.1～1.15 倍额定电压时动作，对电路进行过电压保护。欠电压继电器在电压为 0.4～0.7 倍额定电压时动作，对电路进行欠电压保护。电压继电器的图形符号如图 15-19 所示。

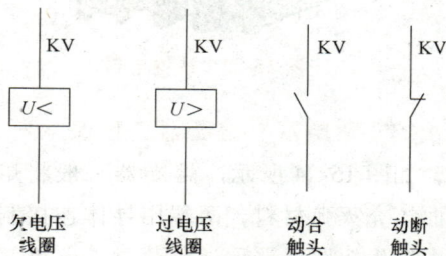

图 15-19　电压继电器的图形符号

2）电流继电器。电流继电器反映的是电流信号，根据线圈中的电流大小而接通或断开电路的继电器。常用的继电器有过电流继电器和欠电流继电器。

过电流继电器在电路正常工作时不动作，当电路中电流超过整定值时，过电流继电器吸合，对电路起过流保护作用，常用于电动机的短路保护。欠电流继电器在电路正常工作时吸合，当电路中电流减小到整定值以下时，欠电流继电器断开，对电路起欠电流保护作用，常用于直流电动机和电磁吸盘的失磁保护。

3）中间继电器。中间继电器实质是一种电压继电器。它可将控制信号传递、放大、翻转、分路、隔离和记忆，实现一点控制多点的作用，主要解决触点容量、数目与灵敏度的问题。

4）时间继电器。时间继电器是指从得到输入信号起（线圈的通电或断电），需经过一定的时间延时才输出信号（触点的闭合或分断），如图 15-20 所示。按工作原理可分为直流电磁式、空气阻尼式、半导体式等。随着电子技术的发展，半导体式时间继电器已成为主流产品，时间继电器的图形符号如图 15-21 所示。

图 15-20　时间继电器

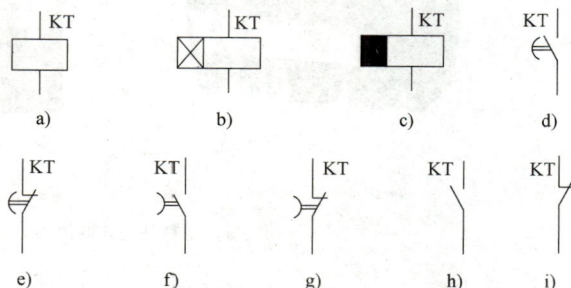

图 15-21　时间继电器的图形符号

时间继电器的延时方式有两种：一种是通电延时，接受输入信号后要延时一段时间，输出信号才发生变化，输入信号消失后，输出瞬时复位。另一种是断电延时，当接受输入信号时，立即输出信号，输入信号消失时，继电器经过延时，输出信号才复位。

5）热继电器。热继电器是利用电流流过发热元件产生热效应，进而推动机构动作的一种保护电器，如图 15-22 所示。热继电器常用于电动机的过载保护、断相保护、电流不平衡运动的保护及其他电气设备发热状态的控制。热继电器图形符号如图 15-23 所示。

图 15-22　热继电器

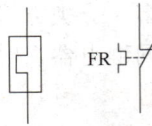

图 15-23　热继电器图形符号

（3）熔断器　熔断器又称保险丝，主要用作短路或过负载保护作用，如图 15-24 所示。熔断器一般将熔体装在绝缘材料制成的管壳内，里面填充灭弧材料，两端用导体连接制成。熔断器串联在回路中，当电路中发生短路或严重过负荷时，电流变大产生热量使熔体达到熔断温度自动熔断，切断电路从而起保护作用。

（4）低压断路器　低压断路器又称自动空气开关，它是一种既有手动开关作用又有自动进行欠压、失压、过载和短路保护的电器。低压断路器可用来接通和分断负载电流、过负荷电流、短路电流。其功能相当于熔断器式开关与热继电器等组合。分断故障电流后一般不需要更换零部件仍可继续使用，低压断路器具有多种保护功能、动作值可调、分断能力高、操作方便、安全等优点，因此目前被广泛应用。断路器外形图如图 15-25 所示。

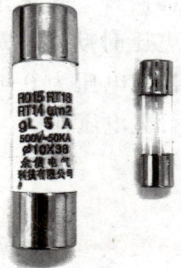

图 15-24　熔断器

a)

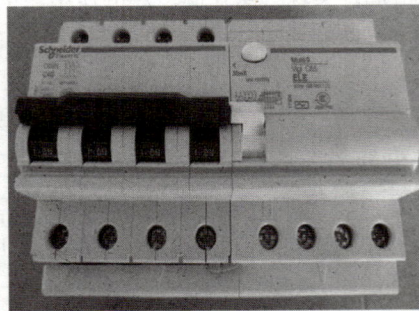

b)

图 15-25　断路器外形图

a）塑料外壳式断路器　b）小型断路器

（5）位置开关　位置开关也称行程开关，它是利用运动部件的行程位置实现控制的电器，可将位置开关安装于机械运动的不同控制位置，用于限制其行程。

位置开关按结构可分为机械结构的接触式有触点位置开关和电气结构的非接触式位置开关，这里主要介绍机械结构的接触式有触点位置开关。

机械结构的接触式有触点位置开关依靠移动机械上的撞块碰撞其可动部分，使常开触点闭合、常闭触点打开来实现对电路的控制。当工作机械上的撞块离开可动部分时，位置开关复位，触点恢复初始状态。机械式位置开关分为直动式、滚动式、微动式三种，其实物如图 15-26～图 15-28 所示。

图 15-26　直动式位置开关　　　图 15-27　滚动式位置开关　　　图 15-28　微动式位置开关

（6）按钮　按钮是一种结构简单、应用广泛的控制电器。按钮不直接控制电路的通断，而是在控制电路中控制接触器、继电器等电磁元件，实现控制电路启动、停止，执行电气连锁。

按钮按照用途可分为启动按钮（带有动合触点）、停止按钮（带有动断触点）和复合按钮（带有动合触点、动断触点）；按照保护形式可分为开启式、保护式、防水式、防腐式等；按照结构形式可分为嵌压式、紧急式、钥匙式、带信号灯、带灯掀钮式和带灯紧急式等。按钮颜色有红、绿、蓝、黄、白、黑等。按钮的外形图如图 15-29 所示。

图 15-29　按钮开关

（7）刀开关　刀开关又名闸刀，是一种结构简单、应用广泛的手动电器。主要用于不频繁接通和分断电路，将电路与电源隔离。在额定电压下，其工作电流不能超过额定值。

刀开关按刀的极数可分为单极、双极和三极；按刀的转换方式可分为单掷和双掷；按接线方式可分为板前接线和板后接线。双极刀开关如图 15-30 所示，三级刀开关如图 15-31 所示。

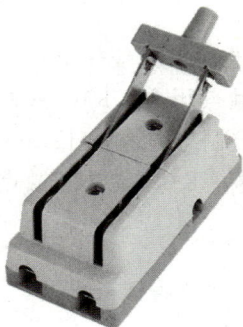

图 15-30　双极刀开关　　　　　　　图 15-31　三极刀开关

2. 三相异步电动机

三相异步电动机主要由定子绕组（固定部分）和转子绕组（转动部分）两大部分组成。当电动机的三相定子绕组（各相差 120°电角度）通入三相对称交流电后，将产生一个旋转磁场，该旋转磁场切割转子绕组，从而在转子绕组中产生感应电流，载流的转子导体在定子旋转磁场作用下将产生电磁力，从而在电动机转轴上形成电磁转矩，驱动电动机旋转。定子与转子旋转磁场以相同的方向、不同的转速（转差率）旋转，因此称为三相异步电动机。

电动机型号表示为 Y160L-4。其中，Y 为异步电动机；160 表示机座中心高，单位为 mm；L 为机座号（其中，S 为短机座，M 为中机座，L 为长机座）；4 为磁极数。

将三相绕组的首端（规定为 U_1、V_1、W_1）分别接电源，尾端（规定为 U_2、V_2、W_2）

连接在一起的接法，称为星形（Y）联结，如图 15-32 所示。将电动机的 3 个首尾端串接，W_1 接 V_2，V_1 接 U_2，U_1 接 W_2，在串接点连通电源的接法，称为三角形（△）联结，如图 15-33 所示。

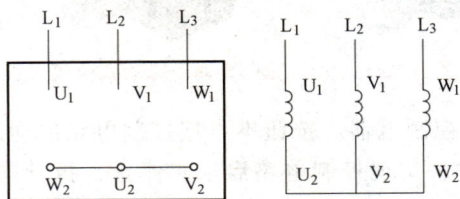

图 15-32　星形（Y）联结　　　　　　　　　图 15-33　三角形（△）联结

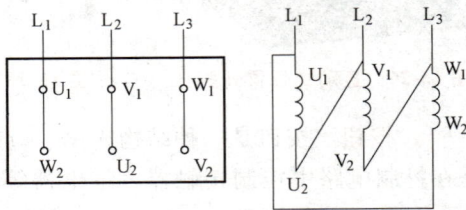

3. 常用三相异步电动机控制电路

（1）三相异步电动机正反转控制电路　根据三相异步电动机的工作原理，正转或反转取决于定子绕组在三相电源作用下的旋转磁场，而旋转磁场的方向取决于三相电源的相序。因此，仅需更改相序，就可改变电动机旋转的方向。

主回路中，由于电动机可以长期运行，热继电器 FR 可以在电动机过载时起保护作用。正转接触器 KM1 的常开触点与正转控制按钮 SB2 常开触点并联、反转接触器 KM2 的常开触点与反转控制按钮 SB3 常开触点并联，这是自锁电路。按下按钮 SB2，KM1 线圈得电，KM1 常开触点闭合，放开 SB2 按钮，KM1 线圈仍然得电，保证电动机继续运行，这就是"自锁"功能。正转接触器 KM1 线圈与 SB3 和 KM2 的常闭触点串联、反转接触器 KM2 线圈与 SB2 和 KM1 的常闭触点串联，这是互锁电路。按下 SB2 按钮后，KM1 和 SB2 的常闭触点打开，保证反转接触器 KM2 不能被吸合，这就是"互锁"功能。

三相异步电动机正反转控制电路如图 15-34 所示。电路的动作原理如下：合上电源开关 QS，正转控制电路：按下 SB2 按钮，常闭触点打开，常开触点闭合，KM1 线圈得电，KM1 主常开触点闭合、辅助常闭触点打开，电动机正转。反转控制电路：按下 SB3 按钮，其常闭触点打开，常开触点闭合，KM1 线圈断电，KM2 线圈得电。KM1 主常开触点打开、辅助

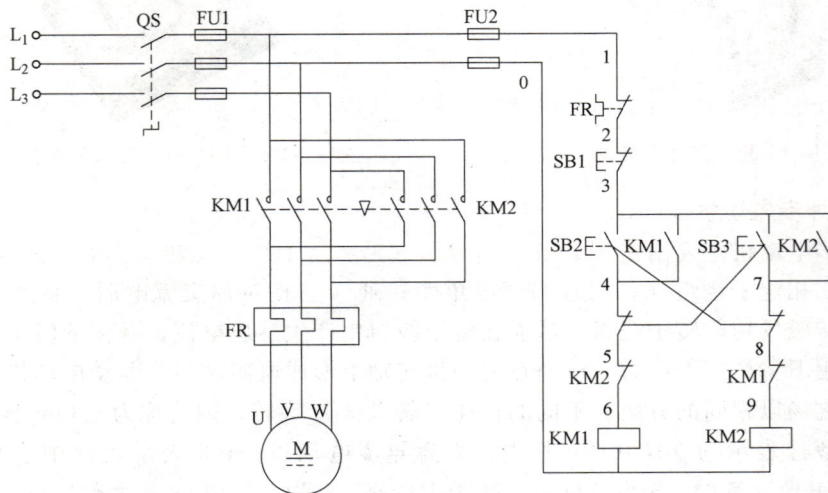

图 15-34　三相异步电动机正反转控制电路

常闭触点闭合，电动机停止。KM2 主常开触点闭合、辅助常闭触点打开，电动机反转。停止控制电路：按下 SB1 按钮，其常闭触点打开，KM1、KM2 线圈均断电，电动机停止。

（2）三相异步电动机丫-△起动控制电路　当负载对电动机起动力矩无严格要求，又要限制电动机起动电流，电动机满足 380V/△接线条件，电动机正常运行时定子绕组接成三角形时才能采用丫-△起动方法。起动时，先把定子绕组接成丫形，待电动机转速升高后再将定子绕组接成△形全压运行，减小起动电流，避免电动机起动瞬间的大电流冲击。

三相异步电动机丫-△起动控制电路如图 15-35 所示，控制电路的动作原理如下：合上电源开关 QS，按下 SB2 按钮，主回路接触器 KM1、丫形控制接触器 KM3、时间继电器 KT 通电，KM1 的常开触点自锁，KM3 主触头常开触点闭合，电动机丫形起动。时间继电器 KT 延时后，其常开触点闭合、常闭触点打开，丫形控制接触器 KM3 断电，△形控制接触器 KM2 线圈通电，主触头常开主触点闭合，电动机△形起动。按下 SB1 按钮，KM1、KM2 线圈断电，电动机停止。

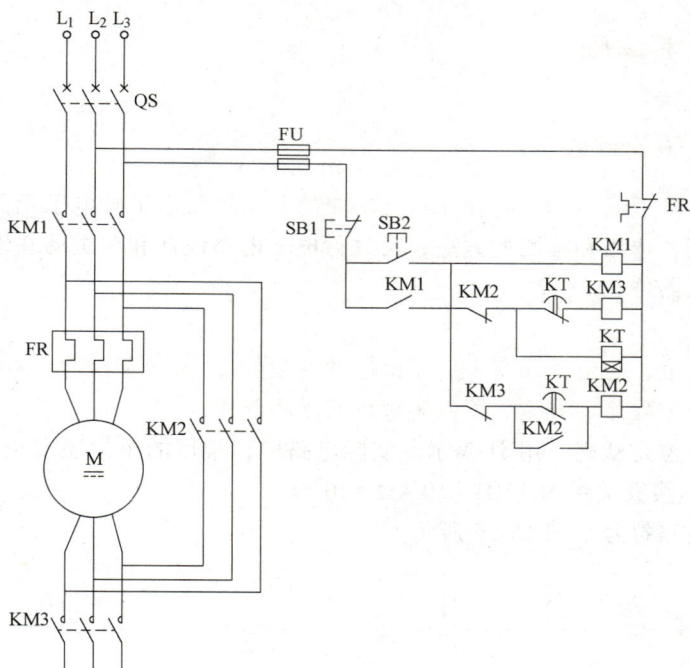

图 15-35　三相异步电动机丫-△起动控制电路

15.1.4　电气安全操作规程

1）电工作业应按照规定使用电工防护用品和安全用具。

2）电工操作属于特种作业，必须两人以上进行。应由电工负责安全监护，并且不能兼做其他工作。

3）工作前必须检查电工工具、测量仪表和防护用具是否完好。

4）任何电气设备未经验电，一律按有电处理，不准用手触碰。

5）严禁在电气设备运行中进行拆卸和修理工作。必须在设备停止后，切断电源，取下熔断器，挂上"禁止合闸，有人工作"的警示牌，验明无电后，方可进行工作。

6）在总配电柜及母线上工作时，在验明无电后，在所有来电方向上，应将电源线短路，并挂上临时接地线。

7）线路或电气设备拆除后，应及时用绝缘胶布包扎好。

8）当使用仪表带电测量时，应使用绝缘合格的导线和正规的仪表表笔，并设专人读取数值。

9）按各回路用电设备的容量选择适当的熔断器。

10）临时装设的电器设备，必须将设备金属外壳可靠接地。

11）每次检修工作结束后，必须清点所带工具、零件，防止遗忘或留在设备内造成事故。

12）检修工作完成后，检修负责人应向值班人员交接完成工作内容和情况，共同检查现场，办理完工手续、确认无误后方可送电。

15.2　电子技术基础

15.2.1　常用电子元器件

电子元器件是电子线路中具有独立电气功能的基本单元。了解电子元器件的种类、型号和用途，掌握识别、选用和检测的方法，是进行电子电路设计和调试的基础。本节主要介绍一些常用的电子元器件。

1. 电阻器

电阻器也称电阻，是电子线路中应用最广的元器件之一，没有极性。电阻在电子电路中主要起降压、分压、限流、分流、负载和阻抗匹配等作用。

电阻的国际单位是欧姆，用 Ω 表示。实际电路中，常用的单位还有千欧（$k\Omega$）和兆欧（$M\Omega$）等，三者的换算关系为 $1M\Omega = 10^3 k\Omega = 10^6 \Omega$。

常用电阻的电路符号如图 15-36 所示。

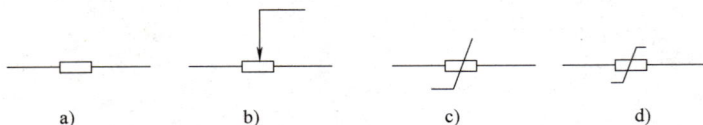

图 15-36　常用电阻的电路符号

a）电阻的一般符号　b）可调电阻　c）压敏电阻　d）光敏电阻

（1）电阻器的分类　电阻器的种类繁多，形状各异，分类方法也很多。

1）按照阻值特性分类。电阻器按照阻值特性分为固定电阻器和可变电阻器两大类。

2）按照制作材料分类。电阻器按照制作材料分为碳膜电阻器、金属膜电阻器和线绕电阻器等。

3）按照安装方式分类。电阻器按照安装方式分为插件电阻器和贴片电阻器。

4）按照用途分类。电阻器按照用途分为普通型电阻器、精密型电阻器、高阻型电阻器和高压型电阻器等。

（2）电阻器的主要参数　电阻器的主要参数有标称阻值、允许误差、额定功率、极限工作电压、温度系数和老化系数。

1）标称阻值。标称阻值是电阻器上面所标示的阻值。不同精度等级的电阻器，其阻值系列不同，根据我国标准，常用的电阻阻值系列见表15-1。

表15-1　常用的电阻阻值系列

系列	允许误差	电阻器的标称值
E24	Ⅰ级（±5%）	1.0、1.1、1.2、1.3、1.5、1.6、1.8、2.0、2.2、2.4、2.7、3.0、3.3、3.6、3.9、4.3、4.7、5.1、5.6、6.2、6.8、7.5、8.2、9.1
E12	Ⅱ级（±10%）	1.0、1.2、1.5、1.8、2.2、2.7、3.3、3.9、4.7、5.6、6.8、8.2
E6	Ⅲ级（±20%）	1.0、1.5、2.2、3.3、4.7、6.8

2）允许误差。电阻器的允许误差是指电阻器的实际阻值对于标称阻值的允许最大误差范围，它标志着电阻器的阻值精度。普通电阻器的允许误差有±5%、±10%、±20%三个等级。精密电阻器的允许误差可分为±2%、±1%、±0.5%、…、±0.001%等十几个等级。电阻器的允许误差越小，精度越高。

3）额定功率。电阻器的额定功率是指在规定的环境温度中允许电阻器承受的最大功率，即在此功率范围内，电阻器可以长期、稳定地工作，不会显著改变其性能，不会损坏。一般选择额定功率比实际功率大1~2倍的电阻。

4）极限工作电压。极限工作电压是指当电阻两端电压增大到一定数值时，会发生电击穿，使电阻损坏，这个电压称为极限工作电压。

5）温度系数。温度系数是指温度每变化1℃所引起的电阻值的相对变化。温度系数越小，电阻的稳定性越好。阻值随温度升高而增大的为正温度系数；反之则为负温度系数。

6）老化系数。老化系数是指电阻器在额定功率长期负荷下阻值相对变化的百分数，它是表示电阻器寿命长短的参数。

（3）电阻器的标注方法　电阻器的标称阻值和允许误差的标注方法有直标法、文字符号法、数码法和色标法。

1）直标法。直标法指将电阻器的标称阻值和允许误差直接用数字和字母印在电阻上。误差标示可以用罗马数字Ⅰ、Ⅱ、Ⅲ表示，误差分别为±5%、±10%、±20%。

2）文字符号法。文字符号法指用数字和文字符号有规律地组合起来印刷在电阻器表面的方法。电阻器的允许误差也用文字符号表示，文字符号所对应的允许误差见表15-2。

表15-2　文字符号所对应的允许误差

文字符号	D	F	G	J	K	M
允许误差	±0.5%	±1%	±2%	±5%	±10%	±20%

文字符号法的表示形式：整数部分+阻值单位符号（Ω、k、M）+小数部分+允许误差。

例如：7k5K表示7.5kΩ±10%（K表示允许误差为±10%）；3M9J表示3.9MΩ±5%（J表示允许误差为±5%）。

3）数码法。数码法是用三位数字表示阻值大小的一种方法。从左到右，第一、第二位数为电阻器阻值的有效数字，第三位表示有效数字后面加"0"的个数。允许误差通常采用文字符号表示，其对应关系见表 15-2。例如：102M 表示 1kΩ±20%（M 表示允许误差为±20%）。

4）色标法。**色标法又称色环法，是用不同颜色的色环把电阻器的参数（标称阻值和允许误差）直接标注在电阻器表面的方法。**色标法有四色标法和五色标法两种，四色标法比五色标法的误差大。

电阻器色环表示的含义如图 15-37 所示，电阻器色环颜色所代表的数字或意义见表 15-3。

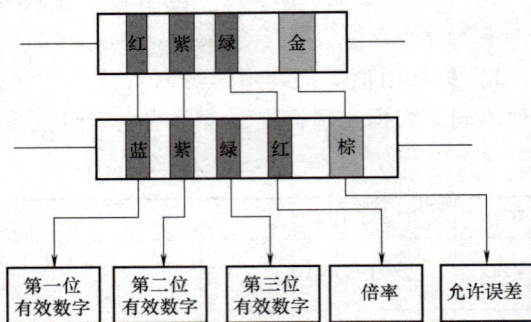

图 15-37 电阻器色环表示含义

表 15-3 电阻器色环颜色所代表的数字或意义

颜色	第一位有效数字	第二位有效数字	第三位有效数字	倍率	允许误差
黑	0	0	0	10^0	—
棕	1	1	1	10^1	±1%
红	2	2	2	10^2	±2%
橙	3	3	3	10^3	—
黄	4	4	4	10^4	—
绿	5	5	5	10^5	±0.5%
蓝	6	6	6	10^6	±0.25%
紫	7	7	7	10^7	±0.1%
灰	8	8	8	10^8	—
白	9	9	9	10^9	—
金	—	—	—	10^{-1}	±5%
银	—	—	—	10^{-2}	±10%

（4）电阻器的检测与选用

1）电阻器的检测。对于普通电阻器，其检测方法如下：

① 根据电阻器上的色环标示或文字标示读出该电阻器的标称阻值。

② 将数字式万用表挡位调至欧姆挡，根据电阻器的标称阻值确定量程。

③ 将数字式万用表的红、黑表笔分别搭在被测电阻的两个引脚上，观察万用表的读数，若读数和电阻器的标称阻值接近，且在允许误差范围内，则表明被测电阻器正常；若两者误差很大，则说明被测电阻器不良，需再次测量，确定测量结果。

2）电阻器的选用。电阻器的选用应注意以下几点：

① **满足功率要求**。选用电阻的额定功率高于实际功率 2 倍以上，以免电阻体过热引发事故。

② **满足工作环境要求**。例如，在高精度电路中，稳定性和可靠性要求高，可选温度稳定性好的专用电阻。

③ 满足成本要求。无特殊要求，一般选择适用、成本低、安装简易的电阻，如碳膜电阻或金属膜电阻。

2. 电位器

电位器是一种可调电阻器，对外有三个引出端，其中两个为固定端，另一个为中心抽头（也叫可调端）。转动或调节电位器转轴，其中心抽头与固定端之间的阻值会发生变化。电位器的电路符号如图 15-38 所示。

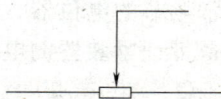

图 15-38　电位器的电路符号

（1）电位器的分类　电位器的种类繁多，用途各不相同，分类方法也很多。

1）按照制作材料分类。电位器按照制作材料可分为线绕电位器和非线绕电位器两大类。

2）按照结构特点分类。电位器按照结构特点可分为单圈电位器、多圈电位器，单联电位器、多联电位器，带开关电位器、不带开关电位器等。

3）按照调节方式分类。电位器按照调节方式可分为旋转式电位器和直滑式电位器两类。

（2）电位器的主要参数　电位器的参数很多，主要有标称阻值、额定功率、极限电压、阻值变化规律等，前三项与电阻器基本相同。阻值变化规律指电位器的阻值随转轴的旋转角度而变化的关系，变化规律可以是任何函数形式，常用的有直线式电位器、指数式电位器和对数式电位器。

1）直线式电位器。直线式电位器的阻值随转轴的旋转均匀变化，并与旋转角度成正比。这种电位器适用于调整分压、分流。

2）指数式电位器。指数式电位器的阻值随转轴的旋转成指数规律变化，阻值开始变化较慢，随着转角的增大，阻值变化逐渐加快。这种电位器适用于音量控制。

3）对数式电位器。对数式电位器的阻值随转轴的旋转成对数关系变化，开始阻值变化较快，然后逐渐减慢。这种电位器适用于音量调节和电视机的对比度调整。

（3）电位器的标注方法　电位器一般都采用直标法，其类型、阻值、额定功率、误差都直接标在电位器上。电位器的常用标志符号及意义见表 15-4。

表 15-4　电位器的常用标志符号及意义

字母	意义	字母	意义
WT	碳膜电位器	WS	有机实芯电位器
WH	合成碳膜电位器	WI	玻璃釉膜电位器
WN	无机实芯电位器	WJ	金属膜电位器
WX	线绕电位器	WY	氧化膜电位器

（4）电位器的检测与选用

1）电位器的检测。通常使用万用表进行测量，即：

① 测量两固定端的阻值是否和标称阻值相符。

② 测量中心抽头到固定端的阻值是否随中心抽头的滑动而均匀变化。

③ 如果电位器带开关，理论上开关合上时电阻为零，断开时电阻为无穷大。

2）电位器的选用。

① 电位器的结构和尺寸的选择。选用电位器时应注意尺寸大小、旋转轴柄的长短及轴上是否需要锁紧装置等。需要经常调节的电位器，应选择轴端成平面，以便于安装旋钮；不经常调节的电位器，应选择轴端带有刻槽的电位器；一经调节好无需再变动的电位器，一般选择带锁紧装置的电位器。

② 电位器阻值变化特性的选择。应根据用途选择，用作分压器时，应选用直线式电位器；用于音量控制时，应选用指数式电位器或直线式电位器代替，但不宜选用对数式电位器；用于音量调节时，应选用对数式电位器。

3. 电容器

电容器简称电容，是一种储能元件，是电子电路中常用的元器件之一，广泛应用于隔直、耦合、滤波、旁路、电能储能等电路。

电容的国际单位是法拉，用 F 表示，常用的还有毫法（mF）、微法（μF）、纳法（nF）和皮法（pF）。它们之间的换算关系为 $1F = 10^3 mF = 10^6 \mu F = 10^9 nF = 10^{12} pF$。

常见电容器的电路符号如图 15-39 所示。

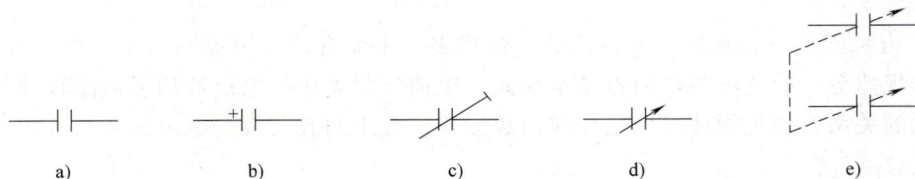

图 15-39 常见电容器的电路符号

a）无极性电容 b）电解电容 c）微调电容 d）可调电容 e）双联可调电容

（1）电容器的分类 电容器的种类很多，分类方法也各不相同：

1）按照结构不同分类。电容器按照结构不同可分为固定电容器、可变电容器和半可变（微调）电容器。

2）按照介质材料不同分类。电容器按照介质材料不同可分为有机介质电容器、无机介质电容器、电解电容器和气体介质电容器等。有机介质电容器包括纸介电容器、聚苯乙烯电容器、聚丙烯电容器、涤纶电容器等；无机介质电容器包括云母电容器、玻璃釉电容器、瓷介电容器等；电解电容器包括铝电解电容器、钽电解电容器等；气体介质电容器包括空气介质电容器、真空电容器。

（2）电容器的主要参数 电容器的主要参数有标称容量、允许误差、额定工作电压和绝缘电阻。

1）标称容量和允许误差。标称容量是指标示在电容器外壳上的电容量数值；允许误差是指标称容量和实际容量之间的最大允许偏差范围，允许误差通常用百分数或者误差等级来表示。

2）额定工作电压。电容器的额定工作电压是指线路中能够长期可靠地工作而不被击穿所承受的最大电压（又称耐压）。一般无极电容的标称耐压值比较高，有 63V、100V、160V、250V、400V、600V 和 1000V 等；有极电容的耐压相对比较低，标称耐压值一般有 4V、6.3V、10V、16V、25V、35V、50V、63V、80V、100V、220V 和 400V 等。

3）绝缘电阻。电容器的绝缘电阻是指电容器两极间的电阻，或称漏电电阻。电容器中的介质并不是绝对的绝缘体，它的电阻不是无限大，而是一个有限的数值，一般在 $1000M\Omega$ 以上。因此，电容器多少总有些漏电。绝缘电阻越小，电容器的漏电流越大。当漏电流较大时，电容器发热，发热严重时会使电容器损坏。使用时应选用绝缘电阻大的电容器。

（3）电容器的标注方法　电容器的标注方法有直标法、文字符号法、数码法和色标法。

1）直标法。直标法是指将电容器的容量、耐压和允许误差等主要参数直接标注在电容器外壳表面上。其中，允许误差一般用字母表示，分别为 J（±5%）、K（±10%）、M（±20%）等。

2）文字符号法。将电容器的参数用文字和数字符号有规律地组合起来印制在电容器表面上称为文字符号法。标注方法：整数+单位符号（p、n、μ）+小数部分。例如：2p2 表示 $2.2pF$；$4\mu7$ 表示 $4.7\mu F$。

3）数码法。数码法是用三位数字表示电容量大小的一种方法。从左到右，第一、第二位数为电容器电容量的有效数字，第三位是有效数字后面应加"0"的个数（当第三位是 9 时，表示 $10^{-1}F$）。例如：222 表示容量为 22×10^2pF。

4）色标法。电容器的色标法和电阻器的色标法相似，单位为 pF。

（4）电容器的检测与选用

1）电容器的检测。准确测量固定电容器的标称容量需要专用测量设备，如 RLC 电桥。利用万用表对电容器进行检测，一般只能对电容器进行定性判断，电容器常见的故障有开路、短路、漏电和失效（容量变小）等。

采用万用表 R×1k 档，在检测前，先将电解电容器的两根引脚相碰，以放掉电容器内残余的电荷。当万用表表笔接通电容器引脚时，表针向右偏转一个角度，然后表针缓慢地向左回转，最后表针停下。表针停下来所指示的阻值为该电容器的漏电电阻，此阻值越大越好，最好接近无穷大。电解电容器的漏电电阻在几兆欧姆左右，如果漏电电阻只有几十千欧，说明这一电解电容器漏电严重。表针向右摆动的角度越大（表针还应向左回摆），说明该电解电容器的电容量也越大，反之说明容量越小。

2）电容器的选用。电容器的选用应考虑以下两点：

① 根据电路功能来选择。例如，在电源滤波中，应选择电解电容器；在高频电路中，常选择瓷介电容器；在电路中用来隔离直流时，可选择涤纶或电解电容器。

② 根据耐压值来选择。电容器的额定直流电压应为实际电压的 1.1~1.2 倍，以免电容器被击穿。

4. 电感器

电感器简称电感，是一种能储存磁场能量的电子元器件，它的特性是通直流隔交流，通低频阻高频，常用于滤波、调谐、耦合、扼流等电路中。

电感的国际单位是亨利，用 H 表示，常用单位还有：毫亨（mH）、微亨（μH）、纳亨（nH）。它们之间的换算关系是：$1H = 10^3mH = 10^6\mu H = 10^9nH$。

电感器的电路符号如图 15-40 所示。

（1）电感器的分类　电感通常分为两大类：一类是应用于自感作用的电感线圈，另一类是应用于互感作用的变压器。

1）电感线圈的分类。电感线圈是根据电磁感应原理制作的器件。它的用途极为广泛，如滤波器、调谐放大器或振荡器中的调谐回路、均衡电路和去耦电路等。

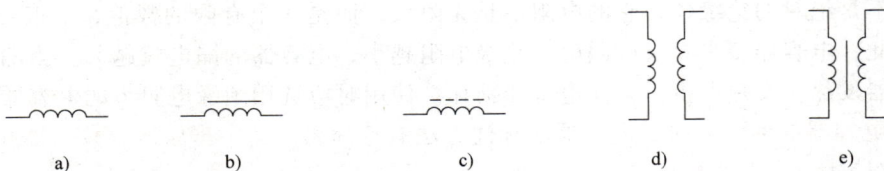

图 15-40 电感器的电路符号

a) 空芯电感线圈　b) 带铁芯的电感线圈　c) 带磁芯的电感线圈　d) 空芯变压器　e) 铁芯变压器

① 按电感线圈圈芯性质可分为空芯线圈和带磁芯的线圈。

② 按绕制结构特点可分为单层线圈、多层线圈、蜂房线圈等。

③ 按电感量变化情况可分为固定电感、可变电感和微调电感。

2）变压器的分类。变压器是利用两个绕组的互感原理来传递交流电信号和电能的，同时起变换前后级阻抗的作用。

① 按用途可分为电源变压器、隔离变压器、调压器、输入/输出变压器和脉冲变压器。

② 按导磁材料可分为硅钢片变压器、低频磁芯变压器和高频磁芯变压器。

③ 按铁心形状可分为 E 形变压器、C 形变压器、R 形变压器和 O 形变压器。

（2）电感器的主要参数　电感器的主要参数有电感量、品质因数、分布电容和额定电流。

1）电感量。电感量的大小与线圈匝数、直径、内部有无磁芯、绕制方式等有关。线圈圈数越多，绕制的线圈越密集，电感量越大；线圈内有磁芯的电感量比无磁芯的大；磁芯磁导率越大，电感量越大。

2）品质因数。品质因数是衡量电感线圈质量的重要参数，用字母 Q 表示。Q 值越高，线圈损耗越小。

3）分布电容。线圈匝与匝之间具有电容，这一电容称为分布电容。此外，屏蔽层之间、多层绕组的层与层之间、绕组与底板间也都存在分布电容。分布电容的存在使线圈的 Q 值下降，稳定性变差。为减小分布电容，可减小线圈骨架的直径，用细导线绕制线圈，绕制时采用间绕法和蜂房式绕法。

4）额定电流。额定电流是指电感器正常工作时，允许通过的最大电流。若工作电流大于额定电流，电感器会因发热而改变性能参数，严重时会烧毁电感器。

（3）电感器的标注方法　电感器的标注方法有直标法、文字符号法、数码法和色标法。

1）直标法。直标法是在小型电感器的外壳上直接用文字标出电感器的主要参数，如电感量、允许误差和额定电流等。其中，电感量的允许误差用 I、II、III 表示，分别代表误差为 ±5%、±10%、±20%。额定电流常用字母 A、B、C、D、E 等标注，字母和额定电流的对应关系见表 15-5。

表 15-5　小型固定电感器的额定电流和字母的对应关系

字母	A	B	C	D	E
额定电流	50mA	150mA	300mA	700mA	1600mA

例如，电感器的外壳上标有 3.9mH、A、II 等字样，表示电感量为 3.9mH，额定电流为 50mA，允许误差为 ±10%。

2）文字符号法。文字符号法是将电感器的标称值和允许误差用数字和文字符号按一定规律组合标注在电感器的外壳上。采用这种标注法的通常是一些小功率电感器，单位是 nH 或者 μH。当单位是 μH 时，"R"表示小数点；当单位是 nH 时，"N"表示小数点。

采用这种标示方法的电感器，通常后缀一个英文字母表示允许误差，各字母所对应的允许误差见表 15-6。

表 15-6　各字母所对应的允许误差

字母	D	F	G	J	K	M
允许误差	±0.5%	±1%	±2%	±5%	±10%	±20%

例如，8R2K 表示电感量为 8.2μH，允许误差为±10%。

3）数码法。数码法是用三位数字表示电感量大小的一种标示方法，该方法常用于贴片电感器。三位数字中，从左到右，第一、第二位数为电感器电感量的有效数字，第三位表示有效数字后面应加"0"的个数，单位为 μH。若电感量中有小数，则用"R"表示并占一位有效数字。

例如，222 表示电感量为 2200μH；100 表示电感量为 10μH；R68 表示电感量为 0.68μH。

4）色标法。色标法是指电感器的外壳涂上各种不同颜色的色环来标示其主要参数。色标法和电阻器的色标法相似，单位为 μH。电感器的色标法通常用四色环表示。数字和颜色的对应关系和电阻器色环表示法（表 15-3）相同。

（4）电感器的检测与选用

1）电感器的检测。电感器的电感量一般可通过高频 Q 表或电感表进行测量。若不具备以上两种仪器，可以用万用表测量线圈的直流电阻来大致判断其好坏。

普通的指针式万用表不具备测试电感器的档位，只能大致测量电感器的好坏。采用 R×1k 档测量电感器的阻值，若被测电感器的阻值为零，则说明电感器内部绕组有短路故障；若被测电感器的阻值很小，一般为零点几到几欧姆，则说明电感器基本正常。若被测电感器的阻值为∞，则说明电感器已开路损坏。具有金属外壳的电感器，若检测到振荡线圈的外壳与各引脚的阻值不是∞，而是有阻值或为零，则说明该电感器存在问题。

2）电感器的选用。选择电感器时，首先要明确其使用频率范围，铁心线圈只能用于低频电路，铁氧体线圈、空芯线圈一般用于高频电路；其次，要分清线圈的电感量和适用的电压范围；最后，要正确选取电感线圈在电路板上的安装方式。

5. 半导体分立元件

半导体是一种导电性能介于导体和绝缘体之间或者说电阻率介于导体和绝缘体之间的物质。常用的半导体材料有硅、锗、砷化镓等。半导体分立元件主要有二极管、晶体管、场效应管和晶闸管等。下面主要介绍二极管和晶体管。

（1）二极管　二极管由半导体材料硅或锗晶体制作，故称为晶体二极管或半导体二极管，是结构比较简单的有源电子器件，主要特性是单向导电性。

1）二极管的分类。

① 按半导体材料不同，二极管可分为硅二极管和锗二极管。二者的主要区别是锗管正向压降比硅管小（锗管为 0.2~0.3V，硅管为 0.6~0.7V），锗管的反向电流比硅管大（锗

317

为几百毫安，硅管小于 $1\mu A$）。

② 按用途不同，二极管可分为整流二极管、检波二极管、稳压二极管、变容二极管、发光二极管和开关二极管等。

③ 按结构不同，二极管可分为点接触型二极管和面接触型二极管。

常见的二极管电路符号如图 15-41 所示。

图 15-41 常见的二极管电路符号

a）普通二极管　b）稳压二极管　c）发光二极管　d）变容二极管

2）二极管的主要参数。二极管的主要参数有最大整流电流、最高反向工作电压、反向电流、击穿电压和最高工作频率。

① 最大整流电流。最大整流电流指二极管长期连续工作时允许通过的最大正向平均电流。

② 最高反向工作电压。最高反向工作电压指反向加在二极管两端，而不至于引起 PN 结击穿的最大电压。

③ 反向电流。反向电流指二极管未击穿时反向电流值。温度对反向电流的影响很大。

④ 击穿电压。击穿电压指二极管反向伏安特性曲线急剧弯曲时的电压值。

⑤ 最高工作频率。最高工作频率指能保证二极管单向导电作用的最高工作频率。

3）二极管的检测。

① 二极管的极性判断，主要方法有：

a. 观察外壳上的色点。在点接触型二极管的外壳上，通常标有极性色点（白色或红色），一般标有色点的一端为正极。还有的二极管上标有色环，带色环的一端为负极。

b. 观察二极管引脚长短。对于发光二极管，管脚长的为正极，管脚短的为负极。

c. 用万用表测量。将指针式万用表置于 R×1k 档，先用红、黑表笔任意测量二极管两端之间的电阻值，然后交换表笔再测量一次。如果二极管是好的，两次测量的电阻值差别很大，其中阻值较小的那次测量中，黑表笔所连接的一端为正极，红表笔所连接的一端为负极。

② 二极管的好坏判断。判断二极管的好坏，通常的方法是测试二极管的正、反向电阻，再加以判断。正向导通时，测量的电阻较小；反向截止时，测量的电阻较大。如果正、反向电阻都无穷大，说明内部断路；如果正、反向电阻都为零，说明内部短路；如果正、反向电阻一样大，说明二极管也是坏的。

（2）晶体管　晶体管是电子电路中的核心元器件之一，具有电流放大或开关作用。晶体管内部含有两个 PN 结，外部有三个电极，两个 PN 结共用的一个电极为晶体管的基极（用字母 B 表示），其他两个电极为集电极（用字母 C 表示）和发射极（用字母 E 表示）。

晶体管的电路符号如图 15-42 所示。

1）晶体管的分类。

① 按半导体材料不同，晶体管可分为硅晶体管和锗晶体管。

② 按导电类型不同，晶体管可分为 PNP 型晶体管和 NPN 型晶体管。

③ 按工作频率不同，晶体管可分为低频晶体管、高频晶体管和超高频晶体管。

④ 按结构不同，晶体管可分为点接触型晶体管和面接触型晶体管。

图 15-42　晶体管电路符号
a）NPN 型晶体管　b）PNP 型晶体管

⑤ 按用途不同，晶体管可分为放大管、开关管、阻尼管和达林顿管等。

2）晶体管的主要参数。

① 电流放大系数 β。电流放大系数是晶体管放大能力的一个重要指标。根据不同的工作状态，又分为直流电流放大系数和交流电流放大系数。

② 极间反向电流。晶体管的极间反向电流有两个，即反向饱和电流 I_{CBO} 和穿透电流 I_{CEO}。I_{CBO} 是指发射极开路时，集电极和基极间的反向饱和电流，其大小取决于温度和少数载流子的浓度；I_{CEO} 是指基极开路时，集电极和发射极间的穿透电流，$I_{CEO}=(1+\beta)I_{CBO}$。

③ 集电极最大允许电流 I_{CM}。I_{CM} 是指晶体管集电极允许的最大电流。当 I_C 超过 I_{CM} 时，β 明显下降。

④ 集电极最大允许功耗 P_{CM}。P_{CM} 是指晶体管集电结上允许耗散功率的最大值。集电结功率损耗 $P_C=i_C\times u_{CE}$，当 P_C 超过 P_{CM} 时，集电结会因过热而烧毁。

⑤ 反向击穿电压 $U_{(BR)CEO}$。$U_{(BR)CEO}$ 是指晶体管基极开路时，集电极与发射极间的反向击穿电压。

3）晶体管的判别。用指针式万用表判断晶体管的引脚和类型。

① 选择量程。R×100 或者 R×1k 档。

② 判别晶体管的基极。用万用表黑表笔固定晶体管的某一电极，红表笔分别接晶体管另外两个电极，观察指针偏转，若两次测量的阻值都大或都小，则接黑表笔的引脚就是基极（两次阻值都小的为 NPN 型晶体管，两次阻值都大的为 PNP 型晶体管）。若两次测量阻值一大一小，则用黑表笔重新固定晶体管的一个引脚继续测量，直到找到基极。

③ 判别晶体管的集电极和发射极。确定基极后，对于 NPN 型晶体管，用万用表两表笔接触晶体管另外两极，交替测两次，若两次测量结果不相等，则其中测量阻值较小的一次黑表笔接的是发射极，红表笔接的是集电极（若是 PNP 型晶体管，则黑、红表笔所接的电极相反）。

15.2.2　数字式万用表

数字式万用表也称数字多用表，它是将所测量的电压、电流、电阻等测量结果直接用数字形式显示出来的测试仪表，它具有测量速度快、显示清晰、准确度高、分辨率强、测试范围高等特点。

数字式万用表通常分为手持式数字万用表、钳形数字万用表和台式数字万用表。

本节重点介绍 DT-890B 数字式万用表，如图 15-43 所示，它是一种手持式三位半数字式万用表，整机电路设计以大规模集成电路、

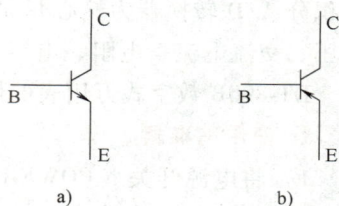

图 15-43　DT-890B 数字式万用表

双积分 A/D 转换器为核心并配以全功能过载保护，可用来测量直流电压、直流电流、交流电压、交流电流、电阻、电容和二极管。

DT-890B 数字式万用表的使用方法为：

1. 使用前准备工作

1）将电源开关（POWER 键）置于"ON"的位置，检查 9V 电源，若电池电压不足，显示器左下角会显示电池符号，则需要更换电池，若没有，则说明电池正常。

2）测量前将功能开关置于所需量程。

2. 直流电压测量

1）将黑表笔插入"COM"孔，红表笔插入"V/Ω"孔。

2）将功能开关置于直流电压的合适量程。

3）表笔与被测电路并联，红表笔接高电位端，黑表笔接低电位端。

注意：

1）如果不清楚被测电压范围，将功能开关置于最大量程并逐渐下降。

2）如果显示器显示"1"，表示超量程，功能开关应置于更高量程。

3）测量高电压时要注意避免触电。

3. 交流电压测量

1）将黑表笔插入"COM"孔，红表笔插入"V/Ω"孔。

2）将功能开关置于交流电压的合适量程。

3）表笔与被测电路并联，红表笔、黑表笔不分极性。

注意：参考直流电压测量注意 1）、2）、3）。

4. 直流电流测量

1）将黑表笔插入"COM"孔，当测量最大值为 200mA 时，红表笔插入"mA"孔；当测量最大值为 20A 时，红表笔插入"A"孔。

2）将功能开关置于直流电流的合适量程。

3）表笔与被测电路串联，红表笔接高电位端，黑表笔接低电位端。

注意：

1）如果不清楚被测电流范围，将功能开关置于最大量程并逐渐下降。

2）如果显示器显示"1"，表示超量程，功能开关应置于更高量程。

5. 交流电流测量

1）将黑表笔插入"COM"孔，当测量最大值为 200mA 时，红表笔插入"mA"孔，当测量最大值为 20A 时，红表笔插入"A"孔。

2）将功能开关置于交流电流的合适量程。

3）表笔与被测电路串联，两表笔不区分极性。

注意：参考直流电流测量注意 1）、2）。

6. 电阻测量

1）将黑表笔插入"COM"孔，红表笔插入"V/Ω"孔。

2）将功能开关置于电阻的合适量程。

3）表笔与被测电阻并联。

注意：

1）双手不能触碰电阻的引脚。

2）不能带电测量。

3）如果显示器显示"1"，表示超量程，功能开关应置于更高量程。

4）当无输入时，例如开路情况，仪表显示为"1"。

7. 电容测量

1）将功能开关置于 C 的合适量程。

2）将电容插入电容测试座中。

注意：测量前注意每次转换量程时复零需要时间，有漂移读数存在不影响测试精度。

8. 二极管测量

1）将黑表笔插入"COM"孔，红表笔插入"V∕Ω"孔。

2）将功能开关置于二极管档位。

3）表笔与被测二极管并联，红表笔接正极，黑表笔接负极，读出二极管的正向导通压降。

9. 蜂鸣器测试

1）将黑表笔插入"COM"孔，红表笔插入"V∕Ω"孔。

2）将功能开关置于蜂鸣器档位。

3）表笔与被测电路的两端并联，如果两端之间的阻值小于 70Ω，内置蜂鸣器发出响声。

15.2.3　电路焊接技术

在电子产品实验、调试、生产等过程中的每个阶段，都要考虑和处理与焊接有关的问题。焊接质量的好坏会直接影响产品的质量。焊接的种类很多，本节主要阐述应用广泛的手工锡焊。手工锡焊主要适用于产品试制、电子产品小批量生产、电子产品的调试和维修、某些不适合自动焊接的场合。

锡焊是采用铅锡焊料焊接，它属于钎焊中的软钎焊。与其他焊接方法相比具有焊料熔点低、适用范围广、焊接方法简单、易形成焊点、成本低且操作方便等优点。

1. 电路焊接工具和材料

手工锡焊的主要工具包括电烙铁、尖嘴钳、斜口钳、剥线钳和镊子等。

（1）电烙铁

1）电烙铁的种类。电烙铁分为直热式电烙铁、恒温式电烙铁、吸锡电烙铁等。无论哪种电烙铁，它们的工作原理基本相似，都是接通电源后，电流使电阻丝发热，并通过传热筒加热烙铁头，达到焊接温度后即可进行焊接。

① 直热式电烙铁。直热式电烙铁又分为外热式电烙铁和内热式电烙铁。

外热式电烙铁由烙铁头、烙铁芯、外壳、手柄、电源线和电源插头等几部分组成，其结构如图 15-44 所示。由于发热的烙铁芯在烙铁头的外面，所以称为外热式电烙铁。

内热式电烙铁，由于烙铁芯安装在烙铁头里面，所以称为内热式电烙铁。其结构如图 15-44 所示。

② 恒温式电烙铁。恒温式电烙铁的烙铁头温度可以控制，烙铁头可始终保持某一设定温度，如图 15-45 所示。根据控制方式不同，恒温式电烙铁可分为电控恒温电烙铁和磁控恒温电烙铁两种。

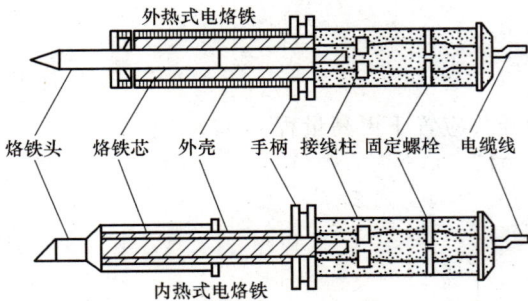

图 15-44 外热式、内热式电烙铁结构图

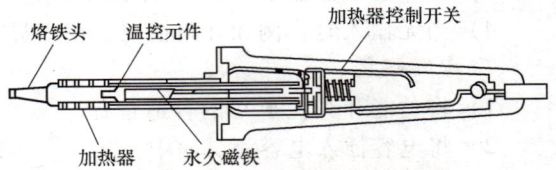

图 15-45 恒温式电烙铁结构图

③ 吸锡电烙铁。吸锡电烙铁主要在电工和电子技术安装维修中拆换元器件时拆焊使用，与普通电烙铁相比，其烙铁头是空的，并多一个吸锡装置，如图 15-46 所示。在操作时，先加热焊点，待焊锡熔化后，按动吸锡装置，活塞上升，焊锡被吸入吸管。

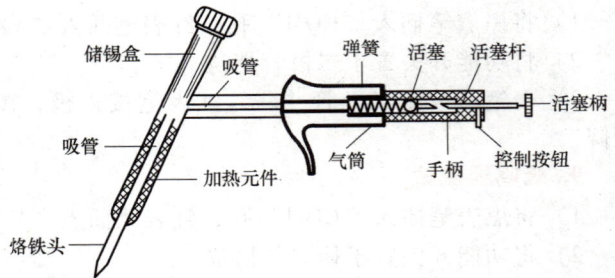

图 15-46 吸锡电烙铁结构图

2）电烙铁的选用。电烙铁选用时要遵循以下原则：

① 烙铁头的形状适合被焊物体的要求。

② 烙铁头的顶端温度适应焊锡的熔点。

③ 电烙铁的热容量应满足被焊件的要求。

④ 烙铁头的温度恢复时间满足被焊件的加热要求。

3）电烙铁使用注意事项。

① 使用前从外观查看电源线有无破损，手柄和烙铁头有无松动。如果有破损和松动要及时处理和更换，以免发生漏电事故。

② 用万用表欧姆档检查电烙铁插头两端，内阻应为 $0.5 \sim 2k\Omega$，功率越大电烙铁的内阻越小，不能有短路或开路现象。插头和外壳之间的绝缘电阻应在 $2 \sim 5M\Omega$ 之间才能使用。

③ 新的电烙铁第一次使用之前要搪锡或称上锡。

④ 电烙铁使用前要通电预热，预热时间 $3 \sim 4min$。

⑤ 加热后的电烙铁，若不用，一定要稳妥地放在电烙铁架上，如图 15-47 所示。注意电源线和导线不能碰到烙铁头，以免损坏电源线，造成漏电事故。

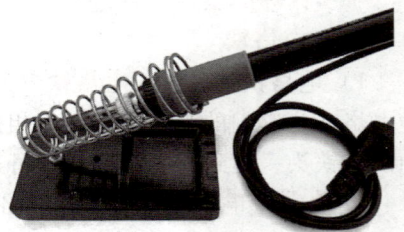

图 15-47 电烙铁稳妥放置

⑥ 烙铁头要经常保持清洁。烙铁架底座上配有一块耐热且吸水性好的海绵，使用时加上足量的水。若发现烙铁头已被氧化或存在污物，应在海绵上擦洗，以保持烙铁头光亮清洁。

⑦ 长时间不用电烙铁，应拔掉电烙铁的电源插头。

（2）其他工具

1）烙铁架。烙铁架是放置电烙铁的架子，如图 15-48 所示。烙铁架由底座、安置烙铁的弹簧式套筒组成。底座上有一个凹槽，使用者可在其中放置海绵，使用过程中，让海绵吸水，当烙铁头被氧化或黏有污物时可将其置于海绵上进行擦拭。

2）尖嘴钳。尖嘴钳是组装电子产品常用的工具，如图15-49所示。它头部较细，适用于夹持小型金属零件或弯曲元器件引线。使用时注意不能用尖嘴钳敲打物体或夹持螺母。

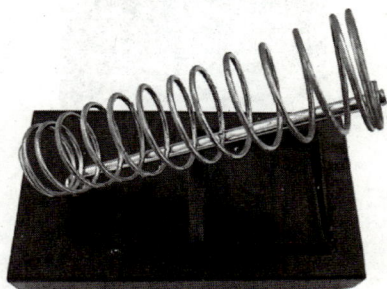

图15-48　烙铁架

图15-49　尖嘴钳

3）斜口钳。斜口钳用来剪断导线，尤其是剪除导线网绕后多余的引线和元器件焊接后多余的引脚，以及配合尖嘴钳用于剥线，如图15-50所示。不可用斜口钳来剪断铁丝或其他金属物体，以免损伤钳口。

4）剥线钳。剥线钳用来剥去导线的绝缘层，如图15-51所示。使用时注意将导线放入合适的槽口，剥皮时不能剪断导线。

图15-50　斜口钳

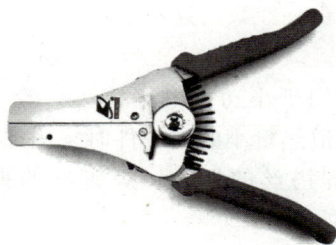

图15-51　剥线钳

5）镊子。镊子有尖嘴镊子和圆嘴镊子两种。尖嘴镊子用于夹持较细的导线，如图15-52所示，以便于装配焊接。

（3）焊接材料　焊接材料包括焊料（焊锡）和焊剂（助焊剂）。

1）焊料。焊料的作用是将焊件连接在一起，要求熔点低、具有较好的流动性和润湿性、凝固时间短、凝固后外观好、具有良好的导电性和耐蚀性。

按组成成分不同焊料可分为锡铅焊料、铜焊料和银焊料等。在电子产品装配中，主要使用锡铅焊料，俗称焊锡。焊锡是一种铅锡合金焊料。

2）助焊剂。助焊剂是用于消除氧化物、保证焊锡浸润的一种化学剂。助焊剂分为无机系列、有机系列和树脂型助焊剂。

树脂型助焊剂是一种传统的助焊剂，它的主要成分是松香。松香是一种天然树脂，在常温下呈浅黄色，为透明玻璃状固体。松香的主要成分是松香酸和松香酯酸酐，如图15-53所示，在常温下呈中性，当加热到74℃后可被溶解且呈现出活性，随着温度的升高，参加焊接的各金属表面的氧化物还原、溶解，从而起到了助焊的作用。同时松香又是高分子物质，焊接后形成的膜层具有覆盖焊点、保护焊点不被氧化腐蚀的作用。

图15-52 镊子

图15-53 松香

2. 电路焊接工艺及方法

（1）手工锡焊的基本方法

1）电烙铁的握法。电烙铁的握法分为三种：反握法、正握法和握笔法，如图15-54所示。

① 反握法是用五指把电烙铁柄握在掌内，此方法动作稳定，长时间操作不易疲劳，适用于大功率电烙铁，焊接散热量较大的被焊件。

② 正握法适用于中等功率电烙铁，弯头电烙铁一般采用这种方法。

③ 握笔法是用握笔的手法握电烙铁，此方法适用于小功率电烙铁。一般在操作台上焊接散热量小的被焊件时采用此方法。

2）焊锡丝的握法。焊锡丝的握法如图15-55所示。

3）焊前准备。

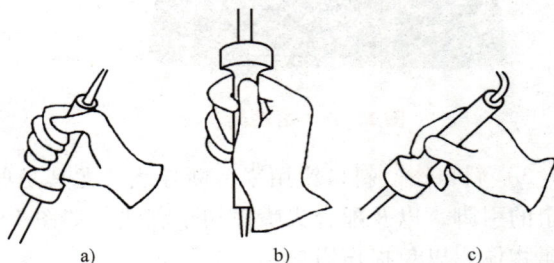

图15-54 电烙铁握法
a）反握法 b）正握法 c）握笔法

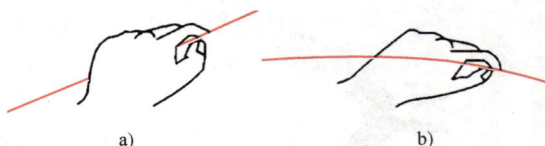

图15-55 焊锡丝的握法
a）连续焊接握法 b）断续焊接握法

① 印制电路板和元器件的检查。焊装前应对印制电路板和元器件进行检查，主要检查电路板的印制线、焊盘、焊孔是否和图样相符，有无断线、缺孔等，表面是否清洁，有无氧化、腐蚀等。

② 元器件引脚弯曲成型。为了使元器件在印制电路板上装配排列整齐并便于焊接，安装前采用手工或专用工具把元器件引脚弯曲成一定的形状。

元器件在印制电路板上的安装方式有立式安装和卧式安装两种。无论采用哪种方法，都应按照元器件在印制电路板上孔位的尺寸要求，使其弯曲成型的引脚能够方便地插入孔内。立式、卧式安装元器件的引脚弯曲成型如图15-56所示。引脚弯曲处距离元器件实体至少在2mm以上，不能从引线的根部开始弯折。元器件立式安装和卧式安装的引线成型有规定的成型尺寸，总的要求是各种成型方法能承受剧烈的热冲击，引线根部不产生应力，元器件不受到热传导的损伤。

③ 元器件的插装。元器件的插装方式有两种，一种是贴板插装，另一种是悬空插装，

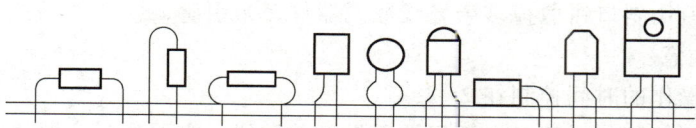

图 15-56 元器件引脚弯曲成型示例图

如图 15-57 所示。贴板插装稳定性好、安装简单，但不利于散热，且对某些安装位置不适应。悬空插装的适用范围广、有利于散热，但安装比较复杂，需要控制一定高度以保持美观一致。安装时的具体要求是应首先保证图样中安装工艺的要求，其次按照实际安装位置确定。如果没有特殊要求，只要位置允许，采用贴板插装更为常见。

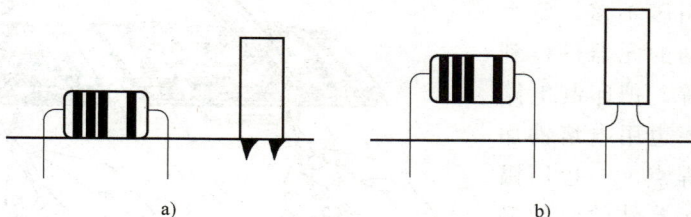

图 15-57 元器件插装方式
a）贴板插装 b）悬空插装

4）焊接。

① **准备焊接**。将被焊件、焊锡丝和电烙铁准备好，保证电烙铁头的清洁，并通电加热。左手拿焊锡丝，右手握电烙铁，如图 15-58a 所示。

② **加热焊件**。将烙铁头接触焊接点，使焊接部位均匀受热，如图 15-58b 所示。焊接部位是元器件引脚和焊盘二者相交处，焊接时间 1~2s 即可。

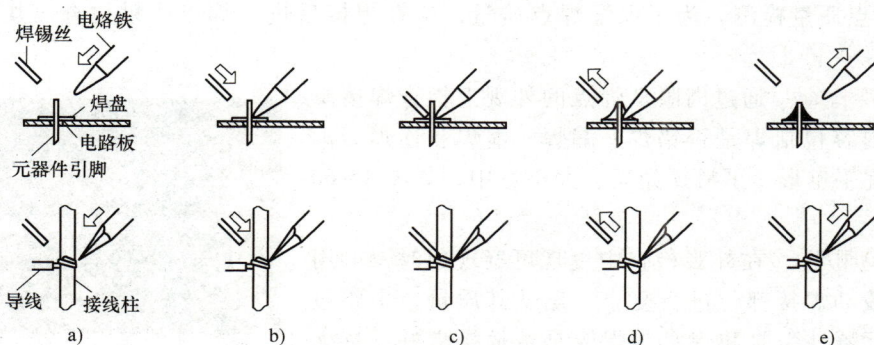

图 15-58 焊接步骤示意图
a）步骤一 b）步骤二 c）步骤三 d）步骤四 e）步骤五

③ **熔化焊锡**。焊点温度达到需求后，将焊锡丝置于焊点位置，使焊锡丝开始熔化，如图 15-58c 所示。

④ **移走焊锡丝**。当熔化一定量的焊锡后将焊锡丝移走，如图 15-58d 所示。熔化的焊锡不能过多，也不能过少，刚好流满一圈焊盘即可。

⑤ **移走电烙铁**。焊锡完全湿润焊点，扩散范围达到要求后，即可移开电烙铁。注意移开电烙铁的方向应该与电路板大致成45°角，如图 15-58e 所示。

⑥ 焊接完成后用斜口钳剪掉多余导线或元器件多余引脚。

焊接时需要注意：

① 整个焊接操作的时间控制在 2~3s。

② 各步骤之间停留的时间对保证焊接质量至关重要，需要通过实践逐步掌握。

③ 焊接操作完毕后，在焊料尚未完全凝固前，不能移动被焊件。

5）拆焊操作。在调试、维修电子设备的工作中，经常需要更换一些元器件。更换元器件的前提是要把原先的元器件拆焊下来。若拆焊方法不当，会破坏印制电路板，也会使换下来但并未失效的元器件无法重新使用。

拆焊方法：通常电阻器、电容器、晶体管的引脚不多，每个引脚能够相对活动的元器件可利用电烙铁直接拆焊。把印制电路板竖起来夹住，一边用电烙铁加热待拆元器件的焊点，一边用镊子或尖嘴钳夹住元器件的引脚轻轻拉出，如图 15-59 所示。

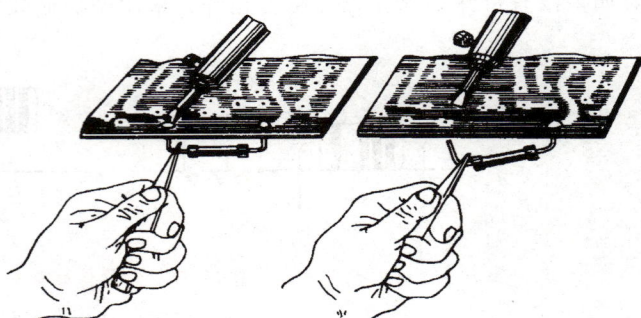

图 15-59　拆焊元器件方法

拆焊原则：

① 不损坏拆除的元器件、导线、原焊接部位的结构件。

② 拆除时不可损坏印制电路板上的焊盘和印制导线。

③ 对已判断为损坏的元器件，可先行将引脚剪断，再进行拆除，这样可以减小其他损伤的可能性。

6）焊点质量检测。为了保证焊点质量，应在焊接后进行焊点质量检查，其主要方法如下：

① 外观检查。通过肉眼从焊点的外观上检查焊接质量。检查内容包括焊是否错焊、漏焊、虚焊和连焊。标准焊点是扁平锥形、平滑、光亮、大小适中，如图 15-60 所示。

② 拨动检查。在外观检查中发现可疑现象时，可用镊子轻轻拨动焊接部位进行复查，确认其质量，主要包括导线、元器件引脚和焊盘与焊锡是否焊接良好，有无虚焊；元器件引脚和线根部是否有机械损伤。

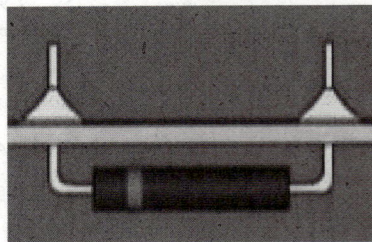

图 15-60　标准焊点

③ 通电检查。通电检查必须是在外观检查和拨动检查无误后方可进行，通电也是检查电路性能的关键步骤。

（2）印制电路板的焊接工艺

1）焊前准备。首先要熟悉所焊印制电路板的装配图，并按图样配料，检查元器件型号、规格及数量是否符合图样要求，并做好装配前元器件引脚成型等准备工作。

2）焊接顺序。元器件装焊顺序依次为电阻器、电容器、二极管、晶体管、集成电路、大功率管，焊接原则为先小后大，由矮到高。

3）元器件焊接要求。

① 电阻器的焊接。按图样将电阻器准确地装入规定的位置，要求标记向上，字向一致。装完同一种规格后再装另一种规格，尽量使电阻器的高低一致。焊完后将露在外面的多余引脚剪去。

② 电容器的焊接。将电容器按图样装入规定的位置，注意有极性电容器的"＋"极和"－"极不能接错，电容器上的标记方向要容易看见。

③ 二极管的焊接。要注意：阳极、阴极的极性不能装错；型号标记要容易看见。

④ 晶体管的焊接。注意三根引脚位置插接正确。焊接时间尽可能短，焊接时用镊子夹住引脚，以利于散热。

⑤ 集成电路的焊接。首先按图样的要求，检查型号、引脚位置是否符合要求。焊接时先焊接边沿的两只引脚，使其定位，然后再从左到右、从上往下逐个焊接。

3. 电子工业生产中的焊接技术

随着电子技术的发展，电子元器件日趋集成化、小型化和微型化，电路越来越复杂，印制在电路板上的元器件排列越来越紧密，手工焊接已不能同时满足焊接高效率和高可靠性的要求。浸焊、波峰焊和再流焊是适应印制电路板的发展而发展起来的焊接技术，可以大大提高焊接效率，目前已成为印制电路板的主要焊接方法，在电子产品生产中得到普遍使用。

（1）浸焊　浸焊是将插装好元器件的印制电路板浸入有熔融状焊料的锡锅内，一次完成印制电路板上所有焊点的自动焊接过程。浸焊是初始的自动化焊接，在大批量电子产品生产中已被波峰焊替代。浸焊工艺流程如图15-61所示。

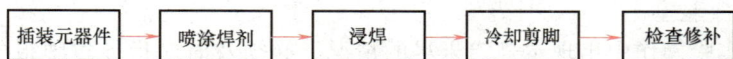

插装元器件 → 喷涂焊剂 → 浸焊 → 冷却剪脚 → 检查修补

图 15-61　浸焊工艺流程

（2）波峰焊　波峰焊是目前应用比较广泛的自动化焊接工艺。与浸焊相比，最大的特点是锡锅内的锡不是静止的，熔化的焊锡在机械泵或电磁泵的作用下由喷嘴源源不断地流出而形成波峰，如图15-62所示。在传动机构移动的过程中，印制电路板分段、局部地与波峰接触，避免了浸焊工艺存在的缺点，使焊接质量得到保证，波峰焊工艺流程如图15-63所示。

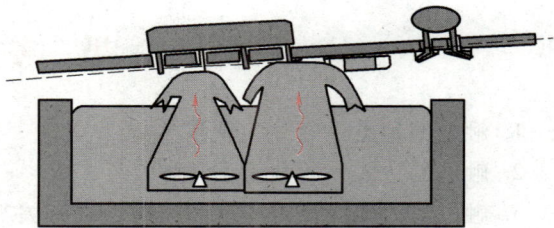

图 15-62　波峰焊示意图

焊前准备 → 插装元器件 → 喷涂焊剂 → 预热 → 波峰焊接 → 冷却剪脚 → 清洗

图 15-63　波峰焊工艺流程

（3）再流焊　再流焊（也称回流焊）是预先在PCB焊接部位（焊盘）施放适量和适当形式的焊料，然后贴放表面组装元器件，经固化（在采用焊膏时）后，再利用外部热源使焊料再次流动，以达到焊接目的的一种成组或逐点焊接工艺。再流焊接技术能完全满足各类表面组装元器件对焊接的要求，因为它能根据不同的加热方法使焊料再流，实现可靠的焊接连接。

再流焊接技术按照加热方式进行分类，主要有气相再流焊、红外再流焊、热风炉再流焊、热板加热再流焊、激光再流焊和工具加热再流焊等。

再流焊接技术不适用于通孔插装元器件的焊接，主要适用于表面安装片状元器件的焊接。

15.2.4 电路焊接安全操作规程

1）实验课前，学生应检查实验桌凳是否完好，检查本次实验的仪器设备、工具、元器件及材料是否符合实验所要求的名称、型号、规格、数量及技术状态，若有不符、损坏等及时向指导教师报告。若无汇报，视作完好处理。

2）在实验中，如果发现仪器设备、工具损坏或丢失，则必须及时向指导教师报告，说明情况并填写登记表，等待处理。

3）严格服从指导教师指导，在实验中每次接线变动，无论变动大小或多少，必须经指导教师同意后方可通电。

4）手上有水或潮湿的，禁止接触电器用品或电器设备。

5）随时注意人身与设备安全，如果遇到触电或设备损坏，则应立即切断电源，并向指导教师报告，以便及时处理。

6）实验结束，经指导教师检查合格后，将仪器设备、接线等整理好，征得指导教师同意后，方可离开实验室。

7）学生在实验操作中出现本规定未尽的情况，必须及时向指导教师报告，并进行应急处理，否则责任自负。

8）本实验室任何物品，未经许可不准带出室外。

思 考 题

1. 触电的种类一般分为哪几类？
2. 触电的方式一般分为哪几种？
3. 触电对人体的伤害程度和哪些因素有关？
4. 试说明 MF47 指针式万用表测量交流电压的方法及注意事项。
5. 常用的电工工具和电工仪表分别有哪些？
6. 电阻器的主要参数有哪些？
7. 电阻器的识别方法有哪几种？
8. 简述 DT-890B 数字式万用表测量电阻的方法及注意事项。
9. 简述印制电路板的焊接步骤。
10. 电子工业生产中常用的焊接技术有哪些？

第16章

工程创新实践训练

【基本知识】

1. 学习复杂工程问题与工程训练的关系与内涵。

2. 学习工程训练基本技能。

3. 学习创新的概念、特性、思维方式及创新设计技法。

4. 学习机械产品设计基本流程、机械产品加工工艺规程、机械产品装配与调试等基本知识。

5. 了解新能源电动车、"智能+"等综合实践训练项目。

【基本技能】

1. 掌握工程训练基本技能，具备初步解决复杂工程问题的能力。

2. 综合学习与运用知识，培养设计和创新实践能力。

16.1　基本技能训练

16.1.1　复杂工程问题内涵

2006年我国开始工程教育专业认证，它以工程教育国际接轨为突破口，强化内涵发展，提高质量，发挥了重要的引领和示范作用，促进了教育观念更新、标准意识建立、质量意识强化。2016年6月，我国成为《华盛顿协议》的第18个正式成员，为我国的高等教育带来了机遇和挑战。《华盛顿协议》以培养工程师的国际标准为准则，运用国际先进教学理念，全面提高工程教育人才培养质量，以推动工程教育的发展。对标《华盛顿协议》，全面制定的我国本科《工程教育认证标准》，对工程教育人才培养提出了新的要求，要提高学生分析问题能力、解决问题能力、沟通能力、操作使用现代工具能力、终身学习能力等，尤其是培养本科生解决复杂工程问题的能力。

1. 《华盛顿协议》对"复杂工程问题"的界定

《华盛顿协议》中对"复杂工程问题"给出了明确的定义及界定。在7个特征中，第1条是必备的，它指出了复杂工程问题的本质；第2~7条是可选的，可以看作复杂工程问题的表象。"复杂工程问题"基本特征如下：

1）必须运用深入的工程原理，经过分析才可能得到解决。

2）涉及多方面的技术、工程和其他因素，相互可能有一定冲突。

3）需要通过建立合适的抽象模型才能解决，在建模过程中需要体现出创造性。

4）不是仅靠常用方法就可以完全解决的。

5）问题中涉及的因素可能没有完全包含在专业工程实践的标准和规范中。

6）问题相关各方利益不完全一致。

7）具有较高的综合性，包含多个相互关联的子问题。

2. 《工程教育认证标准》（2022 版）对"复杂工程问题"的基本定位

与《华盛顿协议》的 7 个特征等效，我国的《工程教育认证标准》对本科生毕业标准也提出了 12 条要求。

（1）**工程知识**　能够将数学、自然科学、工程基础和专业知识用于解决复杂工程问题。

（2）**问题分析**　能够应用数学、自然科学和工程科学的基本原理，识别、表达并通过文献研究分析复杂工程问题，以获得有效结论。

（3）**设计/开发解决方案**　能够设计针对复杂工程问题的解决方案，设计满足特定需求的系统、单元（部件）或工艺流程，并能够在设计环节中体现创新意识，考虑社会、健康、安全、法律、文化以及环境等因素。

（4）**研究**　能够基于科学原理并采用科学方法对复杂工程问题进行研究，包括设计实验、分析与解释数据，并通过信息综合得到合理有效的结论。

（5）**使用现代工具**　能够针对复杂工程问题，开发、选择与使用恰当的技术、资源、现代工程工具和信息技术工具，包括对复杂工程问题的预测与模拟，并能够理解其局限性。

（6）**工程与社会**　能够基于工程相关背景知识进行合理分析，评价专业工程实践和复杂工程问题解决方案对社会、健康、安全、法律以及文化的影响，并理解应承担的责任。

（7）**环境和可持续发展**　能够理解和评价针对复杂工程问题的专业工程实践对环境和社会可持续发展的影响。

（8）**职业规范**　具有人文社会科学素养、社会责任感，能够在工程实践中理解并遵守工程职业道德和规范，履行责任。

（9）**个人和团队**　能够在多学科背景下的团队中承担个体、团队成员以及负责人的角色。

（10）**沟通**　能够就复杂工程问题与业界同行及社会公众进行有效沟通和交流，包括撰写报告和设计文稿、陈述发言、清晰表达或回应指令，并具备一定的国际视野，能够在跨文化背景下进行沟通和交流。

（11）**项目管理**　理解并掌握工程管理原理与经济决策的方法，并能在多学科环境中应用。

（12）**终身学习**　具有自主学习和终身学习的意识，有不断学习和适应发展的能力。

12 条毕业要求中，提到"复杂工程问题"的要求就有 8 条，而余下 4 条要求则提到了"跨文化背景下""多学科背景下"和"多学科环境中"等，均与"复杂工程问题"相关。其中，8 条毕业要求彼此并不孤立，而是相互联系的。第 1、6、7、10 条毕业要求是前提，是培养"解决复杂工程问题能力"所需的知识、素养；第 2、4、5 条毕业要求是方法论的组成部分，是对"复杂工程问题"进行分析、研究的方法；第 3 条毕业要求是解决"复杂工程问题"的方法论和能力核心，是解决"复杂工程问题"所提的能力要求。不管是前四项毕业要求，还是后三项毕业要求，均为第 3 项毕业要求作支撑。

以上 12 条毕业要求是明确、具体的。第 1 条的"工程知识"毕业要求，明确了"掌握""理解"和"了解"的程度，是必须能"解决复杂工程问题"；第 4 条的"研究"毕业要求，指出"研究"不只是简单的动手和实践，而是在基于基本理论的基础上，构建实验环境、设计实验环节、操作实验步骤、采集实验数据，有效分析和解释数据，得出综合结果，提出有效结论。"研究"是一个不断发现问题、分析问题及解决问题的过程，即"解决复杂工程问题"的过程。因此，《工程教育认证标准》（2022 版）中的 12 条毕业要求与"解决复杂工程问题"能力的要求是一致的。

16.1.2　工程训练中的复杂工程问题内涵

学生解决复杂工程问题能力的培养必须通过整体培养体系来实现，要将其分解、落实到培养的每个环节。落实"解决复杂工程问题能力培养"的支撑环节包含了理论课程内容安排、理论教学活动开展、理论教学活动评价、实践教学内容安排、实践教学活动开展以及实践教学活动评价等。从其中可以看出，实践教学是落实"解决复杂工程问题能力培养"的关键环节，而工程训练正是高等院校实践教学活动实施的重要载体。所以，培养学生解决复杂工程问题能力，对工程训练实践教学也提出了更进一步的要求：

1）必须运用深入的工程原理经过分析才可能解决。这就要求工程训练实践教学要让学生在理论指导下开展实践，不仅使他们经历相应的实践，而且还要在实践中加强对相关原理的理解，并能更好地掌握相应的思想和方法。基于"深入的""基本原理"，经过"分析"等要求，从另一个角度清晰地提出了本科教育的基本追求——"学会"，即"教"不等于"学"，"学"不等于"会"，"学会"的标准就是"会用"。

2）需求涉及多方面的技术、工程和其他因素，并可能相互有一定冲突。这就要求工程训练课程体系和课程内容需要包括本学科专业内容以及有关应用领域相关内容；同时相应的工程训练教学内容要包含多因素、多技术，让学生学会自主选择和折中、借鉴和综合，学习从全局的角度考虑问题。

3）需要通过建立合适的抽象模型才能解决，在建模过程中需体现创造性。培养学生理解抽象模型、能够根据实际需要选择抽象模型、通过形式化处理用抽象模型表示问题（系统的状态和状态的变化规律）、构建抽象模型。基于抽象模型进行工程实践，通过"动手"的方式加深和运用所学知识，能够从工程实践、工程训练实践中抽象出理论模型，解决问题。

4）不是仅靠常用方法就可以完全解决。这一条与第 3 条和第 5 条表现出了复杂工程问题求解的创造性。这就要求在工程训练实践过程中，要注重从"验证性"实践开始，更多地强调"综合性"实践、"设计性"实践，让学生逐渐递进地在可完成的层面上学会根据目标、基于原理寻求方法，实现问题的求解。

5）问题中涉及的因素可能没有完全包含在专业标准和规范中。虽然"问题中涉及的因素可能没有完全包含在专业标准和规范中"，但问题求解都是符合"基本原理"的，要求学生能够根据工程实际，在工程训练教学中灵活运用所学，同时考虑工程与相关的社会、环境、伦理、道德等，统筹地、创造性地考虑问题求解。

6）问题相关各方利益不完全一致。主要是利益均衡与折中，局部优化和全局优化，局部服从于全局。

7）**具有较高的综合性，包含多个相互关联的子问题**。这体现了问题和系统的规模、难度、复杂度、综合性。强调培养学生的系统观，使学生能站在系统的高度，以系统的视角去看问题，去适应错综复杂的"场面"，并实现问题的系统求解，不至于陷于局部，也不至于只能针对一些特定现象而忽略了整个问题空间。

从以上 7 点可以看出，解决工程训练中的复杂工程问题，需要学生能够灵活、综合、创造性地应用所学，对其进行包括创新意识、创新能力在内的培养。故此，工程训练中复杂工程问题特征如下：

1）必须利用较复杂的加工工艺才可能得到解决。

2）涉及多方面的操作技能和其他因素，并可能相互有一定冲突。

3）需要构建合理化、创新型的模型或结构才能解决。

4）不能仅靠理论方法去解决，要靠实践去验证。

5）问题相关各方利益不完全一致。

6）具有较高的综合性，包含多个相互关联的子问题。

工程训练中的复杂工程问题的内涵如图 16-1 所示。

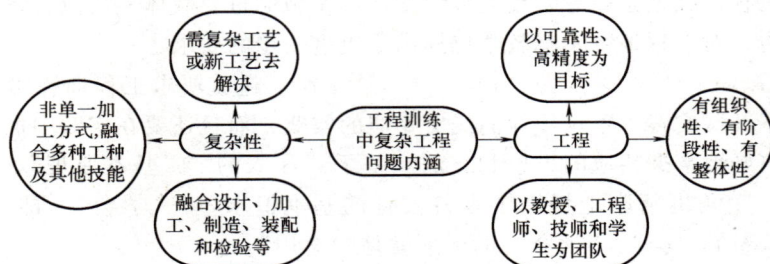

图 16-1　工程训练中的复杂工程问题的内涵

16.1.3　工程训练基本技能训练实例

机械制造过程是机械产品从原材料开始到成品之间各相互关联劳动过程的总和。它包括毛坯制造、零件机械加工、热处理以及机器的装配、检验、测试和油漆包装等主要生产过程，也包括专用夹具和专用量具制造、加工设备维修、动力供应（电力供应、压缩空气、液压动力以及蒸汽压力的供给等）。

工艺过程是指在生产过程中，通过改变生产对象的形状、尺寸、相互位置和性质等，使其成为成品或半成品的过程。机械产品生产工艺过程又可分为铸造、锻造、冲压、焊接、机械加工、热处理、装配和涂装等。其中与原材料变为成品直接有关的过程称为直接生产过程，是生产过程的主要部分；而与原材料变为产品间接有关的过程，如生产准备、运输、保管、机床与工艺装备的维修等，称为辅助生产过程。

工程训练实践过程是学生在真实工程环境下感受工业生产的生产过程与氛围，并在特定的工程实践环境中对学生进行机械、电子、信息及其系统等高度综合的融工程设计、制造、管理、创新等环节为一体的"全程"工程训练过程。通过基本技能训练，将有关机械制造的基本工艺知识、基本工艺方法和基本工艺实践等有机结合起来，锻炼基本的实践操作技能；通过创新实践训练，将独立设计、独立制作和综合训练有机融合起来，并在求新、求变和反复归纳与比较中丰富知识、锻炼能力，从而提高学生的综合素质，培养创新精神和创新能力；通过综合实践训练，将有关新工艺、新材料在现代机械制造工程中的应用进行有机综合，拓宽工程视野，进行工程实践综合能力训练及思想品德和素质的培养与锻炼。

1. 典型机械制造产品训练实例——锤子

锤子是典型的多工种协作加工的产品，它包含了锤头与锤柄两部分。锤子所涵盖的基本技能训练有车工、刨工、铣工和钳工等，是一个综合性较高的技能训练项目。在工程训练中，锤子的加工包含识读零件图、分析加工工艺路线、加工制造、装配与检验等环节。锤子的基本技能训练要素见表16-1。

表 16-1　锤子的基本技能训练要素

序号	锤子零件图样	名称	训练工种	要素	基本技能	复杂工程问题特征	
1		锤柄	车工	工程素养	机床使用安全知识学习、基本素养培养	2)	1)、2)、4)、5)
				设备及工具	车床及车床附件认知训练、测量工具认知训练	2)	
				实践操作	车工基本技能训练 创新结构设计训练	1)、4)、5)	
				质检	测量工具基本使用技能训练	6)	
2		锤头毛坯	铣工刨工	工程素养	机床使用安全知识学习、基本工程素养培养	2)	1)、4)、5)
				设备及工具	铣床和刨床及机床附件认知训练、测量工具认知训练	2)	
				实践操作	铣工基本技能训练 刨工基本技能训练	1)、4)	
				质检	测量工具基本使用技能训练	6)	
3		锤头加工	钳工	工程素养	钳工工具使用安全知识学习、基本素养培养	2)	1)、2)、4)、5)
				设备及工具	钳工工具认知训练、测量工具认知训练	2)	
				实践操作	钳工基本技能训练 创新结构设计训练	1)、2)、4)、5)	
				质检	测量工具基本使用技能训练	6)	
4		锤子装配	装配检验	工程素养	装配工具使用安全知识学习、基本素养培养	2)	1)、2)、4)、5)
				设备及工具	装配工具认知训练、测量工具认知训练	2)	
				装配	钳工基本技能训练、装配工艺基本技能训练	1)、4)	
				质检	测量工具基本使用技能训练	6)	
				成本	成本分析能力训练	5)	

全表复杂工程问题特征：1)、2)、3)、4)、5)、6)

2. 典型铸造产品训练实例——小飞机

铸造是现代制造工业的基础工艺之一，大致分为普通砂型铸造和特种铸造，例如发动机的缸盖、飞机发动机的叶片和精美的艺术品等。对于形状比较复杂的零件，铸造则是既实用又经济的选择。优质铸件不仅可以提高自身的质量，而且可以改善整个产品的性能。工程训练中的小飞机模型大都是砂型铸造的产品。精致的小飞机模型是以良好的铸造技能为基础的，良好的铸造技能一方面能保证获得优质的小飞机模型，另一方面也可以降低小飞机模型的废品率，提高生产率。小飞机的基本技能训练要素见表16-2。

表 16-2 小飞机的基本技能训练要素

序号	小飞机零件图样	要素	基本技能	复杂工程问题特征	
1		工程素养	铸造安全知识学习、基本素养培养	2)	
2		设备及工具	铸造工具认知训练	2)	1)、2)、3)、4)、5)、6)
3		铸造工艺	铸造基本技能训练、铸造工艺流程训练	1)、3)、4)	
4		质检	缺陷的检验与分析能力训练	6)	
5		成本	成本分析能力训练	5)	

16.1.4 工程实践能力历练——复杂工程问题训练

以微型颗粒物料输送装置为例，学生以小组形式，通过调研、设计、加工制作、装配、调试、检验、答辩和撰写报告等实践环节，共同协作完成一个颗粒物料输送装置。通过对此项"复杂工程问题"实例的训练，让学生体验产品生产的全过程，也锻炼学生动手实践能力、发现与解决问题能力和创新能力。颗粒物料输送装置的复杂问题解决过程见表16-3。

表 16-3 颗粒物料输送装置的复杂问题解决过程

序号	模 型	问题	知识与技能
1		社会需求分析	通过调研、文献研究以及某些实验数据的总结分析，汇总信息，对提出的复杂问题得出有效的结论
2		方案设计	应用数学、自然科学、工程原理和工程专业知识解决复杂工程问题，设计其初步方案
3		与环境的和谐发展	融合公共健康、安全、文化、环境等要素，达到解决复杂工程问题的同时与环境和谐发展
4		方案优化	考虑适当的技术，优化满足需求的系统、构成部件及工艺流程
5		团队分工	组建各专业、不同技术的团队，使团队成员各司其职，发挥最大功能

（续）

序号	模　型	问题	知识与技能
6		产品方案	运用成熟的技术进行详细结构设计，并以工程图形式呈现出来
7		编写工艺流程	熟悉不同加工技术的特点，编写工艺流程图，以便于零部件的加工制作
8		加工制作	熟练掌握每类设备的操作技能，以完成每个零部件的生产
9		装配调试	运用钳工工作台对零部件进行装配，并在真实环境中进行实践验证
10		质量检验	对整体产品进行检验，测试产品性能
11		成本分析	对产品进行成本分析
12		撰写工程文件和报告	运用现代工具及软件对"复杂工程问题"全过程进行总结，理清思路，深度思考与学习，以此达到交流、沟通、探讨的目的

　　锤子、铸件小飞机、微型颗粒物料输送装置等，典型训练实例产品的设计、加工、制造、装配和检验等环节，让学生置身于真实的工业环境和工程背景，在实践过程中提高工程实践能力。在工程实践能力历练过程中，不仅要掌握基础知识、基本操作和基本技能，还要在基本技能实践中培养创新创造意识和能力，具有精益求精的工匠精神，初步培养解决复杂工程问题的能力。

16.2　工程创客训练

16.2.1　创新理论

　　人类发展及科学技术进步中的每一次重大跨越和重要发现都与思维创新、方法创新、工具创新密切相关。离开了"创新"，人类社会不可能向前迈进，科学技术也不可能有实质性的进步。可以说，"创新"已经成为现代社会发展与进步的基本动力。

　　创新是人人都有的一种潜在的能力，而且这种能力可以通过一定的学习和训练得到激发和提升。同时，创新是有规律可循的。人类在解决工程技术问题时所采用的方法都是有规律的，并且这些规律可通过总结和学习加以掌握和应用。

1. 创新的基本概念

　　创新（Innovation）的含义是更新、变革、制造新事物。从社会发展的角度看，创新是指人们为了发展的需要，运用已有的知识和信息，不断突破常规，发现或构造某种新颖、独特的社会价值或个人价值的新事物、新思想的活动。创新的本质是突破，即突破旧的思维定式、旧的常规戒律。创新活动的核心是"新"，它或者是产品的结构、性能和外部特征的变革，或者是造型设计、内容的表现形式和手段的创新，或者是内容的丰富和完善。创新的内涵十分丰富，从新的构思、概念、决策、方法、设计到他们在实践中运用的过程，都是创新的具体表现形式。创新的成果体现在思维形态时，即认识成果；体现在创新思维成果应用于实践所获得的创新实践成果时，即事实成果。

如果给创新下一个严谨的定义，应该是：创新是指以现有的思维模式提出有别于常规或常人思路的见解为导向，利用现有的知识和物质，在特定的环境中，本着理想化需要或为满足社会需求，改进或创造新的事物、方法、路径、环境，并能获得一定有益效果的行为。

2. 创新的基本特征

创新的基本特征包括：明确的目的性；价值取向性；新颖性；高风险、高回报性，如图 16-2 所示。

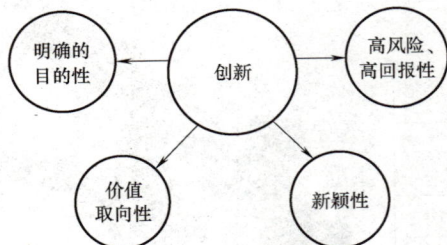

图 16-2　创新的基本特征

（1）明确的目的性　人类的创新活动是一种有特定目的的生产实践活动。一个产品的创新要以顾客需求为目的，只有始终把自己的服务对象——顾客的需求和市场的需要作为企业创新的终极目标，设身处地为顾客着想，想方设法使自己的产品和服务为顾客带来更多方便、更多价值和更高效率，这样的创新才有生命力。例如，现在普通的雨衣下摆总爱贴在裤腿上，雨水就会流到雨靴里，人们越发不爱使用雨衣。充气雨衣在普通雨衣的下摆边上添装一条可充气的、适当粗细的塑料管子，使用时在管子中吹气，雨衣下摆就被撑起，避免裤腿和雨靴被淋湿，如图 16-3 所示。

图 16-3　充气雨衣

（2）价值取向性　价值是客体满足主体需要的属性，是主体根据自身需要对客体所作的评价。创造的目的性使创新活动必然有自己的价值取向。创新活动的成果满足主体需要的程度越大，其价值越大。一般来说，有社会价值的成果将有利于社会的进步，如伦琴射线与 X 射线透视。

（3）新颖性　新颖性，简单理解就是"前所未有"。用新颖性来判断劳动成果是否是创新成果时，有两种情况：一是主体能产生出前所未有成果的特点，科学史上的原创性成果，大多属于这一类，这是真正高水平的创新；二是指创新主体能产出相对于另外的创新主体来说具有新思想的特点。

（4）高风险、高回报性　技术创新活动涉及许多相关环节和众多影响因素，从而使创新结果呈现随机性，这意味着技术创新带有较大的风险性。技术创新之所以是一项高风险的活动，是因为技术创新需要相应的投入，而且这种投入有时不只局限于技术的研究开发，还可能延伸到生产经营管理阶段和市场营销阶段。这些投入能否顺利实现价值补偿，受到许多不确定因素的影响，既有来自技术本身的不确定性，也有来自市场、社会、政治等的不确定性，这就可能使技术创新的投入难以得到回报。

3. 创新思维方式

创新思维是在客观需要的推动下，以新获得信息和以储存的知识为基础，综合运用各种思维形态或思维方式，对各种信息、知识的匹配与组合，或者从中选出解决问题的最优方案，或者系统地加以综合，或者借助于类比、直觉等创造出新办法、新概念、新形象和新观点，从而使认识或实践取得突破性进展的思维活动。创新思维方式就是从创新活动中总结、提炼、概括出来的具有方向性、程序性的思维模式。

（1）发散思维与收敛思维

1）发散思维。发散思维由美国心理学家吉尔福特提出，是对同一问题从不同层次、不同角度、不同方向进行探索，从而提供新结构、新点子、新思路或新发现的思维过程，如图16-4所示。

发散思维的具体形式包括用途发散、功能发散、结构发散和因果发散等。

2）收敛思维。收敛思维是将各种信息从不同的角度和层面聚集在一起，尽可能利用已有的知识和经验，将各种信息重新组织和整合，实现从开放的自由状态向封闭的点进行思考，从不同的角度和层面，把众多的信息和解题的可能性逐步引导到条理化的逻辑序列中，以产生新的想法，寻求相同目标和结果的思维方法，形成一个合理的方案，如图16-5所示。

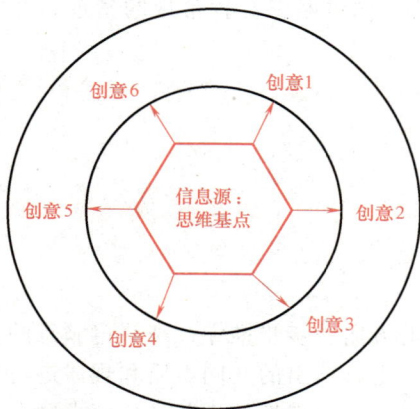

图16-4　发散思维

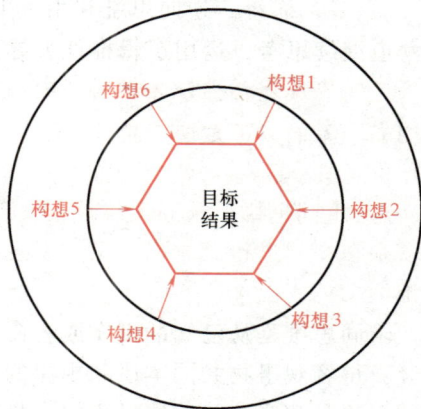

图16-5　收敛思维

在收敛思维过程中，要想准确地发现最佳的方法或方案，必须综合考察各种发散思维的成果，并对其进行归纳、分析和比较。收敛式综合并不是简单的排列组合，而是具有创新性的整合，即以目标为核心，对原有的知识从内容到结构上进行有目的的评价、选择和重组。

（2）横向思维与纵向思维

1）横向思维。横向思维是由爱德华·德·波诺于1967年在《水平思维的运用》中提出的。横向思维从多个角度入手，改变解决问题的常规思路，拓展解决问题的视野，从而使难题得到解决，在创造活动中发挥着巨大作用。

在横向思维过程中，首先确定时间概念上的范围，然后在这个范围内研究各方面的相互关系，使横向比较和研究具有更强的针对性。横向思维对事物进行横向比较，即把研究客体放到事物的相互联系中去考察，可以充分考虑事物各方面的相互关系，从而揭示出不易觉察的问题。横向思维突破问题的结构范围，是一种开放性思维，思维过程中将事物置于很多的事物、关系中进行比较，从其他领域的事物获得启示，从而得到最终的结果。

2）纵向思维。纵向思维广泛应用于科学和实践中。事物发展的过程性是纵向思维得以形成的客观基础，任何一个事物都要经历一个萌芽、成长、壮大、发展、衰老和死亡的过程，并且在这个发展过程中可捕捉到事物发展的规律性，纵向思维就是对事物发展过程的反映。纵向思维按照由过去到现在、由现在到将来的时间先后顺序来考察事物。

纵向思维对未来的推断具有预测性，纵向思维的预测结果可能符合事物发展的趋势。在现实社会中，通过对事物现有规律的分析来预测未知的情况相当普遍，纵向思维方法在气象预测、地质灾害预测等领域应用广泛，对于指导人们的行为、决策和规划起着较大的作用。

（3）正向思维与逆向思维

1）正向思维。正向思维是人们最常用到的思维方法。正向思维法是在对事物的过去和现在的充分分析的基础上，推知事物的未知部分，提出解决方案。

正向思维具有如下特点：在时间维度上与时间的方向一致，随着时间的推进进行，符合事物的自然发展过程和人类认识的过程；认识具有统计规律的现象，能够发现和认识符合正态分布规律的新事物及其本质；面对生产生活中的常规问题时，正向思维具有较高的处理效率，能取得很好的效果。

2）逆向思维。逆向思维利用了事物的可逆性，从反方向推断，寻找常规的岔道，并沿着岔道继续思考，运用逻辑推理去寻找新的方法和方案。

逆向思维在各种领域和活动中都有适用性。无论哪种方式，只要从一个方面想到与之对立的另一方面，都是逆向思维。

（4）求同思维与求异思维

1）求同思维。求同思维是指在创造活动中，把两个或两个以上的事物，根据实际的需要联系在一起进行"求同"思考，寻求它们的结合点，然后从这些结合点中产生新创意的思维活动。

求同思维是从已知的事实或者命题出发，沿着单一的方向一步步推导，来获得满意的答案。获得客观事物共同本质和规律的基本方法是归纳法，把归纳出的共同本质和规律进行推广的方法是演绎法。这些过程中，肯定性的推断是正面求同，否定性的推断是反面求同。求同思维进行的是异中求同，只要能在事物间找出它们的结合点，基本上就能产生意想不到的结果。组合后的事物所产生的功能和效益，并不等于原先几种事物的简单相加，而是整个事物出现了新的性质和功能。

2）求异思维。求异思维是指对某一现象或问题，进行多起点、多方向、多角度、多原则、多层次、多结果的分析和思考，捕捉事物内部的矛盾，揭示表象下的事物本质，从而选择富有创造性的观点、看法和思想的一种思维方法。

遇到重大难题时，采用求异思维，常能突破思维定式，打破传统规则，寻找到与原来不同的方法和途径。求异思维在经济、军事、创造发明和生产生活等领域应用广泛。求异思维的客观依据是任何事物都有的特殊本质和规律，即特殊矛盾表现出的差异性。要采取求异思维法，必须积极思考和调动长期积累的社会感受，给人们带来新颖的、独创的、具有社会价值的思维成果。

4. 创新设计技法

创新设计技法是根据创新思维发展规律总结出的发明创造的一些原理、技巧和方法，按思维方式相近的原则分类，见表16-4。

表16-4 创新设计技法分类

名称	内容
设问检查型技法	奥斯本检核表法、5W2H法、设问法等
组合型技法	主体附加法、二元坐标法、焦点法、形态分析法等
逆向转换型技法	重点转移与问题逆转法、还原分析法、缺点列举法

（续）

名称	内容
分析列举型技法	特性列举法、缺点列举法、希望点列举法、成对列举法
联想类比法	综摄法、移植法、仿生学法、动作类比法等
智力激励法	头脑风暴法

（1）形态分析法　形态即形式及状态，指事物存在的形貌或在一定条件下的表现形式。"形态"作为事物外在的表现形式，它是可以把握、感知、理解的。事物形态分两大类：一类是"物"的形态，既包括自然界中自然存在的和通过工程建造得到的有形物的形态，也包括物质的存在形式，如气态、液态和固态；另一类是社会中一些想象的存在形式，如意识形态是指人的大脑对事物反映的主观印象形式。

形态分析法是根据形态学来分析事物的方法，是瑞典天文物理学家卜茨维基于1942年提出的，其特点是把研究对象或问题，分为一些基本组成部分，然后对某一个基本组成部分进行单独处理，分别提供各种解决问题的办法或方案，最后形成解决整个问题的总方案。

（2）智力激励法　智力激励法又称头脑风暴法，它的创建者是创造工程学的奠基者奥斯本（Osborne），该法是利用群体思维的互激效应，针对专门问题进行集体创造活动的方法。智力激励是一个充分发挥人的主观能动性的横向思维过程。敞开思想是智力激励的突出特点。智力激励法的实施流程，如图16-6所示。

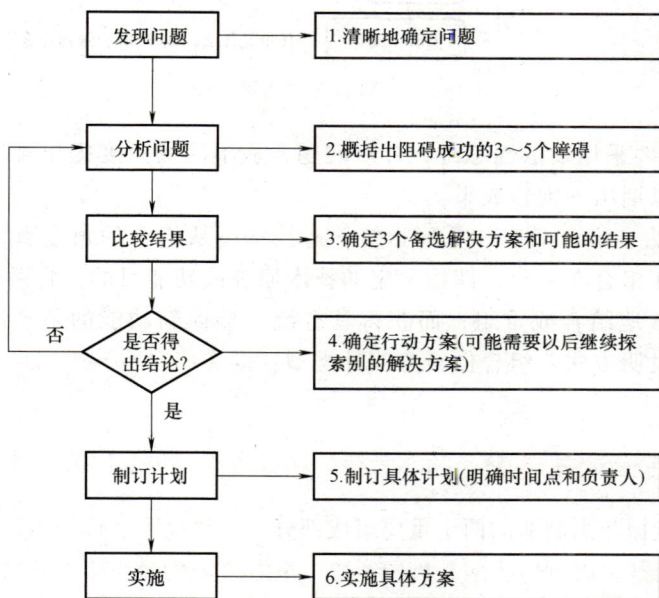

图16-6　智力激励法的实施流程

（3）类比法　类比法又称比较类推法，是指出一类事物所具有的某种属性推测与其相似的事物是否具有这种属性的推理方法，也可以说是根据两个或两类对象之间，在某些方面的相同或相似，而推出它们在其他方面也可能相同的一种思维方式和逻辑方法。类比法的特点是异中求同、同中求异，在追求相似结论过程中激发人的想象力，提出创造性方案。

根据不同的形式，可将类比法具体分为：拟人类比、因果类比、原理类比、直接类比、幻想类比、仿生类比、对称类比、综合类比等。例如，"电生磁""磁生电"的物理内涵，揭示出电和磁之间呈现出一种优美的对称关系；人们分析了鸟类翅膀的构造，发现鸟类飞翔的秘密以及产生升力的原因，于是设计出了飞机等。

（4）设问检查型技法　设问在深化创新思维上有特殊作用，在实践中逐步发展成为一类创造技法，即通过多角度提出问题，从问题中寻找思路，进而做出选择并深入开发创造性设想的创造技法。

1）5W2H 法。用五个以 W 开头的英语单词和两个以 H 开头的英语单词进行设问，发现解决问题的线索，寻找发明思路，进行设计构思，从而进行发明创造。5W2H 法的基本内容，如图 16-7 所示。

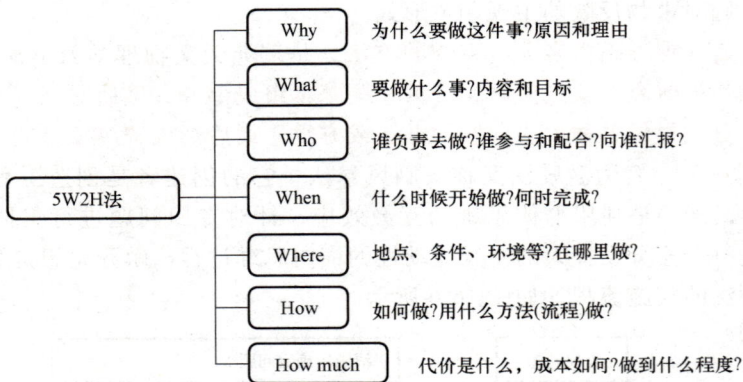

5W2H法		
	Why	为什么要做这件事?原因和理由
	What	要做什么事?内容和目标
	Who	谁负责去做?谁参与和配合?向谁汇报?
	When	什么时候开始做?何时完成?
	Where	地点、条件、环境等?在哪里做?
	How	如何做?用什么方法(流程)做?
	How much	代价是什么,成本如何?做到什么程度?

图 16-7　5W2H 法的基本内容

2）设问法。主要采用发散性思维，针对问题，从不同的角度提出疑问，并将其归纳成几方面进行启发，以期出现创新成果。

（5）组合型技法　组合型技法是重要的创造技法。从组合的角度看，创新就是将人们认为不能组合的东西组合在一起，即按一定的技术原理或功能目的，将两个或两个以上分立的技术要素通过巧妙地结合或重组，而获得具有统一整体新功能的新产品、新材料、新工艺、新技术的创造发明方法。组合创新有四种类型：同类组合、异类组合、主体附加组合和辐射组合。

16.2.2　机械产品设计与装配

设计与装配是机械产品制造的两个重要组成部分。机械设计是机械生产的第一步，是决定力学性能最主要的因素，而机械装配是机械制造中最后决定机械产品质量的重要工艺过程。

1. 机械产品设计

机械产品设计是根据使用要求对机械的工作原理、结构、运动方式、力和能量的传递方式、各个零件的材料和形状尺寸、润滑方法等进行构思、分析和计算并将其转化为具体的描述以作为制造依据的工作过程。

（1）机械产品设计基本流程（图 16-8）

（2）机械产品设计的基本要求　人类设计制造的机械产品种类繁多，大到航空母舰，小到手机、腕表，都有其特定的功能目标。例如，汽车作为运输工具载人载物，电风扇扇动

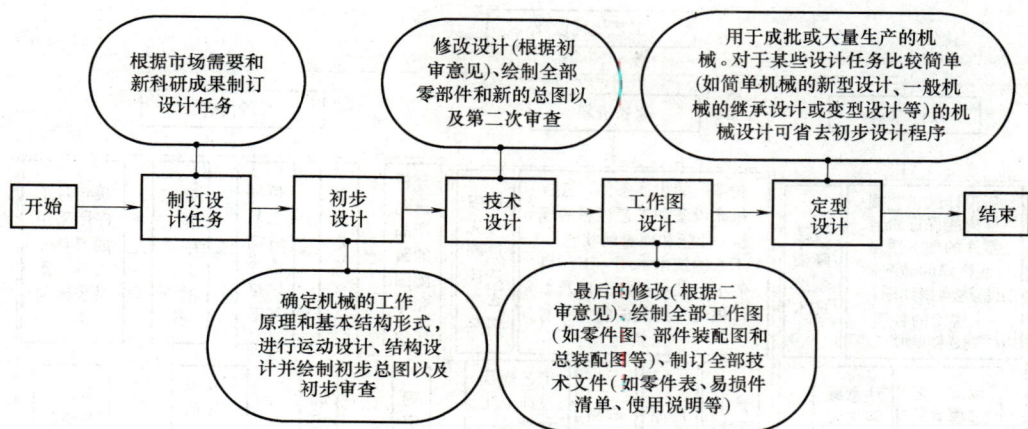

图 16-8　机械产品设计基本流程

空气流动散热，金属切削机床作为切削工具改变零件的形状、尺寸，以加工出符合工程图样要求的零件，最终组装成一种产品。

机械产品的种类繁多，其功能目标各不相同，对产品的要求也因不同产品而异，但基本的目的要求相同。无论是新产品的开发还是老产品的改造，其目的都是为市场提供高质量、高性能、高效率、低能耗、低成本的机电产品，以获取最大的经济效益和社会效益。对机械产品设计的基本要求如图 16-9 所示。

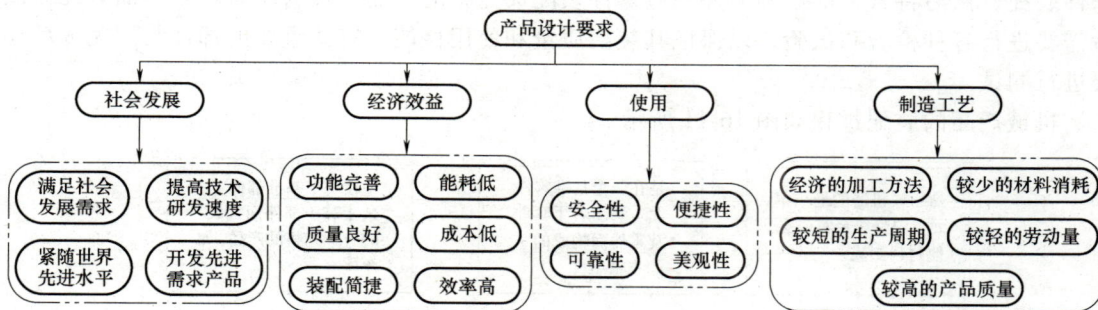

图 16-9　机械产品设计的基本要求

2. 机械产品加工

机械产品加工是指通过一种机械设备对工件的外形尺寸或性能进行改变的过程。在生产过程中，凡是改变生产对象的形状、尺寸、位置和性质等，使其成为成品或者半成品的过程称为工艺过程，它是生产过程的主要部分。工艺过程又可分为铸造、锻造、冲压、焊接、机械加工、装配等工艺过程。机械制造工艺过程一般是指零件的机械加工工艺过程和机器的装配工艺过程的总和，其他过程则称为辅助过程，如运输、保管、动力供应、设备维修等。工艺过程又是由一个或若干个按顺序排列的工序组成的，一个工序由若干个工步组成。

机械产品加工工艺规程设计如图 16-10 所示。

3. 机械产品装配与调试

根据规定的技术要求，将零件或部件进行配合和连接，使之成为半成品或成品的过程，

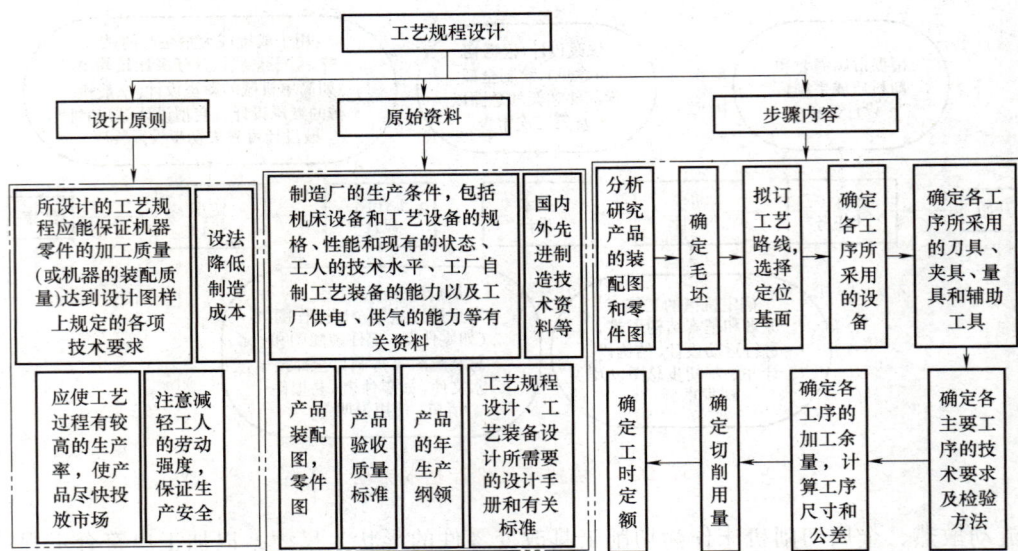

图 16-10　机械产品加工工艺规程设计

称为装配。它包括装配、调整、检验和试验等工作。装配过程使零件、套件、组件和部件间获得一定的相互位置关系，所以装配过程也是一种工艺过程。即使是全部合格的零件，如果装配不当，往往也不能形成质量合格的产品。复杂的产品须先将若干零件装配成部件，称为部件装配；然后将若干部件和另外一些零件装配成完整的产品，称为总装配。产品装配完成后需要进行各种检验和试验，以保证其装配质量和使用性能；有些重要的部件装配完成后还要进行测试。

机械产品的装配过程如图 16-11 所示。

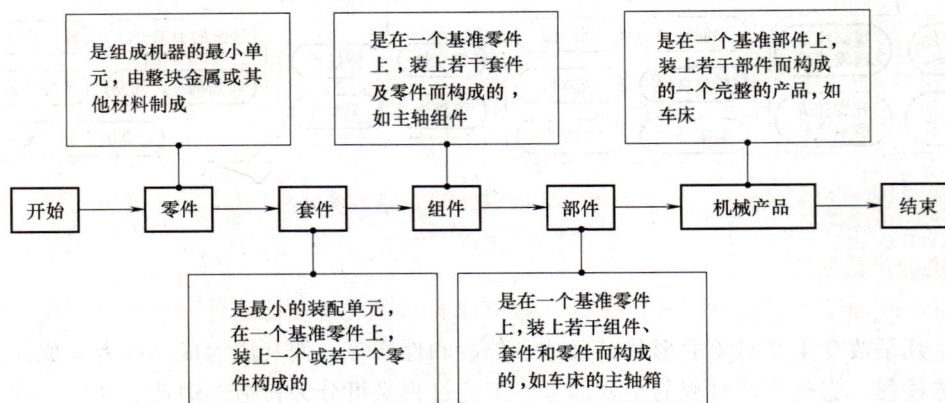

图 16-11　机械产品的装配过程

产品的装配和调试是产品开发过程的后期工作，装配工作对产品质量有重大影响，若装配不当，即使所有零件都合格，也不一定能装配出合格的、高质量的产品。产品装配应按照产品图样和装配工艺规程进行，遵循装配基本原则，采用合理的装配工艺，提高装配质量和效率。

16.2.3 工程实践能力历练——工程创客训练

"工匠精神"是一种职业精神，它是职业道德、职业能力、职业品质的体现，是从业者的一种职业价值取向和行为表现。新时代的"工匠精神"包括爱岗敬业的职业精神、精益求精的品质精神、协作共进的团队精神、追求卓越的创新精神。分布于诸多行业的具有"工匠精神"的顶尖大师在各自行业中倾囊相授、金针度人，培养了一批堪当大任的中青年技术骨干。新时代，更需要树匠心、育匠人，铸就新时期大国工匠，为推进中国制造的"品质革命"提供源源不断的动力。"工匠精神"绝不仅安于"扫一屋"，而是要嵌入到时代澎湃的"制造"和"智造"引擎中。

工匠精神，匠心为本。树匠心是弘扬工匠精神的根本。要坚守初心、执着专注，秉持赤子之心，摒弃浮躁喧嚣，在教学中讲得清、教得好，在学习上听得懂、学得好。工匠精神，匠人为基。育匠人是传承工匠精神的基础。广大青年人才是工匠精神的主要传承者、实践者、创新者。拥有一支技艺超群、敬业奉献的人才队任，是建设制造强国的坚强保障。初心在方寸，匠心在咫尺！

为解决工程知识和能力与产业需求脱节，系统性应对复杂工程问题能力不足，勇担社会责任目标不清、动力不足，合作能力不强，工程师职业素养不高等问题，主动适应新常态下企业对"科学基础厚、工程能力强、综合素质高"的专业人才需求，缩短学校人才培养与企业需求之间最后"一学里"，河北工业大学实验实训中心成立了工程创客训练班。

"工程创客训练"根植于国家"双一流"建设高校——河北工业大学，依托国家级工程训练示范中心、国家级创客中心——工学坊、国家大学科技园，传承学校"兴工报国"办学传统和"工学并举"办学特色，落实"专业精英和社会栋梁"人才培养目标，面向新工科，以企业实际工程项目为牵引，开展全真题、全流程、全实践实战训练。学生通过训练，学习必备的工程知识与技术，掌握需求调研、工程产品创新设计、机械加工与制造、产品装配与调试、零部件采购与成本控制、科技论文写作与知识产权申请等技能，培养应用多学科知识解决复杂工程问题的能力，增强勇于探索的创新意识和团结互助的合作精神，锻炼善于发现问题、分析问题、解决问题的实践能力，提高综合工程素质与职业素养。

1. 工程创客训练班运行机制

教学团队探索多学科交叉融合项目化人才培养模式，坚持"全真题、全流程、全实践"，将企业技术创新需求与跨学科人才培养相结合，将实战训练与企业创新相结合，将理论学习与解决问题相结合，不断进行改革创新和教学实践。工程创客训练班运行机制如图 16-12 所示。

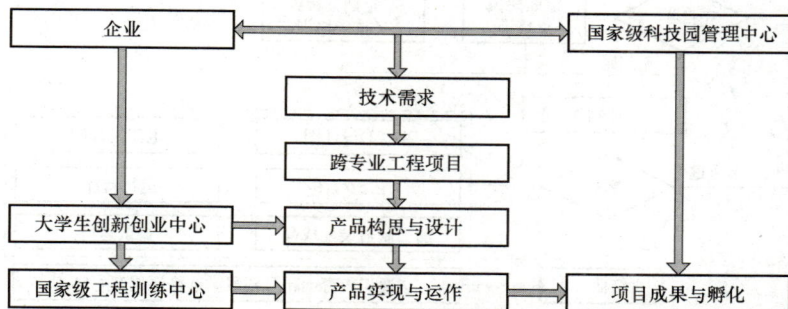

图 16-12 工程创客训练班运行机制

2. 工程创客训练班运行流程

工程创客训练班坚持以学生为中心，通过营造主动创新、创造和创业的环境，以项目为牵引，指导教师引导学生组建团队，构建"自主、合作、探究、实践"的学习路径，通过研讨汇报、动手实践、企业实习、专项指导、专题讲座等多种方式，全方位帮助学生解决在工程产品研制过程中遇到的问题。邀请专家对学生完成的产品进行"问诊把脉"，找出问题，为产品更新迭代提供方向。在整个训练过程中，学生自主学习和实践，反复尝试，主动构建知识框架，增强信心和勇气，创新、创造和创业能力显著提高。工程创客训练班运行流程如图 16-13 所示。

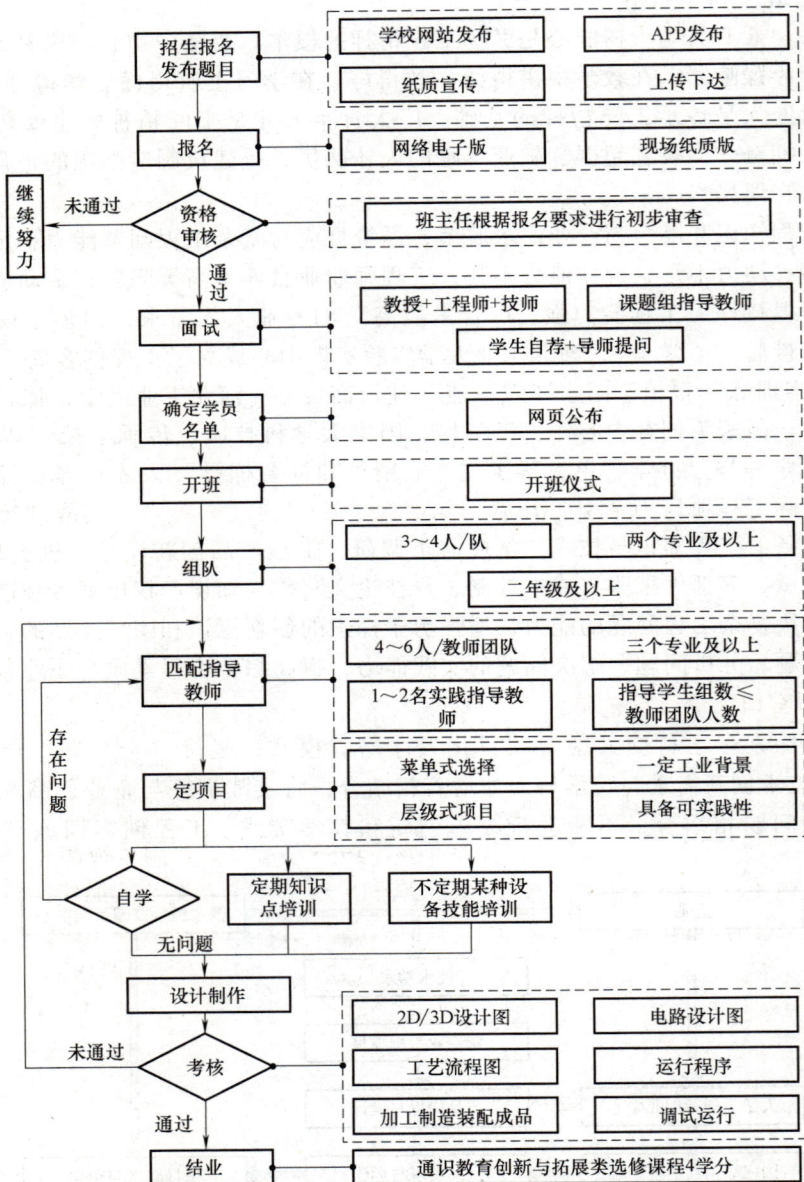

图 16-13　工程创客训练班运行流程

16.3　综合实践训练

综合实践训练是指以项目驱动的方式，以问题为核心，在教师指导下，主动获取知识、应用知识、解决问题的学习活动。与基本技能训练相比，综合实践训练更强调训练过程的亲历和体验，注重知识与技能的融合与应用。综合实践训练是一种研究性训练，是以一种积极的、协作的方式解决一个复杂问题为目的的实践训练，通过项目研究、设计、制作与调试等环节，培养学生的创新能力与实践能力，形成良好的工程素养。

16.3.1　新能源电动车项目

新能源电动车项目以"践行绿色低碳，重温长征故事，迈向强国新征程"为目标，以绿色能源为主题，以新能源车为载体，培养学生绿色低碳生活理念，夯实学生工程实践与创新能力。

新能源车包括太阳能新能源车和生物质能新能源车两个项目。太阳能新能源车采用太阳能发电作为动力，生物质能新能源车利用绿色的生物质能，本项目采用乙醇材料作为燃料，利用温差发电技术来实现。

1.　太阳能/生物质能电动车设计要求

（1）总体要求　学生自主创意设计并制作一台具有方向控制功能的太阳能/生物质能电动车，其外形和结构不做任何限制，但要求外壳方便拆装，车架的最显著位置有一个醒目且直径不小于 $\phi3mm$、不被任何物体遮挡的工艺孔，且与车架固定为一体。该电动车在按照红军长征路线设计的场地上顺序前行，并在规定的标志点进行标记。

（2）具体要求

1）最大外形尺寸满足铅垂方向投影不大于边长为 300mm 的正方形，在规定时间及指定场地上要求与地面接触运行，采用"一键"起动方式。

2）太阳能电动车所用的太阳能电池板/薄膜总面积不大于 $0.1m^2$，其转换电能所用的储能元件为锂电池或超级电容，且用于给电动车供电（生物质能电动车通过体积分数为 95% 的液态乙醇燃烧而获得能量，电动车完成所有动作所用能量全部由生物质能转换而来）。

3）电动车上只有一个电动元器件，即只有一个能把电能转化为机械能的元器件用于驱动该电动车前行，只能采用机械机构实现转向，不能使用任何电控装置控制电动车的转向。

4）电动车上只安装一个读卡器（13.56MHz，14443A 协议），用于检测运行场地上黏贴的 UID 标签（13.56MHz，14443A 协议）及获取相关信息，不能安装其他任何传感器。

5）电动车顶部醒目位置只安装一个 LED 灯，其直径不小于 $\phi8mm$，其显示红色亮光且不被任何物体遮挡；当电动车位于 UID 标签上方时，电动车上的读卡器检测到 UID 标签且 LED 灯亮，则表示标记成功。

6）电动车上应安装语音播报模块，当电动车经过 UID 标签时，播报 UID 标签存储的内容（GB/T 2312—1980），则表示播报标记成功。

2.　场地条件

采用 550 喷绘布（340~350g/m²）印刷，控制在 8000mm×8000mm 正方形平面区域内，边界线距离场地 X、Y 正负方向极限标志点 500mm。场地上的红色圆（$\phi50mm$）/红五角星

（内切圆 ϕ50mm）为红军长征经过的主要地点，红色圆/红五角星上面贴有直径不大于 ϕ40mm、厚度不超过 0.15mm 的 UID 标签。场地起点为红军长征起点瑞金，终点为红军长征胜利的最终落脚点延安。

选用"瑞金""突破第三道封锁线""血战湘江""占领遵义""巧渡金沙江""飞夺泸定桥""爬雪山""过草地""会宁大会师"和"延安" 10 个标志点，依顺序标记。

16.3.2　"智能+"项目

"智能+"项目围绕制造强国战略，坚持基础创新并举、理论实践融通、学科专业交叉、校企协同创新，主要包括智能物流搬运、生活垃圾智能分类两个项目。

1. 智能物流搬运项目

（1）智能物流搬运机器人设计要求　以智能制造的现实和未来发展为主题，自主设计并制作一台按照给定任务自主完成物料搬运的自动定位智能机器人（简称机器人）。机器人能通过扫描二维码或通信方式，领取搬运任务，在指定工业场景内行走与避障，并按任务要求将物料搬运至指定地点并精准摆放（对应色环的颜色及环数或对应二维码、条形码指定的颜色及位置）。

1）功能要求。机器人必须完全自主运行，应具有定位、移动、避障、读取二维码、条形码及无线通信、物料位置和颜色识别、物料抓取与载运、路径规划等功能。

2）电控及驱动要求。机器人所用传感器和电动机的种类及数量不限，机器人需要配备任务码显示装置，显示装置必须放置在机器人上部醒目位置，亮光显示，且不被任何物体遮挡，字体高度不小于 8mm。机器人各机构只能使用电驱动，采用锂电池供电，供电电压不超过 12V。

3）机械结构要求。自主设计并制造机器人的机械部分，除标准件，非标零件应自主设计和制作，不允许使用购买的成品或采用成品套件拼装而成。机器人的行走方式、机械手臂的结构形式均不限制，但从节能角度，设计制作机械结构时，应考虑材料、体积等。

4）外形尺寸要求。机器人（含机械手臂）最大外形尺寸满足铅垂方向投影不大于边长为 300mm 的正方形，高度不超过 400mm。允许机器人结构设计为可折叠形式，但出发之后才可自行展开。

（2）场地条件　场地尺寸为 2400mm× 2400mm 正方形平面区域，周围设有一定高度的挡板，仅作为场地边界标识（颜色和高度不做任何要求），不宜作为寻边、定位等其他任何用途，如图 16-14 所示。

图 16-14　智能物流搬运机器人运行场地示意图

场地地面有 450mm 宽的车道，底色为灰色，机器人只能在车道上行驶，其余区域为亚光白色或黄色等底色。在场地内，设置启停区、原料区、粗加工区、暂存区等。其中启停区为蓝色，用于机器人往返。机器人经过原料区、粗加工区和暂存区完成粗加工物料的搬运过程。

（3）物料情况　物料形状包络在直径为 50mm、高度为 70mm、重约为 50g 的圆柱体中，夹持部分的形状为球体，物料的材料为 ABS 塑料，通过 3D 打印加工获得。物料有红、绿、蓝三种不同颜色（每种颜色两个），被随机放置在原料区的转盘上（每批放置红、绿、蓝物料各一个），物料形状如图 16-15 所示。

（4）任务码　任务码被设置为"1"、"2"、"3"三个数字的组合，如"123"、"321"等。其中，"1"为红色，"2"为绿色，"3"为蓝色。机器人的任务码由两组三位数组成，表示机器人从原料区搬运到粗加工区及从粗加工区搬运到暂存区的顺序，第一组三位数表示第一批三个物料的搬运顺序，第二组三位数表示第二批三个物料的搬运顺序，两组三位数之间以"+"连接，机器人运行中，在每个场地围挡内侧垂直安装 1 个 A4 大小的二维码板（横放），二维码（亚光）位于板的中间，尺寸为 80mm×80mm，用于机器人读取任务码（任务码随机产生）。二维码板中心位置为距离启停区边界 800mm。

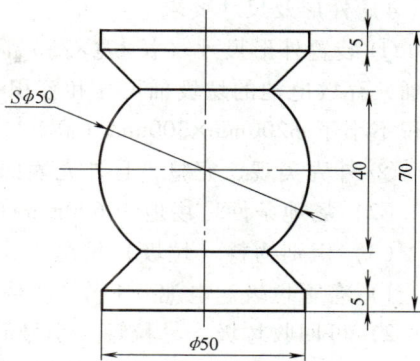

图 16-15　物料形状

2. 生活垃圾智能分类项目

（1）生活垃圾智能分类作品设计要求　自主设计并制作一款外观精致时尚、分类标识简洁醒目的单投入口智能垃圾分类装置，实现"可回收垃圾、厨余垃圾、有害垃圾和其他垃圾"四类城市生活垃圾的智能判别、分类与储存，并能实现对可回收垃圾中可压缩的垃圾进行压缩。

1）功能要求。具有对投入的垃圾自主判别、分类并投放到相应的垃圾桶、垃圾压缩、满载报警、播放自主设计制作的垃圾分类宣传片等功能。不允许采用任何交互手段与分类装置进行通信及控制。具体要求如下：

① 采用传感与检测技术，实现对投放垃圾的自动判别与分类，并自动存放到正确的垃圾存放桶。垃圾箱上部需设计一个固定投入口，用于投入垃圾。

② 每次由一人按照要求，将垃圾通过投入口投至垃圾箱内，不能以任何方式提示垃圾的种类，只能由智能分类箱自动判别与分类，并自动存放到正确的垃圾存放桶中。

③ 对于可回收垃圾，需利用垃圾压缩机构全自动完成压缩动作，禁止人为干预。压缩处理时机不做限定，必须在垃圾分类全部任务完成之前结束。

④ 装置顶面配有一块用于宣传和引导垃圾分类的高亮显示屏，能支持各种格式的视频和图片播放，并能显示垃圾分类过程中的投放顺序、垃圾名称、数量、任务完成提示、满载情况等数据信息。在待机状态时，显示屏能够循环播放自主设计制作的"垃圾分类宣传片"。

2）电控及驱动要求。所用控制系统种类不限，控制系统必须安装在装置内，不能具有无线通信功能；所用传感器和电动机种类及数量不限，鼓励采用 AI 技术；各机构只能使用电压不大于 24V 的锂电池供电，且电池必须安装在装置内部，便于电压测量。所用的识别、分类等传感器不能安装在装置外部。

3）机械结构要求。除标准件，非标零件应自主设计和制造，不允许使用购买的成品套件拼装。

4）外形及尺寸要求。

① 装置外形尺寸（长×宽×高）限制在 600mm×600mm×1000mm 内。配有四个独立的垃圾桶，存放电池的垃圾桶尺寸和容积不小于 ϕ100mm×200mm（高），其余三个垃圾桶尺寸和容积不小于 ϕ200mm×300mm（高）。

② 外壳美观、完整，且外壳表面不能有任何其他装置、零部件等与垃圾分类装置连接。

（2）场地条件　场地为 600mm×600mm 正方形平面区域。

（3）识别物料（垃圾）情况

1）有害垃圾。电池（1号、2号、5号）、过期药品或内包装等。

2）可回收垃圾。易拉罐、小号矿泉水瓶。

3）厨余垃圾。小土豆、切过的白萝卜、胡萝卜，尺寸为电池大小。

4）其他垃圾。瓷片、鹅卵石（小土豆大小）、砖块等。

思 考 题

1. 简述复杂工程问题的内涵。
2. 简述创新的基本概念及常用创新技法。
3. 简述机械产品的装配过程。
4. 简述在工程训练或课程实际过程中如何开展创新设计。

参 考 文 献

[1]　张艳蕊，刘晓微，王明川. 工程训练 [M]. 北京：科学出版社，2013.

[2]　周蔼明. 机械制图 [M]. 上海：同济大学出版社，2012.

[3]　傅水根. 机械制造工艺基础 [M]. 北京：清华大学出版社，2010.

[4]　黄丽明. 金工实习 [M]. 北京：国防工业出版社，2013.

[5]　沙杰. 机械工程实践教程 [M]. 北京：机械工业出版社，2012.

[6]　李鲤，刘善春. 金工实习 [M]. 北京：中国水利水电出版社，2013.

[7]　孔庆华. 金属工艺学实习 [M]. 上海：同济大学出版社，2005.

[8]　王大志. 焊接技术与焊接工艺问答 [M]. 北京：机械工业出版社，2006.

[9]　蒋景革. 国际焊接技术培训教程 [M]. 北京：化学工业出版社，2012.

[10]　张勇. 电阻焊控制技术 [M]. 西安：西北工业大学出版社，2014.

[11]　王宗杰. 熔焊方法及设备 [M]. 2版. 北京：机械工业出版社，2016.

[12]　刘鹏，李阳，郭伟. 焊接质量检验及缺陷分析实例 [M]. 北京：化学工业出版社，2014.

[13]　王平. 车削工艺技术 [M]. 沈阳：辽宁科学技术出版社，2009.

[14]　朱华炳，田杰. 制造技术工程训练 [M]. 北京：机械工业出版社，2013.

[15]　孙以安，鞠鲁粤. 金工实习：机械制造工程基础实践训练 [M]. 上海：上海交通大学出版社，2005.

[16]　王俊勃. 金工实习教程 [M]. 北京：科学出版社，2007.

[17]　芮延年，卫瑞元. 机械制造装备设计 [M]. 北京：科学出版社，2017.

[18]　胡庆夕，张海光，徐新成. 机械制造实践教程 [M]. 北京：科学出版社，2017.

[19]　刘元义. 工程训练 [M]. 北京：科学出版社，2016.

[20]　叶云，郝晓东，周慧珍. 金工实习教程 [M]. 北京：化学工业出版社，2016.

[21]　徐鸿本，曹甜东. 车削工艺手册 [M]. 北京：机械工业出版社，2011.

[22]　史文杰，顾伟强. 金工实训教程 [M]. 北京：机械工业出版社，2013.

[23]　张力重，王志奎. 图解金工实训 [M]. 2版. 武汉：华中科技大学出版社，2011.

[24]　周梓荣. 金工实习 [M]. 北京：高等教育出版社，2011.

[25]　祝小军，文西芹. 工程训练 [M]. 3版. 南京：南京大学出版社，2016.

[26]　赵忠魁，张元彬. 工程训练教程 [M]. 北京：化学工业出版社，2014.

[27]　李志乔. 铣削加工速查手册 [M]. 北京：机械工业出版社，2010.

[28]　高琪. 金工实习核心能力训练项目集 [M]. 北京：机械工业出版社，2012.

[29]　李兵，吴国兴，曾亮华. 金工实习 [M]. 武汉：华中科技大学出版社，2015.

[30]　董丽华. 金工实习实训教程 [M]. 北京：电子工业出版社，2006.

[31]　冯俊，周郴知. 工程训练基础教程 [M]. 北京：北京理工大学出版社，2007.

[32]　孙京平，魏伟. 互换性与测量技术基础 [M]. 北京：中国电力出版社，2009.

[33]　李国琴. AutoCAD2006绘制机械制图训练指导 [M]. 北京：中国电力出版社，2006.

[34]　何鹤林. 金工实习教程 [M]. 广州：华南理工大学出版社，2006.

[35]　杨树川，董欣. 金工实习 [M]. 武汉：华中科技大学出版社，2013.

[36]　刘胜青，陈金水. 工程训练 [M]. 北京：高等教育出版社，2005.

[37]　郭术义. 金工实习 [M]. 北京：清华大学出版社，2011.

[38]　朱民. 金工实习 [M]. 3版. 成都：西南交通大学出版社，2016.

［39］ 周哲波．金工实习指导教程［M］．北京：北京大学出版社，2013．

［40］ 邓奕．数控机床结构与数控编程［M］．北京：国防工业出版社，2006．

［41］ 葛新锋，张保生．数控加工技术［M］．北京：机械工业出版社，2016．

［42］ 王兵，张大林，彭霞．数控加工与编程［M］．武汉：华中科技大学出版社，2017．

［43］ 崔元刚．数控机床及加工技术［M］．北京：北京理工大学出版社，2016．

［44］ 孙付春，李玉龙，钱扬顺．工程训练［M］．成都：西南交通大学出版社，2017．

［45］ 李双寿，杨建新．金属工艺学实习教材［M］．5版．北京：高等教育出版社，2023．

［46］ 朱华炳，李晓东．工程训练［M］．北京：清华大学出版社，2023．

［47］ 李培根，高亮．智能制造概论［M］．北京：清华大学出版社，2021．

［48］ 郑志军．新工科工程训练3D教程［M］．北京：科学出版社，2022．

［49］ 周祖德，娄平，萧筝．数字孪生与智能制造［M］．武汉：武汉理工大学出版社，2020．

［50］ 陈明，梁乃明，方志刚，等．智能制造之路：数字化工厂［M］．北京：机械工业出版社，2016．

［51］ 李云江．机器人概论［M］．北京：机械工业出版社，2017．

［52］ 龚仲华．工业机器人从入门到应用［M］．北京：机械工业出版社，2016．

［53］ 魏德强，吕汝金，刘建伟．机械工程训练［M］．北京：清华大学出版社，2016．

［54］ 薛向东．电工电子实训教程［M］．北京：电子工业出版社，2014．

［55］ 熊幸明．电工电子实训教程［M］．北京：清华大学出版社，2007．

［56］ 夏菽兰．电工实训教程［M］．北京：人民邮电出版社，2014．

［57］ 赵春锋．电工电子实训教程［M］．北京：人民邮电出版社，2015．

［58］ 鲍宁宁，王素青．电子实训教程［M］．北京：国防工业出版社，2016．

［59］ 薛向东，黄种明．电工电子实训教程［M］．北京：电子工业出版社，2014．

［60］ 刘延飞．电工电子技术工程实践训练教程［M］．西安：西北工业大学出版社，2014．

［61］ 肖俊武．电工电子实训与设计［M］．北京：电子工业出版社，2005．

［62］ 陈世和．电工电子实习教程［M］．北京：北京航空航天大学出版社，2007．

［63］ 刘美华．电工电子实训［M］．北京：高等教育出版社，2014．

［64］ 王世刚，王雪峰．工程训练与创新实践［M］．2版．北京：机械工业出版社，2013．

［65］ 刘杨．工程训练创新设计：中国大学生工程实践与创新能力大赛参考用书［M］．武汉：华中科技大学出版社，2022．